Hilfsmittel für die Arbeit
mit Normen des Bauwesens

DIN 4227 Teil 1

Spannbeton
Bauteile aus Normalbeton mit beschränkter
und voller Vorspannung

VOGEL und PARTNER
Ingenieurbüro für Baustatik
Leopoldstr. 1, Tel. 07 21 / 2 02 36
Postfach 6569, 7500 Karlsruhe 1

Hilfsmittel für die Arbeit mit Normen des Bauwesens

DIN 1045

Beton und Stahlbeton

Ausgabe Juli 1988

Änderungen gegenüber der Ausgabe Dez. 1978

P. Funk

1988. 196 S. C5. Brosch. 78,— DM
ISBN 3-410-**12242**-7

Die direkte Gegenüberstellung „alte Norm" — „neue Norm"
☐ hilft Textänderungen schnell und zuverlässig zu erfassen,
☐ erleichtert die Einarbeitung in die Neuausgabe der Norm.

In Vorbereitung:

DIN 1045, Ausg. Juli 1988, **Stichworte**

Norminhalt nach Stichworten aufbereitet

Stichworte und Querverweise ermöglichen einen problemlosen inhaltlichen Einstieg.

Ernst & Sohn
Hohenzollerndamm 170 · 1000 Berlin 31
Tel. (0 30) 86 00 03-19

Beuth Verlag GmbH
Postf. 11 45 · 1000 Berlin 30
Tel. (0 30) 26 01-260

Hilfsmittel für die Arbeit mit Normen des Bauwesens

DIN 4227 Teil 1
Spannbeton
Bauteile aus Normalbeton mit beschränkter
und voller Vorspannung
Ausgabe Juli 1988

Änderungen
gegenüber der Ausgabe Dezember 1979

Stichworte
Norminhalt nach Stichworten aufbereitet
1. Auflage

Herausgegeben von Peter Funk
im Auftrage des DIN Deutsches Institut für Normung e.V.

Bearbeitet von Michael Flach

Beuth Verlag GmbH · Berlin · Köln

Ernst & Sohn · Berlin

CIP-Titelaufnahme der Deutschen Bibliothek

DIN 4227:
Spannbeton / hrsg. von Peter Funk im Auftr. d. DIN
Dt. Inst. für Normung e.V. Bearb. von Michael Flach. —
Berlin; Köln: Beuth; Berlin: Ernst.

   (Hilfsmittel für die Arbeit mit Normen des Bauwesens)

NE: Funk, Peter [Hrsg.]; Flach, Michael [Bearb.]

Titelaufnahme nach RAK entspricht DIN 1505.
ISBN nach DIN 1462. Schriftspiegel nach DIN 1504.
Übernahme der CIP-Kurztitelaufnahme auf Schriftumskarten durch
Kopieren oder Nachdrucken frei.

DK 693.564.4/.6 : 691.328.2 : 624.92.012.3/.4 : 666.982.4

196 Seiten C5, brosch.

ISSN 0934-9499

**Maßgebend für das Anwenden jeder DIN-Norm
ist deren Originalfassung mit dem neuesten Ausgabedatum.
Vergewissern Sie sich bitte im aktuellen DIN-Katalog
mit neuestem Ergänzungsheft oder fragen Sie: (030) 2601-600.**

© DIN Deutsches Institut für Normung e.V.
1988
Das Werk einschließlich aller seiner Teile ist urheberrechtlich geschützt. Jede
Verwertung außerhalb der engen Grenzen des Urheberrechtsgesetzes ist ohne
Zustimmung des Verlages unzulässig und strafbar. Das gilt insbesondere für Vervielfältigungen, Übersetzungen, Mikroverfilmungen und die Einspeicherung und
Verarbeitung in elektronischen Systemen.
Printed in Germany. Druck: Mercedes-Druck GmbH, Berlin (West)

Vorwort

Mit diesem Buch wird der Fachöffentlichkeit der dritte Band einer neuen Reihe „Hilfsmittel für die Arbeit mit Normen des Bauwesens" zur Verfügung gestellt, die im Auftrage des DIN Deutsches Institut für Normung e.V. herausgegeben wird.

Die Normen des DIN haben vielfältige Aufgaben und sind aus dem Wirtschaftsleben nicht mehr wegzudenken. Sie geben nicht nur den Stand der Technik wieder, sondern sie bilden insbesondere durch die Art ihres Zustandekommens einen Maßstab für einwandfreies technisches Verhalten.

DIN-Normen des Bauwesens werden oft von den obersten Bauaufsichtsbehörden bauaufsichtlich eingeführt und sind von allen denen, die verantwortlich am Baugeschehen beteiligt sind, zu beachten. Sie müssen hohen Ansprüchen an Inhalt und Form genügen und den Anforderungen eines jeden einzelnen Benutzers gerecht werden.

Bei der Vielzahl der DIN-Normen, deren Beachtung im Baugeschehen notwendig ist, bedarf es eines erheblichen Zeitaufwandes, sich eine genaue Kenntnis des Normeninhaltes anzueignen, sich in Folgeausgaben einzuarbeiten und dabei alle Änderungen schnell und zuverlässig so zu erfassen, daß die Einführung einer Folgeausgabe problemlos geschehen kann. Die Reihe „Hilfsmittel für die Arbeit mit Normen des Bauwesens" soll diesem Zwecke dienen und helfen, eine Lücke zu schließen, wobei für die verschiedenen Normen in zwangloser Reihe je nach Bedarf auch verschiedene Arten von „Hilfsmitteln" veröffentlicht werden sollen.

Mit den „Änderungen" sollen insbesondere die Leser angesprochen werden, die mit einer Norm schon vertraut sind und mit ihr arbeiten. Erscheint eine Folgeausgabe dieser Norm, ist dieser Nutzerkreis häufig verunsichert, denn es dauert eine gewisse Zeit und bedarf einer sorgfältigen Einarbeitung, bis sich alle Änderungen in das Bewußtsein eingeprägt haben. Diesen Prozeß der Einarbeitung zu unterstützen bzw. zu vereinfachen, ist die wesentliche Aufgabe der „Änderungen".

Wie groß die Wirkung einer vermeintlich nur kleinen Änderung, z.B. des Wortes „muß" in „soll", sein kann, ist dem Fachmann wohl geläufig, aber diese in einem Text von vielen Seiten ohne Hilfen zu finden, gleicht oft dem Suchen der berühmten Stecknadel im Heuhaufen. Es ist also sinnvoll, Änderungen nur einmal sorgfältig zu erfassen und in geeigneter Form so darzustellen, daß diese mühevolle Arbeit dem einzelnen erspart bleibt.

Je nach dem Umfang der Änderungen bei der Überarbeitung einer Norm wird auch der Zeitaufwand unterschiedlich groß sein, innerhalb dessen die Folgeausgabe in Fleisch und Blut übergegangen ist. Aber selbst wenn dies geschehen ist, tauchen im Laufe der Zeit Fragen auf, wie etwas z.B. in der vorangegangenen Ausgabe der Norm geregelt war. Auch dann ist dieses Buch eine schnelle Hilfe.

Jeder Leser einer Norm steht oft vor der Frage, wo er Aussagen zu einem bestimmten Stichwort in einer Norm finden kann. Der komplexe Aufbau der im Bauwesen üblichen Normen erfordert es meistens, daß z.B. Festlegungen, die zwingend zu beachten sind, und andere, deren Einhaltung empfohlen wird, sowie weitere Hinweise und Erläuterungen zu einem Sachverhalt oft an verschiedenen Stellen des Normentextes zu finden sind. Wer nun sicher gehen will oder muß, alle Angaben zu einem Stichwort schnell und zuverlässig zu erfassen, muß sich diese in der Norm in jedem Einzelfall zusammensuchen, was zuweilen eine zeitaufwendige Angelegenheit sein kann. Diese Arbeit ist aber nicht nur für diejenigen erforderlich, die sich erstmals mit einer bestimmten Norm befassen, sondern auch für geübte Praktiker, es sei denn, diese kennen alle ihre Normen in der jeweils neuesten Ausgabe schon zuverlässig auswendig.

Auch diese Arbeit soll dem Benutzer dieses Buches abgenommen werden, indem der Normeninhalt nach Stichworten aufbereitet wird. Dies geschieht in der Form eines erweiterten Stichwortverzeichnisses, wobei unmittelbar nach dem Stichwort der jeweilige zugehörige Normentext zu finden ist, so daß ein zeitraubendes Blättern und Suchen in der Norm sich erübrigt. Dazu wird das Stichwort an jeder Stelle des Textes unterstrichen, um optisch schnell erkennbar zu sein. Darüber hinaus lassen einfache oder doppelte Randstriche leicht erkennen, welchen Grad der Verbindlichkeit die Normenaussage des jeweiligen Absatzes in bezug auf das Stichwort im Sinne von DIN 820 Teil 23 enthält. Mit dieser Aufbereitung des Normeninhaltes nach Stichworten wird dem Leser eine weitere Hilfe für die tägliche Arbeit mit der Norm DIN 4227 Teil 1 gegeben.

So ist diese Reihe „Hilfsmittel" eine Ergänzung der Originalfassung der DIN-Normen; beide sind für die tägliche verantwortungsvolle Arbeit unentbehrlich.

Herausgeber und Bearbeiter hoffen, daß mit dieser Aufbereitung der Norm DIN 4227 Teil 1, Ausgabe Juli 1988, die Umstellungszeit im Interesse der Sicherheit und der Wirtschaftlichkeit so kurz wie möglich gehalten werden kann.

Dem Bearbeiter dieses ersten Bandes der „Hilfsmittel", der sowohl die „Änderungen" als auch die „Stichworte" enthält, Herrn Dr.-Ing. M. Flach, sei für die zügige und sorgfältige Arbeit, die für diese Veröffentlichung notwendig war, herzlich gedankt.

Berlin, im September 1988   P. Funk

Inhaltsübersicht

Seite

Teil 1: „Änderungen"
Änderungen von DIN 4227 Teil 1 „Spannbeton", Ausgabe Juli 1988
gegenüber der Ausgabe Dezember 1979
Hinweise für die Benutzung des Teiles 1 1
DIN 4227 Teil 1, Ausgaben Dezember 1979 und Juli 1988
 und ausführliches Inhaltsverzeichnis hierzu 2/3

Teil 2: „Stichworte"
Norminhalt von DIN 4227 Teil 1 „Spannbeton", Ausgabe Juli 1988, nach Stichworten aufbereitet
Hinweise für die Benutzung des Teiles 2 65
Stichworte 67
DIN 820 Teil 23, Tabelle 1 187

Teil 1
Änderungen

Änderungen von DIN 4227 Teil 1 „Spannbeton", Ausgabe Juli 1988,
gegenüber der Ausgabe Dezember 1979

Hinweise für die Benutzung des Teiles 1

Auf den folgenden Seiten wird die Norm

DIN 4227 Teil 1 „Spannbeton; Bauteile aus Normalbeton mit beschränkter und voller Vorspannung"

in der Folgeausgabe Juli 1988 der jetzt ungültigen Norm DIN 4227 Teil 1, Ausgabe Dezember 1979, absatzweise gegenübergestellt, wobei Änderungen entsprechend gekennzeichnet sind, so daß diese leicht zu erkennen sind.

- Die alte — überholte — Ausgabe ist jeweils in der linken Spalte oder Seite, die neue — gültige — Ausgabe ist jeweils in der rechten Spalte oder Seite abgedruckt und über jeder Spalte oder Seite als solche gekennzeichnet.
- Eine durchgehende Unterstreichung bedeutet eine Änderung; größere Änderungen sind links durch einen senkrechten Strich gekennzeichnet.
- Ist etwas aus der alten Ausgabe in der neuen entfallen, so sind die betreffenden Stellen in der alten Ausgabe gestrichelt gekennzeichnet.
- Ist etwas in der neuen Ausgabe gegenüber der alten neu hinzugekommen, so sind die betreffenden Stellen in der neuen Ausgabe strichpunktiert gekennzeichnet.
- Bei Textumstellungen wurde die Reihenfolge der neuen Ausgabe beibehalten und — wenn notwendig — bei der alten Ausgabe geändert. Eine seitliche Wellenlinie kennzeichnet diese Textumstellung.

Zusammengehörige Teile der beiden Ausgabe beginnen jeweils in gleicher Höhe in der benachbarten Spalte bzw. Seite, abgesehen von geringfügigen Ausnahmen, wo dies aus drucktechnischen Gründen (Seitenumbruch) nicht möglich war, jedoch zu keinen Verwechslungen führen kann.

DK 693.56 : 624.92.012.3/.4 : 666.982.4

Dezember 1979

Spannbeton
Bauteile aus Normalbeton
mit beschränkter oder voller Vorspannung

DIN 4227 Teil 1

Prestressed concrete; structural members made of <u>ordinary</u> concrete, <u>without concrete tensile stresses or with limited</u> concrete tensile stresses

Ersatz für DIN 4227

Béton précontraint; éléments structuraux en béton normal sans tension dans le béton ou avec tension limitée dans le béton

<u>Die vorliegende</u> Norm wurde im Fachbereich VII Beton- und Stahlbetonbau/Deutscher Ausschuß für Stahlbeton des NABau ausgearbeitet. <u>Sie ist den obersten Bauaufsichtsbehörden vom Institut für Bautechnik, Berlin, zur bauaufsichtlichen Einführung empfohlen worden.</u>

Die Benennung „Last" wird für Kräfte verwendet, die von außen auf ein System einwirken; das gleiche gilt auch für zusammengesetzte Wörter mit der Silbe ... „Last" (siehe DIN 1080 Teil 1).

Die Norm DIN 4227 wird folgende Teile umfassen:

DIN 4227 Teil 1   Spannbeton; Bauteile aus Normalbeton mit beschränkter oder voller Vorspannung
DIN 4227 Teil 2*)   Spannbeton; Bauteile mit teilweiser Vorspannung
DIN 4227 Teil 3*)   Spannbeton; Bauteile in Segmentbauart
DIN 4227 Teil 4*)   Spannbeton; Bauteile aus Spannleichtbeton
DIN 4227 Teil 5   Spannbeton; Einpressen von Zementmörtel in Spannkanäle
DIN 4227 Teil 6*)   Spannbeton; Bauteile mit Vorspannung ohne Verbund

1 Allgemeines
1.1   Geltungsbereich, Zweck
1.2   Begriffe

2
2.2   Bauaufsichtliche Zulassungen, Zustimmungen
2.3   Bautechnische Unterlagen, Bauleitung und Personal

3 Baustoffe
3.1   Beton
3.2   Spannstahl
3.3   Hüllrohre
3.4   Einpreßmörtel

4 Nachweis der Güte der Baustoffe

5 Aufbringen der Vorspannung
5.1   Zeitpunkt des Vorspannens
5.2   Vorrichtungen für das Spannen
5.3   Verfahren und Messungen beim Spannen

6 Grundsätze für die bauliche Durchbildung und Bauausführung
6.1   Bewehrung aus Betonstahl
6.2   Spannglieder
6.3   Schweißen
6.4   Einbau der Hüllrohre
6.5   Herstellung, Lagerung und Einbau der Spannglieder
6.6   Herstellen des nachträglichen Verbundes
6.7   Mindestbewehrung
6.8   Beschränkung von Temperatur- und Schwindrissen

*) Z. Z. noch Entwurf

DK 693.564.4/.6 : 691.328.2
: 624.92.012.3/.4 : 666.982.4

Juli 1988

Spannbeton
Bauteile aus Normalbeton
mit beschränkter oder voller Vorspannung

DIN 4227
Teil 1

Prestressed concrete; structural members made of normal-weight concrete, with limited concrete tensile stresses or with concrete tensile stresses

Béton précontraint; éléments structuraux en béton normal avec tension dans le béton ou avec tension limitée dans le béton

Ersatz für Ausgabe 12.79

Diese Norm wurde im Fachbereich VII Beton- und Stahlbetonbau/Deutscher Ausschuß für Stahlbeton des NABau ausgearbeitet.

Die Benennung „Last" wird für Kräfte verwendet, die von außen auf ein System einwirken; dies gilt auch für zusammengesetzte Wörter mit der Silbe ... „Last" (siehe DIN 1080 Teil 1).

Die Normen der Reihe DIN 4227 umfassen folgende Teile:

DIN 4227 Teil 1 Spannbeton; Bauteile aus Normalbeton mit beschränkter oder voller Vorspannung
DIN 4227 Teil 2 Spannbeton; Bauteile mit teilweiser Vorspannung
DIN 4227 Teil 3 Spannbeton; Bauteile in Segmentbauart, Bemessung und Ausführung der Fugen
DIN 4227 Teil 4 Spannbeton; Bauteile aus Spannleichtbeton
DIN 4227 Teil 5 Spannbeton; Einpressen von Zementmörtel in Spannkanäle
DIN 4227 Teil 6 Spannbeton; Bauteile mit Vorspannung ohne Verbund

1 **Allgemeines**
1.1 Anwendungsbereich und Zweck
1.2 Begriffe

2 **Bauaufsichtliche Zulassungen, Zustimmungen, bautechnische Unterlagen, Bauleitung und Fachpersonal**
2.1 Bauaufsichtliche Zulassungen, Zustimmungen
2.2 Bautechnische Unterlagen, Bauleitung und Fachpersonal

3 **Baustoffe**
3.1 Beton
3.2 Spannstahl
3.3 Hüllrohre
3.4 Einpreßmörtel

4 **Nachweis der Güte der Baustoffe**

5 **Aufbringen der Vorspannung**
5.1 Zeitpunkt des Vorspannens
5.2 Vorrichtungen für das Spannen
5.3 Verfahren und Messungen beim Spannen

6 **Grundsätze für die bauliche Durchbildung und Bauausführung**
6.1 Bewehrung aus Betonstahl
6.2 Spannglieder
6.3 Schweißen
6.4 Einbau der Hüllrohre
6.5 Herstellung, Lagerung und Einbau der Spannglieder
6.6 Herstellen des nachträglichen Verbundes
6.7 Mindestbewehrung
6.8 Beschränkung von Temperatur- und Schwindrissen

Ausgabe Dezember 1979 — Ausgabe Juli 1938

7 **Rechengrundlagen**	7 **Berechnungsgrundlagen**
7.1 Erforderliche Nachweise	7.1 Erforderliche Nachweise
7.2 Formänderung des Betonstahles und des Spannstahles	7.2 Formänderung des Betonstahles und des Spannstahles
7.3 Formänderung des Betons	7.3 Formänderung des Betons
7.4 Mitwirkung des Betons in der Zugzone	7.4 Mitwirkung des Betons in der Zugzone
7.5 Nachträglich ergänzte Querschnitte	7.5 Nachträglich ergänzte Querschnitte
7.6 Stützmomente	7.6 Stützmomente
8 **Zeitabhängiges Verformungsverhalten von Stahl und Beton**	8 **Zeitabhängiges Verformungsverhalten von Stahl und Beton**
8.1 Begriffe und Anwendungsbereich	8.1 Begriffe und Anwendungsbereich
8.2 Spannstahl	8.2 Spannstahl
8.3 Kriechzahl des Betons	8.3 Kriechzahl des Betons
8.4 Schwindmaß des Betons	8.4 Schwindmaß des Betons
8.5 Wirksame Körperdicke	8.5 Wirksame Körperdicke
8.6 Wirksames Betonalter	8.6 Wirksames Betonalter
8.7 Berücksichtigung der Auswirkung von Kriechen und Schwinden des Betons	8.7 Berücksichtigung der Auswirkung von Kriechen und Schwinden des Betons
9 **Gebrauchszustand, ungünstigste Laststellung, Sonderlastfälle bei Fertigteilen**	9 **Gebrauchszustand, ungünstigste Laststellung, Sonderlastfälle bei Fertigteilen, Spaltzugbewehrung**
9.1 Allgemeines	9.1 Allgemeines
9.2 Zusammenstellung der Beanspruchungen	9.2 Zusammenstellung der Beanspruchungen
9.3 Lastzusammenstellungen	9.3 Lastzusammenstellungen
9.4 Sonderlastfälle bei Fertigteilen	9.4 Sonderlastfälle bei Fertigteilen
	9.5 Spaltzugspannungen und Spaltzugbewehrung im Bereich von Spanngliedern
10 **Rissebeschränkung**	10 **Rissebeschränkung**
10.1 Zulässigkeit von Zugspannungen	10.1 Zulässigkeit von Zugspannungen
10.2 Nachweis zur Beschränkung der Rißbreite	10.2 Nachweis zur Beschränkung der Rißbreite
10.3 Arbeitsfugen annähernd rechtwinklig zur Tragrichtung	10.3 Arbeitsfugen annähernd rechtwinklig zur Tragrichtung
10.4 Arbeitsfugen mit Spanngliedkopplungen	10.4 Arbeitsfugen mit Spanngliedkopplungen
11 **Nachweis für den rechnerischen Bruchzustand bei Biegung, bei Biegung mit Längskraft und bei Längskraft**	11 **Nachweis für den rechnerischen Bruchzustand bei Biegung, bei Biegung mit Längskraft und bei Längskraft**
11.1 Rechnerischer Bruchzustand und Sicherheitsbeiwerte	11.1 Rechnerischer Bruchzustand und Sicherheitsbeiwerte
11.2 Grundlagen	11.2 Grundlagen
11.3 Nachweis bei Lastfällen vor Herstellen des Verbundes	11.3 Nachweis bei Lastfällen vor Herstellen des Verbundes
12 **Schiefe Hauptspannungen und Schubdeckung**	12 **Schiefe Hauptspannungen und Schubdeckung**
12.1 Allgemeines	12.1 Allgemeines
12.2 Spannungsnachweise im Gebrauchszustand	12.2 Spannungsnachweise im Gebrauchszustand
12.3 Spannungsnachweise im rechnerischen Bruchzustand	12.3 Spannungsnachweise im rechnerischen Bruchzustand
12.4 Bemessung der Schubbewehrung	12.4 Bemessung der Schubbewehrung
12.5 Indirekte Lagerung	12.5 Indirekte Lagerung
12.6 Eintragung der Vorspannung	12.6 Eintragung der Vorspannung
12.7 Nachträglich ergänzte Querschnitte	12.7 Nachträglich ergänzte Querschnitte
12.8 Arbeitsfugen mit Kopplungen	12.8 Arbeitsfugen mit Kopplungen
12.9 Durchstanzen	12.9 Durchstanzen
13 **Nachweis der Beanspruchung des Verbundes zwischen Spannglied und Beton**	13 **Nachweis der Beanspruchung des Verbundes zwischen Spannglied und Beton**
14 **Verankerung und Kopplung der Spannglieder, Zugkraftdeckung**	14 **Verankerung und Kopplung der Spannglieder, Zugkraftdeckung**
14.1 Allgemeines	14.1 Allgemeines
14.2 Verankerung durch Verbund	14.2 Verankerung durch Verbund
14.3 Nachweis der Zugkraftdeckung	14.3 Nachweis der Zugkraftdeckung
14.4 Verankerungen innerhalb des Tragwerks	14.4 Verankerungen innerhalb des Tragwerks

Ausgabe Dezember 1979 — DIN 4227 Teil 1 — Ausgabe Juli 1988

15 Zulässige Spannungen	15 Zulässige Spannungen ....
15.1 Allgemeines	15.1 Allgemeines ....
15.2 Zulässige Spannung bei Teilflächenbelastung	15.2 Zulässige Spannung bei Teilflächenbelastung ..
15.3 Zulässige Druckspannungen in der vorgedrückten Zugzone	15.3 Zulässige Druckspannungen in der vorgedrückten Druckzone
15.4 Zulässige Spannungen in Spanngliedern mit Dehnungsbehinderung (Reibung)	15.4 Zulässige Spannungen in Spanngliedern mit Dehnungsbehinderung (Reibung) ....
15.5 Zulässige Betonzugspannungen für die Beförderungszustände bei Fertigteilen	15.5 Zulässige Betonzugspannungen für die Beförderungszustände bei Fertigteilen ....
15.6 Querbiegezugspannungen in Querschnitten, die nach DIN 1045 bemessen werden	15.6 Querbiegezugspannungen in Querschnitten, die nach DIN 1045 bemessen werden ....
15.7 Zulässige Stahlspannungen in Spanngliedern	15.7 Zulässige Stahlspannungen in Spanngliedern ..
15.8 Gekrümmte Spannglieder	15.8 Gekrümmte Spannglieder ....
15.9 Nachweise bei nicht vorwiegend ruhender Belastung	15.9 Nachweise bei nicht vorwiegend ruhender Belastung ....
2 Mitgeltende Normen und Unterlagen	Zitierte Normen und andere Unterlagen ....
2.1 Normen und Richtlinien	Weitere Normen ....

Entwurf und Ausführung von baulichen Anlagen und Bauteilen aus Spannbeton erfordern eine gründliche Kenntnis und Erfahrung in dieser Bauart. Deshalb dürfen nur solche Ingenieure und Unternehmer damit betraut werden, die diese Kenntnis und Erfahrung haben, besonders zuverlässig sind und Gewähr dafür bieten, daß derartige Bauwerke einwandfrei bemessen und ausgeführt werden. –

Entwurf und Ausführung von baulichen Anlagen und Bauteilen aus Spannbeton erfordern eine gründliche Kenntnis und Erfahrung in dieser Bauart. Deshalb dürfen bauliche Anlagen und Bauteile aus Spannbeton nur von solchen nur von solchen Ingenieuren und Unternehmern entworfen und ausgeführt werden, die diese Kenntnis und Erfahrung haben, besonders zuverlässig sind und sicherstellen, daß derartige Bauwerke einwandfrei bemessen und ausgeführt werden.

1 Allgemeines

1.1 Geltungsbereich, Zweck

(1) Diese Norm gilt für die Bemessung und Ausführung von Bauteilen aus Normalbeton, bei denen der Beton durch Spannglieder beschränkt oder voll vorgespannt wird und die Spannglieder im Endzustand im Verbund liegen.

(2) Die sinngemäße Anwendung dieser Norm auf Bauteile, bei denen die Vorspannung auf andere Art erzeugt wird, ist jeweils gesondert zu überprüfen.

(3) Vorgespannte Verbundträger werden in den Richtlinien für die Bemessung und Ausführung von Stahlverbundträgern (vorläufiger Ersatz für DIN 1078 und DIN 4239) behandelt.

1.2 Begriffe

1.2.1 Querschnittsteile

(1) Bei vorgespannten Bauteilen unterscheidet man:

(2) **Druckzone.** In der Druckzone liegen die Querschnittsteile, in denen ohne Vorspannung unter der gegebenen Belastung infolge von Längskraft und Biegemoment Druckspannungen entstehen würden. Werden durch die Vorspannung in der Druckzone Druckspannungen erzeugt, so liegt der Sonderfall einer **vorgedrückten Druckzone** vor (siehe Abschnitt 15.3).

(3) **Vorgedrückte Zugzone.** In der vorgedrückten Zugzone liegen die Querschnittsteile, in denen unter der gegebenen Belastung infolge von Längskraft und Biegemoment ohne Vorspannung Zugspannungen entstehen würden, die durch Vorspannung stark abgemindert oder ganz aufgehoben werden.

(4) Unter Einwirkung von Momenten mit wechselnden Vorzeichen kann eine Druckzone zur vorgedrückten Zugzone werden und umgekehrt.

1 Allgemeines

1.1 Anwendungsbereich und Zweck

(1) Diese Norm gilt für die Bemessung und Ausführung von Bauteilen aus Normalbeton, bei denen der Beton durch Spannglieder beschränkt oder voll vorgespannt wird und die Spannglieder im Endzustand im Verbund vorliegen.

(2) Die sinngemäße Anwendung dieser Norm auf Bauteile, bei denen die Vorspannung auf andere Art erzeugt wird, ist jeweils gesondert zu überprüfen.

(3) Vorgespannte Verbundträger werden in den Richtlinien für die Bemessung und Ausführung von Stahlverbundträgern (vorläufiger Ersatz für DIN 1078 und DIN 4239) behandelt.

1.2 Begriffe

1.2.1 Querschnittsteile

(1) Bei vorgespannten Bauteilen unterscheidet man:

(2) **Druckzone.** In der Druckzone liegen die Querschnittsteile, in denen ohne Vorspannung unter der gegebenen Belastung infolge von Längskraft und Biegemoment Druckspannungen entstehen würden. Werden durch die Vorspannung in der Druckzone Druckspannungen erzeugt, so liegt der Sonderfall einer **vorgedrückten Druckzone** vor (siehe Abschnitt 15.3).

(3) **Vorgedrückte Zugzone.** In der vorgedrückten Zugzone liegen die Querschnittsteile, in denen unter der gegebenen Belastung infolge von Längskraft und Biegemoment ohne Vorspannung Zugspannungen entstehen würden, die durch Vorspannung stark abgemindert oder ganz aufgehoben werden.

(4) Unter Einwirkung von Momenten mit wechselnden Vorzeichen kann eine Druckzone zur vorgedrückten Zugzone werden und umgekehrt.

Ausgabe Dezember 1979

(5) Spannglieder. Das sind die Zugglieder aus Spannstahl, die zur Erzeugung der Vorspannung dienen; hierunter sind auch Einzeldrähte, Einzelstäbe und Litzen zu verstehen. Fertigspannglieder sind Spannglieder, die nach Abschnitt 6.5.3 werkmäßig vorgefertigt werden.

1.2.2 Grad der Vorspannung [1])

(1) Bei **voller Vorspannung** treten rechnerisch im Beton im Gebrauchszustand (siehe Abschnitt 9.1), mit Ausnahme der in Abschnitt 10.1.1 angegebenen Fälle, keine Zugspannungen infolge von Längskraft und Biegemoment auf.

(2) Bei **beschränkter Vorspannung** treten dagegen rechnerisch im Gebrauchszustand (siehe Abschnitt 9.1) Zugspannungen infolge von Längskraft und Biegemoment im Beton bis zu den in den Abschnitten 10.1.2 und 15 angegebenen Grenzen auf.

1.2.3 Zeitpunkt des Spannens der Spannglieder

(1) Beim **Spannen vor dem Erhärten des Betons** werden die Spannglieder von festen Punkten aus gespannt und dann einbetoniert (Spannen im Spannbett).

(2) Beim **Spannen nach dem Erhärten des Betons** dienen die schon erhärteten Betonbauteile als Abstützung.

1.2.4 Art der Verbundwirkung von Spanngliedern [2])

(1) Bei **Vorspannung mit sofortigem Verbund** werden die Spannglieder nach dem Spannen im Spannbett so in den Beton eingebettet, daß gleichzeitig mit dem Erhärten des Betons eine Verbundwirkung entsteht.

(2) Bei **Vorspannung mit nachträglichem Verbund** wird der Beton zunächst ohne Verbund vorgespannt; später wird für alle nach diesem Zeitpunkt wirksamen Lastfälle eine Verbundwirkung erzeugt.

2.2 Bauaufsichtliche Zulassungen, Zustimmungen

(1) Entsprechend den allgemeinen bauaufsichtlichen Bestimmungen ist eine Zulassung bzw. eine Zustimmung im Einzelfall unter anderem erforderlich für:
- den Spannstahl (siehe Abschnitt 3.2)
- das Spannverfahren.

(2) Die Bescheide müssen auf der Baustelle vorliegen.

2.3 Bautechnische Unterlagen, Bauleitung und Fachpersonal

2.3.1 Bautechnische Unterlagen

Zu den bautechnischen Unterlagen gehören außer dem nach DIN 1045, Ausgabe Dezember 1978, Abschnitte 3 bis 5 Geforderten noch Angaben über Grad, Zeitpunkt und Art der Vorspannung, das Herstellungsverfahren sowie das Spannprogramm.

---

[1]) Teilweise Vorspannung; siehe DIN 4227 Teil 2, z. Z. noch Entwurf.
[2]) Vorspannung ohne Verbund im Endzustand siehe DIN 4227 Teil 6, z. Z. noch Entwurf.

Ausgabe Juli 1988

(5) Spannglieder. Das sind die Zugglieder aus Spannstahl, die zur Erzeugung der Vorspannung dienen; hierunter sind auch Einzeldrähte, Einzelstäbe und Litzen zu verstehen. Fertigspannglieder sind Spannglieder, die nach Abschnitt 6.5.3 werkmäßig vorgefertigt werden.

1.2.2 Grad der Vorspannung [1])

(1) Bei **voller Vorspannung** treten rechnerisch im Beton im Gebrauchszustand (siehe Abschnitt 9.1), mit Ausnahme der in Abschnitt 10.1.1 angegebenen Fälle, keine Zugspannungen infolge von Längskraft und Biegemoment auf.

(2) Bei **beschränkter Vorspannung** treten dagegen rechnerisch im Gebrauchszustand (siehe Abschnitt 9.1) Zugspannungen infolge von Längskraft und Biegemoment im Beton bis zu den in den Abschnitten 10.1.2 und 15 angegebenen Grenzen auf.

1.2.3 Zeitpunkt des Spannens der Spannglieder

(1) Beim **Spannen vor dem Erhärten des Betons** werder die Spannglieder von festen Punkten aus gespannt und dann einbetoniert (Spannen im Spannbett).

(2) Beim **Spannen nach dem Erhärten des Betons** dienen die schon erhärteten Betonbauteile als Abstützung.

1.2.4 Art der Verbundwirkung von Spanngliedern [2])

(1) Bei **Vorspannung mit sofortigem Verbund** werden die Spannglieder nach dem Spannen im Spannbett so in den Beton eingebettet, daß gleichzeitig mit dem Erhärten des Betons eine Verbundwirkung entsteht.

(2) Bei **Vorspannung mit nachträglichem Verbund** wird der Beton zunächst ohne Verbund vorgespannt; später wird für alle nach diesem Zeitpunkt wirksamen Lastfälle eine Verbundwirkung erzeugt.

2 Bauaufsichtliche Zulassungen, Zustimmungen, bautechnische Unterlagen, Bauleitung und Fachpersonal

2.1 Bauaufsichtliche Zulassungen, Zustimmungen

(1) Entsprechend den allgemeinen bauaufsichtlichen Bestimmungen ist eine Zulassung bzw. eine Zustimmung im Einzelfall unter anderem erforderlich für:
- den Spannstahl (siehe Abschnitt 3.2)
- das Spannverfahren.

(2) Die Bescheide müssen auf der Baustelle vorliegen.

2.2 Bautechnische Unterlagen, Bauleitung und Fachpersonal

2.2.1 Bautechnische Unterlagen

Zu den bautechnischen Unterlagen gehören neben den Anforderungen nach DIN 1045/07.88, Abschnitte 3 bis 5, die Angaben über Grad, Zeitpunkt und Art der Vorspannung, das Herstellungsverfahren sowie das Spannprogramm.

---

[1]) Teilweise Vorspannung; siehe DIN 4227 Teil 2.
[2]) Vorspannung ohne Verbund im Endzustand siehe DIN 4227 Teil 6.

Ausgabe Dezember 1979 — DIN 4227 Teil 1 — Ausgabe Juli 1988

2.3.2 Bauleitung und Fachpersonal
Bei der Herstellung von Spannbeton dürfen auf Baustellen und in Werken nur solche Führungskräfte (Bauleiter, Werkleiter) eingesetzt werden, die über ausreichende Erfahrungen und Kenntnisse im Spannbetonbau verfügen. Bei der Ausführung von Spannarbeiten und Einpreßarbeiten muß der hierfür zuständige Fachbauleiter stets anwesend sein.

3 Baustoffe
3.1 Beton

(1) 3.1.1 Bei **Vorspannung mit nachträglichem Verbund** ist Beton der Festigkeitsklassen B 25 bis B 55 nach DIN 1045, Ausgabe Dezember 1978, Abschnitt 6.5 zu verwenden.

(2) Bei üblichen Hochbauten (Definition nach DIN 1045, Ausgabe Dezember 1978, Abschnitt 2.2.4) darf für die nachträgliche Ergänzung vorgespannter Fertigteile auch Ortbeton der Festigkeitsklasse B 15 verwendet werden.

(3) Der Chloridgehalt des Anmachwassers darf 600 mg Cl$^-$ je Liter nicht überschreiten. Die Verwendung von Meerwasser und anderem salzhaltigen Wasser ist unzulässig. Wo nicht ausgeschlossen werden kann, daß sich Beton und Spannstahl berühren (z. B. bei Fächerverankerungen), gelten für den Zuschlag von Beton die Regelungen von Abschnitt 3.1.2.
(3.1.2)

(2) Es darf nur solcher **Betonzuschlag** verwendet werden, dessen Gehalt an wasserlöslichem Chlorid (berechnet als Chlor) 0,02 Masse-% (bisher Gew.-%) nicht überschreitet (nach DIN 4226 Teil 1).

(4) **Betonzusatzmittel** dürfen nur verwendet werden, wenn für sie ein Prüfbescheid (Prüfzeichen) erteilt ist, in dem die Anwendung für Spannbeton geregelt ist.

(1) 3.1.2 Bei **Vorspannung mit sofortigem Verbund** gelten die Festlegungen nach Abschnitt 3.1.1; jedoch muß der Beton mindestens der Festigkeitsklasse B 35 entsprechen. Dabei ist nur werkmäßige Herstellung nach DIN 1045, Ausgabe Dezember 1978, Abschnitt 5.3 zulässig.

(3) Alle **Zemente** nach DIN 1164 der Festigkeitsklassen Z 45 und Z 55 sowie Portland- und Eisenportlandzement der Festigkeitsklasse Z 35 F dürfen verwendet werden.

(4) **Betonzusatzstoffe** dürfen nicht verwendet werden.

2.2.2 Bauleitung und Fachpersonal
Bei der Herstellung von Spannbeton dürfen auf Baustellen und in Werken nur solche Führungskräfte (Bauleiter, Werkleiter) eingesetzt werden, die über ausreichende Erfahrungen und Kenntnisse im Spannbetonbau verfügen. Bei der Ausführung von Spannarbeiten und Einpreßarbeiten muß der hierfür zuständige Fachbauleiter stets anwesend sein.

3 Baustoffe
3.1 Beton
3.1.1 Vorspannung mit nachträglichem Verbund

(1) Bei Vorspannung mit nachträglichem Verbund ist Beton der Festigkeitsklassen B 25 bis B 55 nach DIN 1045/07.88, Abschnitt 6.5 zu verwenden.

(2) Bei üblichen Hochbauten (Definition nach DIN 1045/07.88, Abschnitt 2.2.4) darf für die nachträgliche Ergänzung vorgespannter Fertigteile auch Ortbeton der Festigkeitsklasse B 15 verwendet werden.

(3) Der Chloridgehalt des Anmachwassers darf 600 mg Cl$^-$ je Liter nicht überschreiten. Die Verwendung von Meerwasser und anderem salzhaltigen Wasser ist unzulässig.

Es darf nur solcher Betonzuschlag verwendet werden, der hinsichtlich des Gehaltes an wasserlöslichem Chlorid (berechnet als Chlor) den Anforderungen nach DIN 4226 Teil 1/04.83, Abschnitt 7.6.6b) genügt (Chlorgehalt mit einem Massenanteil $\leq$ 0,02 %).

(4) **Betonzusatzmittel** dürfen nur verwendet werden, wenn für sie ein Prüfbescheid (Prüfzeichen) erteilt ist, in dem die Anwendung für Spannbeton geregelt ist.

3.1.2 Vorspannung mit sofortigem Verbund
(1) Bei Vorspannung mit sofortigem Verbund gelten die Festlegungen nach Abschnitt 3.1.1; jedoch muß der Beton mindestens der Festigkeitsklasse B 35 entsprechen. Dabei ist nur werkmäßige Herstellung nach DIN 1045/07.88, Abschnitt 5.3 zulässig.

(2) Alle **Zemente** der Normen der Reihe DIN 1164 der Festigkeitsklassen Z 45 und Z 55 sowie Portland- und Eisenportlandzement der Festigkeitsklasse Z 35 F dürfen verwendet werden.

(3) **Betonzusatzstoffe** dürfen nicht verwendet werden.

3.1.3 Verwendung von Transportbeton
Bei Verwendung von Transportbeton müssen aus dem Betonsortenverzeichnis (siehe DIN 1045/07.88, Abschnitt 5.4.4) die

– Eignung für Spannbeton mit nachträglichem Verbund

bzw. die

– Eignung für Spannbeton mit sofortigem Verbund

hervorgehen.

3.2 Spannstahl

Spanndrähte müssen mindestens 5,0 mm Durchmesser oder bei nicht runden Querschnitten mindestens 30 mm² Querschnittsfläche haben. Litzen müssen mindestens 30 mm² Querschnittsfläche haben, wobei die einzelnen Drähte mindestens 3,0 mm Durchmesser aufweisen müssen. Für Sonderzwecke, z. B. für vorübergehend erforderliche Bewehrung oder Rohre aus Spannbeton, sind Einzeldrähte von mindestens 3,0 mm Durchmesser bzw. bei nicht runden Querschnitten von mindestens 20 mm² Querschnittsfläche zulässig.

3.3 Hüllrohre

Es sind Hüllrohre nach DIN 18 553 [3]) zu verwenden.

3.4 Einpreßmörtel

Die Zusammensetzung und die Eigenschaften des Einpreßmörtels müssen DIN 4227 Teil 5 entsprechen.

4 Nachweis der Güte der Baustoffe

(1) Für den Nachweis der Güte der Baustoffe gilt DIN 1045, Ausgabe Dezember 1978, Abschnitt 7. Darüber hinaus sind für den Spannstahl und das Spannverfahren die entsprechenden Abschnitte der Zulassungsbescheide zu beachten. Für die Güteüberwachung von Beton B II auf der Baustelle, von Fertigteilen und Transportbeton gilt DIN 1084.
(2) Im Rahmen der Eigenüberwachung auf Baustellen und in Werken sind zusätzlich die in Tabelle 1 enthaltenen Prüfungen vorzunehmen.
(3) Die Protokolle der Eigenüberwachung sind zu den Bauakten zu nehmen.

Tabelle 1. **Eigenüberwachung**

	1	2	3	4
	Prüfgegenstand	Prüfart	Anforderungen	Häufigkeit
1a	Spannstahl	Überprüfung der Lieferung nach Sorte und Durchmesser gemäß Zulassung	Kennzeichnung; Nachweis der Güteüberwachung; keine Beschädigung; kein unzulässiger Rostanfall	Jede Lieferung
1b		Überprüfung der Transportfahrzeuge	Abgedeckte trockene Ladung; keine Verunreinigungen	Jede Lieferung
1c		Überprüfung der Lagerung	Trockene, luftige Lagerung; keine Verunreinigung; keine Übertragung korrosionsfördernder Stoffe (siehe Abschnitt 6.5.1)	Bei Bedarf
2	Fertigspannglieder	Überprüfung der Lieferung	Einhalten der Bestimmungen von Abschnitt 6.5.3	Jede Lieferung
3	Spannverfahren		Einhalten der Zulassung	Jede Anwendung
4	Vorrichtungen für das Spannen	Überprüfung der Spanneinrichtung	Einhalten der Toleranzen nach Abschnitt 5.2	Halbjährlich
5	Vorspannen	Messungen lt. Spannprogramm (siehe Abschnitt 5.3)	Einhalten des Spannprogramms	Jeder Spannvorgang
6	Einpreßarbeiten	Überprüfung des Einpressens	Einhalten von DIN 4227 Teil 5	Jedes Spannglied

---

[3]) Z. Z. noch Entwurf

3.2 Spannstahl

Spanndrähte müssen mindestens 5,0 mm Durchmesser oder bei nicht runden Querschnitten mindestens 30 mm² Querschnittsfläche haben. Litzen müssen mindestens 30 mm² Querschnittsfläche haben, wobei die einzelnen Drähte mindestens 3,0 mm Durchmesser aufweisen müssen. Für Sonderzwecke, z. B. für vorübergehend erforderliche Bewehrung oder Rohre aus Spannbeton, sind Einzeldrähte von mindestens 3,0 mm Durchmesser bzw. bei nicht runden Querschnitten von mindestens 20 mm² Querschnittsfläche zulässig.

3.3 Hüllrohre

Es sind Hüllrohre nach DIN 18 553 zu verwenden.

3.4 Einpreßmörtel

Die Zusammensetzung und die Eigenschaften des Einpreßmörtels müssen DIN 4227 Teil 5 entsprechen.

4 Nachweis der Güte der Baustoffe

(1) Für den Nachweis der Güte der Baustoffe gilt DIN 1045/07.88, Abschnitt 7. Darüber hinaus sind für den Spannstahl und das Spannverfahren die entsprechenden Abschnitte der Zulassungsbescheide zu beachten. Für die Güteüberwachung von Beton B II auf der Baustelle, von Fertigteilen und Transportbeton gelten DIN 1084 Teil 1 bis Teil 3.

(2) Im Rahmen der Eigenüberwachung auf Baustellen und in Werken sind zusätzlich die in Tabelle 1 enthaltenen Prüfungen vorzunehmen.

(3) Die Protokolle der Eigenüberwachung sind zu den Bauakten zu nehmen.

Tabelle 1. **Eigenüberwachung**

	1	2	3	4
	Prüfgegenstand	Prüfart	Anforderungen	Häufigkeit
1a	Spannstahl	Überprüfung der Lieferung nach Sorte und Durchmesser nach der Zulassung	Kennzeichnung; Nachweis der Güteüberwachung; keine Beschädigung; kein unzulässiger Rostanfall	Jede Lieferung
1b		Überprüfung der Transportfahrzeuge	Abgedeckte trockene Ladung; keine Verunreinigungen	Jede Lieferung
1c		Überprüfung der Lagerung	Trockene, luftige Lagerung; keine Verunreinigung; keine Übertragung korrosionsfördernder Stoffe (siehe Abschnitt 6.5.1)	Bei Bedarf
2	Fertigspannglieder	Überprüfung der Lieferung	Einhalten der Bestimmungen von Abschnitt 6.5.3	Jede Lieferung
3	Spannverfahren	—	Einhalten der Zulassung	Jede Anwendung
4	Vorrichtungen für das Spannen	Überprüfung der Spanneinrichtung	Einhalten der Toleranzen nach Abschnitt 5.2	Halbjährlich
5	Vorspannen	Messungen laut Spannprogramm (siehe Abschnitt 5.3)	Einhalten des Spannprogramms	Jeder Spannvorgang
6	Einpreßarbeiten	Überprüfung des Einpressens	Einhalten von DIN 4227 Teil 5	Jedes Spannglied

Ausgabe Dezember 1979

(4) Über die Lieferung des Spannstahls ist anhand der vom Lieferwerk angebrachten Anhänger Buch zu führen; außerdem ist festzuhalten, in welche Bauteile und Spannglieder der Stahl der jeweiligen Lieferung eingebaut wurde.

5 Aufbringen der Vorspannung

5.1 Zeitpunkt des Vorspannens

(1) Der Beton darf erst vorgespannt werden, wenn er fest genug ist, um die dabei auftretenden Spannungen einschließlich der Beanspruchungen an den Verankerungsstellen der Spannglieder aufnehmen zu können. Für die endgültige Vorspannung gilt dies als erfüllt, wenn durch Erhärtungsprüfung nach DIN 1045, Ausgabe Dezember 1978, Abschnitt 7.4.4 nachgewiesen ist, daß die Würfeldruckfestigkeit β_{Wm} mindestens die Werte der Tabelle 2 Spalte 3 erreicht hat.

(2) Eine frühzeitige Teilvorspannung (z. B. zur Vermeidung von Schwind- und Temperaturrissen) ist zu empfehlen. Durch Erhärtungsprüfung ist dann nach DIN 1045, Ausgabe Dezember 1978, Abschnitt 7.4.4 nachzuweisen, daß die Würfeldruckfestigkeit β_{Wm} des Betons die Werte nach Tabelle 2 Spalte 2 erreicht hat. In diesem Fall dürfen die Spannkräfte einzelner Spannglieder und die Betonspannungen im übrigen Bauteil nicht mehr als 30% der für die Verankerung zugelassenen Spannkraft bzw. der nach Abschnitt 15 zulässigen Spannungen betragen. Liegt die durch Erhärtungsprüfung festgestellte Würfeldruckfestigkeit zwischen den Werten nach Spalten 2 und 3, so darf die zulässige Teilspannkraft linear interpoliert werden.

Tabelle 2. **Mindestbetonfestigkeiten beim Vorspannen**

	1	2	3
	Zugeordnete Festigkeitsklasse	Würfeldruckfestigkeit β_{Wm} beim Teilvorspannen N/mm²	Würfeldruckfestigkeit β_{Wm} beim endgültigen Vorspannen N/mm²
1	B 25	12	24
2	B 35	16	32
3	B 45	20	40
4	B 55	24	48

Definition:
Die zugeordnete Festigkeitsklasse ist die laut Zulassung für das jeweilige Spannverfahren erforderliche Festigkeitsklasse des Betons.

5.2 Vorrichtungen für das Spannen

(1) Vorrichtungen für das Spannen sind vor ihrer ersten Benutzung und später in der Regel halbjährlich mit prüfkalibrierten Geräten daraufhin zu prüfen, welche Abweichungen vom Sollwert die Anzeigen der Spannvorrichtungen aufweisen. Soweit diese Abweichungen von äußeren Einflüssen abhängen (z. B. bei Öldruckpressen von der Temperatur), ist dies zu berücksichtigen.

(2) Vorrichtungen, deren Anzeigegenauigkeit im Bereich der endgültigen Vorspannkraft um mehr als ±5% vom Prüfdiagramm abweicht, dürfen nicht verwendet werden.

Ausgabe Juli 1988

(4) Über die Lieferung des Spannstahles ist anhand der vom Lieferwerk angebrachten Anhänger Buch zu führen; außerdem ist festzuhalten, in welche Bauteile und Spannglieder der Stahl der jeweiligen Lieferung eingebaut wurde.

5 Aufbringen der Vorspannung

5.1 Zeitpunkt des Vorspannens

(1) Der Beton darf erst vorgespannt werden, wenn er fest genug ist, um die dabei auftretenden Spannungen einschließlich der Beanspruchungen an den Verankerungsstellen der Spannglieder aufnehmen zu können. Für die endgültige Vorspannung gilt dies als erfüllt, wenn durch Erhärtungsprüfung nach DIN 1045/07.88, Abschnitt 7.4.4, nachgewiesen ist, daß die Würfeldruckfestigkeit β_{Wm} mindestens die Werte der Tabelle 2, Spalte 3, erreicht hat.

(2) Eine frühzeitige Teilvorspannung (z. B. zur Vermeidung von Schwind- und Temperaturrissen) ist zu empfehlen. Durch Erhärtungsprüfung ist dann nach DIN 1045/07.88, Abschnitt 7.4.4, nachzuweisen, daß die Würfeldruckfestigkeit β_{Wm} des Betons die Werte nach Tabelle 2, Spalte 2, erreicht hat. In diesem Fall dürfen die Spannkräfte einzelner Spannglieder und die Betonspannungen im übrigen Bauteil nicht mehr als 30% der für die Verankerung zugelassenen Spannkraft bzw. der nach Abschnitt 15 zulässigen Spannungen betragen. Liegt die durch Erhärtungsprüfung festgestellte Würfeldruckfestigkeit zwischen den Werten nach Tabelle 2, Spalten 2 und 3, so darf die zulässige Teilspannkraft linear interpoliert werden.

Tabelle 2. **Mindestbetonfestigkeiten beim Vorspannen**

	1	2	3
	Zugeordnete Festigkeitsklasse	Würfeldruckfestigkeit β_{Wm} beim Teilvorspannen N/mm²	Würfeldruckfestigkeit β_{Wm} beim endgültigen Vorspannen N/mm²
1	B 25	12	24
2	B 35	16	32
3	B 45	20	40
4	B 55	24	48

Anmerkung:
Die „zugeordnete Festigkeitsklasse" ist die laut Zulassung für das jeweilige Spannverfahren erforderliche Festigkeitsklasse des Betons.

5.2 Vorrichtungen für das Spannen

(1) Vorrichtungen für das Spannen sind vor ihrer ersten Benutzung und später in der Regel halbjährlich mit kalibrierten Geräten darauf zu prüfen, welche Abweichungen vom Sollwert die Anzeigen der Spannvorrichtungen aufweisen. Soweit diese Abweichungen von äußeren Einflüssen abhängen (z. B. bei Öldruckpressen von der Temperatur), ist dies zu berücksichtigen.

(2) Vorrichtungen, deren Fehlergrenze der Anzeige im Bereich der endgültigen Vorspannkraft um mehr als 5% vom Prüfdiagramm abweicht, dürfen nicht verwendet werden

Ausgabe Dezember 1979 — DIN 4227 Teil 1 — Ausgabe Juli 1988

5.3 Verfahren und Messungen beim Spannen

(1) Die Vorspannung ist entsprechend einem Spannprogramm aufzubringen. Dieses muß für jedes Spannglied neben der zeitlichen Folge des Spannens Angaben über Spannkraft und Spannweg unter Berücksichtigung der Zusammendrückung des Betons, der Reibung, des Schlupfes und des Zeitpunktes des Lehrgerüstabsenkens enthalten. Im Falle von Teilvorspannung sind die bis zum endgültigen Vorspannen eingetretenen Spannkraftverluste zu berücksichtigen. Das Spannprogramm ist so aufzustellen, daß keine unzulässigen Beanspruchungen des Betons entstehen.

(2) Über das Spannen ist ein Spannprotokoll zu führen, in das alle beim Spannen durchgeführten Messungen einschließlich etwaiger Unregelmäßigkeiten einzutragen sind. Die Messungen müssen mindestens Spannkraft und Spannweg umfassen. Wenn die Summe aus den Absolutwerten der prozentualen Abweichung von der Sollspannkraft und der prozentualen Abweichung vom Sollspannweg bei einem einzelnen Spannglied mehr als 15 % beträgt, muß die zuständige Bauaufsicht unverzüglich verständigt werden. Ist die Abweichung von der Sollspannkraft oder vom Sollspannweg bei der Summe aller in einem Querschnitt liegenden Spannglieder größer als 5 %, so ist gleichfalls die Bauaufsicht zu verständigen.

(3) Schlagartige Übertragung der Vorspannkraft ist zu vermeiden.

6 Grundsätze für die bauliche Durchbildung und Bauausführung

6.1 Bewehrung aus Betonstahl

(1) Für die Bewehrung gelten die Abschnitte 13 und 18 von DIN 1045, Ausgabe Dezember 1978.

(1) Für die Bewehrung gilt DIN 1045/07.88, Abschnitte 13 und 18.

(2) Als glatter Betonstahl BSt 220 (Kennzeichen I) darf nur warmgewalzter Rundstahl nach DIN 1013 Teil 1 aus St 37-2 nach DIN 17 100 in den Nenndurchmessern $d_s = 8$, 10, 12, 14, 16, 20, 25 und 28 mm verwendet werden[3]).

(2)/(3) **Druckbeanspruchte Bewehrungsstäbe** in der äußeren Lage sind je m^2 Oberfläche an mindestens vier verteilt angeordneten Stellen gegen Ausknicken zu sichern (z. B. durch S-Haken oder Steckbügel), wenn unter Gebrauchslast die Betondruckspannung 0,2 β_{WN} überschritten wird. Die Sicherung kann bei höchstens 14 mm (bzw. 16 mm) dicken Längsstäben entfallen, wenn die Betondeckung mindestens gleich der doppelten Stabdicke ist. Eine statisch erforderliche Druckbewehrung ist nach DIN 1045, Ausgabe Dezember 1978, Abschnitt 25.2.2.2 zu verbügeln. (bzw. DIN 1045/07.88, Abschnitt 25.2.2.2)

6.2 Spannglieder

6.2.1 Die Betondeckung von Hüllrohren für Spannglieder
muß mindestens 3,0 cm betragen.

Die Betondeckung von Hüllrohren für Spannglieder muß mindestens gleich dem 0,6fachen Hüllrohr-Innendurchmesser sein; sie darf 4 cm nicht unterschreiten.

6.2.2 Lichter Abstand der Hüllrohre
Der lichte Abstand der Hüllrohre muß mindestens gleich dem 0,8fachen Hüllrohr-Innendurchmesser sein; er darf 2,5 cm nicht unterschreiten.

---

[3]) Die bisherigen Regelungen der DIN 4227 Teil 1/12.79 für den Betonstahl I sind in das DAfStb-Heft 320 übernommen.

Ausgabe Dezember 1979

(1) 6.2.3 Die **Betondeckung von Spanngliedern mit sofortigem Verbund** wird durch die Anforderungen an den Korrosionsschutz, an das ordnungsgemäße Einbringen des Betons und an die wirksame Verankerung bestimmt; der Größtwert ist maßgebend.

(2) Der Korrosionsschutz ist im allgemeinen gewährleistet, wenn für die Spannglieder die Mindestmaße der Betondeckung nach DIN 1045, Ausgabe Dezember 1978, Tabelle 10 Spalte 6 um 1,0 cm erhöht werden.

(3) In den folgenden Fällen genügt es, für die Spannglieder die Mindestmaße der Betondeckung nach DIN 1045, Ausgabe Dezember 1978, Tabelle 10 Spalte 6 um 0,5 cm zu erhöhen:

a) bei Platten, Schalen und Faltwerken, wenn die Spannglieder innerhalb der Betondeckung nicht von Betonstahlbewehrung gekreuzt werden,

b) an den Stellen der Fertigteile, an die mindestens eine 2,0 cm dicke Ortbetonschicht anschließt,

c) bei Spanngliedern, die für die Tragfähigkeit der fertig eingebauten Teile nicht von Bedeutung sind, z. B. Transportbewehrung.

(4) Mit Rücksicht auf das ordnungsgemäße Einbringen des Betons soll die Betondeckung größer als die Korngröße des überwiegenden Teils des Zuschlags sein.

(5) Für die wirksame Verankerung runder gerippter Einzeldrähte und Litzen mit $d_v \leq 12$ mm sowie nichtrunder gerippter Einzeldrähte mit $d_v \leq 8$ mm gelten folgende Mindestbetondeckungen:

$c = 1{,}5\, d_v$ bei profilierten Drähten und bei Litzen aus glatten Einzeldrähten (1)

$c = 2{,}5\, d_v$ bei gerippten Drähten (2)

Darin ist für d_v zu setzen:

a) bei Runddrähten der Spanndrahtdurchmesser

b) bei nichtrunden Drähten der Vergleichsdurchmesser eines Runddrahtes gleicher Querschnittsfläche

c) bei Litzen der Nenndurchmesser.

(1) 6.2.4 Der **lichte Abstand der Spannglieder bei Vorspannung mit sofortigem Verbund** muß größer als die Korngröße des überwiegenden Teiles des Zuschlages sein; er soll außerdem die aus den Gleichungen (1) und (2) sich ergebenden Werte nicht unterschreiten.

(2) Bei der Verteilung von Spanngliedern über die Breite eines Querschnitts dürfen innerhalb von Gruppen mit 2 oder 3 Spanngliedern mit $d_v \leq 10$ mm die lichten Abstände der einzelnen Spannglieder bis auf 1,0 cm verringert werden, wenn die Gesamtzahl in einer Lage nicht größer ist als bei gleichmäßiger Verteilung zulässig.

6.2.5 Zwischen Spanngliedern und **verzinkten Einbauteilen** muß mindestens 2,0 cm Beton vorhanden sein; außerdem darf keine metallische Verbindung bestehen.

Ausgabe Juli 1988

6.2.3 **Betondeckung von Spanngliedern mit sofortigem Verbund**

(1) Die Betondeckung von Spanngliedern mit sofortigem Verbund wird durch die Anforderungen an den Korrosionsschutz, an das ordnungsgemäße Einbringen des Betons und an die wirksame Verankerung bestimmt; der Höchstwert ist maßgebend.

(2) Der Korrosionsschutz ist im allgemeinen sichergestellt, wenn für die Spannglieder die Mindestmaße der Betondeckung nach DIN 1045/07.88, Tabelle 10, Spalte 3, um 1,0 cm erhöht werden.

(3) In den folgenden Fällen genügt es, für die Spannglieder die Mindestmaße der Betondeckung nach DIN 1045/07.88, Tabelle 10, Spalte 3, um 0,5 cm zu erhöhen:

a) bei Platten, Schalen und Faltwerken, wenn die Spannglieder innerhalb der Betondeckung nicht von Betonstahlbewehrung gekreuzt werden,

b) an den Stellen der Fertigteile, an die mindestens eine 2,0 cm dicke Ortbetonschicht anschließt,

c) bei Spanngliedern, die für die Tragfähigkeit der fertig eingebauten Teile nicht von Bedeutung sind, z. B. Transportbewehrung.

(4) Mit Rücksicht auf das ordnungsgemäße Einbringen des Betons soll die Betondeckung größer als die Korngröße des überwiegenden Teils des Zuschlags sein.

(5) Für die wirksame Verankerung runder gerippter Einzeldrähte und Litzen mit $d_v \leq 12$ mm sowie nichtrunder gerippter Einzeldrähte mit $d_v \leq 8$ mm gelten folgende Mindestbetondeckungen:

$c = 1{,}5\, d_v$ bei profilierten Drähten und bei Litzen aus glatten Einzeldrähten (1)

$c = 2{,}5\, d_v$ bei gerippten Drähten (2)

Darin ist für d_v zu setzen:

a) bei Runddrähten der Spanndrahtdurchmesser,

b) bei nichtrunden Drähten der Vergleichsdurchmesser eines Runddrahtes gleicher Querschnittsfläche,

c) bei Litzen der Nenndurchmesser.

6.2.4 **Lichter Abstand der Spannglieder bei Vorspannung mit sofortigem Verbund**

(1) Der lichte Abstand der Spannglieder bei Vorspannung mit sofortigem Verbund muß größer als die Korngröße des überwiegenden Teils des Zuschlags sein; er soll außerdem die aus den Gleichungen (1) und (2) sich ergebenden Werte nicht unterschreiten.

(2) Bei der Verteilung von Spanngliedern über die Breite eines Querschnitts dürfen innerhalb von Gruppen mit 2 oder 3 Spanngliedern mit $d_v \leq 10$ mm die lichten Abstände der einzelnen Spannglieder bis auf 1,0 cm verringert werden, wenn die Gesamtzahl in einer Lage nicht größer ist als bei gleichmäßiger Verteilung zulässig.

6.2.5 **Verzinkte Einbauteile**

Zwischen Spanngliedern und verzinkten Einbauteilen muß mindestens 2,0 cm Beton vorhanden sein; außerdem darf keine metallische Verbindung bestehen.

Ausgabe Dezember 1979

6.2.6 Mindestanzahl

(1) **6.2.6.1** In der vorgedrückten Zugzone tragender Spannbetonbauteile muß die Anzahl der Spannglieder bzw. bei Verwendung von Bündelspanngliedern die Gesamtanzahl der Drähte oder Stäbe mindestens den Werten der Spalte 2 der Tabelle 3 entsprechen. Die Werte gelten unter der Voraussetzung, daß gleiche Stab- bzw. Drahtdurchmesser verwendet werden.

(2) Bei Verwendung von Stäben bzw. Drähten unterschiedlicher Querschnitte ist stets der Nachweis entsprechend Abschnitt 6.2.6.2 zu führen.

Tabelle 3. **Anzahl der Spannglieder**

	1	2	3
	Art der Spannglieder	Mindestanzahl nach Abschnitt 6.2.6.1	Anzahl der rechnerisch ausfallenden Stäbe bzw. Drähte *)
1	Einzelstäbe bzw. -drähte	3	1
2	Stäbe bzw. Drähte bei Bündelspanngliedern	7	3
3	7drähtige Litzen; Einzeldrahtdurchmesser $d_v \geq 4$ mm **)	1	—

*) Bei Verwendung von Stäben bzw. Drähten unterschiedlicher Querschnitte sind die jeweils dicksten Stäbe bzw. Drähte in Ansatz zu bringen.

**) Werden in Ausnahmefällen Litzen mit geringerem Drahtdurchmesser verwendet, so beträgt die Mindestanzahl 2.

(1) **6.2.6.2** Eine Unterschreitung der Werte von Spalte 2 Zeilen 1 und 2 ist zulässig, wenn der Nachweis geführt wird, daß bei Ausfall von Stäben bzw. Drähten entsprechend den Werten von Spalte 3 die Beanspruchungen aus 1,0fachen Einwirkungen aus Last und Zwang aufgenommen werden können. Dieser Nachweis ist auf der Grundlage der für rechnerischen Bruchzustand getroffenen Festlegungen (siehe Abschnitte 11, 12.3, 12.4) zu führen, wobei anstelle von $\gamma = 1{,}75$ jeweils $\gamma = 1{,}0$ gesetzt werden darf.

(2) Tragreserven, z. B. aus Querabtragung der Lasten, sowie mögliche Umlagerungen der Schnittgrößen aus Änderungen des statischen Systems dürfen berücksichtigt werden. Werden bei diesem Nachweis auch Stahlbetonbauteile nach DIN 1045 in Rechnung gestellt, so darf anstelle der in DIN 1045, Ausgabe Dezember 1978, Abschnitt 17.2.2 genannten Sicherheitsbeiwerte einheitlich $\gamma = 1{,}0$ gesetzt werden. Bei der Bemessung für Querkraft und Torsion dürfen dabei die Grundwerte der Schubspannung nach DIN 1045, Ausgabe Dezember 1978, Abschnitt 17.5 auf das 1,75fache vergrößert werden.

Ausgabe Juli 1988

6.2.6 Mindestanzahl

(1) In der vorgedrückten Zugzone tragender Spannbetonbauteile muß die Anzahl der Spannglieder bzw. bei Verwendung von Bündelspanngliedern die Gesamtanzahl der Drähte oder Stäbe mindestens den Werten der Tabelle 3, Spalte 2, entsprechen. Die Werte gelten unter der Voraussetzung, daß gleiche Stab- bzw. Drahtdurchmesser verwendet werden.

(2) Bei Verwendung von Stäben bzw. Drähten unterschiedlicher Querschnitte ist stets der Nachweis nach den Absätzen (3) und (4) zu führen.

Tabelle 3. **Anzahl der Spannglieder**

	1	2	3
	Art der Spannglieder	Mindestanzahl nach Absatz (1)	Anzahl der rechnerisch ausfallenden Stäbe bzw. Drähte 1)
1	Einzelstäbe bzw. -drähte	3	1
2	Stäbe bzw. Drähte bei Bündelspanngliedern	7	3
3	7drähtige Litzen Einzeldrahtdurchmesser $d_v \geq 4$ mm 2)	1	—

1) Bei Verwendung von Stäben bzw. Drähten unterschiedlicher Querschnitte sind die jeweils dicksten Stäbe bzw. Drähte in Ansatz zu bringen.

2) Werden in Ausnahmefällen Litzen mit geringerem Drahtdurchmesser verwendet, so beträgt die Mindestanzahl 2.

(3) Eine Unterschreitung der Werte nach Tabelle 3, von Spalte 2, Zeilen 1 und 2, ist zulässig, wenn der Nachweis geführt wird, daß bei Ausfall von Stäben bzw. Drähten entsprechend den Werten von Spalte 3 die Beanspruchung aus 1,0fachen Einwirkungen aus Last und Zwang aufgenommen werden können. Dieser Nachweis ist auf der Grundlage der für rechnerischen Bruchzustand getroffenen Festlegungen (siehe Abschnitte 11, 12.3, 12.4) zu führen, wobei anstelle von $y = 1{,}75$ jeweils $y = 1{,}0$ gesetzt werden darf.

(4) Tragreserven, z. B. aus Querabtragung der Lasten, sowie mögliche Umlagerungen der Schnittgrößen aus Änderungen des statischen Systems dürfen berücksichtigt werden. Werden bei diesem Nachweis auch Stahlbetonbauteile nach DIN 1045 in Rechnung gestellt, so darf anstelle der in DIN 1045/07.88, Abschnitt 17.2.2, genannten Sicherheitsbeiwerte einheitlich $y = 1{,}0$ gesetzt werden. Bei der Bemessung für Querkraft und Torsion dürfen dabei die Grundwerte der Schubspannung nach DIN 1045/07.88, Abschnitt 17.5, auf das 1,75fache vergrößert werden.

6.3 Schweißen

(1) Für das Schweißen von Betonstahl gilt DIN 1045, Ausgabe Dezember 1978, Abschnitte 6.6 und 7.5.2 sowie DIN 4099. Das Schweißen an Spannstählen ist unzulässig; dagegen ist Brennschneiden hinter der Verankerung zulässig.

(2) Spannstahl und Verankerungen sind vor herunterfallendem Schweißgut zu schützen (z. B. durch widerstandsfähige Ummantelungen).

6.4 Einbau der Hüllrohre

Hüllrohre dürfen keine Knicke, Eindrückungen oder andere Beschädigungen haben, die den Spann- oder Einpreßvorgang behindern.

Hüllrohrstöße sind abzudichten. Die Hüllrohre sind so zu befestigen, daß sie sich während des Betonierens nicht verschieben.

6.5 Herstellung, Lagerung und Einbau der Spannglieder

6.5.1 Allgemeines

(1) Der Spannstahl muß bei der Spanngliedherstellung sauber und frei von schädigendem Rost sein und darf hierbei nicht naß werden.

(2) Spannstähle mit leichtem Flugrost dürfen verwendet werden. Der Begriff „leichter Flugrost" gilt für einen gleichmäßigen Rostansatz, der noch nicht zur Bildung von mit bloßem Auge erkennbaren Korrosionsnarben geführt hat und sich im allgemeinen durch Abwischen mit einem trockenen Lappen entfernen läßt. Eine Entrostung braucht jedoch auf diese Weise nicht vorgenommen zu werden.

(3) Beim Ablängen und Einbau der Spannstähle sind Knicke und Verletzungen zu vermeiden. Fertige Spannglieder sind bis zum Einbau in das Bauwerk bodenfrei und trocken zu lagern und vor Berührung mit schädigenden Stoffen zu schützen. Spannstahl ist auch im Zeitraum zwischen dem Verlegen und der Herstellung des Verbundes vor Korrosion und Verschmutzung zu schützen.

(4) Die Spannstähle für ein Spannglied sollen im Regelfall aus einer Lieferposition (Schmelze) entnommen werden. Die Zuordnung von Spanngliedern zur Lieferposition ist in den Aufzeichnungen nach Abschnitt 4 zu vermerken.

(5) Ankerplatten und Ankerkörper müssen rechtwinklig zur Spanngliedachse liegen.

6.5.2 Korrosionsschutz bis zum Einpressen

(1) Der Zeitraum zwischen Herstellen des Spanngliedes und Einpressen des Zementmörtels ist eng zu begrenzen. Im Regelfall ist nach dem Vorspannen unverzüglich Zementmörtel in die Spannkanäle einzupressen. Zulässige Zeiträume sind unter Berücksichtigung der örtlichen Gegebenheiten zu beurteilen.

(2) Wenn das Eindringen und Ansammeln von Feuchtigkeit (auch Kondenswasser) vermieden wird, dürfen ohne besonderen Nachweis folgende Zeiträume als unschädlich für den Spannstahl angesehen werden:

{ zwischen dem Herstellen des Spanngliedes und dem Einpressen bis zu 12 Wochen,
davon bis zu 4 Wochen frei in der Schalung
und bis zu etwa 2 Wochen in gespanntem Zustand.

6.3 Schweißen

(1) Für das Schweißen von Betonstahl gilt DIN 1045/07.88, Abschnitte 6.6 und 7.5.2 sowie DIN 4099. Das Schweißen an Spannstählen ist unzulässig; dagegen ist Brennschneiden hinter der Verankerung zulässig.

(2) Spannstahl und Verankerungen sind vor herunterfallendem Schweißgut zu schützen (z. B. durch widerstandsfähige Ummantelungen).

6.4 Einbau der Hüllrohre

(1) Hüllrohre dürfen keine Knicke, Eindrückungen oder andere Beschädigungen haben, die den Spann- oder Einpreßvorgang behindern. Hierfür kann es erforderlich werden, z. B. in Hochpunkten Verstärkungen nach DIN 18 553, anzuordnen.

(2) Hüllrohre müssen so gelagert, transportiert und verarbeitet werden, daß kein Wasser oder andere für den Spannstahl schädliche Stoffe in das Innere eindringen können. Hüllrohrstöße und -anschlüsse sind durch besondere Maßnahmen, z. B. durch Umwicklung mit geeigneten Dichtungsbändern, abzudichten. Die Hüllrohre sind so zu befestigen, daß sie sich während des Betonierens nicht verschieben.

6.5 Herstellung, Lagerung und Einbau der Spannglieder

6.5.1 Allgemeines

(1) Der Spannstahl muß bei der Spanngliedherstellung sauber und frei von schädigendem Rost sein und darf hierbei nicht naß werden.

(2) Spannstähle mit leichtem Flugrost dürfen verwendet werden. Der Begriff „leichter Flugrost" gilt für einen gleichmäßigen Rostansatz, der noch nicht zur Bildung von mit bloßem Auge erkennbaren Korrosionsnarben geführt hat und sich im allgemeinen durch Abwischen mit einem trockenen Lappen entfernen läßt. Eine Entrostung braucht jedoch auf diese Weise nicht vorgenommen zu werden.

(3) Beim Ablängen und Einbau der Spannstähle sind Knicke und Verletzungen zu vermeiden. Fertige Spannglieder sind bis zum Einbau in das Bauwerk bodenfrei und trocken zu lagern und vor Berührung mit schädigenden Stoffen zu schützen. Spannstahl ist auch im Zeitraum zwischen dem Verlegen und der Herstellung des Verbundes vor Korrosion und Verschmutzung zu schützen.

(4) Die Spannstähle für ein Spannglied sollen im Regelfall aus einer Lieferposition (Schmelze) entnommen werden. Die Zuordnung von Spanngliedern zur Lieferposition ist in den Aufzeichnungen nach Abschnitt 4 zu vermerken.

(5) Ankerplatten und Ankerkörper müssen rechtwinklig zur Spanngliedachse liegen.

6.5.2 Korrosionsschutz bis zum Einpressen

(1) Die Zeitspanne zwischen Herstellen des Spanngliedes und Einpressen des Zementmörtels ist eng zu begrenzen. Im Regelfall ist nach dem Vorspannen unverzüglich Zementmörtel in die Spannkanäle einzupressen. Zulässige Zeitspannen sind unter Berücksichtigung der örtlichen Gegebenheiten zu beurteilen.

(2) Wenn das Eindringen und Ansammeln von Feuchte (auch Kondenswasser) vermieden wird, dürfen ohne besonderen Nachweis folgende Zeitspannen als unschädlich für den Spannstahl angesehen werden:

{ bis zu 12 Wochen zwischen dem Herstellen des Spanngliedes und dem Einpressen,
davon bis zu 4 Wochen frei in der Schalung
und bis zu etwa 2 Wochen in gespanntem Zustand.

Ausgabe Dezember 1979	Ausgabe Juli 1988
(3) Werden diese Bedingungen nicht eingehalten, so sind besondere Maßnahmen zum vorübergehenden Korrosionsschutz der Spannstähle vorzusehen; andernfalls ist der Nachweis zu führen, daß schädigende Korrosion nicht auftritt.	(3) Werden diese Bedingungen nicht eingehalten, so sind besondere Maßnahmen zum vorübergehenden Korrosionsschutz der Spannstähle vorzusehen; andernfalls ist der Nachweis zu führen, daß schädigende Korrosion nicht auftritt.
(4) Als besondere Schutzmaßnahme ist z. B. ein zeitweises Spülen der Spannkanäle mit vorgetrockneter und erforderlichenfalls gereinigter Luft geeignet.	(4) Als besondere Schutzmaßnahme ist z. B. ein zeitweises Spülen der Spannkanäle mit vorgetrockneter und erforderlichenfalls gereinigter Luft geeignet.
(5) Die ausreichende Schutzwirkung und die Unschädlichkeit der Maßnahmen für den Spannstahl, für den Einpreßmörtel und für den Verbund zwischen Spanngliedern und Einpreßmörtel sind nachzuweisen.	(5) Die ausreichende Schutzwirkung und die Unschädlichkeit der Maßnahmen für den Spannstahl, für den Einpreßmörtel und für den Verbund zwischen Spanngliedern und Einpreßmörtel sind nachzuweisen.
6.5.3 Fertigspannglieder	**6.5.3 Fertigspannglieder**
(1) Die Fertigung muß in geschlossenen Hallen erfolgen.	(1) Die Fertigung muß in geschlossenen Hallen erfolgen.
(2) Die für den Spannstahl gemäß Zulassungsbescheid geltenden Bedingungen für Lagerung und Transport sind auch für die fertigen Spannglieder zu beachten; diese dürfen das Werk nur in abgedichteten Hüllrohren verlassen.	(2) Die für den Spannstahl nach Zulassungsbescheid geltenden Bedingungen für Lagerung und Transport sind auch für die fertigen Spannglieder zu beachten; diese dürfen das Werk nur in abgedichteten Hüllrohren verlassen.
(3) Bei Auslieferung der Spannglieder sind folgende Unterlagen beizufügen:	(3) Bei Auslieferung der Spannglieder sind folgende Unterlagen beizufügen:
– **Lieferschein** mit Angabe von Bauvorhaben, Spanngliedtyp, Positionsnummer der Spannglieder, Fertigungs- und Auslieferungsdatum und der Bestätigung, daß die Spannglieder güteüberwacht sind. Der Lieferschein muß auch die Angaben der Anhängeschilder der jeweils verwendeten Spannstähle enthalten.	– Lieferschein mit Angabe von Bauvorhaben, Spanngliedtyp, Positionsnummer der Spannglieder, Fertigungs- und Auslieferungsdatum und der Bestätigung, daß die Spannglieder güteüberwacht sind. Der Lieferschein muß auch die Angaben der Anhängeschilder der jeweils verwendeten Spannstähle enthalten;
– bei Verwendung von Restmengen oder Verschnitt **Angaben über die Herkunft;**	– bei Verwendung von Restmengen oder Verschnitt Angaben über die Herkunft;
– **Lieferzeugnisse** für den Spannstahl und für die Zubehörteile mit Angabe der hierfür fremdüberwachenden Stelle.	– Lieferzeugnisse für den Spannstahl und Lieferscheine für die Zubehörteile mit Angabe der hierfür fremdüberwachenden Stelle.
(4) Die Spannglieder sind durch den Bauleiter des Unternehmens oder dessen fachkundigen Vertreter bei Anlieferung auf Transportschäden (sichtbare Schäden an Hüllrohren und Ankern) zu überprüfen.	(4) Die Spannglieder sind durch den Bauleiter des Unternehmens oder dessen fachkundigen Vertreter bei Anlieferung auf Transportschäden (sichtbare Schäden an Hüllrohren und Ankern) zu überprüfen.
6.6 Herstellen des nachträglichen Verbundes	**6.6 Herstellen des nachträglichen Verbundes**
(1) Das Einpressen von Zementmörtel in die Spannkanäle erfordert besondere Sorgfalt.	(1) Das Einpressen von Zementmörtel in die Spannkanäle erfordert besondere Sorgfalt.
(2) Es gilt DIN 4227 Teil 5. Es muß sichergestellt sein, daß die Spannglieder mit Zementmörtel umhüllt sind.	(2) Es gilt DIN 4227 Teil 5. Es muß sichergestellt sein, daß die Spannstähle mit Zementmörtel umhüllt sind.
(3) Das Einpressen in jeden einzelnen Spannkanal ist im Protokoll unter Angabe etwaiger Unregelmäßigkeiten zu vermerken. Die Protokolle sind zu den Bauakten zu nehmen.	(3) Das Einpressen in jeden einzelnen Spannkanal ist im Protokoll unter Angabe etwaiger Unregelmäßigkeiten zu vermerken. Die Protokolle sind zu den Bauakten zu nehmen.
6.7 Mindestbewehrung	**6.7 Mindestbewehrung**
6.7.1 Allgemeines	**6.7.1 Allgemeines**
(1) Sofern sich nach der Bemessung oder aus konstruktiven Gründen keine größere Bewehrung ergibt, ist eine Mindestbewehrung nach den nachstehenden Grundsätzen anzuordnen. Dabei sollen die Stababstände 20 cm nicht überschreiten. Bei Vorspannung mit sofortigem Verbund dürfen die Spanndrähte als BSt 420/500 auf die Mindestbewehrung angerechnet werden. In jedem Querschnitt ist nur der Größtwert von Oberflächen- oder Längs- oder Schubbewehrung maßgebend. Eine Addition der verschiedenen Arten von Mindestbewehrung ist nicht erforderlich.	(1) Sofern sich nach der Bemessung oder aus konstruktiven Gründen keine größere Bewehrung ergibt, ist eine Mindestbewehrung nach den nachstehenden Grundsätzen anzuordnen. Dabei sollen die Stababstände 20 cm nicht überschreiten. Bei Vorspannung mit sofortigem Verbund dürfen die Spanndrähte als Betonstabstahl IV S auf die Mindestbewehrung angerechnet werden. In jedem Querschnitt ist nur der Höchstwert von Oberflächen- oder Längs- oder Schubbewehrung maßgebend. Eine Addition der verschiedenen Arten von Mindestbewehrung ist nicht erforderlich.
(2) Bei Brücken und vergleichbaren Bauwerken (das sind Bauwerke im Freien unter nicht vorwiegend ruhender Belastung) dürfen die Bewehrungsstäbe bei Verwendung von BSt 220/340 den Stabdurchmesser 10 mm, bei BSt 420/500 den Stabdurchmesser 8 mm und bei geschweißten Betonstahlmatten 500/550 RK den Stabdurchmesser 6 mm bei 150 mm Maschenweite nicht unterschreiten.	(2) Bei Brücken und vergleichbaren Bauwerken (das sind Bauwerke im Freien unter nicht vorwiegend ruhender Belastung) dürfen die Bewehrungsstäbe bei Verwendung von Betonstabstahl III S und Betonstabstahl IV S den Stabdurchmesser 10 mm und bei Betonstahlmatten IV M den Stabdurchmesser 8 mm bei 150 mm Maschenweite nicht unterschreiten.

Tabelle 4. **Mindestbewehrung je m**

		1	2	3	4	5
			Platten oder breite Balken ($b_0 > d_0$)		Balken mit $b_0 \leq d_0$ Stege von Plattenbalken	
			Für alle Bauteile außer solchen von Brücken und vergleichbaren Bauwerken	Bei Brücken und vergleichbaren Bauwerken	Für alle Bauteile außer solchen von Brücken und vergleichbaren Bauwerken	Bei Brücken und vergleichbaren Bauwerken
1	Bewehrung an der Ober- und Unterseite (jede der 4 Lagen), siehe auch Abschnitt 6.7.2		$0{,}5\,\mu d$	$1{,}0\,\mu d$	—	—
2a	Längsbewehrung bei **Balken** an jeder Seitenfläche, bei **Platten** an jedem gestützten oder nicht gestützten Rand		$0{,}5\,\mu d$	$1{,}0\,\mu d$	$0{,}5\,\mu b_0$	$1{,}0\,\mu b_0$
2b	Längsbewehrung oben und unten		—	—	je Längeneinheit des Umfangs entsprechend Zeile 2a	$1{,}0\,\mu d_0$
3	Lotrechte Bewehrung an jedem gestützten oder nicht gestützten Rand (siehe auch DIN 1045, Ausgabe Dezember 1978, Abschnitt 18.9.1)		$1{,}0\,\mu d$	$1{,}0\,\mu d$	—	—
4	Schubbewehrung für Scheibenschub (Summe der Lagen)		a) $1{,}0\,\mu d$ (in Querrichtung vorgespannt) b) $2{,}0\,\mu d$ (in Querrichtung nicht vorgespannt)	$2{,}0\,\mu d$	—	—
5	Schubbewehrung von Balkenstegen (Summe der Bügel)		$2\,\mu b_0$ (nur bei breiten Balken, wenn σ_I größer ist als die Werte der Tabelle 9 Zeile 51)		$2\,\mu b_0$	$2\,\mu b_0$

Die Werte für μ sind der Tabelle 5 zu entnehmen.

b_0 Stegbreite in Höhe der Schwerlinie des gesamten Querschnittes, bei Hohlplatten mit annähernd kreisförmiger Aussparung die kleinste Stegbreite

Tabelle 4. **Mindestbewehrung** und **erhöhte Mindestbewehrung (Werte in Klammern)**

		1	2	3	4	5
		Platten/Gurtplatten oder breite Balken ($b_0 > d_0$)		Balken mit $b_0 \leq d_0$ Stege von Plattenbalken	
		Für alle Bauteile außer solchen von Brücken und vergleichbaren Bauwerken	Bei Brücken und vergleichbaren Bauwerken	Für alle Bauteile außer solchen von Brücken und vergleichbaren Bauwerken	Bei Brücken und vergleichbaren Bauwerken
1a	Bewehrung je m an der Ober- und Unterseite (jede der 4 Lagen), siehe auch Abschnitt 6.7.2	$0{,}5\ \mu d$	$1{,}0\ \mu d$	–	–
1b	Längsbewehrung je m in Gurtplatten (obere und untere Lage je für sich)	$0{,}5\ \mu d$	$1{,}0\ \mu d$ ($5{,}0\ \mu d$)	–	–
2a	Längsbewehrung je m bei Balken an jeder Seitenfläche, bei Platten an jedem gestützten oder nicht gestützten Rand	$0{,}5\ \mu d$	$1{,}0\ \mu d$	$0{,}5\ \mu b_0$	$1{,}0\ \mu b_0$
2b	Längsbewehrung bei Balken jeweils oben und unten	–	–	$0{,}5\ \mu b_0\ b_0$	$1{,}0\ \mu \cdot b_0\ d_0$ ($2{,}5\ \mu \cdot b_0\ d_0$)
3	Lotrechte Bewehrung je m an jedem gestützten oder nicht gestützten Rand (siehe auch DIN 1045/07.88, Abschnitt 18.9.1)	$1{,}0\ \mu d$	$1{,}0\ \mu d$	–	–
4	Schubbewehrung für Scheibenschub (Summe der Lagen)	a) $1{,}0\ \mu d$ (in Querrichtung vorgespannt) b) $2{,}0\ \mu d$ (in Querrichtung nicht vorgespannt)	$2{,}0\ \mu d$	–	–
5	Schubbewehrung von Balkenstegen (Summe der Bügel)	$2{,}0\ \mu b_0$ (nur bei breiten Balken, wenn σ_1 größer ist als die Werte der Tabelle 9, Zeile 51)		$2{,}0\ \mu b_0$	$2{,}0\ \mu b_0$

Die Werte für μ sind der Tabelle 5 zu entnehmen.

b_0 Stegbreite in Höhe der Schwerlinie des gesamten Querschnitts, bei Hohlplatten mit annähernd kreisförmiger Aussparung die kleinste Stegbreite

d_0 Balkendicke

d Plattendicke

(3) Bei Brücken und vergleichbaren Bauwerken ist eine erhöhte Mindestbewehrung in gezogenen bzw. weniger gedrückten Querschnittsteilen (siehe Tabelle 4, Zeilen 1b und 2b, Werte in Klammern) anzuordnen, wenn im Endzustand unter Haupt- und Zusatzlasten die nach Zustand I ermittelte Betondruckspannung am Rand dem Betrag nach kleiner als 2 N/mm^2 ist. Dabei dürfen Spannglieder unter Berücksichtigung der unterschiedlichen Verbundeigenschaften angerechnet werden[4]). In Gurtplatten sind Stabdurchmesser $\leq$ 16 mm zu verwenden, sofern kein genauer Nachweis erfolgt[4]).

[4]) Nachweise siehe DAfStb-Heft 320

Ausgabe Dezember 1979

6.7.2 Oberflächenbewehrung von Spannbetonplatten

(1) An der Ober- und Unterseite sind Bewehrungsnetze anzuordnen, die aus zwei sich annähernd rechtwinklig kreuzenden Bewehrungslagen mit einem Querschnitt nach Tabelle 4 Zeile 1 bestehen. Die einzelnen Bewehrungen können in mehrere oberflächennahe Lagen aufgeteilt werden.

(2) Abweichend davon ist bei statisch bestimmt gelagerten Platten des üblichen Hochbaues (nach DIN 1045, Ausgabe Dezember 1978, Abschnitt 2.2.4) eine obere Mindestbewehrung nicht erforderlich. Bei Platten mit Vollquerschnitt und einer Breite $b \leq 1{,}20$ m darf außerdem die untere Mindestquerbewehrung entfallen. Bei rechnerisch nicht berücksichtigter Einspannung ist jedoch die Mindestbewehrung in Einspannrichtung über ein Viertel der Plattenstützweite einzulegen.

Tabelle 5. Grundwerte μ der Mindestbewehrung

	1	2	3	4
	Vorgesehene Betonfestigkeitsklasse	BSt 220/340	BSt 420/500	BSt 500/550
1	B 25	0,13 %	0,07 %	0,06 %
2	B 35	0,17 %	0,09 %	0,08 %
3	B 45	0,19 %	0,10 %	0,09 %
4	B 55	0,21 %	0,11 %	0,10 %

(3) Bei Hohlplatten mit annähernd kreisförmigen Aussparungen darf die Längsbewehrung auf den reinen Betonquerschnitt bezogen werden. Die Querbewehrung ist in gleicher Größe wie die Längsbewehrung zu wählen. Die Stege müssen hierbei eine Schubbewehrung nach Abschnitt 6.7.5 erhalten. Hohlplatten mit annähernd rechteckigen Aussparungen sind wie Kastenträger zu behandeln.

(4) Bei Platten mit veränderlicher Dicke darf die Mindestbewehrung auf die gemittelte Plattendicke d_m bezogen werden.

6.7.3 Schubbewehrung von Gurtscheiben

(1) Wirkt die Platte gleichzeitig als Gurtscheibe, muß die Mindestbewehrung zur Aufnahme des Scheibenschubs auf die örtliche Plattendicke bezogen werden.

(2) Für die Schubbewehrung von Gurtscheiben gilt Tabelle 4 Zeile 4.

6.7.4 Längsbewehrung von Balkenstegen

Für die Längsbewehrung von Balkenstegen gilt Tabelle 4 Zeilen 2a und 2b.

6.7.5 Schubbewehrung von Balkenstegen

Für die Schubbewehrung von Balkenstegen gilt Tabelle 4 Zeile 5.

Ausgabe Juli 1988

6.7.2 Oberflächenbewehrung von Spannbetonplatten

(1) An der Ober- und Unterseite sind Bewehrungsnetze anzuordnen, die aus zwei sich annähernd rechtwinklig kreuzenden Bewehrungslagen mit einem Querschnitt nach Tabelle 4, Zeilen 1a und 1b, bestehen. Die einzelnen Bewehrungen können in mehrere oberflächennahe Lagen aufgeteilt werden.

(2) Abweichend davon ist bei statisch bestimmt gelagerten Platten des üblichen Hochbaues (nach DIN 1045/07.88, Abschnitt 2.2.4) eine obere Mindestbewehrung nicht erforderlich. Bei Platten mit Vollquerschnitt und einer Breite $b \leq 1{,}20$ m darf außerdem die untere Mindestquerbewehrung entfallen. Bei rechnerisch nicht berücksichtigter Einspannung ist jedoch die Mindestbewehrung in Einspannrichtung über ein Viertel der Plattenstützweite einzulegen.

Tabelle 5. Grundwerte μ der Mindestbewehrung in %

	1	2	3
	Vorgesehene Betonfestigkeitsklasse	III S	IV S / IV M
1	B 25	0,07	0,06
2	B 35	0,09	0,08
3	B 45	0,10	0,09
4	B 55	0,11	0,10

(3) Bei Hohlplatten mit annähernd kreisförmigen Aussparungen darf die Längsbewehrung auf den reinen Betonquerschnitt bezogen werden. Die Querbewehrung ist in gleicher Größe wie die Längsbewehrung zu wählen. Die Stege müssen hierbei eine Schubbewehrung nach Abschnitt 6.7.5 erhalten. Hohlplatten mit annähernd rechteckigen Aussparungen sind wie Kastenträger zu behandeln.

(4) Bei Platten mit veränderlicher Dicke darf die Mindestbewehrung auf die gemittelte Plattendicke d_m bezogen werden.

6.7.3 Schubbewehrung von Gurtscheiben

(1) Wirkt die Platte gleichzeitig als Gurtscheibe, muß die Mindestbewehrung zur Aufnahme des Scheibenschubs auf die örtliche Plattendicke bezogen werden.

(2) Für die Schubbewehrung von Gurtscheiben gilt Tabelle 4, Zeile 4.

6.7.4 Längsbewehrung von Balkenstegen

Für die Längsbewehrung von Balkenstegen gilt Tabelle 4, Zeilen 2a und 2b. Mindestens die Hälfte der erhöhten Mindestbewehrung muß am unteren und/oder oberen Rand des Steges liegen, der Rest darf über das untere und/oder obere Drittel der Steghöhe verteilt sein.

6.7.5 Schubbewehrung von Balkenstegen

Für die Schubbewehrung von Balkenstegen gilt Tabelle 4 Zeile 5.

6.7.6 Längsbewehrung im Stützenbereich durchlaufender Tragwerke bei Brücken und vergleichbaren Bauwerken

(1) Im Stützenbereich durchlaufender Tragwerke — mit Ausnahme massiver Vollplatten — ist eine Längsbewehrung im unteren Drittel der Stegfläche und in der unteren Platte vorzusehen, wenn die Randdruckspannungen dem Betrag nach kleiner als 1 N/mm^2 sind. Diese Längsbewehrung ist aus der Querschnittsfläche des gesamten Steges und der unteren Platte zu ermitteln. Der Bewehrungsprozentsatz darf bei Randdruckspannungen zwischen 0 und 1 N/mm^2 linear zwischen 0,2 % und 0 % interpoliert werden.

(2) Die Hälfte dieser Bewehrung darf frühestens in einem Abstand $(d_0 + l_0)$, der Rest in einem Abstand $(2 d_0 + l_0)$ von der Lagerachse enden (d_0 Balkendicke; l_0 Grundmaß der Verankerungslänge nach DIN 1045/07.88, Abschnitt 18.5.2.1).

6.8 Beschränkung von Temperatur und Schwindrissen

(1) Wenn die Gefahr besteht, daß die Hydratationswärme des Zements in dicken Bauteilen zu hohen Temperaturspannungen und dadurch zu Rissen führt, sind geeignete Gegenmaßnahmen zu ergreifen (z. B. niedrige Frischbetontemperatur durch gekühlte Ausgangsstoffe, Verwendung von Zementen mit niedriger Hydratationswärme, Aufbringen einer Teilvorspannung, Kühlen des erhärteten Betons durch eingebaute Kühlrohre, Schutz des warmen Betons vor zu rascher Abkühlung).

(2) Auch beim abschnittsweisen Betonieren (z. B. Bodenplatte — Stege — Fahrbahnplatte bei einer Brücke) können Maßnahmen gegen Risse infolge von Temperaturunterschieden oder Schwinden erforderlich werden.

7 Berechnungsgrundlagen
7.1 Erforderliche Nachweise

Es sind folgende Nachweise zu erbringen:

a) Im Gebrauchszustand (siehe Abschnitt 9) der Nachweis, daß die hierfür zugelassenen Spannungen nach Abschnitt 15, Tabelle 9, nicht überschritten werden. Dieser Nachweis ist unter der Annahme eines linearen Zusammenhanges zwischen Spannung und Dehnung zu führen.
b) Der Nachweis zur Beschränkung der Rißbreite nach Abschnitt 10.
c) Der Nachweis der Sicherheit gegen Versagen nach Abschnitt 11 (rechnerischer Bruchzustand).
d) Der Nachweis der schiefen Hauptspannungen und der Schubdeckung nach Abschnitt 12.
e) Der Nachweis der Beanspruchung des Verbundes nach Abschnitt 13.
f) Der Nachweis der Zugkraftdeckung sowie der Verankerung und Kopplung der Spannglieder nach den Abschnitten 14 und 15.9.

7.2 Formänderung des Betonstahles und des Spannstahles

Für alle Nachweise im Gebrauchszustand darf mit elastischem Verhalten des Beton- und Spannstahles gerechnet werden. Für den Betonstahl gilt DIN 1045/07.88, Abschnitt 16.2.1. Für Spannstähle darf als Rechenwert des Elastizitätsmoduls bei Drähten und Stäben 2,05 · 10^5 N/mm^2, bei Litzen 1,95 · 10^5 N/mm^2 angenommen werden. Bei der Ermittlung der Spannwege ist der Elastizitätsmodul des Spannstahles stets der Zulassung zu entnehmen.

Ausgabe Dezember 1979

7.3 Formänderung des Betons

(1) Bei allen Nachweisen im Gebrauchszustand und für die Berechnung der Schnittgrößen oberhalb des Gebrauchszustandes darf mit einem für Druck und Zug gleich großen Elastizitätsmodul E_b bzw. Schubmodul G_b nach Tabelle 6 gerechnet werden. Diese Richtwerte beziehen sich auf Beton mit Zuschlag aus überwiegend quarzitischem Kiessand (z. B. Rheinkiessand). Unter sonst gleichen Bedingungen können stark wassersaugende Sedimentgesteine (häufig bei Sandsteinen) einen bis zu 40 % niedrigeren, dichte magmatische Gesteine (z. B. Basalt) einen bis zu 40 % höheren Elastizitätsmodul und Schubmodul bewirken.

(2) Soll der Einfluß der Querdehnung berücksichtigt werden, darf dieser mit $\mu = 0{,}2$ angesetzt werden.

(3) Zur Berechnung der Formänderung des Betons oberhalb des Gebrauchszustandes siehe DIN 1045, Ausgabe Dezember 1978, Abschnitt 16.3.

Tabelle 6. **Elastizitätsmodul und Schubmodul des Betons** Richtwerte

	1	2	3
	Betonfestigkeitsklasse	Elastizitätsmodul E_b MN/m²	Schubmodul G_b MN/m²
1	B 25	30 000	13 000
2	B 35	34 000	14 000
3	B 45	37 000	15 000
4	B 55	39 000	16 000

7.4 Mitwirkung des Betons in der Zugzone

Bei Berechnungen im Gebrauchszustand darf die Mitwirkung des Betons auf Zug berücksichtigt werden. Für die Rissebeschränkung siehe jedoch Abschnitt 10.2.

7.5 Nachträglich ergänzte Querschnitte

Bei Querschnitten, die nachträglich durch Anbetonieren ergänzt werden, sind die Nachweise nach Abschnitt 7.1 sowohl für den ursprünglichen als auch für den ergänzten Querschnitt zu führen. Beim Nachweis für den rechnerischen Bruchzustand des ergänzten Querschnittes darf so vorgegangen werden, als ob der Gesamtquerschnitt von Anfang an einheitlich hergestellt worden wäre. Für die erforderliche Anschlußbewehrung siehe Abschnitt 12.7.

7.6 Stützmomente

Die Momentenfläche muß über den Unterstützungen parabelförmig ausgerundet werden, wenn bei der Berechnung eine frei drehbare Lagerung angenommen wurde (siehe DIN 1045, Ausgabe Dezember 1978, Abschnitt 15.4.1.2).

8 Zeitabhängiges Verformungsverhalten von Stahl und Beton

8.1 Begriffe und Anwendungsbereich

(1) Mit **Kriechen** wird die zeitabhängige Zunahme der Verformungen unter andauernden Spannungen und mit **Relaxation** die zeitabhängige Abnahme der Spannungen unter einer aufgezwungenen Verformung von konstanter Größe bezeichnet.

Ausgabe Juli 1988

7.3 Formänderung des Betons

(1) Bei allen Nachweisen im Gebrauchszustand und für die Berechnung der Schnittgrößen oberhalb des Gebrauchszustandes darf mit einem für Druck und Zug gleich großen Elastizitätsmodul E_b bzw. Schubmodul G_b nach Tabelle 6 gerechnet werden. Diese Richtwerte beziehen sich auf Beton mit Zuschlag aus überwiegend quarzitischem Kiessand (z. B. Rheinkiessand). Unter sonst gleichen Bedingungen können stark wassersaugende Sedimentgesteine (häufig bei Sandsteinen) einen bis zu 40 % niedrigeren, dichte magmatische Gesteine (z. B. Basalt) einen bis zu 40 % höheren Elastizitätsmodul und Schubmodul bewirken.

(2) Soll der Einfluß der Querdehnung berücksichtigt werden, darf dieser mit $\mu = 0{,}2$ angesetzt werden.

(3) Zur Berechnung der Formänderung des Betons oberhalb des Gebrauchszustandes siehe DIN 1045/07.88, Abschnitt 16.3.

Tabelle 6. **Elastizitätsmodul und Schubmodul des Betons** (Richtwerte)

	1	2	3
	Betonfestigkeitsklasse	Elastizitätsmodul E_b N/mm²	Schubmodul G_b N/mm²
1	B 25	30 000	13 000
2	B 35	34 000	14 000
3	B 45	37 000	15 000
4	B 55	39 000	16 000

7.4 Mitwirkung des Betons in der Zugzone

Bei Berechnungen im Gebrauchszustand darf die Mitwirkung des Betons auf Zug berücksichtigt werden. Für die Rissebeschränkung siehe jedoch Abschnitt 10.2.

7.5 Nachträglich ergänzte Querschnitte

Bei Querschnitten, die nachträglich durch Anbetonieren ergänzt werden, sind die Nachweise nach Abschnitt 7.1 sowohl für den ursprünglichen als auch für den ergänzten Querschnitt zu führen. Beim Nachweis für den rechnerischen Bruchzustand des ergänzten Querschnitts darf so vorgegangen werden, als ob der Gesamtquerschnitt von Anfang an einheitlich hergestellt worden wäre. Für die erforderliche Anschlußbewehrung siehe Abschnitt 12.7.

7.6 Stützmomente

Die Momentenfläche muß über den Unterstützungen parabelförmig ausgerundet werden, wenn bei der Berechnung eine frei drehbare Lagerung angenommen wurde (siehe DIN 1045/07.88, Abschnitt 15.4.1.2).

8 Zeitabhängiges Verformungsverhalten von Stahl und Beton

8.1 Begriffe und Anwendungsbereich

(1) Mit Kriechen wird die zeitabhängige Zunahme der Verformungen unter andauernden Spannungen und mit Relaxation die zeitabhängige Abnahme der Spannungen unter einer aufgezwungenen Verformung von konstanter Größe bezeichnet.

Ausgabe Dezember 1979

Ausgabe Dezember 1979

(2) Unter **Schwinden** wird die Verkürzung des unbelasteten Betons während der Austrocknung verstanden. Dabei wird angenommen, daß der Schwindvorgang durch die im Beton wirkenden Spannungen nicht beeinflußt wird.

(3) Die folgenden Festlegungen gelten nur für übliche Beanspruchungen und Verhältnisse. Bei außergewöhnlichen Verhältnissen (z. B. hohe Temperaturen, auch kurzzeitig wie bei Warmbehandlung) sind zusätzliche Einflüsse zu berücksichtigen.

8.2 Spannstahl

Zeitabhängige Spannungsverluste des Spannstahles (Relaxation) müssen entsprechend den Zulassungsbescheiden des Spannstahles berücksichtigt werden.

8.3 Kriechzahl des Betons

(1) Das Kriechen des Betons hängt vor allem von der Feuchte der umgebenden Luft, den Maßen des Bauteiles und der Zusammensetzung des Betons ab. Das Kriechen wird außerdem vom Erhärtungsgrad des Betons beim Belastungsbeginn und von der Dauer und der Größe der Beanspruchung beeinflußt.

(2) Mit der Kriechzahl φ_t wird der durch das Kriechen ausgelöste Verformungszuwachs ermittelt. Für konstante Spannung σ_0 gilt:

$$\varepsilon_k = \frac{\sigma_0}{E_b} \cdot \varphi_t \qquad (3)$$

Bei veränderlicher Spannung gilt Abschnitt 8.7.2. Für E_b gilt Abschnitt 7.3.

(3) Da im allgemeinen die Auswirkungen des Kriechens nur für den Zeitpunkt $t = \infty$ zu berücksichtigen sind, kann vereinfacht mit den Endkriechzahlen φ_∞ gemäß Tabelle 7 gerechnet werden.

(4) Ist ein genauerer Nachweis erforderlich oder sind die Auswirkungen des Kriechens zu einem anderen als zum Zeitpunkt $t = \infty$ zu beurteilen, so kann φ_t aus einem Fließanteil und einem Anteil der verzögert elastischen Verformung ermittelt werden:

$$\varphi_t = \varphi_{f0} \cdot (k_{f,t} - k_{f,t_0}) + 0{,}4\, k_{v,(t-t_0)} \qquad (4)$$

Hierin bedeuten:

φ_{f0} Grundfließzahl nach Tabelle 8 Spalte 3.

k_f Beiwert nach Bild 1 für den zeitlichen Ablauf des Fließens unter Berücksichtigung der wirksamen Körperdicke d_{ef} nach Abschnitt 8.5, der Zementart und des wirksamen Alters.

t Wirksames Betonalter zum untersuchten Zeitpunkt nach Abschnitt 8.6.

t_0 Wirksames Betonalter beim Aufbringen der Spannung nach Abschnitt 8.6.

k_v Beiwert nach Bild 2 zur Berücksichtigung des zeitlichen Ablaufes der verzögert elastischen Verformung.

(5) Wenn sich der zu untersuchende Kriechprozeß über mehr als 3 Monate erstreckt, darf vereinfachend $k_{v,(t-t_0)} = 1$ gesetzt werden.

8.4 Schwindmaß des Betons

(1) Das Schwinden des Betons hängt vor allem von der Feuchte der umgebenden Luft, den Maßen des Bauteiles und der Zusammensetzung des Betons ab.

Ausgabe Juli 1988

(2) Unter Schwinden wird die Verkürzung des unbelasteten Betons während der Austrocknung verstanden. Dabei wird angenommen, daß der Schwindvorgang durch die im Beton wirkenden Spannungen nicht beeinflußt wird.

(3) Die folgenden Festlegungen gelten nur für übliche Beanspruchungen und Verhältnisse. Bei außergewöhnlichen Verhältnissen (z. B. hohe Temperaturen, auch kurzzeitig wie bei Wärmebehandlung) sind zusätzliche Einflüsse zu berücksichtigen.

8.2 Spannstahl

Zeitabhängige Spannungsverluste des Spannstahles (Relaxation) müssen entsprechend den Zulassungsbescheiden des Spannstahles berücksichtigt werden.

8.3 Kriechzahl des Betons

(1) Das Kriechen des Betons hängt vor allem von der Feuchte der umgebenden Luft, den Maßen des Bauteiles und der Zusammensetzung des Betons ab. Das Kriechen wird außerdem vom Erhärtungsgrad des Betons beim Belastungsbeginn und von der Dauer und der Größe der Beanspruchung beeinflußt.

(2) Mit der Kriechzahl φ_t wird der durch das Kriechen ausgelöste Verformungszuwachs ermittelt. Für konstante Spannung σ_0 gilt:

$$\varepsilon_k = \frac{\sigma_0}{E_b}\, \varphi_t \qquad (3)$$

Bei veränderlicher Spannung gilt Abschnitt 8.7.2. Für E_b gilt Abschnitt 7.3.

(3) Da im allgemeinen die Auswirkungen des Kriechens nur für den Zeitpunkt $t = \infty$ zu berücksichtigen sind, kann vereinfachend mit den Endkriechzahlen φ_∞ nach Tabelle 7 gerechnet werden.

(4) Ist ein genauerer Nachweis erforderlich oder sind die Auswirkungen des Kriechens zu einem anderen als zum Zeitpunkt $t = \infty$ zu beurteilen, so kann φ_t aus einem Fließanteil und einem Anteil der verzögert elastischen Verformung ermittelt werden:

$$\varphi_t = \varphi_{f0} \cdot (k_{f,t} - k_{f,t_0}) + 0{,}4\, k_{v,(t-t_0)} \qquad (4)$$

Hierin bedeuten:

φ_{f0} Grundfließzahl nach Tabelle 8, Spalte 3.

k_f Beiwert nach Bild 1 für den zeitlichen Ablauf des Fließens unter Berücksichtigung der wirksamen Körperdicke d_{ef} nach Abschnitt 8.5, der Zementart und des wirksamen Alters.

t Wirksames Betonalter zum untersuchten Zeitpunkt nach Abschnitt 8.6.

t_0 Wirksames Betonalter beim Aufbringen der Spannung nach Abschnitt 8.6.

k_v Beiwert nach Bild 2 zur Berücksichtigung des zeitlichen Ablaufes der verzögert elastischen Verformung.

(5) Wenn sich der zu untersuchende Kriechprozeß über mehr als 3 Monate erstreckt, darf vereinfachend $k_{v,(t-t_0)} = 1$ gesetzt werden.

8.4 Schwindmaß des Betons

(1) Das Schwinden des Betons hängt vor allem von der Feuchte der umgebenden Luft, den Maßen des Bauteiles und der Zusammensetzung des Betons ab.

Tabelle 7. **Endkriechzahl und Endschwindmaß in Abhängigkeit vom wirksamen Betonalter und der mittleren Dicke des Bauteiles**
Richtwerte

Kurve	Lage des Bauteiles	Mittlere Dicke $d_m = 2\frac{A}{u}$ *)	Endkriechzahlen φ_∞	Endschwindmaße $\varepsilon_{s\infty}$
1	feucht, im Freien (rel. Luftfeuchte ≈ 70 %)	klein (≤ 10 cm)		
2		groß (≥ 80 cm)		
3	trocken, in Innenräumen (rel. Luftfeuchte ≈ 50 %)	klein (≤ 10 cm)		
4		groß (≥ 80 cm)		

Anwendungsbedingungen:

Die Werte der Tabelle 7 gelten für den Konsistenzbereich K2. Für die Konsistenzbereiche K1 bzw. K3 sind die Zahlen um 25 % zu ermäßigen bzw. zu erhöhen. Bei Verwendung von Fließmitteln darf die Ausgangskonsistenz angesetzt werden.

Die Tabelle gilt für Beton, der unter Normaltemperatur erhärtet und für den Zement der Festigkeitsklassen Z 35 F und Z 45 F verwendet wird. Der Einfluß auf das Kriechen von Zement mit langsamerer Erhärtung (Z 25, Z 35 L, Z 45 L) bzw. mit sehr schneller Erhärtung (Z 55) kann dadurch berücksichtigt werden, daß die Richtwerte für den halben bzw. 1,5fachen Wert des Betonalters bei Belastungsbeginn abzulesen sind.

*) A Fläche des Betonquerschnittes; u der Atmosphäre ausgesetzter Umfang des Bauteiles

DIN 4227 Teil 1, Ausgabe Juli 1988

Tabelle 7. **Endkriechzahl und Endschwindmaß in Abhängigkeit vom wirksamen Betonalter und der mittleren Dicke des Bauteiles** (Richtwerte)

Kurve	Lage des Bauteiles	Mittlere Dicke $d_m = 2 \frac{A^{1)}}{u}$	Endkriechzahl φ_∞	Endschwindmaße $\varepsilon_{s\infty}$
1	feucht, im Freien (relative Luftfeuchte ≈ 70 %)	klein (≤ 10 cm)		
2		groß (≥ 80 cm)		
3	trocken, in Innenräumen (relative Luftfeuchte ≈ 50 %)	klein (≤ 10 cm)		
4		groß (≥ 80 cm)		

Anwendungsbedingungen:

Die Werte dieser Tabelle gelten für den Konsistenzbereich KP. Für die Konsistenzbereiche KS bzw. KR sind die Werte um 25% zu ermäßigen bzw. zu erhöhen. Bei Verwendung von Fließmitteln darf die Ausgangskonsistenz angesetzt werden.

Die Tabelle gilt für Beton, der unter Normaltemperatur erhärtet und für den Zement der Festigkeitsklassen Z 35 F und Z 45 F verwendet wird. Der Einfluß auf das Kriechen von Zement mit langsamer Erhärtung (Z 25, Z 35 L, Z 45 L) bzw. mit sehr schneller Erhärtung (Z 55) kann dadurch berücksichtigt werden, daß die Richtwerte für den halben bzw. 1,5fachen Wert des Betonalters bei Belastungsbeginn abzulesen sind.

$^{1)}$ A Fläche des Betonquerschnitts; u der Atmosphäre ausgesetzter Umfang des Bauteiles.

(2) Ist die Auswirkung des Schwindens vom Wirkungsbeginn bis zum Zeitpunkt $t = \infty$ zu berücksichtigen, so kann mit den Endschwindmaßen $\varepsilon_{s\infty}$ nach Tabelle 7 gerechnet werden.

(3) Sind die Auswirkungen des Schwindens zu einem anderen als zum Zeitpunkt $t = \infty$ zu beurteilen, so kann der maßgebende Teil des Schwindmaßes bis zum Zeitpunkt t nach Gleichung (5) ermittelt werden:

$$\varepsilon_{s,t} = \varepsilon_{s0} \cdot (k_{s,t} - k_{s,t_0}) \qquad (5)$$

Hierin bedeuten:

ε_{s0} Grundschwindmaß nach Tabelle 8 Spalte 4.

k_s Beiwert zur Berücksichtigung der zeitlichen Entwicklung des Schwindens nach Bild 3.

t Wirksames Betonalter zum untersuchten Zeitpunkt nach Abschnitt 8.6.

t_0 Wirksames Betonalter nach Abschnitt 8.6 zu dem Zeitpunkt, von dem ab der Einfluß des Schwindens berücksichtigt werden soll.

Tabelle 8. **Grundfließzahl und Grundschwindmaß in Abhängigkeit von der Lage des Bauteiles** Richtwerte

	1	2	3	4	5
	Lage des Bauteiles	Mittlere relative Luftfeuchte in % etwa	Grundfließzahl φ_{f0}	Grundschwindmaß ε_{s0}	Beiwert k_{ef} nach Abschnitt 8.5
1	im Wasser		0,8	$+10 \cdot 10^{-3}$	30
2	in sehr feuchter Luft, z. B. unmittelbar über dem Wasser	90	1,3	$-13 \cdot 10^{-3}$	5,0
3	allgemein im Freien	70	2,0	$-32 \cdot 10^{-5}$	1,5
4	in trockener Luft, z. B. in trockenen Innenräumen	50	2,7	$-46 \cdot 10^{-5}$	1,0
Anwendungsbedingungen siehe Tabelle 7					

8.5 Wirksame Körperdicke

Für die wirksame Körperdicke gilt die Gleichung

$$d_{ef} = k_{ef} \cdot \frac{2 \cdot A}{u} \qquad (6)$$

k_{ef} Beiwert nach Tabelle 8 Spalte 5 zur Berücksichtigung des Einflusses der Feuchte auf die wirksame Dicke.

A Fläche des gesamten Betonquerschnittes.

u Die Abwicklung der der Austrocknung ausgesetzten Begrenzungsfläche des gesamten Betonquerschnittes. Bei Kastenträgern ist im allgemeinen die Hälfte des inneren Umfanges zu berücksichtigen.

8.6 Wirksames Betonalter

(1) Wenn der Beton unter Normaltemperatur erhärtet, ist das wirksame Betonalter gleich dem wahren Betonalter. In den übrigen Fällen tritt an die Stelle des wahren Alters das durch Gleichung (7) bestimmte wirksame Betonalter.

$$t = \sum_i \frac{T_i + 10\,°C}{30\,°C} \Delta t_i \qquad (7)$$

Hierin bedeuten:

t Wirksames Betonalter.

T_i Mittlere Tagestemperatur des Betons in °C.

Δt_i Anzahl der Tage mit mittlerer Tagestemperatur T_i des Betons in °C.

Bei der Bestimmung von t_0 ist sinngemäß zu verfahren.

8.7 Berücksichtigung der Auswirkung von Kriechen und Schwinden des Betons

8.7.1 Allgemeines

(1) Der Einfluß von Kriechen und Schwinden muß berücksichtigt werden, wenn hierdurch die maßgebenden Schnittgrößen oder Spannungen wesentlich in die ungünstigere Richtung verändert werden.

(2) Bei der Abschätzung der zu erwartenden Verformung sind die Auswirkungen des Kriechens und Schwindens stets zu verfolgen.

(3) Der rechnerische Nachweis ist für alle dauernd wirkenden Beanspruchungen durchzuführen. Wirkt ein nennenswerter Anteil der Verkehrslast dauernd, so ist auch der durchschnittlich vorhandene Betrag der Verkehrslast als Dauerlast zu betrachten.

(4) Bei der Berechnung der Auswirkungen des Schwindens darf sein Verlauf näherungsweise affin zum Kriechen angenommen werden.

8.7.2 Berücksichtigung von Belastungsänderungen

Bei sprunghaften Änderungen der dauernd einwirkenden Spannungen gilt das Superpositionsgesetz. Ändern sich die Spannungen allmählich, z. B. unter Einfluß von Kriechen und Schwinden, so darf an Stelle von genaueren Lösungen näherungsweise als kriecherzeugende Spannung das Mittel zwischen Anfangs- und Endwert angesetzt werden, sofern die Endspannung nicht mehr als 30 % von der Anfangsspannung abweicht.

8.7.3 Besonderheiten bei Fertigteilen

(1) Bei Spannbetonfertigteilen ist der durch das zeitabhängige Verformungsverhalten des Betons hervorgerufene Spannungsabfall im Spannstahl in der Regel unter der ungünstigen Annahme zu ermitteln, daß eine Lagerungszeit von einem halben Jahr auftritt. Davon darf abgewichen werden, wenn sichergestellt ist, daß die Fertigteile in einem früheren Betonalter eingebaut und mit der maßgebenden Dauerlast belastet werden.

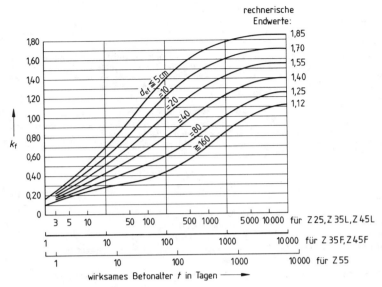

Bild 1. Beiwert k_f

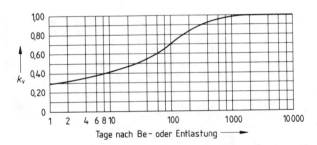

Bild 2. Verlauf der verzögert elastischen Verformung

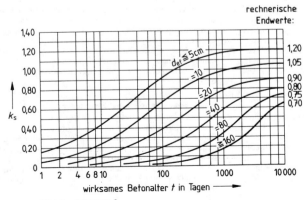

Bild 3. Beiwerte k_s

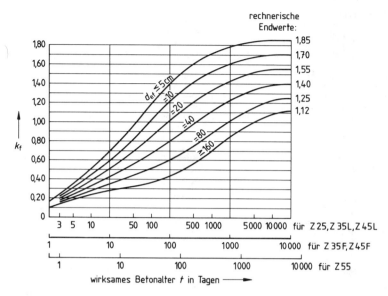

Bild 1. Beiwert k_f

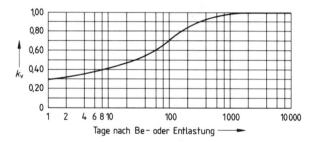

Bild 2. Verlauf der verzögert elastischen Verformung

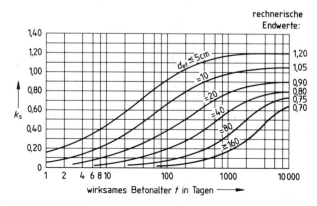

Bild 3. Beiwerte k_s

Ausgabe Dezember 1979

(2) Bei nachträglich durch Ortbeton ergänzten Deckenträgern unter 7 m Spannweite mit einer Verkehrslast $p \leq 3,5$ kN/m² brauchen die durch unterschiedliches Kriechen und Schwinden von Fertigteil und Ortbeton hervorgerufenen Spannungsumlagerungen nicht berücksichtigt zu werden.

(3) Ändern sich die klimatischen Bedingungen zu einem Zeitpunkt t_i nach Aufbringen der Beanspruchung erheblich, so muß dies beim Kriechen und Schwinden durch die sich abschnittsweise ändernden Grundfließzahlen φ_{f0} und zugehörigen Schwindmaße ε_{s0} erfaßt werden.

9 Gebrauchszustand, ungünstigste Laststellung, Sonderlastfälle bei Fertigteilen

9.1 Allgemeines

Zum Gebrauchszustand gehören alle Lastfälle, denen das Bauwerk während seiner Errichtung und seiner Nutzung unterworfen ist. Ausgenommen sind Beförderungszustände für Fertigteile nach Abschnitt 9.4.

9.2 Zusammenstellung der Beanspruchungen

9.2.1 Vorspannung

In diesem Lastfall werden die Kräfte und Spannungen zusammengefaßt, die allein von der ursprünglich eingetragenen Vorspannung hervorgerufen werden.

9.2.2 Ständige Last

Wird die ständige Last stufenweise aufgebracht, so ist jede Laststufe als besonderer Lastfall zu behandeln.

9.2.3 Verkehrslast, Wind und Schnee

Auch diese Lastfälle sind unter Umständen getrennt zu untersuchen, vor allem dann, wenn die Lasten zum Teil vor, zum Teil erst nach dem Kriechen und Schwinden auftreten.

9.2.4 Kriechen und Schwinden

In diesem Lastfall werden alle durch Kriechen und Schwinden entstehenden Umlagerungen der Kräfte und Spannungen zusammengefaßt.

9.2.5 Wärmewirkungen

(1) Soweit erforderlich, sind sowohl die durch Temperaturschwankungen als auch durch Temperaturunterschiede (Definitionen siehe DIN 1072) hervorgerufenen Spannungen nachzuweisen.

(2) Bei Brücken und vergleichbaren Bauwerken ist als Temperaturunterschied eine Erwärmung der Oberseite gegenüber der Unterseite des Tragwerks um 5 K unter der Annahme eines linearen Temperaturverlaufes über die gesamte Konstruktionshöhe in Haupttragrichtung zu berücksichtigen. Im Bauzustand genügen 2,5 K.

9.2.6 Zwang aus Baugrundbewegungen

Bei Brücken und vergleichbaren Bauwerken ist Zwang aus wahrscheinlichen Baugrundbewegungen nach DIN 1072 zu berücksichtigen.

Ausgabe Juli 1988

(2) Bei nachträglich durch Ortbeton ergänzten Deckenträgern unter 7 m Spannweite mit einer Verkehrslast $p \leq 3,5$ kN/m² brauchen die durch unterschiedliches Kriechen und Schwinden von Fertigteil und Ortbeton hervorgerufenen Spannungsumlagerungen nicht berücksichtigt zu werden.

(3) Ändern sich die klimatischen Bedingungen zu einem Zeitpunkt t_i nach Aufbringen der Beanspruchung erheblich, so muß dies beim Kriechen und Schwinden durch die sich abschnittsweise ändernden Grundfließzahlen φ_{f0} und zugehörigen Schwindmaße ε_{s0} erfaßt werden.

9 Gebrauchszustand, ungünstigste Laststellung, Sonderlastfälle bei Fertigteilen, Spaltzugbewehrung

9.1 Allgemeines

Zum Gebrauchszustand gehören alle Lastfälle, denen das Bauwerk während seiner Errichtung und seiner Nutzung unterworfen ist. Ausgenommen sind Beförderungszustände für Fertigteile nach Abschnitt 9.4.

9.2 Zusammenstellung der Beanspruchungen

9.2.1 Vorspannung

In diesem Lastfall werden die Kräfte und Spannungen zusammengefaßt, die allein von der ursprünglich eingetragenen Vorspannung hervorgerufen werden.

9.2.2 Ständige Last

Wird die ständige Last stufenweise aufgebracht, so ist jede Laststufe als besonderer Lastfall zu behandeln.

9.2.3 Verkehrslast, Wind und Schnee

Auch diese Lastfälle sind unter Umständen getrennt zu untersuchen, vor allem dann, wenn die Lasten zum Teil vor, zum Teil erst nach dem Kriechen und Schwinden auftreten.

9.2.4 Kriechen und Schwinden

In diesem Lastfall werden alle durch Kriechen und Schwinden entstehenden Umlagerungen der Kräfte und Spannungen zusammengefaßt.

9.2.5 Wärmewirkungen

(1) Soweit erforderlich, sind die durch Wärmewirkungen[5] hervorgerufenen Spannungen nachzuweisen. Bei Hochbauten ist DIN 1045/07.88, Abschnitt 16.5, zu beachten.

(2) Beim Spannungsnachweis im Bauzustand brauchen bei durchlaufenden Balken und Platten Temperaturschiede nicht berücksichtigt zu werden, siehe jedoch Abschnitt 15.1. (3).

(3) Bei Brücken nach DIN 1072 und vergleichbaren Bauwerken mit Wärmewirkung darf beim Spannungsnachweis im Endzustand auf den Nachweis des vollen Temperaturunterschiedes bei 0,7facher Verkehrslast verzichtet werden.

9.2.6 Zwang aus Baugrundbewegungen

Bei Brücken und vergleichbaren Bauwerken ist Zwang aus wahrscheinlichen Baugrundbewegungen nach DIN 1072 zu berücksichtigen.

Ausgabe Dezember 1979 — Ausgabe Juli 1988

9.2.7 Zwang aus Anheben zum Auswechseln von Lagern

Der Lastfall Anheben zum Auswechseln von Lagern bei Brücken und vergleichbaren Bauwerken ist zu berücksichtigen. Die beim Anheben entstehende Zwangbeanspruchung darf bei der Spannungsermittlung unberücksichtigt bleiben.

9.3 Lastzusammenstellungen

Bei Ermittlung der ungünstigsten Beanspruchungen müssen in der Regel nachfolgende Lastfälle untersucht werden:
- Zustand unmittelbar nach dem Aufbringen der Vorspannung,
- Zustand mit ungünstigster Verkehrslast und teilweisem Kriechen und Schwinden,
- Zustand mit ungünstigster Verkehrslast nach Beendigung des Kriechens und Schwindens.

9.3 Lastzusammenstellungen

Bei Ermittlung der ungünstigsten Beanspruchungen müssen in der Regel nachfolgende Lastfälle untersucht werden:
- Zustand unmittelbar nach dem Aufbringen der Vorspannung,
- Zustand mit ungünstigster Verkehrslast und teilweisem Kriechen und Schwinden,
- Zustand mit ungünstigster Verkehrslast nach Beendigung des Kriechens und Schwindens.

9.4 Sonderlastfälle bei Fertigteilen

(1) Zusätzlich zu DIN 1045, Ausgabe Dezember 1978, Abschnitte 19.2, 19.5.1 und 19.5.2 gilt folgendes:

(2) Für den Beförderungszustand, d. h. für alle Beanspruchungen, die bei Fertigteilen bis zum Versetzen in die für den Verwendungszweck vorgesehene Lage auftreten können, kann auf die Nachweise der Biegedruckspannungen in der Druckzone und der schiefen Hauptspannungen im Gebrauchszustand verzichtet werden. Die Zugkraft in der Zugzone muß durch Bewehrung abgedeckt werden. Der Nachweis ist nach Abschnitt 10.2.1 bzw. Abschnitt 10.2.2 zu führen; der Stabdurchmesser d_s darf jedoch die Werte nach Gleichung (8) überschreiten.

(3) Für den Beförderungszustand darf bei den Nachweisen im rechnerischen Bruchzustand nach den Abschnitten 11, 12.3 und 12.4 der Sicherheitsbeiwert von $\gamma = 1{,}75$ auf $\gamma = 1{,}3$ abgemindert werden (siehe DIN 1045, Ausgabe Dezember 1978, Abschnitt 19.2).

(4) Bei dünnwandigen Trägern ohne Flansche bzw. mit schmalen Flanschen ist auf eine ausreichende Kippstabilität zu achten.

9.4 Sonderlastfälle bei Fertigteilen

(1) Zusätzlich zu DIN 1045/07.88, Abschnitte 19.2, 19.5.1 und 19.5.2, gilt folgendes:

(2) Für den Beförderungszustand, d. h. für alle Beanspruchungen, die bei Fertigteilen bis zum Versetzen in die für den Verwendungszweck vorgesehene Lage auftreten können, kann auf die Nachweise der Biegedruckspannungen in der Druckzone und der schiefen Hauptspannungen im Gebrauchszustand verzichtet werden. Die Zugkraft in der Zugzone muß durch Bewehrung abgedeckt werden. Der Nachweis ist nach Abschnitt 10.2 zu führen; der Stabdurchmesser d_s darf jedoch die Werte nach Gleichung (8) überschreiten.

(3) Für den Beförderungszustand darf bei den Nachweisen im rechnerischen Bruchzustand nach den Abschnitten 11, 12.3 und 12.4, der Sicherheitsbeiwert $y = 1{,}75$ auf $y = 1{,}3$ abgemindert werden (siehe DIN 1045/07.88, Abschnitt 19.2).

(4) Bei dünnwandigen Trägern ohne Flansche bzw. mit schmalen Flanschen ist auf eine ausreichende Kippstabilität zu achten.

9.5 Spaltzugspannungen und Spaltzugbewehrung im Bereich von Spanngliedern

(1) Die zur Aufnahme der Spaltzugspannungen im Verankerungsbereich anzuordnende Bewehrung ist dem Zulassungsbescheid für das Spannverfahren zu entnehmen.

(2) Im Bereich von Spanngliedern, deren zulässige Spannkraft gemäß Tabelle 9, Zeile 65, mehr als 1500 kN beträgt, dürfen die Spaltzugspannungen außerhalb des Verankerungsbereiches den Wert

$$0{,}35 \cdot \sqrt[3]{\beta_{WN}^2} \text{ in N/mm}^2$$

nur überschreiten, wenn die Spaltzugkräfte durch Bewehrung aufgenommen werden, die für die Spannung $\beta_S/1{,}75$ bemessen ist[6]). Die Bewehrung ist in der Regel je zur Hälfte auf beiden Seiten jeder Spanngliedlage anzuordnen. Der Abstand der quer zu den Spanngliedern verlaufenden Stäbe soll 20 cm nicht überschreiten. Die Bewehrung ist an den Enden zu verankern.

10 Rissebeschränkung
10.1 Zulässigkeit von Zugspannungen
10.1.1 Volle Vorspannung

(1) Im Gebrauchszustand dürfen in der Regel keine Zugspannungen infolge von Längskraft und Biegemoment auftreten.

10 Rissebeschränkung
10.1 Zulässigkeit von Zugspannungen
10.1.1 Volle Vorspannung

(1) Im Gebrauchszustand dürfen in der Regel keine Zugspannungen infolge von Längskraft und Biegemoment auftreten.

---

[5]) Siehe DIN 1072

(2) In folgenden Fällen sind jedoch solche Zugspannungen zulässig:

a) Im Bauzustand, also z. B. unmittelbar nach dem Aufbringen der Vorspannung vor dem Einwirken der vollen ständigen Last, siehe Tabelle 9 Zeilen 15 bis 17 bzw. Zeilen 33 bis 35.

b) Bei Brücken und vergleichbaren Bauwerken unter Haupt- und Zusatzlasten, siehe Tabelle 9 Zeilen 30 bis 32; bei anderen Bauwerken unter wenig wahrscheinlicher Häufung von Lastfällen siehe Tabelle 9 Zeilen 12 bis 14.

c) Bei wenig wahrscheinlichen Laststellungen, siehe Tabelle 9 Zeilen 12 bis 14 bzw. Zeilen 30 bis 32; als wenig wahrscheinliche Laststellungen gelten z. B. die gleichzeitige Wirkung mehrerer Krane und Kranlasten in ungünstigster Stellung oder die Berücksichtigung mehrerer Einflußlinien-Beitragsflächen gleichen Vorzeichens, die durch solche entgegengesetzten Vorzeichen voneinander getrennt sind.

(3) Gleichgerichtete Zugspannungen aus verschiedenen Tragwirkungen (z. B. Wirkung einer Platte als Gurt eines Hauptträgers bei gleichzeitiger örtlicher Lastabtragung in der Platte) sind zu überlagern; dabei dürfen die Spannungen die Werte der Tabelle 9 Zeilen 12 bis 14 bzw. Zeilen 30 bis 32 nicht überschreiten. Für Lastfallkombinationen unter Einschluß der möglichen Baugrundbewegungen nach DIN 1072 sind Nachweise der Betonzugspannungen nicht erforderlich.

10.1.2 Beschränkte Vorspannung

(1) Im Gebrauchszustand sind die in Tabelle 9 Zeilen 18 bis 26 bzw. bei Brücken und vergleichbaren Bauwerken Zeilen 36 bis 44 angegebenen Zugspannungen infolge von Längskraft und Biegemoment zulässig.

(2) Bei Bauteilen im Freien oder bei Bauteilen mit erhöhtem Korrosionsangriff gemäß DIN 1045, Ausgabe Dezember 1978, Tabelle 10 Zeile 4 dürfen jedoch keine Zugspannungen aus Längskraft und Biegemoment auftreten infolge des Lastfalles Vorspannung plus ständige Last plus Verkehrslast, die während der Nutzung ständig oder längere Zeit im wesentlichen unverändert wirkt (bei Brücken die halbe Verkehrslast), plus Kriechen und Schwinden. In dem vorgenannten Lastfall sind an Stelle der Verkehrslast die wahrscheinlichen Baugrundbewegungen zu berücksichtigen, wenn sich dadurch ungünstigere Werte ergeben. Für Lastfallkombinationen unter Einschluß der möglichen Baugrundbewegungen nach DIN 1072 sind Nachweise der Betonzugspannungen nicht erforderlich.

(3) Gleichgerichtete Zugspannungen aus verschiedenen Tragwirkungen (z. B. Wirkung einer Platte als Gurt eines Hauptträgers bei gleichzeitiger örtlicher Lastabtragung in der Platte) sind zu überlagern; dabei sind die Werte nach Tabelle 9 Zeilen 21 bis 23 bzw. 39 bis 41 einzuhalten.

10.2 Nachweis zur Beschränkung der Rißbreite

(1) Zur Sicherung der Gebrauchsfähigkeit und Dauerhaftigkeit der Bauteile ist die Rißbreite durch geeignete Wahl von Bewehrungsgehalt, Stahlspannung und Stabdurchmesser in dem Maß zu beschränken, wie es der Verwendungszweck erfordert.

---

[6]) Ansätze für die Ermittlung können den Mitteilungen des Instituts für Bautechnik, Berlin, Heft 4/1979, Seiten 98 und 99, entnommen werden.

10.2.1 Vorgedrückte Zugzone

(1) Beim Nachweis zur Beschränkung der Rißbreite in der vorgedrückten Zugzone sind die auftretenden Stahlspannungen nach Zustand II unter Berücksichtigung des Ebenbleibens der Querschnitte zu ermitteln, die
- durch Schnittgrößen aus Vorspannung, Kriechen und Schwinden,
- durch die 1,35fachen Schnittgrößen aus äußeren Lasten nach den Abschnitten 9.2.2 und 9.2.3 (in ungünstigster Anordnung),
- durch 1,0fache Wärmewirkung nach Abschnitt 9.2.5 und durch wahrscheinliche Baugrundbewegung nach Abschnitt 9.2.6

hervorgerufen werden. Bei diesem Nachweis darf der Querschnitt des Betonstahls und der im Verbund liegenden Spannglieder angesetzt werden. Für Lastkombinationen unter Einschluß der möglichen Baugrundbewegungen sind Nachweise der Rissebeschränkung nicht erforderlich.

(3) Die Bewehrung zur Beschränkung der Rißbreite soll aus geripptem und/oder profiliertem Betonstahl sowie gegebenenfalls Spannstahl in sofortigem Verbund bestehen. Der Einfluß von Spanngliedern mit nachträglichem Verbund darf nach Gleichung (9) berücksichtigt werden.

(2) Die Betonstahlbewehrung zur Beschränkung der Rißbreite muß aus geripptem Betonstahl bestehen. Bei Vorspannung mit sofortigem Verbund dürfen im Querschnitt vorhandene Spannglieder zur Beschränkung der Rißbreite herangezogen werden. Die Beschränkung der Rißbreite gilt als nachgewiesen, wenn folgende Bedingung eingehalten ist:

(4) Der Stabdurchmesser d_s der Bewehrung in der vorgedrückten Zugzone soll die Werte nach Gleichung (8) nicht überschreiten (siehe hierzu auch DIN 1045, Ausgabe Dezember 1978, Abschnitt 17.6.2 letzter Absatz).

$$d_s = 4\,r \cdot \frac{\mu_z}{\sigma_s^2} \cdot 10^4 \qquad (8)$$

$$d_s \leq r \cdot \frac{\mu_z}{\sigma_s^2} \cdot 10^4 \qquad (8)$$

Hierin bedeuten:

d_s größter Stabdurchmesser in mm

Hierin bedeuten:

d_s größter vorhandener Stabdurchmesser der Längsbewehrung in mm (Betonstahl oder Spannstahl in sofortigem Verbund)

r Beiwert zur Berücksichtigung der Verbundeigenschaften

Für Rippenstahl und gerippte Spannstähle in sofortigem Verbund	$r = 65$
Für profilierten Betonstahl sowie für profilierten Spannstahl und Litzen in sofortigem Verbund	$r = 50$
Für glatten Spannstahl in sofortigem Verbund	$r = 35$

r Beiwert nach Tabelle 8.1 [7])

μ_z der auf die Zugzone A_{bz} bezogene Bewehrungsgehalt $\frac{A_s + A_v}{}$ in %

μ_z der auf die Zugzone A_{bz} bezogene Bewehrungsgehalt $100\,(A_s + A_v)/A_{bz}$ ohne Berücksichtigung der Spannglieder mit nachträglichem Verbund (Zugzone = Bereich von rechnerischen Zugdehnungen des Betons unter der in Absatz (5) angegebenen Schnittgrößenkombination, wobei mit einer Zugzonenhöhe von höchstens 0,80 m zu rechnen ist). Dabei ist vorausgesetzt, daß die Bewehrung A_s annähernd gleichmäßig über die Breite der Zugzone verteilt ist. Bei stark unterschiedlichen Bewehrungsgehalten μ_z innerhalb breiter Zugzonen muß Gleichung (8) auch örtlich erfüllt sein.

A_s Querschnitt der Betonstahlbewehrung der Zugzone A_{bz} in cm²

A_v Querschnitt der Spannglieder in sofortigem Verbund in der Zugzone A_{bz} in cm²

A_s Querschnitt der Betonstahlbewehrung der Zugzone A_{bz} in cm²

A_v Querschnitt der Spannglieder in sofortigem Verbund in der Zugzone A_{bz} in cm²

---

[7]) Bei unterschiedlichen Verbundeigenschaften darf der Ermittlung der Bewehrung ein mittlerer Wert r zugrunde gelegt werden, siehe z. B. DAfStb-Heft 320.

A_{bz} Querschnitt der Zugzone unter der oben angegebenen Schnittgrößenkombination in jenem Zustand, der für die Berechnung der Stahlspannung vorausgesetzt wird. Bei hohen Querschnitten ist mit einer Höhe der Zugzone von max. 80 cm zu rechnen.

σ_s Spannung im Betonstahl bzw. Spannungszuwachs im Spannstahl in MN/m², berechnet nach Absatz 1 oder Absatz 2 dieses Abschnittes.

σ_s Zugspannung im Betonstahl bzw. Spannungszuwachs sämtlicher im Verbund liegender Spannstähle in N/mm² nach Zustand II unter Zugrundelegung linear-elastischen Verhaltens für die in Absatz (5) angegebene Schnittgrößenkombination, jedoch höchstens β_s (siehe auch Erläuterungen im DAfStb-Heft 320)

(2) Beim Nachweis dürfen die Spannungen im Betonstahl die in Tabelle 9 Zeilen 70 und 71 angegebenen Werte, im Spannstahl die Streckgrenze bzw. einen Spannungszuwachs von β_s des verwendeten Betonstahls nicht überschreiten. Näherungsweise darf die Stahlspannung auch aus der nach Zustand I ermittelten Zugkraft des Betons ermittelt werden.

Tabelle 8.1. **Beiwerte r zur Berücksichtigung der Verbundeigenschaften**

Bauteile mit Umweltbedingungen nach DIN 1045/07.88, Tabelle 10, Zeile(n)	1	2	3 und 4 [1])
zu erwartende Rißbreite	normal	normal	sehr gering
gerippter Betonstahl und gerippte Spannstähle in sofortigem Verbund	200	150	100
profilierter Spannstahl und Litzen in sofortigem Verbund	150	110	75

[1]) Auch bei Bauteilen im Einflußbereich bis zu 10 m von
 – Straßen, die mit Tausalzen behandelt werden
 oder
 – Eisenbahnstrecken, die vorwiegend mit Dieselantrieb befahren werden.

(5) Im Bereich eines Quadrates von 30 cm Seitenlänge, in dessen Schwerpunkt ein Spannglied mit nachträglichem Verbund liegt, darf die nach den Absätzen (1) und (2) nachgewiesene Betonstahlbewehrung um den Betrag

$$\Delta A_s = u_v \cdot \zeta \cdot d_s/4 \qquad (9)$$

abgemindert werden.

Hierin bedeuten:

u_v Umfang des Spannglieds im Hüllrohr
  Einzelstab: $u_v = \pi d_v$
  Bündelspannglied, Litze: $u_v = 1{,}6 \cdot \pi \cdot \sqrt{A_v}$

ζ Verhältnis der Verbundfestigkeit von Spanngliedern im Einpreßmörtel zur Verbundfestigkeit von Rippenstahl im Beton
  – Spannglieder aus glatten Stäben $\zeta = 0{,}2$
  – Spannglieder aus profilierten Drähten oder aus Litzen $\zeta = 0{,}4$
  – Spannglieder aus gerippten Stählen $\zeta = 0{,}6$

(3) Im Bereich eines Quadrates von 30 cm Seitenlänge, in dessen Schwerpunkt ein Spannglied mit nachträglichem Verbund liegt, darf die nach Absatz (2) nachgewiesene Betonstahlbewehrung um den Betrag

$$\Delta A_s = u_v \cdot \xi \cdot d_s/4 \qquad (9)$$

abgemindert werden.

Hierin bedeuten:

d_s nach Gleichung (8), jedoch in cm

u_v Umfang des Spanngliedes im Hüllrohr
  Einzelstab: $u_v = \pi d_v$
  Bündelspannglied, Litze: $u_v = 1{,}6 \cdot \pi \cdot \sqrt{A_v}$

d_v Spanngliedurchmesser des Einzelstabes in cm
A_v Querschnitt der Bündelspannglieder bzw. Litzen in cm²

ξ Verhältnis der Verbundfestigkeit von Spanngliedern im Einpreßmörtel zur Verbundfestigkeit von Rippenstahl im Beton
  – Spannglieder aus glatten Stäben $\xi = 0{,}2$
  – Spannglieder aus profilierten Drähten oder aus Litzen $\xi = 0{,}4$
  – Spannglieder aus gerippten Stählen $\xi = 0{,}6$

(6) Ist der betrachtete Querschnittsteil A_{bz} nahezu mittig auf Zug beansprucht, so ist der Nachweis nach Gleichung (8) für die Bewehrungsstränge getrennt zu führen. An Stelle von μ_z tritt dabei jeweils der auf den Gesamtquerschnitt bezogene Bewehrungsgehalt des betreffenden Bewehrungsstranges.

(4) Ist der betrachtete Querschnittsteil nahezu mittig auf Zug beansprucht (z. B. Gurtplatte eines Kastenträgers), so ist der Nachweis nach Gleichung (8) für beide Lagen der Betonstahlbewehrung getrennt zu führen. Anstelle von μ_z tritt dabei jeweils der auf den betrachteten Querschnittsteil bezogene Bewehrungsgehalt des betreffenden Bewehrungsstranges.

(5) Bei überwiegend auf Biegung beanspruchten stabförmigen Bauteilen und Platten ist für den Nachweis nach Gleichung (8) von folgender Beanspruchungskombination auszugehen:
- 1,0fache ständige Last,
- 1,0fache Verkehrslast (einschließlich Schnee und Wind),
- 0,9- bzw. 1,1fache Summe aus statisch bestimmter und statisch unbestimmter Wirkung der Vorspannung unter Berücksichtigung von Kriechen und Schwinden; der ungünstigere Wert ist maßgebend,
- 1,0fache Zwangschnittgröße aus Wärmewirkung (auch im Bauzustand), wahrscheinlicher Baugrundbewegung, Schwinden und aus Anheben zum Auswechseln von Lagern,
- 1,0fache Schnittgröße aus planmäßiger Systemänderung,
- Zusatzmoment ΔM_1 mit

$$\Delta M_1 = \pm 5 \cdot 10^{-5} \cdot \frac{EI}{d_0}$$

Hierin bedeuten:
EI Biegesteifigkeit im Zustand I im betrachteten Querschnitt,
d_0 Querschnittsdicke im betrachteten Querschnitt (bei Platten ist $d_0 = d$ zu setzen).

Soweit diese Beanspruchungskombination ohne den statisch bestimmten Anteil der Vorspannung örtlich geringere Biegemomente als den Mindestwert

$$M_2 = \pm 15 \cdot 10^{-5} \cdot \frac{EI}{d_0}$$

ergibt, so ist dieses Moment M_2 in den durch Bild 3.1 gekennzeichneten Bereichen mit dem dort angegebenen Verlauf anzunehmen. Für den Nachweis nach Gleichung (8) ist dabei von der mit M_2 ermittelten Grenzlinie und dem statisch bestimmten Anteil der 0,9- bzw. 1,1fachen Vorspannung als Beanspruchungskombination auszugehen.

(6) Für Beanspruchungskombinationen unter Einschluß der möglichen Baugrundbewegungen sind Nachweise zur Beschränkung der Rißbreiten nicht erforderlich.

(7) Bei Platten mit Umweltbedingungen nach DIN 1045/ 07.88, Tabelle 10, Zeilen 1 und 2, braucht der Nachweis nach den Absätzen (2) bis (5) nicht geführt zu werden, wenn eine der folgenden Bedingungen a) oder b) eingehalten ist:

a) Die Ausmitte $e = |M/N|$ bei Lastkombinationen nach Absatz (5) entspricht folgenden Werten:

$e \leq d/3$ bei Platten der Dicke $d \leq 0,40$ m
$e \leq 0,133$ m bei Platten der Dicke $d > 0,40$ m

b) Bei Deckenplatten des üblichen Hochbaues mit Dicken $d \leq 0,40$ m sind für den Wert der Druckspannung $|\sigma_N|$ in N/mm² aus Normalkraft infolge von Vorspannung und äußerer Last und den Bewehrungsgehalt μ in % für den Betonstahl in der vorgedrückten Zugzone – bezogen auf den gesamten Betonquerschnitt – folgende drei Bedingungen erfüllt:

$$\mu \geq 0,05$$

$$|\sigma_N| \geq 1,0$$

$$\frac{\mu}{0,15} + \frac{|\sigma_N|}{3} \geq 1,0$$

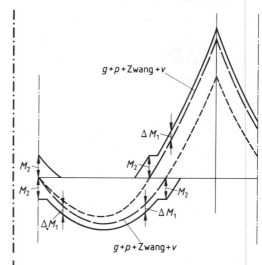

Bild 3.1. Abgrenzung der Anwendungsbereiche von M_2 (Grenzlinie der Biegemomente einschließlich der 0,9- bzw. 1,1fachen statisch unbestimmten Wirkung der Vorspannung v und Ansatz von ΔM_1

(8) Bei anderen Tragwerken (wie z. B. Behälter, Scheiben- und Schalentragwerke) sind besondere Überlegungen zur Erfüllung von Absatz (1) erforderlich.

10.2.2 Druckzone

Es ist nachzuweisen, daß der Zugkeil aus den Beanspruchungen nach Abschnitt 9.3 durch Bewehrung abgedeckt ist, wobei die Spannung im Betonstahl bzw. der Spannungszuwachs im Spannstahl die Werte nach Tabelle 9 Zeilen 68 und 69 nicht überschreiten darf.

10.3 Arbeitsfugen annähernd rechtwinklig zur Tragrichtung

(1) Arbeitsfugen, die annähernd rechtwinklig zur betrachteten Tragrichtung verlaufen, sind im Bereich von Zugspannungen nach Möglichkeit zu vermeiden. Es ist nachzuweisen, daß die größten Zugspannungen infolge von Längskraft und Biegemoment an der Stelle der Arbeitsfuge die Hälfte der nach den Abschnitten 10.1.1 oder 10.1.2 jeweils zulässigen Werte nicht überschreiten und daß infolge des Lastfalles Vorspannung plus ständige Last plus Kriechen und Schwinden keine Zugspannungen auftreten.

(2) Wird nicht nachgewiesen, daß die infolge Schwindens und Abfließens der Hydratationswärme im anbetonierten Teil auftretenden Zugkräfte durch Bewehrung aufgenommen werden können, so ist im anbetonierten Teil auf eine Länge gleich $d_0 \leq 1{,}0$ m die parallel zur Arbeitsfuge laufende Bewehrung auf die doppelten Werte der Mindestbewehrung nach Abschnitt 6.7 — mit Ausnahme von Abschnitt 6.7.6 — anzuheben. Diese Werte gelten auch als Mindestquerschnitt der obersten und untersten Lage der die Fuge kreuzenden Bewehrung, die beiderseits der Fuge auf eine Länge gleich $d_0 + l_0 \leq 4{,}0$ m vorhanden sein muß (d_0 Balkendicke bzw. Plattendicke; l_0 Grundmaß der Verankerungslänge nach DIN 1045, Ausgabe Dezember 1978, Abschnitt 18.5.2.1).

10.3 Arbeitsfugen annähernd rechtwinklig zur Tragrichtung

(1) Arbeitsfugen, die annähernd rechtwinklig zur betrachteten Tragrichtung verlaufen, sind im Bereich von Zugspannungen nach Möglichkeit zu vermeiden. Es ist nachzuweisen, daß die größten Zugspannungen infolge von Längskraft und Biegemoment an der Stelle der Arbeitsfuge die Hälfte der nach den Abschnitten 10.1.1 oder 10.1.2 jeweils zulässigen Werte nicht überschreiten und daß infolge des Lastfalles Vorspannung plus ständige Last plus Kriechen und Schwinden keine Zugspannungen auftreten.

(2) Wird nicht nachgewiesen, daß die infolge Schwindens und Abfließens der Hydratationswärme im anbetonierten Teil auftretenden Zugkräfte durch Bewehrung aufgenommen werden können, so ist im anbetonierten Teil auf eine Länge $d_0 \leq 1{,}0$ m die parallel zur Arbeitsfuge laufende Bewehrung auf die doppelten Werte der Mindestbewehrung nach Abschnitt 6.7 — mit Ausnahme von Abschnitt 6.7.6 – anzuheben. Diese Werte gelten auch als Mindestquerschnitt der obersten und untersten Lage der die Fuge kreuzenden Bewehrung, die beiderseits der Fuge auf einer Länge $d_0 + l_0 \leq 4{,}0$ m vorhanden sein muß (d_0 Balkendicke bzw. Plattendicke; l_0 Grundmaß der Verankerungslänge nach DIN 1045/ 07.88, Abschnitt 18.5.2.1). Bei Brücken und vergleichbaren Bauwerken ist außerdem die Regelung über die erhöhte Mindestbewehrung nach Abschnitt 6.7.1 (3) zu beachten.

10.4 Arbeitsfugen mit Spanngliedkopplungen

(1) Werden in einer Arbeitsfuge mehr als 20 % der im Querschnitt vorhandenen Spannkraft mittels Spanngliedkopplungen oder auf andere Weise vorübergehend verankert, gilt ergänzend zu den Bestimmungen der Abschnitte 10.3, 14 und 15.9 folgendes:
<u>Die die Fuge kreuzende Bewehrung muß aus Betonrippenstahl bestehen; die Stababstände sollen nicht größer als 15 cm sein.</u>

(2) Wird die nichtlineare Spannungsverteilung aus Eintragung der Vorspannung nicht berücksichtigt und ist in der Fuge am jeweils betrachteten Rand unter ungünstigster Überlagerung der Lastfälle nach Abschnitt 9 (unter Berücksichtigung auch der Bauzustände) eine Druckrandspannung nicht vorhanden, so muß die die Fuge kreuzende Längsbewehrung folgende Mindestquerschnitte haben:

a) Für den Bereich des unteren Querschnittsrandes, wenn dort keine Gurtscheibe vorhanden ist:

0,2 % der Querschnittsfläche des Steges bzw. der Platte (zu berechnen mit der gesamten Querschnittsdicke; bei Hohlplatten mit annähernd kreisförmigen Aussparungen darf der reine Betonquerschnitt zugrunde gelegt werden). Mindestens die Hälfte dieser Bewehrung muß am unteren Rand liegen; der Rest darf über das untere Drittel der Querschnittsdicke verteilt sein.

b) Für den Bereich des unteren bzw. oberen Querschnittsrandes, wenn dort eine Gurtscheibe vorhanden ist (die folgende Regel gilt auch für Hohlplatten mit annähernd rechteckigen Aussparungen):

0,8 % der Querschnittsfläche der unteren bzw. 0,4 % der Querschnittsfläche der oberen Gurtscheibe einschließlich des jeweiligen (mit der gemittelten Scheibendicke zu bestimmenden) Durchdringungsbereiches mit dem Steg. Bei dicken Gurtscheiben ist es zulässig, dabei eine Gurtscheibendicke von nicht mehr als 0,40 m zugrunde zu legen. Die Bewehrung muß über die Breite von Gurtscheibe und Durchdringungsbereich gleichmäßig verteilt sein.

(3) <u>Die vorstehenden Werte für die Mindestlängsbewehrung dürfen</u> auf die doppelten Werte nach Tabelle 4 ermäßigt werden, wenn die Druckrandspannung am betrachteten Rand mindestens 2 MN/m² beträgt. Bei Mindest-Druckrandspannungen zwischen 0 und 2 MN/m² darf der Querschnitt der Mindestlängsbewehrung zwischen den jeweils maßgebenden Werten <u>geradlinig</u> interpoliert werden.

Bewehrungszulagen dürfen <u>entsprechend</u> Bild 4 gestaffelt werden.

| (4) Wird die nichtlineare Spannungsverteilung aus Eintragung
| der Vorspannung bei der Bemessung der Bewehrung be-
| rücksichtigt, ist die damit rechnerisch erforderliche Be-
| wehrung zuzüglich der doppelten Bewehrung nach
| Tabelle 4 einzulegen. Eine Berücksichtigung dieser nicht-
| linearen Spannungsverteilung beim Nachweis der Ein-
| haltung der zulässigen Spannungen im Beton wird nicht
| gefordert.

10.4 Arbeitsfugen mit Spanngliedkopplungen

(1) Werden in einer Arbeitsfuge mehr als 20 % der im Querschnitt vorhandenen Spannkraft mittels Spanngliedkopplungen oder auf andere Weise vorübergehend verankert, <u>gelten für die die Fuge kreuzende Bewehrung über die Abschnitte 10.2, 10.3, 14 und 15.9, hinaus die nachfolgenden Absätze (2) bis (5); dabei sollen die Stababstände nicht größer als 15 cm sein.</u>

| (2) Bei Brücken und vergleichbaren Bauwerken ist die
| erhöhte Mindestbewehrung nach Tabelle 4 grundsätzlich ein-
| zulegen.

(3) <u>Ist bei Bauwerken nach Tabelle 4, Spalten 2 und 4,</u> in der Fuge am jeweils betrachteten Rand unter ungünstigster Überlagerung der Lastfälle nach Abschnitt 9 (unter Berücksichtigung auch der Bauzustände) eine Druckrandspannung nicht vorhanden, so sind für die die Fuge kreuzende Längsbewehrung folgende Mindestquerschnitte erforderlich:

a) Für den Bereich des unteren Querschnittsrandes, wenn dort keine Gurtscheibe vorhanden ist:

0,2 % der Querschnittsfläche des Steges bzw. der Platte (zu berechnen mit der gesamten Querschnittsdicke; bei Hohlplatten mit annähernd kreisförmigen Aussparungen darf der reine Betonquerschnitt zugrunde gelegt werden). Mindestens die Hälfte dieser Bewehrung muß am unteren Rand liegen; der Rest darf über das untere Drittel der Querschnittsdicke verteilt sein.

b) Für den Bereich des unteren bzw. oberen Querschnittsrandes, wenn dort eine Gurtscheibe vorhanden ist (die folgende Regel gilt auch für Hohlplatten mit annähernd rechteckigen Aussparungen):

0,8 % der Querschnittsfläche der unteren bzw. 0,4 % der Querschnittsfläche der oberen Gurtscheibe einschließlich des jeweiligen (mit der gemittelten Scheibendicke zu bestimmenden) Durchdringungsbereiches mit dem Steg. <u>Die Bewehrung muß über die Breite von Gurtscheibe und Durchdringungsbereich gleichmäßig verteilt sein.</u>

(4) <u>Bei Bauwerken nach Absatz (3) dürfen die vorstehenden Werte für die Mindestlängsbewehrung</u> auf die doppelten Werte nach Tabelle 4 ermäßigt werden, wenn die Druckrandspannung am betrachteten Rand mindestens 2 N/mm² beträgt. Bei Mindest-Druckrandspannungen zwischen 0 und 2 N/mm² darf der Querschnitt der Mindestlängsbewehrung zwischen den jeweils maßgebenden Werten <u>linear</u> interpoliert werden.

(5) Bewehrungszulagen dürfen <u>nach</u> Bild 4 gestaffelt werden.

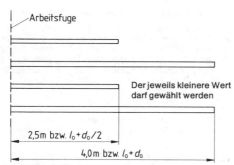

Bild 4. Staffelung der Bewehrungszulagen

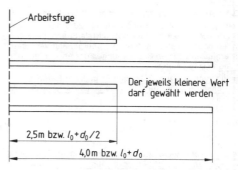

Bild 4. Staffelung der Bewehrungszulagen

11 Nachweis für den rechnerischen Bruchzustand bei Biegung, bei Biegung mit Längskraft und bei Längskraft

11.1 Rechnerischer Bruchzustand und Sicherheitsbeiwerte

(1) Für den rechnerischen Bruchzustand ist bei statisch bestimmt gelagerten Spannbetontragwerken die 1,75fache Summe der äußeren Lasten (nach den Abschnitten 9.2.2 und 9.2.3) in ungünstigster Stellung anzusetzen ($\gamma = 1{,}75$). Bei statisch unbestimmt gelagerten Tragwerken sind darüber hinaus — sofern diese ungünstig wirken — die 1,0fache Zwangbeanspruchung infolge Schwindens, Wärmewirkungen und wahrscheinlicher Baugrundbewegung [4]) sowie die 1,0fache Schnittgröße am Gesamtquerschnitt aus Vorspannung (unter Berücksichtigung von Kriechen und Schwinden) zu berücksichtigen. Bei Zwangbeanspruchung infolge Baugrundbewegung darf das Kriechen berücksichtigt werden. Die Schnittgrößen aus den einzelnen Lastfällen sind im allgemeinen wie im Gebrauchszustand anzusetzen.

(2) Die Sicherheit ist ausreichend, wenn die Schnittgrößen, die vom Querschnitt im Bruchzustand rechnerisch aufgenommen werden können, mindestens gleich den mit den in Absatz 1 angegebenen Sicherheitsbeiwerten jeweils vervielfachten Schnittgrößen im Gebrauchszustand sind.

(3) Bei gleichgerichteten Beanspruchungen aus mehreren Tragwirkungen (Hauptträgerwirkung und örtliche Plattenwirkung im Zugbereich) braucht nur der Dehnungszustand jeweils einer Tragwirkung berücksichtigt zu werden.

(4) Die Schnittgrößen im rechnerischen Bruchzustand dürfen auch unter Berücksichtigung der Steifigkeitsverhältnisse im Zustand II ermittelt werden. Dabei sind für Betonstahl und Spannstahl die Elastizitätsmoduln nach Abschnitt 7.2, für druckbeanspruchten Beton die Elastizitätsmoduln nach Abschnitt 7.3 zugrunde zu legen. Als Sicherheitsbeiwert γ ist hierbei für die Vorspannung (unter Berücksichtigung des Spannungsverlustes infolge Kriechens und Schwindens) sowie für Zwang aus planmäßiger Systemänderung $\gamma = 1{,}0$, für alle übrigen Lastfälle $\gamma = 1{,}75$, anzusetzen. Wird hiervon Gebrauch gemacht, so ist die Schubdeckung zusätzlich im Gebrauchszustand nachzuweisen (siehe Abschnitt 12.4).

11 Nachweis für den rechnerischen Bruchzustand bei Biegung, bei Biegung mit Längskraft und bei Längskraft

11.1 Rechnerischer Bruchzustand und Sicherheitsbeiwerte

(1) Für den rechnerischen Bruchzustand ist bei statisch bestimmt gelagerten Spannbetontragwerken die 1,75fache Summe der äußeren Lasten (nach den Abschnitten 9.2.2 und 9.2.3) in ungünstigster Stellung anzusetzen ($y = 1{,}75$). Bei statisch unbestimmt gelagerten Tragwerken sind darüber hinaus – sofern diese ungünstig wirken – die 1,0fache Zwangbeanspruchung infolge von Schwinden, Wärmewirkungen und wahrscheinlicher Baugrundbewegung [8]) und Anheben zum Auswechseln von Lagern sowie die 1,0fache Schnittgröße am Gesamtquerschnitt aus Vorspannung (unter Berücksichtigung von Kriechen und Schwinden) zu berücksichtigen. Bei Zwangbeanspruchung infolge Baugrundbewegung darf das Kriechen berücksichtigt werden. Die Schnittgrößen aus den einzelnen Lastfällen sind im allgemeinen wie im Gebrauchszustand anzusetzen.

(2) Die Sicherheit ist ausreichend, wenn die Schnittgrößen, die vom Querschnitt im Bruchzustand rechnerisch aufgenommen werden können, mindestens gleich den mit den in Absatz (1) angegebenen Sicherheitsbeiwerten jeweils vervielfachten Schnittgrößen im Gebrauchszustand sind.

(3) Bei gleichgerichteten Beanspruchungen aus mehreren Tragwirkungen (Hauptträgerwirkung und örtliche Plattenwirkung im Zugbereich) braucht nur der Dehnungszustand jeweils einer Tragwirkung berücksichtigt zu werden.

(4) Die Schnittgrößen im rechnerischen Bruchzustand dürfen auch unter Berücksichtigung der Steifigkeitsverhältnisse im Zustand II ermittelt werden. Dabei sind für Betonstahl und Spannstahl die Elastizitätsmoduln nach Abschnitt 7.2, für druckbeanspruchten Beton die Elastizitätsmoduln nach Abschnitt 7.3 zugrunde zu legen. Als Sicherheitsbeiwert y ist hierbei für die Vorspannung (unter Berücksichtigung des Spannungsverlustes infolge Kriechens und Schwindens) sowie für Zwang aus planmäßiger Systemänderung $y = 1{,}0$, für alle übrigen Lastfälle $y = 1{,}75$, anzusetzen. Wird hiervon Gebrauch gemacht, so ist die Schubdeckung zusätzlich im Gebrauchszustand nachzuweisen (siehe Abschnitt 12.4).

---

[4]) Bei Brücken ist die Zwangbeanspruchung aus der 0,4-fachen möglichen Baugrundbewegung zu berücksichtigen, falls dies ungünstiger ist.

[8]) Bei Brücken ist die Zwangbeanspruchung aus der 0,4fachen möglichen Baugrundbewegung zu berücksichtigen, falls dies ungünstiger ist.

11.2 Grundlagen

11.2.1 Allgemeines

Die folgenden Bestimmungen gelten für Querschnitte, bei denen vorausgesetzt werden kann, daß sich die Dehnungen der einzelnen Fasern des Querschnittes wie ihre Abstände von der Nullinie verhalten. Eine Mitwirkung des Betons auf Zug darf nicht in Rechnung gestellt werden.

11.2.2 Spannungsdehnungslinie des Stahls

(1) Die Spannungsdehnungslinie des Spannstahls ist der Zulassung zu entnehmen, wobei jedoch anzunehmen ist, daß die Spannung oberhalb der Streck- bzw. der $\beta_{0,2}$-Grenze nicht mehr ansteigt.

(2) Für Betonstahl gilt Bild 5.

(3) Bei druckbeanspruchtem Betonstahl tritt an die Stelle von β_S bzw. $\beta_{0,2}$ der Rechenwert $1,75/2,1 \cdot \beta_S$ bzw. $1,75/2,1 \cdot \beta_{0,2}$.

11.2.3 Spannungsdehnungslinie des Betons

(1) Für die Bestimmung der Betondruckkraft gilt die Spannungsdehnungslinie nach Bild 6.

(2) Zur Vereinfachung darf auch Bild 7 angewendet werden.

11.2.4 Dehnungsdiagramm

(1) Bild 8 zeigt die im rechnerischen Bruchzustand je nach Beanspruchung möglichen Dehnungsdiagramme.

(2) Die Dehnung ε_s bzw. $\varepsilon_v - \varepsilon_v^{(0)}$ darf in der äußersten, zur Aufnahme der Beanspruchung im rechnerischen Bruchzustand herangezogenen Bewehrungslage 5‰ nicht überschreiten. Im gleichen Querschnitt dürfen verschiedene Stahlsorten (z. B. Spannstahl und Betonstahl) entsprechend den jeweiligen Spannungsdehnungslinien gemeinsam in Rechnung gestellt werden.

(3) Eine geradlinige Dehnungsverteilung über den Gesamtquerschnitt darf nur angenommen werden, wenn der Verbund zwischen den Spanngliedern und dem Beton nach Abschnitt 13 gesichert ist. Die durch Vorspannung im Spannstahl erzeugte Vordehnung ergibt sich als Dehnungsunterschied zwischen Spannglied und umgebendem Beton im Gebrauchszustand nach Kriechen und Schwinden. In Sonderfällen, z. B. bei vorgespannten Druckgliedern, kann die Spannung vor Kriechen und Schwinden maßgebend sein.

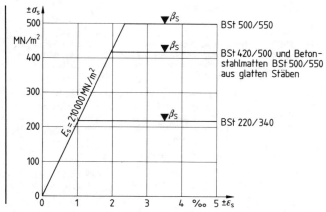

Bild 5. Rechenwerte für die Spannungsdehnungslinien der Betonstähle

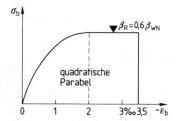

Bild 6. Rechenwerte für die Spannungsdehnungslinie des Betons

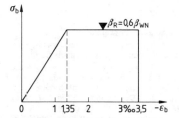

Bild 7. Vereinfachte Rechenwerte für die Spannungsdehnungslinie des Betons

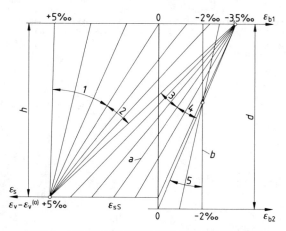

Bild 8. Dehnungsdiagramme (entsprechend dem oberen Teil von Bild 13 von DIN 1045, Ausgabe Dezember 1978, Legende siehe dort).

DIN 4227 Teil 1, Ausgabe Juli 1988

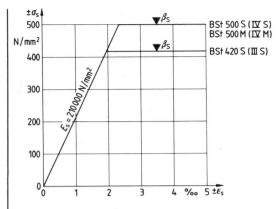

Bild 5. Rechenwerte für die Spannungsdehnungslinien der Betonstähle

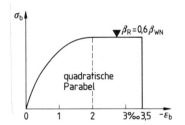

Bild 6. Rechenwerte für die Spannungsdehnungslinie des Betons

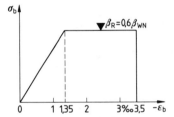

Bild 7. Vereinfachte Rechenwerte für die Spannungsdehnungslinie des Betons

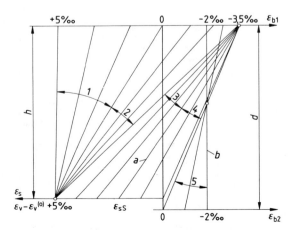

Bild 8. Dehnungsdiagramme (nach DIN 1045/07.88, Bild 13 oberer Teil)

Ausgabe Dezember 1979

11.3 Nachweis bei Lastfällen vor Herstellen des Verbundes

(1) Ein Nachweis ist erforderlich, sofern die Lastschnittgrößen, die vor Herstellung des Verbundes auftreten, 70 % der Werte nach Herstellung des Verbundes überschreiten.

(2) Vor dem Herstellen des Verbundes können sich die Spannglieder auf ihrer ganzen Länge frei dehnen. Das Verhalten im rechnerischen Bruchzustand hängt deshalb von dem Formänderungsverhalten des gesamten Tragwerks ab. Die in den Spanngliedern wirkende Spannung darf wie folgt angenommen werden, sofern kein genauerer Nachweis geführt wird:

bei annähernd gleichmäßig belasteten Trägern auf 2 Stützen:

$$\sigma_{vu} = \sigma_v^{(0)} + 110 \, MN/m^2 \leq \beta_{Sv} \qquad (10a)$$

bei Kragträgern unabhängig vom Belastungsbild, falls die Spannglieder im anschließenden Feld zumindest jenseits des Momentennullpunktes im Verbund liegen:

$$\sigma_{vu} = \sigma_v^{(0)} + 50 \, MN/m^2 \leq \beta_{Sv} \qquad (10b)$$

bei Durchlaufträgern:

$$\sigma_{vu} = \sigma_v^{(0)} \qquad (10c)$$

Hierin bedeuten:
$\sigma_v^{(0)}$ Spannung im Spannglied im Bauzustand
β_{Sv} Streckgrenze bzw. $\beta_{0,2}$-Grenze des Spannstahls

(3) Bewehrung aus Betonstahl darf berücksichtigt werden.

12 Schiefe Hauptspannungen und Schubdeckung

12.1 Allgemeines

(1) Der Spannungsnachweis ist für den Gebrauchszustand nach Abschnitt 12.2 und für den rechnerischen Bruchzustand nach Abschnitt 12.3 zu führen. Hierbei brauchen Biegespannungen aus Quertragwirkung (aus Plattenwirkung einzelner Querschnittsteile) nicht berücksichtigt zu werden, sofern nachfolgend nichts anderes angegeben ist (Begrenzung der Biegespannungen aus Quertragwirkung im Gebrauchszustand siehe Abschnitt 15.6).

(2) Es ist nachzuweisen, daß die jeweils zulässigen Werte der Tabelle 9 nicht überschritten werden. Der Nachweis darf bei unmittelbarer Stützung im Schnitt $0,5 \, d_0$ vom Auflagerrand geführt werden.

(3) Bei Lastfallkombinationen unter Einschluß möglicher Baugrundbewegungen kann auf den Nachweis der schiefen Hauptzugspannungen im Gebrauchszustand verzichtet werden. Der Nachweis der Hauptdruckspannungen bzw. Schubspannungen im rechnerischen Bruchzustand [5] nach den Abschnitten 12.3.2 und 12.3.3 und der Schubbewehrung nach Abschnitt 12.4 ist jedoch zu führen.

(4) Bei Balkentragwerken mit gegliederten Querschnitten, z. B. bei Plattenbalken und Kastenträgern, sind die Schubspannungen aus Scheibenwirkung der einzelnen Querschnittsteile nicht mit den Schubspannungen aus Plattenwirkung zu überlagern.

---

[5] Bei Brücken ist die Zwangbeanspruchung aus der 0,4-fachen möglichen Baugrundbewegung zu berücksichtigen, falls dies ungünstiger ist.

Ausgabe Juli 1988

11.3 Nachweis bei Lastfällen vor Herstellen des Verbundes

(1) Ein Nachweis ist erforderlich, sofern die Lastschnittgrößen, die vor Herstellung des Verbundes auftreten, 70% der Werte nach Herstellung des Verbundes überschreiten.

(2) Vor dem Herstellen des Verbundes können sich die Spannglieder auf ihrer ganzen Länge frei dehnen. Das Verhalten im rechnerischen Bruchzustand hängt deshalb von dem Formänderungsverhalten des gesamten Tragwerks ab. Die in den Spanngliedern wirkende Spannung darf wie folgt angenommen werden, sofern kein genauerer Nachweis geführt wird:

– bei annähernd gleichmäßig belasteten Trägern auf 2 Stützen:

$$\sigma_{vu} = \sigma_v^{(0)} + 110 \, N/mm^2 \leq \beta_{Sv}, \qquad (10a)$$

– bei Kragträgern unabhängig vom Belastungsbild, falls die Spannglieder im anschließenden Feld zumindest jenseits des Momentennullpunktes im Verbund liegen:

$$\sigma_{vu} = \sigma_v^{(0)} + 50 \, N/mm^2 \leq \beta_{Sv}, \qquad (10b)$$

– bei Durchlaufträgern:

$$\sigma_{vu} = \sigma_v^{(0)} \qquad (10c)$$

Hierin bedeuten:
$\sigma_v^{(0)}$ Spannung im Spannglied im Bauzustand
β_{Sv} Streckgrenze bzw. $\beta_{0,2}$-Grenze des Spannstahls

(3) Bewehrung aus Betonstahl darf berücksichtigt werden.

12 Schiefe Hauptspannungen und Schubdeckung

12.1 Allgemeines

(1) Der Spannungsnachweis ist für den Gebrauchszustand nach Abschnitt 12.2 und für den rechnerischen Bruchzustand nach Abschnitt 12.3 zu führen. Hierbei brauchen Biegespannungen aus Quertragwirkung (aus Plattenwirkung einzelner Querschnittsteile) nicht berücksichtigt zu werden, sofern nachfolgend nichts anderes angegeben ist (Begrenzung der Biegezugspannung aus Quertragwirkung im Gebrauchszustand siehe Abschnitt 15.6).

(2) Es ist nachzuweisen, daß die jeweils zulässigen Werte der Tabelle 9 nicht überschritten werden. Der Nachweis darf bei unmittelbarer Stützung im Schnitt $0,5 \, d_0$ vom Auflagerrand geführt werden.

(3) Bei Lastfallkombinationen unter Einschluß möglicher Baugrundbewegungen kann auf den Nachweis der schiefen Hauptzugspannungen im Gebrauchszustand verzichtet werden. Der Nachweis der Hauptdruckspannungen bzw. Schubspannungen im rechnerischen Bruchzustand [9] nach den Abschnitten 12.3.2 und 12.3.3 und der Schubbewehrung nach Abschnitt 12.4 ist jedoch zu führen.

(4) Bei Balkentragwerken mit gegliederten Querschnitten, z. B. bei Plattenbalken und Kastenträgern, sind die Schubspannungen aus Scheibenwirkung der einzelnen Querschnittsteile nicht mit den Schubspannungen aus Plattenwirkung zu überlagern.

---

[9] Bei Brücken ist die Zwangbeanspruchung aus der 0,4fachen möglichen Baugrundbewegung zu berücksichtigen, falls dies ungünstiger ist.

Ausgabe Dezember 1979

(5) Als maßgebende Schnittkraftkombinationen kommen in Frage:
- Größtwerte der Querkraft mit zugehörigem Torsions- und Biegemoment,
- Größtwerte des Torsionsmomentes mit zugehöriger Querkraft und zugehörigem Biegemoment,
- Größtwerte des Biegemomentes mit zugehöriger Querkraft und zugehörigem Torsionsmoment.

(6) Ungünstig wirkende Querkräfte, die sich aus einer Neigung der Spannglieder gegen die Querschnittsnormale ergeben, sind zu berücksichtigen; günstig wirkende Querkräfte infolge Spanngliedneigung dürfen berücksichtigt werden.

(7) Vor Herstellen des Verbundes sind bei den Spannungsnachweisen im Gebrauchszustand nach Abschnitt 12.2 die Spanngliedkräfte und gegebenenfalls die Umlenkkräfte als äußere Last mit ihrem 1,0fachen Wert, im rechnerischen Bruchzustand nach Abschnitt 12.3 mit der Spannungszunahme nach Abschnitt 11.4 einzusetzen. Die Hauptdruckspannungen sind unter Berücksichtigung der abzuziehenden Querschnittsflächen der nicht verpreßten Spannkanäle nach Tabelle 9 Zeile 63 zu begrenzen. Bei der Bemessung der Schubbewehrung kann die Spannungszunahme in den Längsspanngliedern ebenfalls nach Abschnitt 11.4 ermittelt werden. Eine zur Schubaufnahme notwendige, im Verbund liegende Längsbewehrung ist unter Zugrundelegung der Fachwerkanalogie zu ermitteln. Für Schubnadeln gilt Abschnitt 12.4.1 Absatz 3.

12.2 Spannungsnachweise im Gebrauchszustand

(1) Die nach Zustand I berechneten schiefen Hauptzugspannungen dürfen im Bereich von Längsdruckspannungen sowie in der Mittelfläche von Gurten und Stegen (soweit zugbeanspruchte Gurte anschließen) auch im Bereich von Längszugspannungen die Werte der Tabelle 9 Zeilen 46 bis 49 nicht überschreiten.

(2) Unter ständiger Last und Vorspannung dürfen auch unter Berücksichtigung der Querbiegespannungen die nach Zustand I berechneten schiefen Hauptzugspannungen die Werte der Tabelle 9 Zeilen 46 bis 49 nicht überschreiten.

12.3 Spannungsnachweise im rechnerischen Bruchzustand

12.3.1 Allgemeines

(1) Längs des Tragwerkes sind zwei das Schubtragverhalten kennzeichnende Zonen zu unterscheiden:

Die Zone a, in der Biegerisse nicht zu erwarten sind, und die Zone b, in der sich die Schubrisse aus Biegerissen entwickeln.

(2) Ein Querschnitt liegt in Zone a, wenn in der jeweiligen Lastfallkombination die größte nach Zustand I im rechnerischen Bruchzustand ermittelte Randzugspannung die nachstehenden Werte nicht überschreitet:

B 25	B 35	B 45	B 55
2,5 MN/m²	2,8 MN/m²	3,2 MN/m²	3,5 MN/m²

(3) Werden diese Werte überschritten, liegt der Querschnitt in Zone b.

Ausgabe Juli 1988

(5) Als maßgebende Schnittkraftkombinationen kommen in Frage:
- Höchstwerte der Querkraft mit zugehörigem Torsions- und Biegemoment,
- Höchstwerte des Torsionsmomentes mit zugehöriger Querkraft und zugehörigem Biegemoment,
- Höchstwerte des Biegemomentes mit zugehöriger Querkraft und zugehörigem Torsionsmoment.

(6) Ungünstig wirkende Querkräfte, die sich aus einer Neigung der Spannglieder gegen die Querschnittsnormale ergeben, sind zu berücksichtigen; günstig wirkende Querkräfte infolge Spanngliedneigung dürfen berücksichtigt werden.

(7) Vor Herstellen des Verbundes sind bei den Spannungsnachweisen im Gebrauchszustand nach Abschnitt 12.2 die Spanngliedkräfte und gegebenenfalls die Umlenkkräfte als äußere Last mit ihrem 1,0fachen Wert, im rechnerischen Bruchzustand nach Abschnitt 12.3 mit der Spannungszunahme nach Abschnitt 11.3 einzusetzen. Die Hauptdruckspannungen sind unter Berücksichtigung der abzuziehenden Querschnittsflächen der nicht verpreßten Spannkanäle nach Tabelle 9, Zeile 63, zu begrenzen. Dabei darf mit gleichmäßiger Spannungsverteilung über die verbleibende Querschnittsfläche gerechnet werden. Bei der Bemessung der Schubbewehrung kann die Spannungszunahme in den Längsspanngliedern ebenfalls nach Abschnitt 11.3 ermittelt werden. Eine zur Schubaufnahme notwendige, im Verbund liegende Längsbewehrung ist unter Zugrundelegung der Fachwerkanalogie zu ermitteln. Für Spannglieder als Schubbewehrung gilt Abschnitt 12.4.1, Absatz (3).

12.2 Spannungsnachweise im Gebrauchszustand

(1) Die nach Zustand I berechneten schiefen Hauptzugspannungen dürfen im Bereich von Längsdruckspannungen sowie in der Mittelfläche von Gurten und Stegen (soweit zugbeanspruchte Gurte anschließen) auch im Bereich von Längszugspannungen die Werte der Tabelle 9, Zeilen 46 bis 49, nicht überschreiten.

(2) Unter ständiger Last und Vorspannung dürfen auch unter Berücksichtigung der Querbiegespannungen die nach Zustand I berechneten schiefen Hauptzugspannungen die Werte der Tabelle 9, Zeilen 46 bis 49, nicht überschreiten.

12.3 Spannungsnachweise im rechnerischen Bruchzustand

12.3.1 Allgemeines

(1) Längs des Tragwerks sind zwei das Schubtragverhalten kennzeichnende Zonen zu unterscheiden:
- Zone a, in der Biegerisse nicht zu erwarten sind,
- Zone b, in der sich die Schubrisse aus Biegerissen entwickeln.

(2) Ein Querschnitt liegt in Zone a, wenn in der jeweiligen Lastfallkombination die größte nach Zustand I im rechnerischen Bruchzustand ermittelte Randzugspannung die nachstehenden Werte nicht überschreitet:

B 25	B 35	B 45	B 55
2,5 N/mm²	2,8 N/mm²	3,2 N/mm²	3,5 N/mm²

(3) Werden diese Werte überschritten, liegt der Querschnitt in Zone b.

12.3.2 Nachweise der schiefen Hauptdruckspannungen in Zone a

(1) Sofern nicht in Zone a vereinfachend wie in Zone b verfahren wird, ist nachzuweisen, daß die nach Ausfall der schiefen Hauptzugspannungen des Betons auftretenden schiefen Hauptdruckspannungen die Werte der Tabelle 9 Zeilen 62 bzw. 63 nicht überschreiten.

(2) Auf diesen Nachweis darf bei druckbeanspruchten Gurten verzichtet werden, wenn die maximale Schubspannung im rechnerischen Bruchzustand kleiner als $0{,}1\,\beta_{WN}$ ist.

(3) Die schiefen Hauptdruckspannungen sind nach der Fachwerkanalogie zu ermitteln. Die Neigung der Druckstreben ist nach Gleichung (11) anzunehmen.

(4) Vereinfachend darf im Steg der Nachweis in der Schwerlinie des Trägers geführt werden, wenn die Stegdicke über die Trägerhöhe konstant ist oder wenn die minimale Stegdicke eingesetzt wird. Ein von Spanngliedern als Schubbewehrung erzeugter Spannungszustand ist zu berücksichtigen.

(5) Eine Torsionsbeanspruchung ist bei der Ermittlung der schiefen Hauptdruckspannungen zu berücksichtigen; dabei ist die Druckstrebenneigung entsprechend Abschnitt 12.4.3 unter 45° anzunehmen. Bei Vollquerschnitten ist dabei ein Ersatzhohlquerschnitt nach Bild 9 anzunehmen, dessen Wanddicke $d_1 = d_m/6$ des in die Mittellinie einbeschriebenen größten Kreises beträgt.

12.3.2 Nachweise der schiefen Hauptdruckspannungen in Zone a

(1) Sofern nicht in Zone a vereinfachend wie in Zone b verfahren wird, ist nachzuweisen, daß die nach Ausfall der schiefen Hauptzugspannungen des Betons auftretenden schiefen Hauptdruckspannungen die Werte der Tabelle 9, Zeilen 62 bzw. 63, nicht überschreiten.

(2) Auf diesen Nachweis darf bei druckbeanspruchten Gurten verzichtet werden, wenn die maximale Schubspannung im rechnerischen Bruchzustand kleiner als $0{,}1\,\beta_{WN}$ ist.

(3) Die schiefen Hauptdruckspannungen sind nach der Fachwerkanalogie zu ermitteln. Die Neigung der Druckstreben ist nach Gleichung (11) anzunehmen.

(4) Für Zustände nach Herstellen des Verbundes darf im Steg der Nachweis vereinfachend in der Schwerlinie des Trägers geführt werden, wenn die Stegdicke über die Trägerhöhe konstant ist oder wenn die minimale Stegdicke eingesetzt wird. Ein von Spanngliedern als Schubbewehrung erzeugter Spannungszustand ist zu berücksichtigen.

(5) Eine Torsionsbeanspruchung ist bei der Ermittlung der schiefen Hauptdruckspannung zu berücksichtigen; dabei ist die Druckstrebenneigung nach Abschnitt 12.4.3 unter 45° anzunehmen. Bei Vollquerschnitten ist dabei ein Ersatzhohlquerschnitt nach Bild 9 anzunehmen, dessen Wanddicke $d_1 = d_m/6$ des in die Mittellinie eingeschriebenen größten Kreises beträgt.

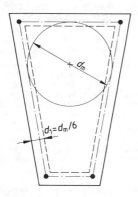
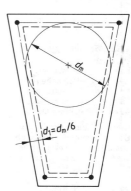

Bild 9. Ersatzhohlquerschnitt für Vollquerschnitte

Bild 9. Ersatzhohlquerschnitt für Vollquerschnitte

12.3.3 Nachweis der Schub- und schiefen Hauptdruckspannungen in Zone b

(1) Als maßgebende Spannungsgröße in Zone b gilt der Rechenwert der Schubspannung τ_R

- aus Querkraft nach Zustand II (siehe Abschnitt 12.1);
- aus Torsion nach Zustand I;

er darf die in Tabelle 9 Zeilen 56 bis 61 angegebenen Werte nicht überschreiten.

(2) Sofern die Größe des Hebelarms der inneren Kräfte nicht genauer nachgewiesen wird, darf sie bei der Ermittlung von τ_R infolge Querkraft dem Wert gleichgesetzt werden, der beim Nachweis nach Abschnitt 11 im betrachteten Schnitt ermittelt wurde. Bei Trägern mit konstanter Nutzhöhe h darf mit jenem Hebelarm gerechnet werden, der sich an der Stelle des maximalen Momentes im zugehörigen Querkraftbereich ergibt.

12.3.3 Nachweis der Schub- und schiefen Hauptdruckspannungen in Zone b

(1) Als maßgebende Spannungsgröße in Zone b gilt der Rechenwert der Schubspannung τ_R

- aus Querkraft nach Zustand II (siehe Abschnitt 12.1);
- aus Torsion nach Zustand I;

er darf die in Tabelle 9, Zeilen 56 bis 61, angegebenen Werte nicht überschreiten.

(2) Sofern die Größe des Hebelarms der inneren Kräfte nicht genauer nachgewiesen wird, darf sie bei der Ermittlung von τ_R infolge Querkraft dem Wert gleichgesetzt werden, der beim Nachweis nach Abschnitt 11 im betrachteten Schnitt ermittelt wurde. Bei Trägern mit konstanter Nutzhöhe h darf mit jenem Hebelarm gerechnet werden, der sich an der Stelle des maximalen Momentes im zugehörigen Querkraftbereich ergibt.

Ausgabe Dezember 1979	Ausgabe Juli 1988
(3) Ein von Spanngliedern als Schubbewehrung erzeugter Spannungszustand bleibt beim Nachweis der Schubspannung unberücksichtigt. Bei zugbeanspruchten Gurten ist die Schubspannung aus Querkraft für Zustand II aus der Zugkraftänderung der vorhandenen Gurtlängsbewehrung zwischen zwei benachbarten Querschnitten zu ermitteln, falls sie nicht nach Zustand I berechnet wird.	(3) Ein von Spanngliedern als Schubbewehrung erzeugter Spannungszustand bleibt beim Nachweis der Schubspannung unberücksichtigt. Bei zugbeanspruchten Gurten ist die Schubspannung aus Querkraft für Zustand II aus der Zugkraftänderung der vorhandenen Gurtlängsbewehrung zwischen zwei benachbarten Querschnitten zu ermitteln, falls sie nicht nach Zustand I berechnet wird.
(4) In druckbeanspruchten Gurten und bei Einschnürungen der Druckzone sind die schiefen Hauptdruckspannungen nachzuweisen und wie in Zone a zu begrenzen. Auf diesen Nachweis darf verzichtet werden, wenn die maximale Schubspannung im rechnerischen Bruchzustand kleiner als $0{,}1\,\beta_{WN}$ ist (siehe Abschnitt 12.3.2).	(4) In druckbeanspruchten Gurten und bei Einschnürungen der Druckzone sind die schiefen Hauptdruckspannungen nachzuweisen und wie in Zone a zu begrenzen. Auf diesen Nachweis darf verzichtet werden, wenn die maximale Schubspannung im rechnerischen Bruchzustand kleiner als $0{,}1\,\beta_{WN}$ ist (siehe Abschnitt 12.3.2).

12.4 Bemessung der Schubbewehrung

12.4.1 Allgemeines

(1) Die Schubdeckung durch Bewehrung ist für Querkraft und Torsion im rechnerischen Bruchzustand (siehe Abschnitt 12.1) in den Bereichen des Tragwerks und des Querschnitts nachzuweisen, in denen die Hauptzugspannung σ_I (Zustand I) bzw. die Schubspannung τ_R (Zustand II) eine der Nachweisgrenzen der Tabelle 9 Zeilen 50 bis 55 überschreitet.	(1) Die Schubdeckung durch Bewehrung ist für Querkraft und Torsion im rechnerischen Bruchzustand (siehe Abschnitt 12.1) in den Bereichen des Tragwerks und des Querschnitts nachzuweisen, in denen die Hauptzugspannung σ_I (Zustand I) bzw. die Schubspannung τ_R (Zustand II) eine der Nachweisgrenzen der Tabelle 9, Zeilen 50 bis 55, überschreitet.
(2) Die erforderliche Schubbewehrung ist für die in den Zugstreben eines gedachten Fachwerks wirkenden Kräfte zu bemessen (Fachwerkanalogie). Bezüglich der Neigung der Fachwerkstreben siehe Abschnitte 12.4.2 (Querkraft) und 12.4.3 (Torsion); die Bewehrungen sind getrennt zu ermitteln und zu addieren. Auf die Mindestschubbewehrung nach den Abschnitten 6.7.3 und 6.7.5 wird hingewiesen. Für die Bemessung der Bewehrung aus Betonstahl gelten die in Tabelle 9 Zeilen 70 und 71 angegebenen Spannungen.	(2) Die erforderliche Schubbewehrung ist für die in den Zugstreben eines gedachten Fachwerks wirkenden Kräfte zu bemessen (Fachwerkanalogie). Bezüglich der Neigung der Fachwerkstreben siehe Abschnitte 12.4.2 (Querkraft) und 12.4.3 (Torsion); die Bewehrungen sind getrennt zu ermitteln und zu addieren. Auf die Mindestschubbewehrung nach den Abschnitten 6.7.3 und 6.7.5 wird hingewiesen. Für die Bemessung der Bewehrung aus Betonstahl gelten die in der Tabelle 9, Zeile 69, angegebenen Spannungen.
(3) Spannglieder als Schubbewehrung dürfen mit den in Zeile 65 angegebenen Spannungen zuzüglich $420\,\mathrm{MN/m^2}$, jedoch höchstens mit der jeweiligen Streckgrenze bemessen werden.	(3) Spannglieder als Schubbewehrung dürfen mit den in Tabelle 9, Zeile 65, angegebenen Spannungen zuzüglich β_S des Betonstahles, jedoch höchstens mit ihrer jeweiligen Streckgrenze bemessen werden.
(4) Bei unmittelbarer Stützung gilt: Die Schubbewehrung am Auflager darf für einen Schnitt ermittelt werden, der $0{,}5 \cdot d_0$ vom Auflagerrand entfernt ist.	(4) Bei unmittelbarer Stützung gilt: Die Schubbewehrung am Auflager darf für einen Schnitt ermittelt werden, der $0{,}5 \cdot d_0$ vom Auflagerrand entfernt ist.
(5) Der Querkraftanteil aus einer auflagernahen Einzellast F im Abstand $a \leq 2 \cdot d_0$ von der Auflagerachse darf auf den Wert $a \cdot Q_F/2\,d_0$ abgemindert werden. Dabei ist d_0 die Querschnittsdicke.	(5) Der Querkraftanteil aus einer auflagernahen Einzellast F im Abstand $a \leq 2 \cdot d_0$ von der Auflagerachse darf auf den Wert $a \cdot Q_F/2\,d_0$ abgemindert werden. Dabei ist d_0 die Querschnittsdicke.
(6) Bei Berücksichtigung von Abschnitt 11.1 Absatz 4 ist die Schubdeckung zusätzlich im Gebrauchszustand nach den Grundsätzen der Zone a nachzuweisen. Dabei ist die Neigung der Druckstreben gegen die Querschnittsnormale gleich der Neigung der Hauptdruckspannungen im Zustand I anzunehmen. Für die Bemessung der Schubbewehrung aus Betonstahl gelten die in Tabelle 9 Zeilen 68 und 69 angegebenen zulässigen Spannungen.	(6) Bei Berücksichtigung von Abschnitt 11.1, Absatz (4), ist die Schubdeckung zusätzlich im Gebrauchszustand nach den Grundsätzen der Zone a nachzuweisen. Dabei ist die Neigung der Druckstreben gegen die Querschnittsnormale gleich der Neigung der Hauptdruckspannungen im Zustand I anzunehmen. Für die Bemessung der Schubbewehrung aus Betonstahl gelten die in Tabelle 9, Zeile 68, angegebenen zulässigen Spannungen.
(7) Bei dicken Platten sind die in Tabelle 9 Zeile 51 angegebenen Werte entsprechend der in DIN 1045, Ausgabe Dezember 1978, Abschnitt 17.5.5 getroffenen Regelung zu verringern. Diese Abminderung gilt jedoch nicht, wenn die rechnerische Schubspannung vorwiegend aus Einzellasten resultiert (z. B. Fahrbahnplatten von Brücken).	(7) Bei dicken Platten sind die in Tabelle 9, Zeile 51, angegebenen Werte nach der in DIN 1045/07.88, Abschnitt 17.5.5, getroffenen Regelung zu verringern. Diese Abminderung gilt jedoch nicht, wenn die rechnerische Schubspannung vorwiegend aus Einzellasten resultiert (z. B. Fahrbahnplatten von Brücken).
(8) Überschreiten die Hauptzugspannungen aus Querkraft und Querkraft plus Torsion die 0,6fachen Werte der Tabelle 9 Zeile 56, so dürfen für die Schubbewehrung nur Betonrippenstahl oder Spannglieder mit Endverankerung verwendet werden. Für die Abstände von Schrägstäben und Schrägbügeln gilt DIN 1045, Ausgabe Dezember 1978, Abschnitt 18.	(8) Überschreiten die Hauptzugspannungen aus Querkraft und Querkraft plus Torsion die 0,6fachen Werte der Tabelle 9, Zeile 56, so dürfen für die Schubbewehrung nur Betonrippenstahl oder Spannglieder mit Endverankerung verwendet werden. Für die Abstände von Schrägstäben und Schrägbügeln gilt DIN 1045/07.88, Abschnitt 18.

(9) Bei gleichzeitigem Auftreten von Schub und Querbiegung darf in der Regel vereinfachend eine symmetrisch zur Mittelfläche von Stegen verteilte Schubbewehrung auf die zur Aufnahme der Querbiegung erforderliche Bewehrung voll angerechnet werden. Diese Vereinfachung gilt nicht bei geneigten Bügeln und bei Spanngliedern als Schubbewehrung. In Gurtscheiben darf sinngemäß verfahren werden.

12.4.2 Schubbewehrung zur Aufnahme der Querkräfte

(1) Bei der Bemessung der Schubbewehrung nach der Fachwerkanalogie darf die Neigung der Zugstreben gegen die Querschnittsnormale im allgemeinen zwischen 90° (Bügel) und 45° (Schrägstäbe, Schrägbügel) gewählt werden.

(2) Schrägstäbe, die flacher als 35° gegenüber der Trägerachse geneigt sind, dürfen als Schubbewehrung nicht herangezogen werden.

(3) In **Zone a** ist die Neigung ϑ der Druckstreben gegen die Querschnittsnormale im Trägersteg und in den Druckgurten nach Gleichung (11) anzunehmen:

$$\tan \vartheta = \tan \vartheta_I \left(1 - \frac{\Delta \tau}{\tau_u}\right) \quad (11)$$

$$\tan \vartheta \geq 0{,}4$$

Hierin bedeuten:

$\tan \vartheta_I$ Neigung der Hauptdruckspannungen gegen die Querschnittsnormale im Zustand I in der Schwerlinie des Trägers bzw. in Druckgurten am Anschnitt

τ_u der Größtwert der Schubspannung im Querschnitt aus Querkraft im rechnerischen Bruchzustand (nach Abschnitt 12.1), ermittelt nach Zustand I ohne Berücksichtigung von Spanngliedern als Schubbewehrung

$\Delta \tau$ 60 % der Werte nach Tabelle 9 Zeile 50.

(4) Zone a darf auch wie Zone b behandelt werden. Für den Schubanschluß von Zuggurten gelten die Bestimmungen von Zone b.

(5) In **Zone b** ist die Neigung ϑ der Druckstreben gegen die Querschnittsnormale anzunehmen:

$$\tan \vartheta = 1 - \Delta \tau / \tau_R \quad (12)$$

$$\tan \vartheta \geq 0{,}4$$

Hierin bedeuten:

τ_R der für den rechnerischen Bruchzustand nach Zustand II ermittelte Rechenwert der Schubspannung

$\Delta \tau$ 60 % der Werte nach Tabelle 9 Zeile 50.

(6) Beim Schubanschluß von Druckgurten gelten die für Zone a gemachten Angaben.

12.4.3 Schubbewehrung zur Aufnahme der Torsionsmomente

(1) Die Schubbewehrung zur Aufnahme der Torsionsmomente ist für die Zugkräfte zu bemessen, die in den Stäben eines gedachten räumlichen Fachwerkkastens mit Druckstreben unter 45° Neigung zur Trägerachse ohne Abminderung entstehen.

(2) Bei Vollquerschnitten verläuft die Mittellinie des gedachten Fachwerkkastens wie in Bild 9.

(3) Erhalten einzelne Querschnittsteile des gedachten Fachwerkkastens Druckbeanspruchungen aus Längskraft und Biegemoment, so dürfen die in diesen Druckbereichen entstehenden Druckkräfte bei der Bemessung der Torsionsbewehrung berücksichtigt werden.

(4) Hinsichtlich der Neigung der Zugstreben gilt Abschnitt 12.4.2.

12.5 Indirekte Lagerung

Es gilt DIN 1045, Ausgabe Dezember 1978, Abschnitt 18.10.2. Für die Aufhängebewehrung dürfen auch Spannglieder herangezogen werden, wenn ihre Neigung zwischen 45° und 90° gegen die Trägerachse beträgt. Dabei ist für Spannstahl die Streckgrenze β_S anzusetzen, wenn der Spannungszuwachs kleiner als 420 MN/m² ist.

12.5 Indirekte Lagerung

Es gilt DIN 1045/07.88, Abschnitt 18.10.2. Für die Aufhängebewehrung dürfen auch Spannglieder herangezogen werden, wenn ihre Neigung zwischen 45° und 90° gegen die Trägerachse beträgt. Dabei ist für Spannstahl die Streckgrenze β_S anzusetzen, wenn der Spannungszuwachs kleiner als 420 N/mm² ist.

12.3 Eintragung der Vorspannung

(1) An den Verankerungsstellen der Spannglieder darf erst im Abstand e vom Ende der Verankerung (Eintragungslänge) mit einer geradlinigen Spannungsverteilung infolge Vorspannung gerechnet werden.

(2) Bei Spanngliedern mit Endverankerung ist diese Eintragungslänge e gleich der Störungslänge s, die zur Ausbreitung der konzentriert angreifenden Spannkräfte bis zur Einstellung eines geradlinigen Spannungsverlaufes im Querschnitt nötig ist.

(3) Bei Spanngliedern, die nur durch Verbund verankert werden, gilt für die Eintragungslänge e:

$$e = \sqrt{s^2 + (0{,}6\, l_{\ddot{u}})^2} \geq l_{\ddot{u}} \qquad (13)$$

$l_{\ddot{u}}$ Übertragungslänge aus Gleichung (17)

(4) Zur Aufnahme der im Bereich der Eintragungslänge e auftretenden Spaltzugkräfte muß stets eine Querbewehrung angeordnet werden. Sie ist bei Verankerung durch Verbund unter Zugrundelegung einer kürzeren Eintragungslänge zu bemessen und entsprechend zu verteilen. Für gerippte Drähte ist diese verkürzte Eintragungslänge mit der Hälfte, bei gezogenen profilierten Drähten bzw. Litzen mit ¾ des Ausgangswertes anzunehmen. Zugkräfte aus Schub und Spaltzug brauchen nicht addiert zu werden, wenn örtlich die jeweils größere Zugkraft durch Bügel abgedeckt wird.

12.6 Eintragung der Vorspannung

(1) An den Verankerungsstellen der Spannglieder darf erst im Abstand e vom Ende der Verankerung (Eintragungslänge) mit einer geradlinigen Spannungsverteilung infolge Vorspannung gerechnet werden.

(2) Bei Spanngliedern mit Endverankerung ist diese Eintragungslänge e gleich der Störungslänge s, die zur Ausbreitung der konzentriert angreifenden Spannkräfte bis zur Einstellung eines geradlinigen Spannungsverlaufes im Querschnitt nötig ist.

(3) Bei Spanngliedern, die nur durch Verbund verankert werden, gilt für die Eintragungslänge e:

$$e = \sqrt{s^2 + (0{,}6\, l_{\ddot{u}})^2} \geq l_{\ddot{u}} \qquad (13)$$

$l_{\ddot{u}}$ Übertragungslänge aus Gleichung (17)

(4) Zur Aufnahme der im Bereich der Eintragungslänge e auftretenden Spaltzugkräfte muß stets eine Querbewehrung angeordnet werden. Sie ist bei Verankerung durch Verbund unter Zugrundelegung einer kürzeren Eintragungslänge zu bemessen und entsprechend zu verteilen. Für gerippte Drähte ist diese verkürzte Eintragungslänge mit der Hälfte, bei gezogenen profilierten Drähten bzw. Litzen mit ¾ des Ausgangswertes anzunehmen. Zugkräfte aus Schub und Spaltzug brauchen nicht addiert zu werden, wenn örtlich die jeweils größere Zugkraft durch Bügel abgedeckt wird.

12.7 Nachträglich ergänzte Querschnitte

(1) Schubkräfte zwischen Fertigteilen und Ortbeton bzw. in Arbeitsfugen (siehe DIN 1045, Ausgabe Dezember 1978, Abschnitte 10.2.3 und 19.4), die in Richtung der betrachteten Tragwirkung verlaufen, sind stets durch Bewehrung abzudecken. Die Bewehrung ist unter Beachtung von DIN 1045, Ausgabe Dezember 1978, Abschnitt 19.7.3 auszubilden. Die Fuge zwischen dem zuerst hergestellten Teil und der Ergänzung muß rauh sein. Dabei ist die Neigung der Druckstreben gegen die Querschnittsnormale wie folgt anzunehmen:

$$\tan \vartheta = \tan \vartheta_I \left(1 - 0{,}25\, \frac{\Delta \tau}{\tau_u}\right) \qquad \text{(Zone a)} \qquad (14)$$

$$\tan \vartheta = 1 - \frac{0{,}25\, \Delta \tau}{\tau_R} \qquad \text{(Zone b)} \qquad (15)$$

Bezeichnungen siehe Abschnitt 12.4.2.

(2) Wird Ortbeton B 15 verwendet, so ist $\Delta \tau$ gleich 0,6 MN/m² zu setzen.

(3) Sind die Fugen verzahnt oder wird die Oberfläche nachträglich verzahnt, so darf die Druckstrebenneigung entsprechend Abschnitt 12.4.2 angenommen werden. Die Mindestschubbewehrung nach Tabelle 4 muß die Fuge durchdringen.

12.7 Nachträglich ergänzte Querschnitte

(1) Schubkräfte zwischen Fertigteilen und Ortbeton bzw. in Arbeitsfugen (siehe DIN 1045/07.88, Abschnitte 10.2.3 und 19.4), die in Richtung der betrachteten Tragwirkung verlaufen, sind stets durch Bewehrung abzudecken. Die Bewehrung ist nach DIN 1045/07.88, Abschnitt 19.7.3, auszubilden. Die Fuge zwischen dem zuerst hergestellten Teil und der Ergänzung muß rauh sein. Dabei ist die Neigung der Druckstreben gegen die Querschnittsnormale wie folgt anzunehmen:

$$\tan \vartheta = \tan \vartheta_I \left(1 - 0{,}25\, \frac{\Delta \tau}{\tau_u}\right) \geq 0{,}4 \text{ (Zone a)} \qquad (14)$$

$$\tan \vartheta = 1 - \frac{0{,}25\, \Delta \tau}{\tau_R} \geq 0{,}4 \text{ (Zone b)} \qquad (15)$$

Erklärung der Formelzeichen siehe Abschnitt 12.4.2.

(2) Wird Ortbeton B 15 verwendet, so ist $\Delta \tau$ gleich 0,6 N/mm² zu setzen.

(3) Sind die Fugen verzahnt oder wird die Oberfläche nachträglich verzahnt, so darf die Druckstrebenneigung nach Abschnitt 12.4.2 angenommen werden. Die Mindestschubbewehrung nach Tabelle 4 muß die Fuge durchdringen.

Ausgabe Dezember 1979

12.8 Arbeitsfugen mit Kopplungen

In Arbeitsfugen mit Spanngliedkopplungen darf an Stelle des Nachweises nach den Abschnitten 12.3 und 12.4 der Nachweis der Schubdeckung unter Annahme eines Ersatzfachwerks geführt werden, wenn die Fuge konstruktiv entsprechend ausgebildet wird (im allgemeinen verzahnte Fuge). Die Bewehrung ist unter Zugrundelegung des angenommenen Fachwerks zu bemessen. Die Richtung der Druckstrebe darf dabei höchstens 15° von der Normalen derjenigen Fugenteilfläche abweichen, von der die Druckkraft aufzunehmen ist. Die Druckspannung auf die Teilflächen darf im rechnerischen Bruchzustand den Wert β_R nicht überschreiten.

12.9 Durchstanzen

(2) Der Nachweis ist nach DIN 1045, Ausgabe Dezember 1978, Abschnitte 22.5.1 und 22.5.2 zu führen.

(1) Bei der Ermittlung der maßgebenden größten Querkraft max Q_r im Rundschnitt zum Nachweis der Sicherheit gegen Durchstanzen bei punktförmig gestützten Platten darf eine entlastende und muß eine belastende Wirkung von Spanngliedern, die den Rundschnitt kreuzen, berücksichtigt werden.

(3) Dabei dürfen in den Gleichungen für $\varkappa_1$ und $\varkappa_2$

$\alpha_s = 1{,}3$ (BSt 420/500, BSt 500/550) und für
μ_g die Summe der Bewehrungsprozentsätze
$\mu_g = \mu_s + \mu_{vi}$

eingesetzt werden.

Hierin bedeuten:

μ_g vorhandener Bewehrungsprozentsatz, mit nicht mehr als 1,5 % in Rechnung zu stellen

μ_s Bewehrungsgrad in % der Bewehrung aus Betonstahl

$\mu_{vi} = \dfrac{\sigma_{bv,N}}{\beta_S} \cdot 100$ ideeller Bewehrungsgrad in % infolge Vorspannung

$\sigma_{bv,N}$ zentrische Vorspannung der Platte zur Zeit $t = \infty$
β_S Streckgrenze des Betonstahls.

(4) Der Prozentsatz der Bewehrung aus Betonstahl im Bereich des Durchstanzkegels $d_k = d_{st} + 3\,h_m$ muß mindestens 0,3 % und daneben innerhalb des Gurtstreifens mindestens 0,15 % betragen.

Hierin bedeuten:

d_{st} nach DIN 1045, Ausgabe Dezember 1978, Abschnitt 25.5.1.1

h_m analog DIN 1045, Ausgabe Dezember 1978, Abschnitt 25.5.1.1 unter Berücksichtigung der den Rundschnitt kreuzenden Spannglieder.

13 Nachweis der Beanspruchung des Verbundes zwischen Spannglied und Beton

(1) Im Gebrauchszustand erübrigt sich ein Nachweis der Verbundspannungen. Die maximale Verbundspannung τ_1 ist im rechnerischen Bruchzustand nachzuweisen.

(2) Näherungsweise darf sie bestimmt werden aus:

$$\tau_1 = \frac{Z_u - Z_v}{u_v \cdot l'} \qquad (16)$$

Ausgabe Juli 1988

12.8 Arbeitsfugen mit Kopplungen

In Arbeitsfugen mit Spanngliedkopplungen darf an Stelle des Nachweises nach den Abschnitten 12.3 und 12.4 der Nachweis der Schubdeckung unter Annahme eines Ersatzfachwerks geführt werden, wenn die Fuge konstruktiv entsprechend ausgebildet wird (im allgemeinen verzahnte Fuge). Die Bewehrung ist unter Zugrundelegung des angenommenen Fachwerks zu bemessen. Die Richtung der Druckstrebe darf dabei höchstens 15° von der Normalen derjenigen Fugerteilfläche abweichen, von der die Druckkraft aufzunehmen ist. Die Druckspannung auf die Teilflächen darf im rechnerischen Bruchzustand den Wert β_R nicht überschreiten.

12.9 Durchstanzen

(1) Der Nachweis der Sicherheit gegen Durchstanzen ist nach DIN 1045/07.88, Abschnitte 22.5 bis 22.7, zu führen.

(2) Bei der Ermittlung der maßgebenden größten Querkraft max. Q_r im Rundschnitt zum Nachweis der Sicherheit gegen Durchstanzen bei punktförmig gestützten Platten darf eine entlastende und muß eine belastende Wirkung von Spanngliedern, die den Rundschnitt kreuzen, berücksichtigt werden. In den nach DIN 1045 zu führenden Nachweisen sind die Schnittgrößen aus Vorspannung mit dem Faktor 1/1,75 abzumindern.

(3) Dabei dürfen in den Gleichungen für $\varkappa_1$ und $\varkappa_2$

$a_s = 1{,}3$ und für
μ_g die Summe der Bewehrungsprozentsätze
$\mu_g = \mu_s + \mu_{vi}$

eingesetzt werden.

Hierin bedeuten:

μ_g vorhandener Bewehrungsprozentsatz, mit nicht mehr als 1,5 % in Rechnung zu stellen

μ_s Bewehrungsgrad in % der Bewehrung aus Betonstahl

$\mu_{vi} = \dfrac{\sigma_{bv,N}}{\beta_S} \cdot 100$ ideeller Bewehrungsgrad in % infolge Vorspannung

$\sigma_{bv,N}$ Längskraftanteil der Vorspannung der Platte zur Zeit $t = \infty$
β_S Streckgrenze des Betonstahls.

(4) Der Prozentsatz der Bewehrung aus Betonstahl im Bereich des Durchstanzkegels $d_k = d_{st} + 3\,h_m$ muß mindestens 0,3 % und daneben innerhalb des Gurtstreifens mindestens 0,15 % betragen.

Hierin bedeuten:

d_{st} nach DIN 1045/07.88, Abschnitt 22.5.1.1

h_m analog DIN 1045/07.88, Abschnitt 22.5.1.1, unter Berücksichtigung der den Rundschnitt kreuzenden Spannglieder.

13 Nachweis der Beanspruchung des Verbundes zwischen Spannglied und Beton

(1) Im Gebrauchszustand erübrigt sich ein Nachweis der Verbundspannungen. Die maximale Verbundspannung τ_1 ist im rechnerischen Bruchzustand nachzuweisen.

(2) Näherungsweise darf sie bestimmt werden aus:

$$\tau_1 = \frac{Z_u - Z_v}{u_v \cdot l'} \qquad (16)$$

Ausgabe Dezember 1979 — Ausgabe Juli 1988

Hierin bedeuten:
Z_u Zugkraft des Spanngliedes im rechnerischen Bruchzustand beim Nachweis nach Abschnitt 11
Z_v zulässige Zugkraft des Spanngliedes im Gebrauchszustand
u_v Umfang des Spanngliedes entsprechend Abschnitt 10.2
l' Abstand zwischen dem Querschnitt des Maximalmomentes im rechnerischen Bruchzustand und dem Momentennullpunkt unter ständiger Last.

(3) τ_1 darf die folgenden Werte nicht überschreiten:
bei glatten Stählen: zul $\tau_1 = 1{,}2$ MN/m^2,
bei profilierten Stählen und bei Litzen: zul $\tau_1 = 1{,}8$ MN/m^2,
bei gerippten Stählen: zul $\tau_1 = 3{,}0$ MN/m^2.

(4) Ergibt Gleichung (16) höhere Werte, so ist der Nachweis nach Abschnitt 11.2 für die mit zul τ_1 bestimmte Zugkraft Z_u neu zu führen.

14 Verankerung und Kopplung der Spannglieder, Zugkraftdeckung

14.1 Allgemeines

Die Spannglieder sind durch geeignete Maßnahmen so im Beton des Bauteiles zu verankern, daß die Verankerung die Nennbruchkraft des Spanngliedes erträgt und im Gebrauchszustand keine schädlichen Risse im Verankerungsbereich auftreten. Für Spannglieder mit Endverankerung und für Kopplungen sind die Angaben den Zulassungen zu entnehmen.

14.2 Verankerung durch Verbund

(1) Bei Spanngliedern, die nur durch Verbund verankert werden, ist für die volle Übertragung der Vorspannung vom Stahl auf den Beton im Gebrauchszustand eine Übertragungslänge $l_{\ddot{u}}$ erforderlich.

Dabei ist

$$l_{\ddot{u}} = k_1 \cdot d_v \qquad (17)$$

(2) Bei Einzelspanngliedern aus Runddrähten oder Litzen ist d_v der Nenndurchmesser; bei nicht runden Drähten ist für d_v der Durchmesser eines Runddrahtes gleicher Querschnittsfläche einzusetzen. Der Verbundbeiwert k_1 ist den Zulassungen für den Spannstahl zu entnehmen.

(3) Die ausreichende Verankerung ist nachgewiesen, wenn die Bedingungen nach Absatz a) oder b) erfüllt sind:

a) Die Verankerungslänge l der Spannglieder muß in einem Bereich liegen, der im rechnerischen Bruchzustand frei von Biegezugrissen (Zone a nach Abschnitt 12.3.1) und frei von Schubrissen ($\sigma_1 \leq$ Werte der Tabelle 9 Zeile 49 bei vorwiegend ruhender oder Zeile 50 bei nicht vorwiegend ruhender Belastung) ist.

Die Hauptzugspannung σ_I braucht nur in einem Abstand von $0{,}5\, d_0$ vom Auflagerrand nachgewiesen zu werden.

Die Verankerungslänge beträgt

$$l = \frac{Z_u}{\sigma_v \cdot A_v} \cdot l_{\ddot{u}} \qquad (18)$$

Hierin bedeuten:

$$Z_u = \frac{M_u}{z} + Q_u \cdot \frac{v}{h} \qquad (19)$$

σ_v die zulässige Vorspannung des Spannstahles (Tabelle 9 Zeile 65)
A_v Querschnittsfläche des Spanngliedes
v Versatzmaß nach DIN 1045

Ausgabe Dezember 1979 | Ausgabe Juli 1988

[Ausgabe Dezember 1979]

Der Anteil $Q_u \cdot v/h$ der Gleichung (19) braucht nur berücksichtigt zu werden, wenn anschließend an die Verankerungslänge Schubrisse vorausgesetzt werden müssen (Überschreitung der oben genannten Grenzwerte).

b) Der rechnerische Überstand der im Verbund liegenden Spannglieder über die Auflagervorderkante muß betragen:

$$l_1 = \frac{Z_{Au}}{\sigma_v \cdot A_v} \cdot l_{\ddot{u}} \qquad (20)$$

Bei direkter Lagerung genügt ein Überstand von ⅔ l_1.

Hierin bedeuten:

$Z_{Au} = Q_u \cdot \dfrac{v}{h}$ am Auflager zu verankernde Zugkraft; sofern ein Teil dieser Zugkraft entsprechend DIN 1045 durch Längsbewehrung aus Betonstahl verankert wird, braucht der Überstand der Spannglieder nur für <u>den nicht abgedeckten Rest</u> $\Delta Z_{Au} = Z_{Au} - A_s \cdot \beta_S$ nachgewiesen zu werden.

Q_u die Querkraft am Auflager im rechnerischen Bruchzustand

A_v der Querschnitt der über die Auflager geführten unten liegenden Spannglieder

14.3 Nachweis der Zugkraftdeckung

(1) Bei gestaffelter Anordnung von Spanngliedern ist die Zugkraftdeckung im rechnerischen Bruchzustand <u>analog den Bestimmungen von DIN 1045, Ausgabe Dezember 1978,</u> Abschnitt 18.7.2 durchzuführen. Bei Platten ohne Schubbewehrung ist $v = 1,5\,h$ in Rechnung zu stellen.

(2) In der Zone a erübrigt sich ein Nachweis der Zugkraftdeckung, wenn die Hauptzugspannungen im rechnerischen Bruchzustand
- bei vorwiegend ruhender Belastung die Vergleichswerte der Tabelle 9 Zeile 49,
- bei nicht vorwiegend ruhender Belastung die Werte der Tabelle 9 Zeile 50

nicht überschreiten.

(3) Werden am Auflager Spannglieder von der Trägerunterseite hochgeführt, so muß die Wirkung der vollen Trägerhöhe für die Schubtragfähigkeit durch eine Mindestgurtbewehrung zur Deckung einer Zuggurtkraft von $Z_u = 0,5\,Q_u$ gesichert werden. Im Zuggurt verbleibende Spannglieder dürfen mit ihrer anfänglichen Vorspannkraft V_0 angesetzt werden.

(4) Im Bereich von Zwischenauflagern ist diese untere Gurtbewehrung in Richtung des Auflagers um $v = 1,5\,h$ über den Schnitt hinaus zu führen, der bei der sich ergebenden Lastfallkombination einschließlich ungünstig wirkender Zwangbeanspruchungen (z. B. aus Temperaturunterschied oder Stützensenkung) noch Zug erhalten kann.

(5) Entsprechendes gilt auch für die obere Gurtbewehrung.

14.4 Verankerungen innerhalb des Tragwerks

(1) Wenn ein Teil des Querschnitts mit Ankerkörpern (Verankerungen, Spanngliedkopplungen) durchsetzt ist, sind Querschnittsschwächungen zu berücksichtigen infolge von:

a) Ankerkörpern, bei denen zwischen Stirnfläche des Ankerkörpers und Beton bzw. Einpreßmörtel eine nachgiebige Zwischenlage angeordnet ist, bei allen Nachweisen im Gebrauchszustand und im rechnerischen Bruchzustand;

[Ausgabe Juli 1988]

Der Anteil $Q_u \cdot v/h$ der Gleichung (19) braucht nur berücksichtigt zu werden, wenn anschließend an die Verankerungslänge Schubrisse vorausgesetzt werden müssen (Überschreitung der oben genannten Grenzwerte).

b) Der rechnerische Überstand der im Verbund liegenden Spannglieder über die Auflagervorderkante muß betragen:

$$l_1 = \frac{Z_{Au}}{\sigma_v \cdot A_v} \cdot l_{\ddot{u}} \qquad (20)$$

Bei direkter Lagerung genügt ein Überstand von ⅔ l_1.

Hierin bedeuten:

$Z_{Au} = Q_u \cdot \dfrac{v}{h}$ am Auflager zu verankernde Zugkraft; sofern ein Teil dieser Zugkraft <u>nach</u> DIN 1045 durch Längsbewehrung aus Betonstahl verankert wird, braucht der Überstand der Spannglieder nur für <u>die nicht abgedeckte Restzugkraft</u> $\Delta Z_{Au} = Z_{Au} - A_s \cdot \beta_S$ nachgewiesen zu werden.

Q_u die Querkraft am Auflager im rechnerischen Bruchzustand

A_v der Querschnitt der über die Auflager geführten unten liegenden Spannglieder

14.3 Nachweis der Zugkraftdeckung

(1) Bei gestaffelter Anordnung von Spanngliedern ist die Zugkraftdeckung im rechnerischen Bruchzustand nach DIN 1045/07.88, Abschnitt 18.7.2, durchzuführen. Bei Platten ohne Schubbewehrung ist $v = 1,5\,h$ in Rechnung zu stellen.

(2) In der Zone a erübrigt sich ein Nachweis der Zugkraftdeckung, wenn die Hauptzugspannungen im rechnerischen Bruchzustand
- bei vorwiegend ruhender Belastung die Vergleichswerte der Tabelle 9, Zeile 49,
- bei nicht vorwiegend ruhender Belastung die Werte der Tabelle 9, Zeile 50,

nicht überschreiten.

(3) Werden am Auflager Spannglieder von der Trägerunterseite hochgeführt, so muß die Wirkung der vollen Trägerhöhe für die Schubtragfähigkeit durch eine Mindestgurtbewehrung zur Deckung einer Zuggurtkraft von $Z_u = 0,5\,Q_u$ gesichert werden. Im Zuggurt verbleibende Spannglieder dürfen mit ihrer anfänglichen Vorspannkraft V_0 angesetzt werden.

(4) Im Bereich von Zwischenauflagern ist diese untere Gurtbewehrung in Richtung des Auflagers um $v = 1,5\,h$ über den Schnitt hinaus zu führen, der bei der sich ergebenden Lastfallkombination einschließlich ungünstig wirkender Zwangbeanspruchungen (z. B. aus Temperaturunterschied oder Stützensenkung) noch Zug erhalten kann.

(5) Entsprechendes gilt auch für die obere Gurtbewehrung.

14.4 Verankerungen innerhalb des Tragwerks

(1) Wenn ein Teil des Querschnitts mit Ankerkörpern (Verankerungen, Spanngliedkopplungen) durchsetzt ist, sind Querschnittsschwächungen zu berücksichtigen infolge von:

a) Ankerkörpern, bei denen zwischen Stirnfläche des Ankerkörpers und Beton bzw. Einpreßmörtel eine nachgiebige Zwischenlage angeordnet ist, bei allen Nachweisen im Gebrauchszustand und im rechnerischen Bruchzustand;

b) Ankerkörper, die im Bereich von Längszugspannungen liegen, bei Nachweisen im Gebrauchszustand.

(2) Bei Verankerungen innerhalb von flächenhaften Tragwerksteilen müssen mindestens 25 % der eingetragenen Vorspannkraft durch Bewehrung nach rückwärts, d. h. über das Spanngliedende hinaus, verankert werden.

(3) Dabei darf nur jener Teil der Bewehrung berücksichtigt werden, der nicht weiter als in einem Abstand von $1,5\sqrt{A_1}$ von der Achse des endenden Spanngliedes liegt und dessen resultierende Zugkraft etwa in der Achse des endenden Spanngliedes liegt. Dabei ist A_1 die Aufstandsfläche des Ankerkörpers des Spanngliedes. Im Verbund liegende Spannglieder dürfen dabei mitgerechnet werden.

(4) Als zulässige Stahlspannung der Bewehrung aus Betonstahl gelten hierbei die Werte der Tabelle 9, Zeile 68. Für die Spannglieder darf die vorhandene Spannungsreserve bis zur zulässigen Spannstahlspannung nach Tabelle 9, Zeile 65, aber keine höhere Zusatzspannung als 240 N/mm^2 angesetzt werden.

(5) Sind hinter einer Verankerung Betondruckspannungen σ vorhanden, so darf die sich daraus ergebende kleinste Druckkraft abgezogen werden:

$$D = 5 \cdot A_1 \cdot \sigma \qquad (21)$$

15 Zulässige Spannungen

15.1 Allgemeines

(1) Die bei den Nachweisen nach den Abschnitten 9 bis 12 und 14 zulässigen Beton- und Stahlspannungen sind in Tabelle 9 angegeben. Zwischenwerte dürfen nicht eingeschaltet werden. In der Mittelfläche von Gurtplatten sind die Spannungen für mittigen Zug einzuhalten.

(2) Bei nachträglicher Ergänzung von vorgespannten Fertigteilen durch Ortbeton B 15 (siehe Abschnitte 3.1.1 und 12.7) beträgt die zulässige Randdruckspannung 6 N/mm^2.

(3) Bei Brücken nach DIN 1072 und vergleichbaren Bauwerken gelten die zulässigen Betonzugspannungen von Tabelle 9, Zeilen 42, 43 und 44, nur, sofern im Bauzustand keine Zwangschnittgrößen infolge von Wärmewirkungen auftreten. Treten jedoch solche Zwangschnittgrößen auf, so sind die Zahlenwerte der Tabelle 9, Zeilen 42, 43 und 44, um 0,5 N/mm^2 herabzusetzen.

15.2 Zulässige Spannung bei Teilflächenbelastung

Es gelten DIN 1045/07.88, Abschnitt 17.3.3, und für Brücken DIN 1075/04.81, Abschnitt 8.

15.3 Zulässige Druckspannungen in der vorgedrückten Druckzone

Der Rechenwert der Druckspannung, der den zulässigen Spannungen nach Tabelle 9, Zeilen 1 bis 4, gegenüberzustellen ist, beträgt

$$\sigma = 0{,}75\,\sigma_v + \sigma_q \qquad (22)$$

Hierin bedeuten:

σ_v Betondruckspannung aus Vorspannung

σ_q Betondruckspannung aus ungünstigster Lastzusammenstellung nach den Abschnitten 9.2.2 bis 9.2.7

15.4 Zulässige Spannungen in Spanngliedern mit Dehnungsbehinderung (Reibung)

Bei Spanngliedern, deren Dehnung durch Reibung behindert ist, darf nach Tabelle 9 Zeile 66 die zulässige Spannung am Spannende erhöht werden, wenn die Bereiche der größten Momente hiervon nicht berührt werden und die Erhöhung auf solche Bereiche beschränkt bleibt, in denen der Einfluß der Verkehrslasten gering ist.

15.5 Zulässige Betonzugspannungen für die Beförderungszustände bei Fertigteilen

Die zulässigen Betonzugspannungen betragen das Zweifache der zulässigen Werte für den Bauzustand.

15.6 Querbiegezugspannungen in Querschnitten, die nach DIN 1045 bemessen werden

(1) In Querschnitten, die nach DIN 1045 bemessen werden (z. B. Stege oder Bodenplatten bei Querbiegebeanspruchung), dürfen die nach Zustand I ermittelten Querbiegezugspannungen die Werte der Tabelle 9 Zeile 45 nicht überschreiten. Bei Brücken wird dieser Nachweis nur für den Lastfall H verlangt.

(2) Außerdem dürfen für den Lastfall ständige Last plus Vorspannung die nach Zustand I ermittelten Querbiegezugspannungen die Werte der Tabelle 9 Zeile 37 nicht überschreiten.

15.7 Zulässige Stahlspannungen in Spanngliedern

(1) Beim Spannvorgang darf die Spannung im Spannstahl vorübergehend die Werte nach Tabelle 9 Zeile 64 erreichen; der kleinere Wert ist maßgebend.

(2) Nach dem Verankern der Spannglieder gelten die Werte der Tabelle 9 Zeilen 65 bzw. 66 (siehe auch Abschnitt 15.4).

(3) Bei Spannverfahren, für die in den Zulassungen eine Abminderung der Spannkraft vorgeschrieben ist, muß die gleiche prozentuale Abminderung sowohl beim Spannen als auch nach dem Verankern der Spannglieder berücksichtigt werden.

15.8 Gekrümmte Spannglieder

In aufgerollten oder gekrümmt verlegten, gespannten Spanngliedern dürfen die Randspannungen den Wert $\beta_{0,01}$ nicht überschreiten. Die Randspannungen für Litzen dürfen mit dem halben Nenndurchmesser ermittelt werden.

15.9 Nachweise bei nicht vorwiegend ruhender Belastung

15.9.1 Allgemeines

(1) Mit Ausnahme der in den Abschnitten 15.9.2 und 15.9.3 genannten Fälle sind Nachweise der Schwingbreite für Betonstahl und Spannstahl nicht erforderlich.

(2) Für die Verwendung geschweißter Betonstahlmatten gilt DIN 1045, Ausgabe Dezember 1978, Abschnitt 17.8; für die Schubsicherung bei Eisenbahnbrücken dürfen jedoch geschweißte Betonstahlmatten nicht verwendet werden.

15.9.2 Endverankerungen mit Ankerkörpern und Kopplungen

(1) An Endverankerungen mit Ankerkörpern sowie an festen und beweglichen Kopplungen der Spannglieder ist der Nachweis zu führen, daß die Schwingbreite das 0,7fache des im Zulassungsbescheid für das Spannverfahren angegebenen Wertes der ertragenen Schwingbreite nicht überschreitet.

Ausgabe Dezember 1979 / Ausgabe Juli 1988

(2) Dieser Nachweis ist, sofern im Querschnitt Zugspannungen auftreten, nach Zustand II zu führen. Hierbei sind nur die durch häufige Lastwechsel verursachten Spannungsschwankungen zu berücksichtigen, wie z. B. durch nicht vorwiegend ruhende Lasten nach DIN 1055 Teil 3; bei Verkehrsregellasten von Brücken dürfen die in den Richtlinien für die Bemessung und Ausführung massiver Brücken [6]), Ausgabe August 1973, Abschnitt 9.3 genannten Abminderungsfaktoren α berücksichtigt werden.

(3) In diesen Querschnitten ist auch die Schwingbreite im Betonstahl nachzuweisen. Die ermittelten Schwingbreiten dürfen die Werte von DIN 1045, Ausgabe Dezember 1978, Abschnitt 17.8 nicht überschreiten.

(4) Bei diesem Nachweis sind in Querschnitten mit festen oder beweglichen Kopplungen außer den ständigen Lasten und der Vorspannung nach Kriechen und Schwinden folgende Beanspruchungen als ständig wirkend zu berücksichtigen, soweit sie hinsichtlich der Spannungsschwankungen ungünstig wirken:

– Wahrscheinliche Baugrundbewegungen nach Abschnitt 9.2.6.

– Temperaturunterschiede nach Abschnitt 9.2.5

– Zusatzmoment $\Delta M = \pm \dfrac{EI}{10^4 \, d_0}$ (23)

Hierin bedeuten:
EI Biegesteifigkeit im Zustand I
d_0 Querschnittsdicke des jeweils betrachteten Querschnitts

(5) ΔM nach Gleichung (23) ist ausschließlich bei diesem Nachweis zu berücksichtigen.

15.9.3 Endverankerung von Spanngliedern mit sofortigem Verbund

Es ist nachzuweisen, daß die Änderung der Spannung aus häufigen Lastwechseln (siehe Abschnitt 15.9.2) am Ende der Übertragungslänge bei gerippten und profilierten Drähten nicht größer als 70 MN/m^2, bei Litzen nicht größer als 50 MN/m^2 ist.

(2) Dieser Nachweis ist, sofern im Querschnitt Zugspannungen auftreten, nach Zustand II zu führen. Hierbei sind nur die durch häufige Lastwechsel verursachten Spannungsschwankungen zu berücksichtigen.

(3) In diesen Querschnitten ist auch die Schwingbreite im Betonstahl nachzuweisen. Die ermittelten Schwingbreiten dürfen die Werte von DIN 1045/07.88, Abschnitt 17.8; nicht überschreiten.

(4) Bei diesem Nachweis sind in Querschnitten mit festen oder beweglichen Kopplungen außer den ständigen Lasten und der Vorspannung nach Kriechen und Schwinden folgende Beanspruchungen als ständig wirkend zu berücksichtigen, soweit sie hinsichtlich der Spannungsschwankungen ungünstig wirken:

– Wahrscheinliche Baugrundbewegungen nach Abschnitt 9.2.6.

– Temperaturunterschiede nach Abschnitt 9.2.5. Bei Straßen- und Wegbrücken sind die Temperaturunterschiede nach DIN 1072/12.85, Tabelle 3, Spalten 4 bzw. 6, ohne Abminderung einzusetzen.

– Zusatzmoment $\Delta M = \pm \dfrac{EI}{10^4 \, d_0}$ (23)

Hierin bedeuten:
EI Biegesteifigkeit im Zustand I
d_0 Querschnittsdicke des jeweils betrachteten Querschnitts

(5) ΔM nach Gleichung (23) ist ausschließlich bei diesem Nachweis zu berücksichtigen.

15.9.3 Endverankerung von Spanngliedern mit sofortigem Verbund

Es ist nachzuweisen, daß die Änderung der Spannung aus häufigen Lastwechseln (siehe Abschnitt 15.9.2) am Ende der Übertragungslänge bei gerippten und profilierten Drähten nicht größer als 70 N/mm^2, bei Litzen nicht größer als 50 MN/m^2 ist.

---

[6]) Bei Ersatz durch DIN 1075 gilt der entsprechende Abschnitt.

Tabelle 9. **Zulässige Spannungen**

	1	2	3	4	5	6
Beton auf Druck infolge von Längskraft und Biegemoment im Gebrauchszustand						
	Querschnittsbereich	Anwendungsbereich	Zulässige Spannungen MN/m^2			
			B 25	B 35	B 45	B 55
1	Druckzone	Mittiger Druck in Säulen und Druckgliedern	8	10	11,5	13
2		Randspannung bei Voll- (z. B. Rechteck-) Querschnitt (einachsige Biegung)	11	14	17	19
3		Randspannung in Gurtplatten aufgelöster Querschnitte (z. B. Plattenbalken und Hohlkastenquerschnitte)	10	13	16	18
4		Eckspannung bei zweiachsiger Biegung	12	15	18	20
5	vorgedrückte Zugzone	Mittiger Druck	11	13	15	17
6		Randspannung bei Voll- (z. B. Rechteck-) Querschnitt (einachsige Biegung)	14	17	19	21
7		Randspannung in Gurtplatten aufgelöster Querschnitte (z. B. Plattenbalken und Hohlkastenquerschnitte)	13	16	18	20
8		Eckspannung bei zweiachsiger Biegung	15	18	20	22

Tabelle 9. **Zulässige Spannungen**

	1	2	3	4	5	6
	Beton auf Druck infolge von Längskraft und Biegemoment im Gebrauchszustand					
	Querschnittsbereich	Anwendungsbereich	Zulässige Spannungen N/mm^2			
			B 25	B 35	B 45	B 55
1	Druckzone	Mittiger Druck in Säulen und Druckgliedern	8	10	11,5	13
2		Randspannung bei Voll- (z. B. Rechteck-) Querschnitt (einachsige Biegung)	11	14	17	19
3		Randspannung in Gurtplatten aufgelöster Querschnitten (z. B. Plattenbalken und Hohlkastenquerschnitte)	10	13	16	18
4		Eckspannungen bei zweiachsiger Biegung	12	15	18	20
5	vorgedrückte Zugzone	Mittiger Druck	11	13	15	17
6		Randspannung bei Voll- (z. B. Rechteck-) Querschnitten (einachsige Biegung)	14	17	19	21
7		Randspannung in Gurtplatten aufgelöster Querschnitte (z. B. Plattenbalken und Hohlkastenquerschnitte)	13	16	18	20
8		Eckspannung bei zweiachsiger Biegung	15	18	20	22

Beton auf Zug infolge von Längskraft und Biegemoment im Gebrauchszustand

Allgemein (nicht bei Brücken)

	1	2	3	4	5	6
	Vorspannung	Anwendungsbereich	Zulässige Spannungen MN/m^2			
			B 25	B 35	B 45	B 55
9 10 11	volle Vorspannung	allgemein: Mittiger Zug Randspannung Eckspannung	0 0 0	0 0 0	0 0 0	0 0 0
12 13 14		unter unwahrscheinlicher Häufung vor Lastfällen: Mittiger Zug Randspannung Eckspannung	0,6 1,6 2,0	0,8 2,0 2,4	0,9 2,2 2,7	1,0 2,4 3,0
15 16 17		Bauzustand: Mittiger Zug Randspannung Eckspannung	0,3 0,8 1,0	0,4 1,0 1,2	0,4 1,1 1,4	0,5 1,2 1,5
18 19 20	beschränkte Vorspannung	allgemein: Mittiger Zug Randspannung Eckspannung	1,2 3,0 3,5	1,4 3,5 4,0	1,6 4,0 4,5	1,8 4,5 5,0
21 22 23		unter unwahrscheinlicher Häufung von Lastfällen: Mittiger Zug Randspannung Eckspannung	1,6 4,0 4,4	2,0 4,4 5,2	2,2 5,0 5,8	2,4 5,6 6,4
24 25 26		Bauzustand: Mittiger Zug Randspannung Eckspannung	0,8 2,0 2,2	1,0 2,2 2,6	1,1 2,5 2,9	1,2 2,8 3,2

Tabelle 9. (Fortsetzung)

Beton auf Zug infolge von Längskraft und Biegemoment im Gebrauchszustand

Allgemein (nicht bei Brücken)

	1	2	3	4	5	6
	Vorspannung	Anwendungsbereich	Zulässige Spannungen N/mm^2			
			B 25	B 35	B 45	B 55
9 10 11	volle Vorspannung	allgemein: Mittiger Zug Randspannung Eckspannung	0 0 0	0 0 0	0 0 0	0 0 0
12 13 14		unter unwahrscheinlicher Häufung von Lastfällen: Mittiger Zug Randspannung Eckspannung	0,6 1,6 2,0	0,8 2,0 2,4	0,9 2,2 2,7	1,0 2,4 3,0
15 16 17		Bauzustand: Mittiger Zug Randspannung Eckspannung	0,3 0,8 1,0	0,4 1,0 1,2	0,4 1,1 1,4	0,5 1,2 1,5
18 19 20	beschränkte Vorspannung	allgemein: Mittiger Zug Randspannung Eckspannung	1,2 3,0 3,5	1,4 3,5 4,0	1,6 4,0 4,5	1,8 4,5 5,0
21 22 23		unter unwahrscheinlicher Häufung von Lastfällen: Mittiger Zug Randspannung Eckspannung	1,6 4,0 4,4	2,0 4,4 5,2	2,2 5,0 5,8	2,4 5,6 6,4
24 25 26		Bauzustand: Mittiger Zug Randspannung Eckspannung	0,8 2,0 2,2	1,0 2,2 2,6	1,1 2,5 2,9	1,2 2,8 3,2

		Bei Brücken und vergleichbaren Bauwerken nach Abschnitt 6.8.1					
27		unter Hauptlasten:					
27		Mittiger Zug	0	0	0	0
28		Randspannung	0	0	0	0
29		Eckspannung	0	0	0	0
30	volle Vorspannung	unter Haupt- und Zusatzlasten:				
30	volle Vorspannung	Mittiger Zug	0,6	0,8	0,9	1,0
31	volle Vorspannung	Randspannung	1,6	2,0	2,2	2,4
32	volle Vorspannung	Eckspannung	2,0	2,4	2,7	3,0
33		Bauzustand:				
33		Mittiger Zug	0,3	0,4	0,4	0,5
34		Randspannung	0,8	1,0	1,1	1,2
35		Eckspannung	1,0	1,2	1,4	1,5
36		unter Hauptlasten:				
36		Mittiger Zug	1,0	1,2	1,4	1,6
37		Randspannung	2,5	2,8	3,2	3,5
38		Eckspannung	2,8	3,2	3,6	4,0
39	beschränkte Vorspannung	unter Haupt- und Zusatzlasten:				
39	beschränkte Vorspannung	Mittiger Zug	1,2	1,4	1,6	1,8
40	beschränkte Vorspannung	Randspannung	3,0	3,6	4,0	4,5
41	beschränkte Vorspannung	Eckspannung	3,5	4,0	4,5	5,0
42		Bauzustand:				
42		Mittiger Zug	0,8	1,0	1,1	1,2
43		Randspannung	2,0	2,2	2,5	2,8
44		Eckspannung	2,2	2,6	2,9	3,2
		Biegezugspannungen aus Quertragwirkung beim Nachweis nach Abschnitt 15.6				
45			3,0	4,0	5,0	6,0

Beton auf Schub

Schiefe Hauptzugspannungen im Gebrauchszustand

	1	2	3	4	5	6
	Vorspannung	Beanspruchung	Zulässige Spannungen MN/m^2			
			B 25	B 35	B 45	B 55
46	volle Vorspannung	Querkraft, Torsion, Querkraft plus Torsion in der Mittelfläche	0,8	0,9	0,9	1,0
47	volle Vorspannung	Querkraft plus Torsion	1,0	1,2	1,4	1,5
48	beschränkte Vorspannung	Querkraft, Torsion, Querkraft plus Torsion in der Mittelfläche	1,8	2,2	2,6	3,0
49	beschränkte Vorspannung	Querkraft plus Torsion	2,5	2,8	3,2	3,5

Tabelle 9. (Fortsetzung)

	Bei Brücken und vergleichbaren Bauwerken nach Abschnitt 6.7.1					
	1	2	3	4	5	6
	Vorspannung	Anwendungsbereich	Zulässige Spannungen N/mm²			
			B 25	B 35	B 45	B 55
27	volle Vorspannung	unter Hauptlasten: Mittiger Zug	0	0	0	0
28		Randspannung	0	0	0	0
29		Eckspannung	0	0	0	0
30		unter Haupt- und Zusatzlasten: Mittiger Zug	0,6	0,8	0,9	1,0
31		Randspannung	1,6	2,0	2,0	2,4
32		Eckspannung	2,0	2,4	2,7	3,0
33		Bauzustand: Mittiger Zug	0,3	0,4	0,4	0,5
34		Randspannung	0,8	1,0	1,1	1,2
35		Eckspannung	1,0	1,2	1,4	1,5
36	beschränkte Vorspannung	unter Hauptlasten: Mittiger Zug	1,0	1,2	1,4	1,6
37		Randspannung	2,5	2,8	3,2	3,5
38		Eckspannung	2,8	3,2	3,6	4,0
39		unter Haupt- und Zusatzlasten: Mittiger Zug	1,2	1,4	1,6	1,8
40		Randspannung	3,0	3,6	4,0	4,5
41		Eckspannung	3,5	4,0	4,5	5,0
42		Bauzustand: Mittiger Zug [1]	0,8	1,0	1,1	1,2
43		Randspannung [1]	2,0	2,2	2,5	2,8
44		Eckspannung [1]	2,2	2,6	2,9	3,2
	Biegezugspannungen aus Quertragwirkung beim Nachweis nach Abschnitt 15.6					
45			3,0	4,0	5,0	6,0
	Beton auf Schub					
	Schiefe Hauptzugspannungen im Gebrauchszustand					
46	volle Vorspannung	Querkraft, Torsion Querkraft plus Torsion in der Mittelfläche	0,8	0,9	0,9	1,0
47		Querkraft plus Torsion	1,0	1,2	1,4	1,5
48	beschränkte Vorspannung	Querkraft, Torsion Querkraft plus Torsion in der Mittelfläche	1,8	2,2	2,6	3,0
49		Querkraft plus Torsion	2,5	2,8	3,2	3,5

[1] Abschnitt 15.1, (3), ist zu beachten.

	1	2	3	4	5	6
	\multicolumn{2}{l}{Schiefe Hauptzugspannungen bzw. Schubspannungen im rechnerischen Bruchzustand ohne Nachweis der Schubbewehrung (Zone a und Zone b)}				
	Beanspruchung	Bauteile	Zulässige Spannungen MN/m^2			
			B 25	B 35	B 45	B 55
50	Querkraft	bei Balken	1,4	1,8	2,0	2,2
51		bei Platten *) (Querkraft senkrecht zur Platte)	0,8	1,0	1,2	1,4
52	Torsion	bei Vollquerschnitten	1,4	1,8	2,0	2,2
53		in der Mittelfläche von Stegen und Gurten	0,8	1,0	1,2	1,4
54	Querkraft plus Torsion	in der Mittelfläche von Stegen und Gurten	1,4	1,8	2,0	2,2
55		bei Vollquerschnitten	1,8	2,4	2,7	3,0

*) Für dicke Platten ($d > 30$ cm) siehe Abschnitt 12.4.1

	1	2	3	4	5	6
	\multicolumn{2}{l}{Grundwerte der Schubspannung im rechnerischen Bruchzustand in Zone b und in Zuggurten der Zone a}				
56	Querkraft	bei Balken	5,5	7,0	8,0	9,0
57		bei Platten (Querkraft senkrecht zur Platte)	3,2	4,2	4,8	5,2
58	Torsion	bei Vollquerschnitten	5,5	7,0	8,0	9,0
59		in der Mittelfläche von Stegen und Gurten	3,2	4,2	4,8	5,2
60	Querkraft plus Torsion	in der Mittelfläche von Stegen und Gurten	5,5	7,0	8,0	9,0
61		bei Vollquerschnitten	5,5	7,0	8,0	9,0

Beton auf Schub

Schiefe Hauptdruckspannungen im rechnerischen Bruchzustand in Zone a und in Zone b

	1	2	3	4	5	6
	Beanspruchung	Bauteile	Zulässige Spannungen MN/m^2			
			B 25	B 35	B 45	B 55
62	Querkraft, Torsion, Querkraft plus Torsion	in Stegen	11	16	20	25
63	Querkraft, Torsion, Querkraft plus Torsion	in Gurtplatten	15	21	27	33

Tabelle 9. (Fortsetzung)

Schiefe Hauptzugspannungen bzw. Schubspannungen im rechnerischen Bruchzustand ohne Nachweis der Schubbewehrung (Zone a und Zone b)

	1	2	3	4	5	6
	Beanspruchung	Bauteile	Zulässige Spannungen N/mm^2			
			B 25	B 35	B 45	B 55
50	Querkraft	bei Balken	1,4	1,8	2,0	2,2
51		bei Platten [2]) (Querkraft senkrecht zur Platte)	0,8	1,0	1,2	1,4
52	Torsion	bei Vollquerschnitten	1,4	1,8	2,0	2,2
53		in der Mittelfläche von Stegen und Gurten	0,8	1,0	1,2	1,4
54	Querkraft plus Torsion	in der Mittelfläche von Stegen und Gurten	1,4	1,8	2,0	2,2
55		bei Vollquerschnitten	1,8	2,4	2,7	3,0

[2]) Für dicke Platten ($d > 30$ cm) siehe Abschnitt 12.4.1

Grundwerte der Schubspannung im rechnerischen Bruchzustand in Zone b und in Zuggurten der Zone a

56	Querkraft	bei Balken	5,5	7,0	8,0	9,0
57		bei Platten (Querkraft senkrecht zur Platte)	3,2	4,2	4,8	5,2
58	Torsion	bei Vollquerschnitten	5,5	7,0	8,0	9,0
59		in der Mittelfläche von Stegen und Gurten	3,2	4,2	4,8	5,2
60	Querkraft plus Torsion	in der Mittelfläche von Stegen und Gurten	5,5	7,0	8,0	9,0
61		bei Vollquerschnitten	5,5	7,0	8,0	9,0

Beton auf Schub

Schiefe Hauptdruckspannungen im rechnerischen Bruchzustand in Zone a und in Zone b

62	Querkraft, Torsion, Querkraft plus Torsion	in Stegen	11	16	20	25
63	Querkraft, Torsion, Querkraft plus Torsion	in Gurtplatten	15	21	27	33

2 Mitgeltende Normen und Unterlagen
2.1 Normen und Richtlinien
(1) Für Spannbetonbauteile gelten, soweit in den nachfolgenden Abschnitten nichts anderes bestimmt wird:

DIN	1045	Beton und Stahlbeton; Bemessung und Ausführung
DIN	1072	Straßen- und Wegbrücken; Lastannahmen
DIN	1084 Teil 1	Überwachung (Güteüberwachung) im Beton- und Stahlbetonbau; Beton B II auf Baustellen
DIN	1084 Teil 2	Überwachung (Güteüberwachung) im Beton- und Stahlbetonbau; Fertigteile
DIN	1084 Teil 3	Überwachung (Güteüberwachung) im Beton- und Stahlbetonbau; Transportbeton
DIN	1164 Teil 1	Portland-, Eisenportland-, Hochofen- und Traßzement; Begriffe, Bestandteile, Anforderungen, Lieferung
DIN	1164 Teil 2	Portland-, Eisenportland-, Hochofen- und Traßzement; Überwachung (Güteüberwachung)
DIN	1164 Teil 3	Portland-, Eisenportland-, Hochofen- und Traßzement; Bestimmung der Zusammensetzung
DIN	1164 Teil 4	Portland-, Eisenportland-, Hochofen- und Traßzement; Bestimmung der Mahlfeinheit
DIN	1164 Teil 5	Portland-, Eisenportland-, Hochofen- und Traßzement; Bestimmung der Erstarrungszeiten mit dem Nadelgerät
DIN	1164 Teil 6	Portland-, Eisenportland-, Hochofen- und Traßzement; Bestimmung der Raumbeständigkeit mit dem Kochversuch
DIN	1164 Teil 7	Portland-, Eisenportland-, Hochofen- und Traßzement; Bestimmung der Festigkeit
DIN	1164 Teil 8	Portland-, Eisenportland-, Hochofen- und Traßzement; Bestimmung der Hydratationswärme mit dem Lösungskalorimeter
DIN	4099 Teil 1	Schweißen von Betonstahl; Anforderungen und Prüfungen
DIN	4099 Teil 2	(Vornorm) Schweißen von Betonstahl; Widerstands-Punktschweißungen an Betonstählen in Werken, Ausführung und Überwachung
DIN	4226 Teil 1	Zuschlag für Beton; Zuschlag mit dichtem Gefüge, Begriffe, Bezeichnung, Anforderungen und Überwachung
DIN	4227 Teil 5	Spannbeton; Einpressen von Zementmörtel in Spannkanäle
DIN	18 553	(z. Z. noch Entwurf) Hüllrohre für Spannglieder

Richtlinien für die Bemessung und Ausführung massiver Brücken (vorläufiger Ersatz für DIN 1075)

Richtlinien für die Bemessung und Ausführung von Stahlverbundträgern (vorläufiger Ersatz für DIN 1078 und DIN 4239)

Zitierte Normen und andere Unterlagen

DIN 1013 Teil 1	Stabstahl; Warmgewalzter Rundstahl für allgemeine Verwendung, Maße, zulässige Maß- und Formabweichungen
DIN 1045	Beton und Stahlbeton, Bemessung und Ausführung
DIN 1072	Straßen- und Wegbrücken; Lastannahmen
DIN 1075	Betonbrücken; Bemessung und Ausführung
DIN 1084 Teil 1	Überwachung (Güteüberwachung) im Beton- und Stahlbetonbau; Beton II auf Baustellen
DIN 1084 Teil 2	Überwachung (Güteüberwachung) im Beton- und Stahlbetonbau; Fertigteile
DIN 1084 Teil 3	Überwachung (Güteüberwachung) im Beton- und Stahlbetonbau; Transportbeton

Normen der Reihe
DIN 1164	Portland-, Eisenportland-, Hochofen- und Traßzement

DIN 4099	Schweißen von Betonstahl; Anforderungen und Prüfungen

DIN 4226 Teil 1	Zuschlag für Beton; Zuschlag mit dichtem Gefüge, Begriffe, Bezeichnung und Anforderungen
DIN 4227 Teil 2	Spannbeton; Bauteile mit teilweiser Vorspannung
DIN 4227 Teil 5	Spannbeton; Einpressen von Zementmörtel in Spannkanäle
DIN 4227 Teil 6	Spannbeton; Bauteile mit Vorspannung ohne Verbund
DIN 17 100	Allgemeine Baustähle; Gütenorm
DIN 18 553	Hüllrohre aus Bandstahl für Spannglieder; Anforderungen, Prüfungen
DAfStb-Heft 320[10]	Richtlinien für die Bemessung und Ausführung von Stahlverbundträgern (vorläufiger Ersatz für DIN 1078 und DIN 4239).
Mitteilungen des Instituts für Bautechnik, Berlin	

---

[10] Herausgeber: Deutscher Ausschuß für Stahlbeton, Berlin.
Zu beziehen über: Beuth Verlag GmbH, Burggrafenstraße 6, 1000 Berlin 30.

DIN	488 Teil 1	Betonstahl; <u>Begriffe,</u> Eigenschaften, <u>Werkkennzeichen</u>
DIN	488 Teil 3	Betonstahl; Betonstabstahl, Prüfungen
DIN	488 Teil 4	Betonstahl; Betonstahlmatten, Aufbau
DIN	1055 Teil 1	Lastannahmen für Bauten; Lagerstoffe, Baustoffe und Bauteile, Eigenlasten und Reibungswinkel
DIN	1055 Teil 2	Lastannahmen für Bauten; Bodenkenngrößen, Wichte, Reibungswinkel, Kohäsion, Wandreibungswinkel
DIN	1055 Teil 3	Lastannahmen für Bauten; Verkehrslasten
DIN	1055 Teil 4	Lastannahmen für Bauten; Verkehrslasten; Windlasten nicht schwingungsanfälliger Bauwerke
DIN	1055 Teil 5	Lastannahmen für Bauten; Verkehrslasten; Schneelast und Eislast
DIN	1055 Teil 6	Lastannahmen für Bauten; Lasten in Silozellen
DIN	4102 Teil 1	Brandverhalten von Baustoffen und Bauteilen; Baustoffe, Begriffe, Anforderungen und Prüfungen
DIN	4102 Teil 2	Brandverhalten von Baustoffen und Bauteilen; Bauteile, Begriffe, Anforderungen und Prüfungen
DIN	4102 Teil 3	Brandverhalten von Baustoffen und Bauteilen; Brandwände und nichttragende Außenwände, Begriffe, Anforderungen und Prüfungen
DIN	4102 Teil 4	Brandverhalten von Baustoffen und Bauteilen; <u>Einreihung in die Begriffe</u>
DIN	4102 Teil 5	Brandverhalten von Baustoffen und Bauteilen; Feuerschutzabschlüsse, Abschlüsse in Fahrschachtwänden und gegen Feuer widerstandsfähige Verglasungen, Begriffe, Anforderungen und Prüfungen
DIN	4102 Teil 6	Brandverhalten von Baustoffen und Bauteilen; Lüftungsleitungen, Begriffe, Anforderungen und Prüfungen
DIN	4102 Teil 7	Brandverhalten von Baustoffen und Bauteilen; Bedachungen, Begriffe, Anforderungen und Prüfungen
DIN	4226 Teil 2	Zuschlag für Beton; Zuschlag mit porigem Gefüge (Leichtzuschlag), Begriffe, Bezeichnung, Anforderungen <u>und Überwachung</u>
DIN	4226 Teil 3	Zuschlag für Beton; Prüfung von Zuschlag mit dichtem oder porigem Gefüge

<u>Richtlinien für die Bemessung und Ausführung von Spannbeton-Masten (vorläufiger Ersatz für DIN 4228)</u>

DIN 4227 Teil 1, Ausgabe Juli 1988

Weitere Normen

DIN 488 Teil 1	Betonstahl; Sorten, Eigenschaften, Kennzeichen
DIN 488 Teil 3	Betonstahl; Betonstabstahl, Prüfungen
DIN 488 Teil 4	Betonstahl; Betonstahlmatten und Bewehrungsdraht, Aufbau, Maße und Gewichte
DIN 1055 Teil 1	Lastannahmen für Bauten; Lagerstoffe, Baustoffe und Bauteile, Eigenlasten und Reibungswinkel
DIN 1055 Teil 2	Lastannahmen für Bauten; Bodenkenngrößen, Wichte, Reibungswinkel, Kohäsion, Wandreibungswinkel
DIN 1055 Teil 3	Lastannahmen für Bauten; Verkehrslasten
DIN 1055 Teil 4	Lastannahmen für Bauten; Verkehrslasten; Windlasten bei nicht schwingungsanfälligen Bauwerken
DIN 1055 Teil 5	Lastannahmen für Bauten; Verkehrslasten; Schneelast und Eislast
DIN 1055 Teil 6	Lastannahmen für Bauten; Lasten in Silozellen

DIN 4102 Teil 1	Brandverhalten von Baustoffen und Bauteilen; Baustoffe, Begriffe, Anforderungen und Prüfungen
DIN 4102 Teil 2	Brandverhalten von Baustoffen und Bauteilen; Bauteile, Begriffe, Anforderungen und Prüfungen
DIN 4102 Teil 3	Brandverhalten von Baustoffen und Bauteilen; Brandwände und nichttragende Außenwände, Begriffe, Anforderungen und Prüfungen
DIN 4102 Teil 4	Brandverhalten von Baustoffen und Bauteilen; Zusammenstellung und Anwendung klassifizierter Baustoffe, Bauteile und Sonderbauteile
DIN 4102 Teil 5	Brandverhalten von Baustoffen und Bauteilen; Feuerschutzabschlüsse, Abschlüsse in Fahrschachtwänden und gegen Feuerwiderstandsfähige Verglasungen, Begriffe, Anforderungen und Prüfungen
DIN 4102 Teil 6	Brandverhalten von Baustoffen und Bauteilen; Lüftungsleitungen, Begriffe, Anforderungen und Prüfungen
DIN 4102 Teil 7	Brandverhalten von Baustoffen und Bauteilen; Bedachungen, Begriffe, Anforderungen und Prüfungen

DIN 4226 Teil 2	Zuschlag für Beton; Zuschlag mit porigem Gefüge (Leichtzuschlag), Begriffe, Bezeichnung und Anforderungen
DIN 4226 Teil 3	Zuschlag für Beton; Prüfung von Zuschlag mit dichtem oder porigem Gefüge

Frühere Ausgaben
DIN 4227: 10.53x; DIN 4227 Teil 1: 12.79

Änderungen
Gegenüber der Ausgabe Dezember 1979 wurden folgende Änderungen vorgenommen:
a) Erweiterung der Regelungen für den Einbau von Hüllrohren.
b) Erhöhung der Mindestbewehrung bei Brücken und vergleichbaren Bauwerken.
c) Konstruktive Regelungen für die Längsbewehrung von Balkenstegen.
d) Nachweis für die Gebrauchsfähigkeit vorgespannter Konstruktionen (Beschränkung der Rißbreite).
e) Angleichung an DIN 1072 hinsichtlich Zwangbeanspruchung, insbesondere aus Wärmewirkung.
Allgemeine redaktionelle Anpassungen an die zwischenzeitliche Normenfortschreibung.

Internationale Patentklassifikation
C 04 B 28/04   E 04 B 1/22   E 04 C 5/08   E 01 D 7/02   E 04 G 21/12   G 01 L 5/00   G 01 N 3/00   G 01 N 33/38

Teil 2
Stichworte

Norminhalt von DIN 4227 Teil 1 „Spannbeton", Ausgabe Juli 1988, nach Stichworten aufbereitet

Hinweise für die Benutzung des Teiles 2

Die Stichworte sind alphabetisch geordnet und an der größeren Schrift zu erkennen.

Unmittelbar an ein Stichwort folgen in aufsteigender Reihenfolge — also nicht nach einer „Wichtigkeit" geordnet — die einzelnen Abschnitte oder Absätze der Norm, in denen das jeweilige Stichwort vorkommt. Es ist an diesen Stellen zum leichteren Erkennen unterstrichen.

Bei zusammengesetzten Stichworten wird auf andere Stichworte hingewiesen, wenn dort die Abschnitte oder Absätze abgedruckt sind.

Bei Stichworten, die in der Überschrift größerer Abschnitte enthalten sind, wird auf den Abdruck dieser Abschnitte verzichtet (siehe z.B. das Stichwort „Bauausführung, Grundsätze"). In einem solchen Falle sei auf den ersten Teil dieses Buches verwiesen, in dem der volle Text dieser Abschnitte jeweils auf der rechten Spalte oder Seite zu finden ist.

Größere Tabellen oder Bilder werden nicht jeweils bei dem betreffenden Stichwort, sondern am Ende des Teiles „Stichworte" abgedruckt, da ansonsten der Umfang des Buches zu groß und unhandlich würde. Alle Stichworte sind jedoch an der richtigen Stelle enthalten und dort ist auf die jeweilige Seite am Ende dieses Teiles verwiesen. Vor diesen Tabellen sind wiederum in alphabetischer Reihenfolge die dort enthaltenen Stichworte angegeben, auf eine Unterstreichung im Normentext wurde jedoch aus Gründen der Übersichtlichkeit verzichtet.

Durch Randstriche wird der Grad der Verbindlichkeit des Normentextes **in bezug auf das Stichwort** gekennzeichnet. Dabei bedeuten:

- Ein doppelter Randstrich: Gebot, Verbot, Definition, Festlegung, zwingende Forderung, unbedingt fordernd, ausgedrückt mit den modalen Hilfsverben „muß" oder „darf nicht" oder in deren Umschreibung, siehe auch DIN 820 Teil 23, Tabelle 1, Zeilen 1 und 2*).
- Ein einfacher Randstrich: Regel, Erlaubnis, zulässige Abweichung, bedingt fordernd, freistellend, ausgedrückt mit den modalen Hilfsverben „soll", „darf", „muß nicht" oder „soll nicht" oder in deren Umschreibung, siehe auch DIN 820 Teil 23, Tabelle 1, Zeilen 3 bis 6*).
- Kein Randstrich: Empfehlung, Richtlinie, auswählend, anratend, empfehlend, unverbindlich, hinweisend, ausgedrückt mit den modalen Hilfsverben „sollte", „kann", „sollte nicht" oder „kann nicht", siehe auch DIN 820 Teil 23, Tabelle 1, Zeilen 7 bis 10*).

---

*) Siehe Seite 187

Anmerkungen des Bearbeiters stehen in Klammern und sind darüberhinaus an der kursiven Schrift zu erkennen.

Die Stichworte und deren Kennzeichnung sind vom Bearbeiter nach dem Gesichtspunkt ausgewählt worden, welche Informationen für den Benutzer wichtig sein könnten. Im Einzelfall können jedoch auch andere Kriterien maßgebend sein. Aber auch dann sind die „Stichworte" ein guter Einstieg in die Arbeit mit der Originalfassung der Norm.

Ankerkörper

6.5 Herstellung, Lagerung und Einbau der Spannglieder

6.5.1 Allgemeines

(5) Ankerplatten und Ankerkörper müssen rechtwinklig zur Spanngliedachse liegen.

14.4 Verankerungen innerhalb des Tragwerks

(1) Wenn ein Teil des Querschnitts mit Ankerkörpern (Verankerungen, Spanngliedkopplungen) durchsetzt ist, sind Querschnittsschwächungen zu berücksichtigen infolge von:
a) Ankerkörpern, bei denen zwischen Stirnfläche des Ankerkörpers und Beton bzw. Einpreßmörtel eine nachgiebige Zwischenlage angeordnet ist, bei allen Nachweisen im Gebrauchszustand und im rechnerischen Bruchzustand;
b) Ankerkörper, die im Bereich von Längszugspannungen liegen, bei Nachweisen im Gebrauchszustand.

(3) Dabei darf nur jener Teil der Bewehrung berücksichtigt werden, der nicht weiter als in einem Abstand von $1,5\sqrt{A_1}$ von der Achse des endenden Spanngliedes liegt und dessen resultierende Zugkraft etwa in der Achse des endenden Spanngliedes liegt. Dabei ist A_1 die Aufstandsfläche des Ankerkörpers des Spanngliedes. Im Verbund liegende Spannglieder dürfen dabei mitgerechnet werden.

Ankerkörper, Endverankerung

15.9.2 Endverankerungen mit Ankerkörpern und Kopplungen

(1 An Endverankerungen mit Ankerkörpern sowie an festen und beweglichen Kopplungen der Spannglieder ist der Nachweis zu führen, daß die Schwingbreite das 0,7fache des im Zulassungsbescheid für das Spannverfahren angegebenen Wertes der ertragenen Schwingbreite nicht überschreitet.

Ankerplatte

6.5 Herstellung, Lagerung und Einbau der Spannglieder

6.5.1 Allgemeines

(5) Ankerplatten und Ankerkörper müssen rechtwinklig zur Spanngliedachse liegen.

Anmachwasser, Chloridgehalt

3.1 Beton

3.1.1 Vorspannung mit nachträglichem Verbund

(3) Der Chloridgehalt des Anmachwassers darf 600 mg Cl⁻ je Liter nicht überschreiten. Die Verwendung von Meerwasser und anderem salzhaltigen Wasser ist unzulässig. Es darf nur solcher Betonzuschlag verwendet werden, der hinsichtlich des Gehaltes an wasserlöslichem Chlorid (berechnet als Chlor) den Anforderungen nach DIN 4226 Teil 1/04.83, Abschnitt 7.6.6b) genügt (Chlorgehalt mit einem Massenanteil $\leq 0,02\%$).

Arbeitsfuge

10.3 Arbeitsfugen annähernd rechtwinklig zur Tragrichtung

(1) Arbeitsfugen, die annähernd rechtwinklig zur betrachteten Tragrichtung verlaufen, sind im Bereich von Zugspannungen nach Möglichkeit zu vermeiden. Es ist nachzuweisen, daß die größten Zugspannungen infolge von Längskraft und Biegemoment an der Stelle der Arbeitsfuge die Hälfte der nach den Abschnitten 10.1.1 oder 10.1.2, jeweils zulässigen Werte nicht überschreiten und daß infolge des Lastfalles Vorspannung plus ständige Last plus Kriechen und Schwinden keine Zugspannungen auftreten.

(2) Wird nicht nachgewiesen, daß die infolge Schwindens und Abfließens der Hydratationswärme im anbetonierten Teil auftretenden Zugkräfte durch Bewehrung aufgenommen werden können, so ist im anbetonierten Teil auf eine Länge $d_0 \leq 1,0$ m die parallel zur Arbeitsfuge laufende Bewehrung auf die doppelten Werte der Mindestbewehrung nach Abschnitt 6.7 – mit Ausnahme von Abschnitt 6.7.6 – anzuheben. Diese Werte gelten auch als Mindestquerschnitt der obersten und untersten Lage der die Fuge kreuzenden Bewehrung, die beiderseits der Fuge auf einer Länge $d_0 + l_0 \leq 4,0$ m vorhanden sein muß (d_0 Balkendicke bzw. Plattendicke; l_0 Grundmaß der Verankerungslänge nach DIN 1045/07.88, Abschnitt 18.5.2.1). Bei Brücken und vergleichbaren Bauwerken ist außerdem die Regelung über die erhöhte Mindestbewehrung nach Abschnitt 6.7.1 (3) zu beachten.

12.7 Nachträglich ergänzte Querschnitte

(1) Schubkräfte zwischen Fertigteilen und Ortbeton bzw. in Arbeitsfugen (siehe DIN 1045/07.88, Abschnitte 10.2.3 und 19.4), die in Richtung der betrachteten Tragwirkung verlaufen, sind stets durch Bewehrung abzudecken. Die Bewehrung ist nach DIN 1045/07.88, Abschnitt 19.7.3, auszubilden. Die Fuge zwischen dem zuerst hergestellten Teil und der Ergänzung muß rauh sein. Dabei ist die Neigung der Druckstreben gegen die Querschnittsnormale wie folgt anzunehmen:

$$\tan \vartheta = \tan \vartheta_I \left(1 - 0,25 \frac{\Delta \tau}{\tau_u}\right) \geq 0,4 \text{ (Zone a)} \quad (14)$$

$$\tan \vartheta = 1 - \frac{0,25 \Delta \tau}{\tau_R} \geq 0,4 \text{ (Zone b)} \quad (15)$$

Erklärung der Formelzeichen siehe Abschnitt 12.4.2.

Arbeitsfuge mit Kopplung

10.4 Arbeitsfugen mit Spanngliedkopplungen

(1) Werden in einer Arbeitsfuge mehr als 20% der im Querschnitt vorhandenen Spannkraft mittels Spanngliedkopplungen oder auf andere Weise vorübergehend verankert, gelten für die die Fuge kreuzende Bewehrung über die Abschnitte 10.2, 10.3, 14 und 15.9 hinaus die nachfolgenden Absätze (1) bis (5); dabei sollen die Stababstände nicht größer als 15 cm sein.

(2) Bei Brücken und vergleichbaren Bauwerken ist die erhöhte Mindestbewehrung nach Tabelle 4 grundsätzlich einzulegen.

(3) Ist bei Bauwerken nach Tabelle 4, Spalten 2 und 4, in der Fuge am jeweils betrachteten Rand unter ungünstigster Überlagerung der Lastfälle nach Abschnitt 9 (unter Berücksichtigung auch der Bauzustände) eine Druckrandspannung nicht vorhanden, so sind für die die Fuge kreuzende Längsbewehrung folgende Mindestquerschnitte erforderlich:

a) Für den Bereich des unteren Querschnittsrandes, wenn dort keine Gurtscheibe vorhanden ist:

0,2 % der Querschnittsfläche des Steges bzw. der Platte (zu berechnen mit der gesamten Querschnittsdicke; bei Hohlplatten mit annähernd kreisförmigen Aussparungen darf der reine Betonquerschnitt zugrunde gelegt werden). Mindestens die Hälfte dieser Bewehrung muß am unteren Rand liegen; der Rest darf über das untere Drittel der Querschnittsdicke verteilt sein.

b) Für den Bereich des unteren bzw. oberen Querschnittsrandes, wenn dort eine Gurtscheibe vorhanden ist (die folgende Regel gilt auch für Hohlplatten mit annähernd rechteckigen Aussparungen):

0,8 % der Querschnittsfläche der unteren bzw. 0,4 % der Querschnittsfläche der oberen Gurtscheibe einschließlich des jeweiligen (mit der gemittelten Scheibendicke zu bestimmenden) Durchdringungsbereiches mit dem Steg. Die Bewehrung muß über die Breite von Gurtscheibe und Durchdringungsbereich gleichmäßig verteilt sein.

(4) Bei Bauwerken nach Absatz (3) dürfen die vorstehenden Werte für die Mindestlängsbewehrung auf die doppelten Werte nach Tabelle 4 ermäßigt werden, wenn die Druckrandspannung am betrachteten Rand mindestens 2 N/mm² beträgt. Bei Mindest-Druckrandspannungen zwischen 0 und 2 N/mm² darf der Querschnitt der Mindestlängsbewehrung zwischen den jeweils maßgebenden Werten linear interpoliert werden.

(5) Bewehrungszulagen dürfen nach Bild 4 gestaffelt werden.

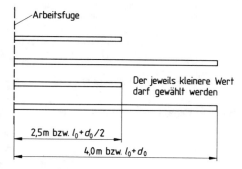

Bild 4. Staffelung der Bewehrungszulagen

12.8 Arbeitsfugen mit Kopplungen

In Arbeitsfugen mit Spanngliedkopplungen darf an Stelle des Nachweises nach den Abschnitten 12.3 und 12.4 der Nachweis der Schubdeckung unter Annahme eines Ersatzfachwerks geführt werden, wenn die Fuge konstruktiv entsprechend ausgebildet wird (im allgemeinen verzahnte Fuge). Die Bewehrung ist unter Zugrundelegung des angenommenen Fachwerks zu bemessen. Die Richtung der Druckstrebe darf dabei höchstens 15° von der Normalen derjenigen Fugenteilfläche abweichen, von der die Druckkraft aufzunehmen ist. Die Druckspannung auf die Teilflächen darf im rechnerischen Bruchzustand den Wert β_R nicht überschreiten.

Aufhängebewehrung

12.5 Indirekte Lagerung

Es gilt DIN 1045/07.88, Abschnitt 18.10.2. Für die Aufhängebewehrung dürfen auch Spannglieder herangezogen werden, wenn ihre Neigung zwischen 45° und 90° gegen die Trägerachse beträgt. Dabei ist für Spannstahl die Streckgrenze β_S anzusetzen, wenn der Spannungszuwachs kleiner als 420 N/mm² ist.

Ausgangskonsistenz

(Tabelle 7, siehe Seite 180)

Balkensteg, Längsbewehrung

6.7.4 Längsbewehrung von Balkenstegen

Für die Längsbewehrung von Balkenstegen gilt Tabelle 4, Zeilen 2a und 2b. Mindestens die Hälfte der erhöhten Mindestbewehrung muß am unteren und/oder oberen Rand des Steges liegen, der Rest darf über das untere und/oder obere Drittel der Steghöhe verteilt sein.

Balkensteg, Schubbewehrung

6.7.5 Schubbewehrung von Balkenstegen

Für die Schubbewehrung von Balkenstegen gilt Tabelle 4, Zeile 5.

Bauausführung, Grundsätze

(Hier sind nur die Überschriften des Abschnittes 6 und seiner Unterabschnitte abgedruckt.)

6 Grundsätze für die bauliche Durchbildung und Bauausführung

6.1 Bewehrung aus Betonstahl

6.2 Spannglieder

6.2.1 Betondeckung von Hüllrohren

6.2.2 Lichter Abstand der Hüllrohre

6.2.3 Betondeckung von Spanngliedern mit sofortigem Verbund

6.2.4 Lichter Abstand der Spannglieder bei Vorspannung mit sofortigem Verbund

6.2.5 Verzinkte Einbauteile

6.2.6 Mindestanzahl

6.3 Schweißen

6.4 Einbau der Hüllrohre

6.5 Herstellung, Lagerung und Einbau der Spannglieder

6.5.1 Allgemeines

6.5.2 Korrosionsschutz bis zum Einpressen

6.5.3 Fertigspannglieder

6.7 Mindestbewehrung

6.7.1 Allgemeines

6.7.2 Oberflächenbewehrung von Spannbetonplatten

6.7.3 Schubbewehrung von Gurtscheiben

6.7.4 Längsbewehrung von Balkenstegen

6.7.5 Schubbewehrung von Balkenstegen

6.7.6 Längsbewehrung im Stützenbereich durchlaufender Tragwerke bei Brücken und vergleichbaren Bauwerken

6.8 Beschränkung von Temperatur und Schwindrissen

Baugrundbewegung

9.2.6 Zwang aus Baugrundbewegungen

Bei Brücken und vergleichbaren Bauwerken ist Zwang aus wahrscheinlichen Baugrundbewegungen nach DIN 1072 zu berücksichtigen.

10 Rissebeschränkung

10.1 Zulässigkeit von Zugspannungen

10.1.1 Volle Vorspannung

(3) Gleichgerichtete Zugspannungen aus verschiedenen Tragwirkungen (z. B. Wirkung einer Platte als Gurt eines Hauptträgers bei gleichzeitiger örtlicher Lastabtragung in der Platte) sind zu überlagern; dabei dürfen die Spannungen die Werte der Tabelle 9, Zeilen 12 bis 14 bzw. Zeilen 30 bis 32, nicht überschreiten. Für Lastfallkombinationen unter Einschluß der möglichen Baugrundbewegungen nach DIN 1072 sind Nachweise der Betonzugspannungen nicht erforderlich.

10.1.2 Beschränkte Vorspannung

(2) Bei Bauteilen im Freien oder bei Bauteilen mit erhöhtem Korrosionsangriff gemäß DIN 1045/07.88, Tabelle 10, Zeile 4, dürfen jedoch keine Zugspannungen aus Längskraft und Biegemoment auftreten infolge des Lastfalles Vorspannung plus ständige Last plus Verkehrslast, die während der Nutzung ständig oder längere Zeit im wesentlichen unverändert wirkt (bei Brücken die halbe Verkehrslast), plus Kriechen und Schwinden. In dem vorgenannten Lastfall sind an Stelle der Verkehrslast die wahrscheinlichen Baugrundbewegungen zu berücksichtigen, wenn sich dadurch ungünstigere Werte ergeben. Für Lastfallkombinationen unter Einschluß der möglichen Baugrundbewegungen nach DIN 1072 sind Nachweise der Betonzugspannungen nicht erforderlich.

10.2 Nachweis zur Beschränkung der Rißbreite

(5) Bei überwiegend auf Biegung beanspruchten stabförmigen Bauteilen und Platten ist für den Nachweis nach Gleichung (8) von folgender Beanspruchungskombination auszugehen:

- 1,0fache ständige Last,
- 1,0fache Verkehrslast (einschließlich Schnee und Wind),
- 0,9- bzw. 1,1fache Summe aus statisch bestimmter und statisch unbestimmter Wirkung der Vorspannung unter Berücksichtigung von Kriechen und Schwinden; der ungünstigere Wert ist maßgebend,
- 1,0fache Zwangschnittgröße aus Wärmewirkung (auch im Bauzustand), wahrscheinlicher Baugrundbewegung, Schwinden und aus Anheben zum Auswechseln von Lagern,
- 1,0fache Schnittgröße aus planmäßiger Systemänderung,
- Zusatzmoment ΔM_1 mit

$$\Delta M_1 = \pm 5 \cdot 10^{-5} \cdot \frac{EI}{d_0}$$

Hierin bedeuten:
EI Biegesteifigkeit im Zustand I im betrachteten Querschnitt,
d_0 Querschnittsdicke im betrachteten Querschnitt
(bei Platten ist $d_0 = d$ zu setzen).

Soweit diese Beanspruchungskombination ohne den statisch bestimmten Anteil der Vorspannung örtlich geringere Biegemomente als den Mindestwert

$$M_2 = \pm 15 \cdot 10^{-5} \cdot \frac{EI}{d_0}$$

ergibt, so ist dieses Moment M_2 in den durch Bild 3.1 gekennzeichneten Bereichen mit dem dort angegebenen Verlauf anzunehmen. Für den Nachweis nach Gleichung (8) ist dabei von der mit M_2 ermittelten Grenzlinie und dem statisch bestimmten Anteil der 0,9- bzw. 1,1fachen Vorspannung als Beanspruchungskombination auszugehen.

(6) Für Beanspruchungskombinationen unter Einschluß der möglichen Baugrundbewegungen sind Nachweise zur Beschränkung der Rißbreiten nicht erforderlich.

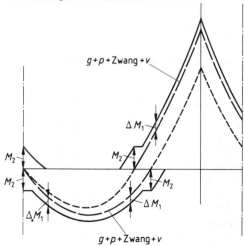

Bild 3.1. Abgrenzung der Anwendungsbereiche von M_2 (Grenzlinie der Biegemomente einschließlich der 0,9- bzw. 1,1fachen statisch unbestimmten Wirkung der Vorspannung v und Ansatz von ΔM_1

11 Nachweis für den rechnerischen Bruchzustand bei Biegung, bei Biegung mit Längskraft und bei Längskraft

11.1 Rechnerischer Bruchzustand und Sicherheitsbeiwerte

(1) Für den rechnerischen Bruchzustand ist bei statisch bestimmt gelagerten Spannbetontragwerken die 1,75fache Summe der äußeren Lasten (nach den Abschnitten 9.2.2 und 9.2.3) in ungünstigster Stellung anzusetzen ($y = 1,75$). Bei statisch unbestimmt gelagerten Tragwerken sind darüber hinaus – sofern diese ungünstig wirken – die 1,0fache Zwangbeanspruchung infolge von Schwinden, Wärmewirkungen und wahrscheinlicher Baugrundbewegung[8] und Anheben zum Auswechseln von Lagern sowie die 1,0fache Schnittgröße am Gesamtquerschnitt aus Vorspannung (unter Berücksichtigung von Kriechen und Schwinden) zu berücksichtigen. Bei Zwangbeanspruchung infolge Baugrundbewegung darf das Kriechen berücksichtigt werden. Die Schnittgrößen aus den einzelnen Lastfällen sind im allgemeinen wie im Gebrauchszustand anzusetzen.

[8] Bei Brücken ist die Zwangbeanspruchung aus der 0,4fachen möglichen Baugrundbewegung zu berücksichtigen, falls dies ungünstiger ist.

12 Schiefe Hauptspannungen und Schubdeckung

12.1 Allgemeines

(3) Bei Lastfallkombinationen unter Einschluß möglicher Baugrundbewegungen kann auf den Nachweis der schiefen Hauptspannungen im Gebrauchszustand verzichtet werden. Der Nachweis der Hauptdruckspannungen bzw. Schubspannungen im rechnerischen Bruchzustand[9] nach den Abschnitten 12.3.2 und 12.3.3 und der Schubbewehrung nach Abschnitt 12.4 ist jedoch zu führen.

[9] Bei Brücken ist die Zwangbeanspruchung aus der 0,4fachen möglichen Baugrundbewegung zu berücksichtigen, falls dies ungünstiger ist.

15 Zulässige Spannungen

15.9 Nachweise bei nicht vorwiegend ruhender Belastung

15.9.2 Endverankerungen mit Ankerkörpern und Kopplungen

(4) Bei diesem Nachweis sind in Querschnitten mit festen oder beweglichen Kopplungen außer den ständigen Lasten und der Vorspannung nach Kriechen und Schwinden folgende Beanspruchungen als ständig wirkend zu berücksichtigen, soweit sie hinsichtlich der Spannungsschwankungen ungünstig wirken:

- Wahrscheinliche Baugrundbewegungen nach Abschnitt 9.2.6.
- Temperaturunterschiede nach Abschnitt 9.2.5. Bei Straßen- und Wegbrücken sind die Temperaturunterschiede nach DIN 1072/12.85, Tabelle 3, Spalten 4 bzw. 6, ohne Abminderung einzusetzen.

- Zusatzmoment $\Delta M = \pm \dfrac{EI}{10^4 \, d_0}$ \hfill (23)

Hierin bedeuten:
EI Biegesteifigkeit im Zustand I
d_0 Querschnittsdicke des jeweils betrachteten Querschnitts

(5) ΔM nach Gleichung (23) ist ausschließlich bei diesem Nachweis zu berücksichtigen.

Bauleitung

2.2.2 Bauleitung und Fachpersonal

Bei der Herstellung von Spannbeton dürfen auf Baustellen und in Werken nur solche Führungskräfte (Bauleiter, Werkleiter) eingesetzt werden, die über ausreichende Erfahrungen und Kenntnisse im Spannbetonbau verfügen. Bei der Ausführung von Spannarbeiten und Einpreßarbeiten muß der hierfür zuständige Fachbauleiter stets anwesend sein.

Baustoffe, Güte der

4 Nachweis der Güte der Baustoffe

(1) Für den Nachweis der Güte der Baustoffe gilt DIN 1045/07.88, Abschnitt 7. Darüber hinaus sind für den Spannstahl und das Spannverfahren die entsprechenden Abschnitte der Zulassungsbescheide zu beachten. Für die Güteüberwachung von Beton B II auf der Baustelle, von Fertigteilen und Transportbeton gelten DIN 1084 Teil 1 bis Teil 3.

(2) Im Rahmen der Eigenüberwachung auf Baustellen und in Werken sind zusätzlich die in Tabelle 1 enthaltenen Prüfungen vorzunehmen.

(3) Die Protokolle der Eigenüberwachung sind zu den Bauakten zu nehmen.

(4) Über die Lieferung des Spannstahles ist anhand der vom Lieferwerk angebrachten Anhänger Buch zu führen; außerdem ist festzuhalten, in welche Bauteile und Spannglieder der Stahl der jeweiligen Lieferung eingebaut wurde.

Bauteil im Freien

10 Rissebeschränkung

10.1 Zulässigkeit von Zugspannungen

10.1.2 Beschränkte Vorspannung

(2) Bei Bauteilen im Freien oder bei Bauteilen mit erhöhtem Korrosionsangriff gemäß DIN 1045/07.88, Tabelle 10, Zeile 4, dürfen jedoch keine Zugspannungen aus Längskraft und Biegemoment auftreten infolge des Lastfalles Vorspannung plus ständige Last plus Verkehrslast, die während der Nutzung ständig oder längere Zeit im wesentlichen unverändert wirkt (bei Brücken die halbe Verkehrslast), plus Kriechen und Schwinden. In dem vorgenannten Lastfall sind an Stelle der Verkehrslast die wahrscheinlichen Baugrundbewegungen zu berücksichtigen, wenn sich dadurch ungünstigere Werte ergeben. Für Lastfallkombinationen unter Einschluß der möglichen Baugrundbewegungen nach DIN 1072 sind Nachweise der Betonzugspannungen nicht erforderlich.

Bauzustand

10.2 Nachweis zur Beschränkung der Rißbreite

(5) Bei überwiegend auf Biegung beanspruchten stabförmigen Bauteilen und Platten ist für den Nachweis nach Gleichung (8) von folgender Beanspruchungskombination auszugehen:
- 1,0fache ständige Last,
- 1,0fache Verkehrslast (einschließlich Schnee und Wind),
- 0,9- bzw. 1,1fache Summe aus statisch bestimmter und statisch unbestimmter Wirkung der Vorspannung unter Berücksichtigung von Kriechen und Schwinden; der ungünstigere Wert ist maßgebend,
- 1,0fache Zwangschnittgröße aus Wärmewirkung (auch im Bauzustand), wahrscheinlicher Baugrundbewegung, Schwinden und aus Anheben zum Auswechseln von Lagern,
- 1,0fache Schnittgröße aus planmäßiger Systemänderung,
- Zusatzmoment ΔM_1 mit

$$\Delta M_1 = \pm 5 \cdot 10^{-5} \cdot \frac{EI}{d_0}$$

Hierin bedeuten:
EI Biegesteifigkeit im Zustand I im betrachteten Querschnitt,
d_0 Querschnittsdicke im betrachteten Querschnitt
(bei Platten ist $d_0 = d$ zu setzen).

Soweit diese Beanspruchungskombination ohne den statisch bestimmten Anteil der Vorspannung örtlich geringere Biegemomente als den Mindestwert

$$M_2 = \pm 15 \cdot 10^{-5} \cdot \frac{EI}{d_0}$$

ergibt, so ist dieses Moment M_2 in den durch Bild 3.1 gekennzeichneten Bereichen mit dem dort angegebenen Verlauf anzunehmen. Für den Nachweis nach Gleichung (8) ist dabei von der mit M_2 ermittelten Grenzlinie und dem statisch bestimmten Anteil der 0,9- bzw. 1,1fachen Vorspannung als Beanspruchungskombination auszugehen.

10.4 Arbeitsfugen mit Spanngliedkopplungen

(3) Ist bei Bauwerken nach Tabelle 4, Spalten 2 und 4, in der Fuge am jeweils betrachteten Rand unter ungünstigster Überlagerung der Lastfälle nach Abschnitt 9 (unter Berücksichtigung auch der Bauzustände) eine Druckrandspannung nicht vorhanden, so sind für die die Fuge kreuzende Längsbewehrung folgende Mindestquerschnitte erforderlich:

a) Für den Bereich des unteren Querschnittsrandes, wenn dort keine Gurtscheibe vorhanden ist:
0,2 % der Querschnittsfläche des Steges bzw. der Platte (zu berechnen mit der gesamten Querschnittsdicke; bei Hohlplatten mit annähernd kreisförmigen Aussparungen darf der reine Betonquerschnitt zugrunde gelegt werden). Mindestens die Hälfte dieser Bewehrung muß am unteren Rand liegen; der Rest darf über das untere Drittel der Querschnittsdicke verteilt sein.

b) Für den Bereich des unteren bzw. oberen Querschnittsrandes, wenn dort eine Gurtscheibe vorhanden ist (die folgende Regel gilt auch für Hohlplatten mit annähernd rechteckigen Aussparungen):

0,8 % der Querschnittsfläche der unteren bzw. 0,4 % der Querschnittsfläche der oberen Gurtscheibe einschließlich des jeweiligen (mit der gemittelten Scheibendicke zu bestimmenden) Durchdringungsbereiches mit dem Steg. Die Bewehrung muß über die Breite von Gurtscheibe und Durchdringungsbereich gleichmäßig verteilt sein.

15 Zulässige Spannungen
15.1 Allgemeines

(3) Bei Brücken nach DIN 1072 und vergleichbaren Bauwerken gelten die zulässigen Betonzugspannungen von Tabelle 9, Zeilen 42, 43 und 44, nur, sofern im Bauzustand keine Zwangschnittgrößen infolge von Wärmewirkungen auftreten. Treten jedoch solche Zwangschnittgrößen auf, so sind die Zahlenwerte der Tabelle 9, Zeilen 42, 43 und 44, um 0,5 N/mm² herabzusetzen.

(Tabelle 9, siehe Seite 182)

Bauzustand, Spannung

11.3 Nachweis bei Lastfällen vor Herstellen des Verbundes

(2) Vor dem Herstellen des Verbundes können sich die Spannglieder auf ihrer ganzen Länge frei dehnen. Das Verhalten im rechnerischen Bruchzustand hängt deshalb vom Formänderungsverhalten des gesamten Tragwerks ab. Die in den Spanngliedern wirkende Spannung darf wie folgt angenommen werden, sofern kein genauerer Nachweis geführt wird:
- bei annähernd gleichmäßig belasteten Trägern auf 2 Stützen:

$$\sigma_{vu} = \sigma_v^{(0)} + 110 \text{ N/mm}^2 \leq \beta_{Sv}, \quad (10a)$$

- bei Kragträgern unabhängig vom Belastungsbild, falls die Spannglieder im anschließenden Feld zumindest jenseits des Momentennullpunktes im Verbund liegen:

$$\sigma_{vu} = \sigma_v^{(0)} + 50 \text{ N/mm}^2 \leq \beta_{Sv}, \quad (10b)$$

- bei Durchlaufträgern:

$$\sigma_{vu} = \sigma_v^{(0)} \quad (10c)$$

Hierin bedeuten:
$\sigma_v^{(0)}$ Spannung im Spannglied im Bauzustand
β_{Sv} Streckgrenze bzw. $\beta_{0,2}$-Grenze des Spannstahls

Bauzustand, Spannungsnachweis

9.2.5 Wärmewirkungen

(2) Beim Spannungsnachweis im Bauzustand brauchen bei durchlaufenden Balken und Platten Temperaturunterschiede nicht berücksichtigt zu werden, siehe jedoch Abschnitt 15.1. (3).

Beanspruchungen, gleichgerichtete

11 Nachweis für den rechnerischen Bruchzustand bei Biegung, bei Biegung mit Längskraft und bei Längskraft

11.1 Rechnerischer Bruchzustand und Sicherheitsbeiwerte

(3) Bei gleichgerichteten Beanspruchungen aus mehreren Tragwirkungen (Hauptträgerwirkung und örtliche Plattenwirkung im Zugbereich) braucht nur der Dehnungszustand jeweils einer Tragwirkung berücksichtigt zu werden.

Beanspruchungen, ungünstigste

9.3 Lastzusammenstellungen

Bei Ermittlung der ungünstigsten Beanspruchungen müssen in der Regel nachfolgende Lastfälle untersucht werden:
- Zustand unmittelbar nach dem Aufbringen der Vorspannung,
- Zustand mit ungünstigster Verkehrslast und teilweisem Kriechen und Schwinden,
- Zustand mit ungünstigster Verkehrslast nach Beendigung des Kriechens und Schwindens.

Beanspruchungen, Zusammenstellung

9.2 Zusammenstellung der Beanspruchungen

9.2.1 Vorspannung

In diesem Lastfall werden die Kräfte und Spannungen zusammengefaßt, die allein von der ursprünglich eingetragenen Vorspannung hervorgerufen werden.

9.2.2 Ständige Last

Wird die ständige Last stufenweise aufgebracht, so ist jede Laststufe als besonderer Lastfall zu behandeln.

9.2.3 Verkehrslast, Wind und Schnee

Auch diese Lastfälle sind unter Umständen getrennt zu untersuchen, vor allem dann, wenn die Lasten zum Teil vor, zum Teil erst nach dem Kriechen und Schwinden auftreten.

9.2.4 Kriechen und Schwinden

In diesem Lastfall werden alle durch Kriechen und Schwinden entstehenden Umlagerungen der Kräfte und Spannungen zusammengefaßt.

9.2.5 Wärmewirkungen

(1) Soweit erforderlich, sind die durch Wärmewirkungen[5] hervorgerufenen Spannungen nachzuweisen. Bei Hochbauten ist DIN 1045/07.88, Abschnitt 16.5, zu beachten.

(2) Beim Spannungsnachweis im Bauzustand brauchen bei durchlaufenden Balken und Platten Temperaturunterschiede nicht berücksichtigt zu werden, siehe jedoch Abschnitt 15.1. (3).

(3) Bei Brücken nach DIN 1072 und vergleichbaren Bauwerken mit Wärmewirkung darf beim Spannungsnachweis im Endzustand auf den Nachweis des vollen Temperaturunterschiedes bei 0,7facher Verkehrslast verzichtet werden.

9.2.6 Zwang aus Baugrundbewegungen

Bei Brücken und vergleichbaren Bauwerken ist Zwang aus wahrscheinlichen Baugrundbewegungen nach DIN 1072 zu berücksichtigen.

9.2.7 Zwang aus Anheben zum Auswechseln von Lagern

Der Lastfall Anheben zum Auswechseln von Lagern bei Brücken und vergleichbaren Bauwerken ist zu berücksichtigen. Die beim Anheben entstehende Zwangbeanspruchung darf bei der Spannungsermittlung unberücksichtigt bleiben.

Beanspruchungskombination

10.2 Nachweis zur Beschränkung der Rißbreite

(5) Bei überwiegend auf Biegung beanspruchten stabförmigen Bauteilen und Platten ist für den Nachweis nach Gleichung (8) von folgender Beanspruchungskombination auszugehen:
- 1,0fache ständige Last,
- 1,0fache Verkehrslast (einschließlich Schnee und Wind),
- 0,9- bzw. 1,1fache Summe aus statisch bestimmter und statisch unbestimmter Wirkung der Vorspannung unter Berücksichtigung von Kriechen und Schwinden; der ungünstigere Wert ist maßgebend,
- 1,0fache Zwangschnittgröße aus Wärmewirkung (auch im Bauzustand), wahrscheinlicher Baugrundbewegung, Schwinden und aus Anheben zum Auswechseln von Lagern,
- 1,0fache Schnittgröße aus planmäßiger Systemänderung,
- Zusatzmoment ΔM_1 mit

$$\Delta M_1 = \pm 5 \cdot 10^{-5} \cdot \frac{EI}{d_0}$$

Hierin bedeuten:
EI Biegesteifigkeit im Zustand I im betrachteten Querschnitt,
d_0 Querschnittsdicke im betrachteten Querschnitt (bei Platten ist $d_0 = d$ zu setzen).

Soweit diese Beanspruchungskombination ohne den statisch bestimmten Anteil der Vorspannung örtlich geringere Biegemomente als den Mindestwert

$$M_2 = \pm 15 \cdot 10^{-5} \cdot \frac{EI}{d_0}$$

ergibt, so ist dieses Moment M_2 in den durch Bild 3.1 gekennzeichneten Bereichen mit dem dort angegebenen Verlauf anzunehmen. Für den Nachweis nach Gleichung (8) ist dabei von der mit M_2 ermittelten Grenzlinie und dem statisch bestimmten Anteil der 0,9- bzw. 1,1fachen Vorspannung als Beanspruchungskombination auszugehen.

(6) Für Beanspruchungskombinationen unter Einschluß der möglichen Baugrundbewegungen sind Nachweise zur Beschränkung der Rißbreiten nicht erforderlich.

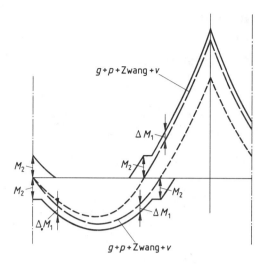

Bild 3.1. Abgrenzung der Anwendungsbereiche von M_2 (Grenzlinie der Biegemomente einschließlich der 0,9- bzw. 1,1fachen statisch unbestimmten Wirkung der Vorspannung v und Ansatz von ΔM_1

Beförderungszustand

9 Gebrauchszustand, ungünstigste Laststellung, Sonderlastfälle bei Fertigteilen, Spaltzugbewehrung

9.1 Allgemeines

Zum Gebrauchszustand gehören alle Lastfälle, denen das Bauwerk während seiner Errichtung und seiner Nutzung unterworfen ist. Ausgenommen sind Beförderungszustände für Fertigteile nach Abschnitt 9.4.

9.4 Sonderlastfälle bei Fertigteilen

(1) Zusätzlich zu DIN 1045/07.88, Abschnitte 19.2, 19.5.1 und 19.5.2, gilt folgendes:

(2) Für den Beförderungszustand, d. h. für alle Beanspruchungen, die bei Fertigteilen bis zum Versetzen in die für den Verwendungszweck vorgesehene Lage auftreten können, kann auf die Nachweise der Biegedruckspannungen in der Druckzone und der schiefen Hauptspannungen im Gebrauchszustand verzichtet werden. Die Zugkraft in der Zugzone muß durch Bewehrung abgedeckt werden. Der Nachweis ist nach Abschnitt 10.2 zu führen; der Stabdurchmesser d_s darf jedoch die Werte nach Gleichung (8) überschreiten.

(3) Für den Beförderungszustand darf bei den Nachweisen im rechnerischen Bruchzustand nach den Abschnitten 11, 12.3 und 12.4, der Sicherheitsbeiwert $\gamma = 1{,}75$ auf $\gamma = 1{,}3$ abgemindert werden (siehe DIN 1045/07.88, Abschnitt 19.2).

15.5 Zulässige Betonzugspannungen für die Beförderungszustände bei Fertigteilen

Die zulässigen Betonzugspannungen betragen das Zweifache der zulässigen Werte für den Bauzustand.

Belastung, nicht vorwiegend ruhend

6.7 Mindestbewehrung
6.7.1 Allgemeines

(2) Bei Brücken und vergleichbaren Bauwerken (das sind Bauwerke im Freien unter nicht vorwiegend ruhender Belastung) dürfen die Bewehrungsstäbe bei Verwendung von Betonstabstahl III S und Betonstabstahl IV S den Stabdurchmesser 10 mm und bei Betonstahlmatten IV M den Stabdurchmesser 8 mm bei 150 mm Maschenweite nicht unterschreiten.

14.3 Nachweis der Zugkraftdeckung

(2) In der Zone a erübrigt sich ein Nachweis der Zugkraftdeckung, wenn die Hauptzugspannungen im rechnerischen Bruchzustand
- bei vorwiegend ruhender Belastung die Vergleichswerte der Tabelle 9, Zeile 49,
- bei nicht vorwiegend ruhender Belastung die Werte der Tabelle 9, Zeile 50,

nicht überschreiten.

(Hier sind nur die Überschriften des Abschnittes 15.9 und seiner Unterabschnitte abgedruckt.)

15.9 Nachweise bei nicht vorwiegend ruhender Belastung
15.9.1 Allgemeines
15.9.2 Endverankerungen mit Ankerkörpern und Kopplungen
15.9.3 Endverankerung von Spanngliedern mit sofortigem Verbund

Belastung, vorwiegend ruhend

14.3 Nachweis der Zugkraftdeckung

(2) In der Zone a erübrigt sich ein Nachweis der Zugkraftdeckung, wenn die Hauptzugspannungen im rechnerischen Bruchzustand
- bei vorwiegend ruhender Belastung die Vergleichswerte der Tabelle 9, Zeile 49,
- bei nicht vorwiegend ruhender Belastung die Werte der Tabelle 9, Zeile 50,

nicht überschreiten.

Belastungsänderung

8.7.2 Berücksichtigung von Belastungsänderungen

Bei sprunghaften Änderungen der dauernd einwirkenden Spannungen gilt das Superpositionsgesetz. Ändern sich die Spannungen allmählich, z. B. unter Einfluß von Kriechen und Schwinden, so darf an Stelle von genaueren Lösungen näherungsweise als kriecherzeugende Spannung das Mittel zwischen Anfangs- und Endwert angesetzt werden, sofern die Endspannung nicht mehr als 30 % von der Anfangsspannung abweicht.

Bemessung der Schubbewehrung

(siehe Schubbewehrung)

Bemessung der Torsionsbewehrung

(siehe Torsionsbewehrung)

Bemessung für Querkraft und Torsion

6.2.6 Mindestanzahl

(4) Tragreserven, z. B. aus Querabtragung der Lasten, sowie mögliche Umlagerungen der Schnittgrößen aus Änderungen des statischen Systems dürfen berücksichtigt werden. Werden bei diesem Nachweis auch Stahlbetonbauteile nach DIN 1045 in Rechnung gestellt, so darf anstelle der in DIN 1045/07.88, Abschnitt 17.2.2, genannten Sicherheitsbeiwerte einheitlich $\gamma = 1{,}0$ gesetzt werden. Bei der Bemessung für Querkraft und Torsion dürfen dabei die Grundwerte der Schubspannung nach DIN 1045/07.88, Abschnitt 17.5, auf das 1,75fache vergrößert werden.

Beschränkung der Rißbreite

(siehe Rißbreite)

Beton auf Druck

(siehe Druck)

Beton auf Schub

(siehe Schub)

Beton auf Zug

(siehe Zug)

Beton, Formänderung

(siehe Formänderung)

Beton, Spannungsdehnungslinie

(siehe Spannungsdehnungslinie)

Beton, zeitabhängiges Verformungsverhalten

(siehe Verformungsverhalten)

Betonalter

(Tabelle 7, siehe Seite 180)

Betonalter, wirksames

8.3 Kriechzahl des Betons

(4) Ist ein genauerer Nachweis erforderlich oder sind die Auswirkungen des Kriechens zu einem anderen als zum Zeitpunkt $t=\infty$ zu beurteilen, so kann φ_t aus einem Fließanteil und einem Anteil der verzögert elastischen Verformung ermittelt werden:

$$\varphi_t = \varphi_{f_0} \cdot (k_{f,t} - k_{f,t_0}) + 0{,}4\ k_{v,(t-t_0)} \quad (4)$$

Hierin bedeuten:

φ_{f_0} Grundfließzahl nach Tabelle 8, Spalte 3.

k_f Beiwert nach Bild 1 für den zeitlichen Ablauf des Fließens unter Berücksichtigung der wirksamen Körperdicke d_{ef} nach Abschnitt 8.5, der Zementart und des wirksamen Alters.

t Wirksames Betonalter zum untersuchten Zeitpunkt nach Abschnitt 8.6.

t_0 Wirksames Betonalter beim Aufbringen der Spannung nach Abschnitt 8.6.

k_v Beiwert nach Bild 2 zur Berücksichtigung des zeitlichen Ablaufes der verzögert elastischen Verformung.

8.4 Schwindmaß des Betons

(3) Sind die Auswirkungen des Schwindens zu einem anderen als zum Zeitpunkt $t=\infty$ zu beurteilen, so kann der maßgebende Teil des Schwindmaßes bis zum Zeitpunkt t nach Gleichung (5) ermittelt werden:

$$\varepsilon_{s,t} = \varepsilon_{s_0} \cdot (k_{s,t} - k_{s,t_0}) \quad (5)$$

Hierin bedeuten:

ε_{s_0} Grundschwindmaß nach Tabelle 8, Spalte 4.

k_s Beiwert zur Berücksichtigung der zeitlichen Entwicklung des Schwindens nach Bild 3.

t Wirksames Betonalter zum untersuchten Zeitpunkt nach Abschnitt 8.6.

t_0 Wirksames Betonalter nach Abschnitt 8.6 zu dem Zeitpunkt, von dem ab der Einfluß des Schwindens berücksichtigt werden soll.

8.6 Wirksames Betonalter

(1) Wenn der Beton unter Normaltemperatur erhärtet, ist das wirksame Betonalter gleich dem wahren Betonalter. In den übrigen Fällen tritt an die Stelle des wahren Betonalters das durch Gleichung (7) bestimmte wirksame Betonalter.

$$t = \sum_i \frac{T_i + 10\,°C}{30\,°C} \Delta t_i \quad (7)$$

Hierin bedeuten:

t Wirksames Betonalter

T_i Mittlere Tagestemperatur des Betons in °C

Δt_i Anzahl der Tage mit mittlerer Tagestemperatur T_i des Betons in °C

(2) Bei der Bestimmung von t_0 ist sinngemäß zu verfahren.

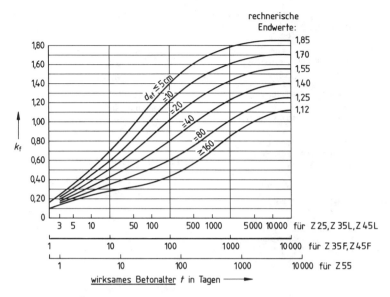

Bild 1. Beiwert k_f

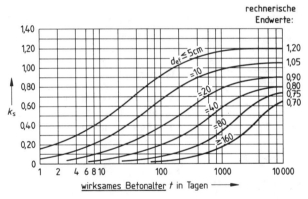

Bild 3. Beiwerte k_s

Betondeckung

6.1 Bewehrung aus Betonstahl

(3) **Druckbeanspruchte Bewehrungsstäbe** in der äußeren Lage sind je m² Oberfläche an mindestens vier verteilt angeordneten Stellen gegen Ausknicken zu sichern (z.B. durch S-Haken oder Steckbügel), wenn unter Gebrauchslast die Betondruckspannung 0,2 β_{WN} überschritten wird. Die Sicherung kann bei höchstens 16 mm dicken Längsstäben entfallen, wenn die Betondeckung mindestens gleich der doppelten Stabdicke ist. Eine statisch erforderliche Druckbewehrung ist nach DIN 1045/07.88, Abschnitt 25.2.2.2, zu verbügeln.

6.2.3 Betondeckung von Spanngliedern mit sofortigem Verbund

(1) Die Betondeckung von Spanngliedern mit sofortigem Verbund wird durch die Anforderungen an den Korrosionsschutz, an das ordnungsgemäße Einbringen des Betons und an die wirksame Verankerung bestimmt; der Höchstwert ist maßgebend.

(2) Der Korrosionsschutz ist im allgemeinen sichergestellt, wenn für die Spannglieder die Mindestmaße der Betondeckung nach DIN 1045/07.88, Tabelle 10, Spalte 3, um 1,0 cm erhöht werden.

(3) In den folgenden Fällen genügt es, für die Spannglieder die Mindestmaße der Betondeckung nach DIN 1045/07.88, Tabelle 10, Spalte 3, um 0,5 cm zu erhöhen:

a) bei Platten, Schalen und Faltwerken, wenn die Spannglieder innerhalb der Betondeckung nicht von Betonstahlbewehrung gekreuzt werden,

b) an den Stellen der Fertigteile, an die mindestens eine 2,0 cm dicke Ortbetonschicht anschließt,

c) bei Spanngliedern, die für die Tragfähigkeit der fertig eingebauten Teile nicht von Bedeutung sind, z. B. Transportbewehrung.

(4) Mit Rücksicht auf das ordnungsgemäße Einbringen des Betons soll die Betondeckung größer als die Korngröße des überwiegenden Teils des Zuschlags sein.

Betondeckung von Hüllrohren

6.2.1 Betondeckung von Hüllrohren

Die Betondeckung von Hüllrohren für Spannglieder muß mindestens gleich dem 0,6fachen Hüllrohr-Innendurchmesser sein; sie darf 4 cm nicht unterschreiten.

Betondruckspannung

6.1 Bewehrung aus Betonstahl

(3) **Druckbeanspruchte Bewehrungsstäbe** in der äußeren Lage sind je m² Oberfläche an mindestens vier verteilt angeordneten Stellen gegen Ausknicken zu sichern (z. B. durch S-Haken oder Steckbügel), wenn unter Gebrauchslast die Betondruckspannung 0,2 β_{WN} überschritten wird. Die Sicherung kann bei höchstens 16 mm dicken Längsstäben entfallen, wenn die Betondeckung mindestens gleich der doppelten Stabdicke ist. Eine statisch erforderliche Druckbewehrung ist nach DIN 1045/07.88, Abschnitt 25.2.2.2, zu verbügeln.

6.7 Mindestbewehrung
6.7.1 Allgemeines

(3) Bei Brücken und vergleichbaren Bauwerken ist eine erhöhte Mindestbewehrung in gezogenen bzw. weniger gedrückten Querschnittsteilen (siehe Tabelle 4, Zeilen 1b und 2b, Werte in Klammern) anzuordnen, wenn im Endzustand unter Haupt- und Zusatzlasten die nach Zustand I ermittelte Betondruckspannung am Rand dem Betrag nach kleiner als 2 N/mm² ist. Dabei dürfen Spannglieder unter Berücksichtigung der unterschiedlichen Verbundeigenschaften angerechnet werden[4]). In Gurtplatten sind Stabdurchmesser ≤ 16 mm zu verwenden, sofern kein genauer Nachweis erfolgt[4]).

---

[4]) Nachweise siehe DAfStb-Heft 320

14.4 Verankerungen innerhalb des Tragwerks

(5) Sind hinter einer Verankerung Betondruckspannungen σ vorhanden, so darf die sich daraus ergebende kleinste Druckkraft abgezogen werden:

$$D = 5 \cdot A_1 \cdot \sigma \qquad (21)$$

15.3 Zulässige Druckspannungen in der vorgedrückten Druckzone

Der Rechenwert der Druckspannung, der den zulässigen Spannungen nach Tabelle 9, Zeilen 1 bis 4, gegenüberzustellen ist, beträgt

$$\sigma = 0{,}75\,\sigma_v + \sigma_q \qquad (22)$$

Hierin bedeuten:

σ_v Betondruckspannung aus Vorspannung

σ_q Betondruckspannung aus ungünstigster Lastzusammenstellung nach den Abschnitten 9.2.2 bis 9.2.7.

Betonrippenstahl

12.4 Bemessung der Schubbewehrung
12.4.1 Allgemeines

(8) Überschreiten die Hauptzugspannungen aus Querkraft und Querkraft plus Torsion die 0,6fachen Werte der Tabelle 9, Zeile 56, so dürfen für die Schubbewehrung nur Betonrippenstahl oder Spannglieder mit Endverankerung verwendet werden. Für die Abstände von Schrägstäben und Schrägbügeln gilt DIN 1045/07.88, Abschnitt 18.

Betonspannung, zulässige

15 Zulässige Spannungen
15.1 Allgemeines

(1) Die bei den Nachweisen nach den Abschnitten 9 bis 12 und 14 zulässigen Beton- und Stahlspannungen sind in Tabelle 9 angegeben. Zwischenwerte dürfen nicht eingeschaltet werden. In der Mittelfläche von Gurtplatten sind die Spannungen für mittigen Zug einzuhalten.

Betonstahl

6 Grundsätze für die bauliche Durchbildung und Bauausführung
6.1 Bewehrung aus Betonstahl

(1) Für die Bewehrung gilt DIN 1045/07.88, Abschnitte 13 und 18.

(2) Als glatter Betonstahl BSt 220 (Kennzeichen I) darf nur warmgewalzter Rundstahl nach DIN 1013 Teil 1 aus St 37-2 nach DIN 17 100 in den Nenndurchmessern d_s = 8, 10, 12, 14, 16, 20, 25 und 28 mm verwendet werden[3]).

(3) **Druckbeanspruchte Bewehrungsstäbe** in der äußeren Lage sind je m² Oberfläche an mindestens vier verteilt angeordneten Stellen gegen Ausknicken zu sichern (z. B. durch S-Haken oder Steckbügel), wenn unter Gebrauchslast die Betondruckspannung 0,2 β_{WN} überschritten wird. Die Sicherung kann bei höchstens 16 mm dicken Längsstäben entfallen, wenn die Betondeckung mindestens gleich der doppelten Stabdicke ist. Eine statisch erforderliche Druckbewehrung ist nach DIN 1045/07.88, Abschnitt 25.2.2.2, zu verbügeln.

11.1 Rechnerischer Bruchzustand und Sicherheitsbeiwerte

(4) Die Schnittgrößen im rechnerischen Bruchzustand dürfen auch unter Berücksichtigung der Steifigkeitsverhältnisse im Zustand II ermittelt werden. Dabei sind für Betonstahl und Spannstahl die Elastizitätsmoduln nach Abschnitt 7.2, für druckbeanspruchten Beton die Elastizitätsmoduln nach

Abschnitt 7.3 zugrunde zu legen. Als Sicherheitsbeiwert y ist hierbei für die Vorspannung (unter Berücksichtigung des Spannungsverlustes infolge Kriechens und Schwindens) sowie für Zwang aus planmäßiger Systemänderung $y=1,0$, für alle übrigen Lastfälle $y = 1,75$, anzusetzen. Wird hiervon Gebrauch gemacht, so ist die Schubdeckung zusätzlich im Gebrauchszustand nachzuweisen (siehe Abschnitt 12.4).

Betonstahl, druckbeanspruchter

11 2.2 Spannungsdehnungslinie des Stahles

(3) Bei druckbeanspruchtem Betonstahl tritt an die Stelle von β_S bzw. $\beta_{0,2}$ der Rechenwert $1,75/2,1 \cdot \beta_S$ bzw. $1,75/2,1 \cdot \beta_{0,2}$.

Betonstahl, Formänderung

(siehe Formänderung)

Betonstahl, gerippter

10.2 Nachweis zur Beschränkung der Rißbreite

(2) Die Betonstahlbewehrung zur Beschränkung der Rißbreite muß aus geripptem Betonstahl bestehen. Bei Vorspannung mit sofortigem Verbund dürfen im Querschnitt vorhandene Spannglieder zur Beschränkung der Rißbreite herangezogen werden. Die Beschränkung der Rißbreite gilt als nachgewiesen, wenn folgende Bedingung eingehalten ist:

$$d_s \leq r \cdot \frac{\mu_z}{\sigma_s^2} \cdot 10^4 \qquad (8)$$

Hierin bedeuten:

d_s größter vorhandener Stabdurchmesser der Längsbewehrung in mm (Betonstahl oder Spannstahl in sofortigem Verbund)

r Beiwert nach Tabelle 8.1 [7])

μ_z der auf die Zugzone A_{bz} bezogene Bewehrungsgehalt 100 $(A_s + A_v)/A_{bz}$ ohne Berücksichtigung der Spannglieder mit nachträglichem Verbund (Zugzone = Bereich von rechnerischen Zugdehnungen des Betons unter der in Absatz (5) angegebenen Schnittgrößenkombination, wobei mit einer Zugzonenhöhe von höchstens 0,80 m zu rechnen ist). Dabei ist vorausgesetzt, daß die Bewehrung A_s annähernd gleichmäßig über die Breite der Zugzone verteilt ist. Bei stark unterschiedlichen Bewehrungsgehalten μ_z innerhalb breiter Zugzonen muß Gleichung (8) auch örtlich erfüllt sein.

A_s Querschnitt der Betonstahlbewehrung der Zugzone A_{bz} in cm²

A_v Querschnitt der Spannglieder in sofortigem Verbund in der Zugzone A_{bz} in cm²

---

[7]) Bei unterschiedlichen Verbundeigenschaften darf der Ermittlung der Bewehrung ein mittlerer Wert r zugrunde gelegt werden, siehe z. B. DAfStb-Heft 320.

σ_s Zugspannung im Betonstahl bzw. Spannungszuwachs sämtlicher im Verbund liegender Spannstähle in N/mm² nach Zustand II unter Zugrundelegung linear-elastischen Verhaltens für die in Absatz (5) angegebene Schnittgrößenkombination, jedoch höchstens β_s (siehe auch Erläuterungen im DAfStb-Heft 320)

Betonstahl, glatter

6.1 Bewehrung aus Betonstahl

(2) Als glatter Betonstahl BSt 220 (Kennzeichen I) darf nur warmgewalzter Rundstahl nach DIN 1013 Teil 1 aus St 37-2 nach DIN 17 100 in den Nenndurchmessern d_s = 8, 10, 12, 14, 16, 20, 25 und 28 mm verwendet werden [3]).

---

[3]) Die bisherigen Regelungen der DIN 4227 Teil 1/12.79 für den Betonstahl I sind in das DAfStb-Heft 320 übernommen.

Betonstahl, Spannungsdehnungslinie

(siehe Spannungsdehnungslinie)

Betonstahlmatte

15.9 Nachweise bei nicht vorwiegend ruhender Belastung

15.9.1 Allgemeines

(2) Für die Verwendung von Betonstahlmatten gilt DIN 1045/07.88, Abschnitt 17.8; für die Schubsicherung bei Eisenbahnbrücken dürfen jedoch Betonstahlmatten nicht verwendet werden.

Betonzugspannung

10 Rissebeschränkung

10.1 Zulässigkeit von Zugspannungen

10.1.1 Volle Vorspannung

(3) Gleichgerichtete Zugspannungen aus verschiedenen Tragwirkungen (z. B. Wirkung einer Platte als Gurt eines Hauptträgers bei gleichzeitiger örtlicher Lastabtragung in der Platte) sind zu überlagern; dabei dürfen die Spannungen die Werte der Tabelle 9, Zeilen 12 bis 14 bzw. Zeilen 30 bis 32, nicht überschreiten. Für Lastfallkombinationen unter Einschluß der möglichen Baugrundbewegungen nach DIN 1072 sind Nachweise der Betonzugspannungen nicht erforderlich.

Betonzugspannung für Beförderungszustand

15.5 Zulässige Betonzugspannungen für die Beförderungszustände bei Fertigteilen

Die zulässigen Betonzugspannungen betragen das Zweifache der zulässigen Werte für den Bauzustand.

Betonzugspannung, zulässige

15 Zulässige Spannungen
15.1 Allgemeines

(1) Die bei den Nachweisen nach den Abschnitten 9 bis 12 und 14 zulässigen Beton- und Stahlspannungen sind in Tabelle 9 angegeben. Zwischenwerte dürfen nicht eingeschaltet werden. In der Mittelfläche von Gurtplatten sind die Spannungen für mittigen Zug einzuhalten.

(3) Bei Brücken nach DIN 1072 und vergleichbaren Bauwerken gelten die zulässigen Betonzugspannungen von Tabelle 9, Zeilen 42, 43 und 44, nur, sofern nicht keine Zwangschnittgrößen infolge von Wärmewirkungen auftreten. Treten jedoch solche Zwangschnittgrößen auf, so sind die Zahlenwerte der Tabelle 9, Zeilen 42, 43 und 44, um 0,5 N/mm^2 herabzusetzen.

Betonzusatzmittel

3 Baustoffe
3.1 Beton
3.1.1 Vorspannung mit nachträglichem Verbund

(4) **Betonzusatzmittel** dürfen nur verwendet werden, wenn für sie ein Prüfbescheid (Prüfzeichen) erteilt ist, in dem die Anwendung für Spannbeton geregelt ist.

Betonzusatzstoff

3 Baustoffe
3.1 Beton
3.1.1 Vorspannung mit nachträglichem Verbund

(3) **Betonzusatzstoffe** dürfen nicht verwendet werden.

Betonzuschlag

3 Baustoffe
3.1 Beton
3.1.1 Vorspannung mit nachträglichem Verbund

(3) Der Chloridgehalt des Anmachwassers darf 600 mg Cl$^-$ je Liter nicht überschreiten. Die Verwendung von Meerwasser und anderem salzhaltigen Wasser ist unzulässig. Es darf nur solcher **Betonzuschlag** verwendet werden, der hinsichtlich des Gehaltes an wasserlöslichem Chlorid (berechnet als Chlor) den Anforderungen nach DIN 4226 Teil 1/04.83, Abschnitt 7.6.6b) genügt (Chlorgehalt mit einem Massenanteil $\leq$ 0,02 %).

Bewehrung

6.1 Bewehrung aus Betonstahl

(1) Für die Bewehrung gilt DIN 1045/07.88, Abschnitte 13 und 18.

(2) Als glatter Betonstahl BSt 220 (Kennzeichen I) darf nur warmgewalzter Rundstahl nach DIN 1013 Teil 1 aus St 37-2 nach DIN 17 100 in den Nenndurchmessern d_s = 8, 10, 12, 14, 16, 20, 25 und 28 mm verwendet werden[3]).

(3) **Druckbeanspruchte Bewehrungsstäbe** in der äußeren Lage sind je m^2 Oberfläche an mindestens vier verteilten

angeordneten Stellen gegen Ausknicken zu sichern (z. B. durch S-Haken oder Steckbügel), wenn unter Gebrauchslast die Betondruckspannung 0,2 β_{WN} überschritten wird. Die Sicherung kann bei höchstens 16 mm dicken Längsstäben entfallen, wenn die Betondeckung mindestens gleich der doppelten Stabdicke ist. Eine statisch erforderliche Druckbewehrung ist nach DIN 1045/07.88, Abschnitt 25.2.2.2, zu verbügeln.

9.5 Spaltzugspannungen und Spaltzugbewehrung im Bereich von Spanngliedern

(1) Die zur Aufnahme der Spaltzugspannungen im Verankerungsbereich anzuordnende Bewehrung ist dem Zulassungsbescheid für das Spannverfahren zu entnehmen.

(2) Im Bereich von Spanngliedern, deren zulässige Spannkraft gemäß Tabelle 9, Zeile 65, mehr als 1500 kN beträgt, dürfen die Spaltzugspannungen außerhalb des Verankerungsbereiches den Wert

$$0{,}35 \cdot \sqrt[3]{\beta_{WN}^2} \quad \text{in N/mm}^2$$

nur überschreiten, wenn die Spaltzugkräfte durch Bewehrung aufgenommen werden, die für die Spannung β_S/1,75 bemessen ist[6]). Die Bewehrung ist in der Regel je zur Hälfte auf beiden Seiten jeder Spanngliedlage anzuordnen. Der Abstand der quer zu den Spanngliedern verlaufenden Stäbe soll 20 cm nicht überschreiten. Die Bewehrung ist an den Enden zu verankern.

12.4 Bemessung der Schubbewehrung
12.4.1 Allgemeines

(1) Die Schubdeckung durch Bewehrung ist für Querkraft und Torsion im rechnerischen Bruchzustand (siehe Abschnitt 12.1) in den Bereichen des Tragwerks und des Querschnitts nachzuweisen, in denen die Hauptzugspannung σ_I (Zustand I) bzw. die Schubspannung τ_R (Zustand II) eine der Nachweisgrenzen der Tabelle 9, Zeilen 50 bis 55, überschreitet.

(2) Die erforderliche Schubbewehrung ist für die in den Zugstreben eines gedachten Fachwerks wirkenden Kräfte zu bemessen (Fachwerkanalogie). Bezüglich der Neigung der Fachwerkstreben siehe Abschnitte 12.4.2 (Querkraft) und 12.4.3 (Torsion); die Bewehrungen sind getrennt zu ermitteln und zu addieren. Auf die Mindestschubbewehrung nach den Abschnitten 6.7.3 und 6.7.5 wird hingewiesen. Für die Bemessung der Bewehrung aus Betonstahl gelten die in Tabelle 9, Zeile 69, angegebenen Spannungen.

(9) Bei gleichzeitigem Auftreten von Schub und Querbiegung darf in der Regel vereinfachend eine symmetrisch zur Mittelfläche von Stegen verteilte Schubbewehrung auf die zur Aufnahme der Querbiegung erforderliche Bewehrung voll angerechnet werden. Diese Vereinfachung gilt nicht bei geneigten Bügeln und bei Spanngliedern als Schubbewehrung. In Gurtscheiben darf sinngemäß verfahren werden.

Bewehrung, lotrecht

(Tabelle 4, siehe Seite 178)

Bewehrungsgehalt

10.2 Nachweis zur Beschränkung der Rißbreite

(1) Zur Sicherung der Gebrauchsfähigkeit und Dauerhaftigkeit der Bauteile ist die Rißbreite durch geeignete Wahl von Bewehrungsgehalt, Stahlspannung und Stabdurchmesser in dem Maß zu beschränken, wie es der Verwendungszweck erfordert.

(2) Die Betonstahlbewehrung zur Beschränkung der Rißbreite muß aus gerippten Betonstahl bestehen. Bei Vorspannung mit sofortigem Verbund dürfen im Querschnitt vorhandene Spannglieder zur Beschränkung der Rißbreite herangezogen werden. Die Beschränkung der Rißbreite gilt als nachgewiesen, wenn folgende Bedingung eingehalten ist:

$$d_s \leq r \cdot \frac{\mu_z}{\sigma_s^2} \cdot 10^4 \qquad (8)$$

Hierin bedeuten:

d_s größter vorhandener Stabdurchmesser der Längsbewehrung in mm (Betonstahl oder Spannstahl in sofortigem Verbund)

r Beiwert nach Tabelle 8.1[7])

μ_z der auf die Zugzone A_{bz} bezogene Bewehrungsgehalt 100 $(A_s + A_v)/A_{bz}$ ohne Berücksichtigung der Spannglieder mit nachträglichem Verbund (Zugzone = Bereich von rechnerischen Zugdehnungen des Betons unter der in Absatz (5) angegebenen Schnittgrößenkombination, wobei mit einer Zugzonenhöhe von höchstens 0,80 m zu rechnen ist). Dabei ist vorausgesetzt, daß die Bewehrung A_s annähernd gleichmäßig über die Breite der Zugzone verteilt ist. Bei stark unterschiedlichen Bewehrungsgehalten μ_z innerhalb breiter Zugzonen muß Gleichung (8) auch örtlich erfüllt sein.

A_s Querschnitt der Betonstahlbewehrung der Zugzone A_{bz} in cm²

A_v Querschnitt der Spannglieder in sofortigem Verbund in der Zugzone A_{bz} in cm²

σ_s Zugspannung im Betonstahl bzw. Spannungszuwachs sämtlicher im Verbund liegender Spannstähle in N/mm² nach Zustand II unter Zugrundelegung linear-elastischen Verhaltens für die in Absatz (5) angegebene Schnittgrößenkombination, jedoch höchstens β_s (siehe auch Erläuterungen im DAfStb-Heft 320)

---

[7]) Bei unterschiedlichen Verbundeigenschaften darf der Ermittlung der Bewehrung ein mittlerer Wert r zugrunde gelegt werden, siehe z. B. DAfStb-Heft 320.

(4) Ist der betrachtete Querschnittsteil nahezu mittig auf Zug beansprucht (z. B. Gurtplatte eines Kastenträgers), so ist der Nachweis nach Gleichung (8) für beide Lagen der Betonstahlbewehrung getrennt zu führen. Anstelle von μ_z tritt dabei jeweils der auf den betrachteten Querschnittsteil bezogene Bewehrungsgehalt des betreffenden Bewehrungsstranges.

(7) Bei Platten mit Umweltbedingungen nach DIN 1045/07.88, Tabelle 10, Zeilen 1 und 2, braucht der Nachweis nach den Absätzen (2) bis (5) nicht geführt zu werden, wenn eine der folgenden Bedingungen a) oder b) eingehalten ist:

a) Die Ausmitte $e = |M/N|$ bei Lastkombinationen nach Absatz (5) entspricht folgenden Werten:
$e \leq d/3$ bei Platten der Dicke $d \leq 0{,}40$ m
$e \leq 0{,}133$ m bei Platten der Dicke $d > 0{,}40$ m

b) Bei Deckenplatten des üblichen Hochbaues mit Dicken $d \leq 0{,}40$ m sind für den Wert der Druckspannung $|\sigma_N|$ in N/mm² aus Normalkraft infolge von Vorspannung und äußerer Last und den Bewehrungsgehalt μ in % für den Betonstahl in der vorgedrückten Zugzone – bezogen auf den gesamten Betonquerschnitt – folgende drei Bedingungen erfüllt:

$\mu \geq 0{,}05$

$|\sigma_N| \geq 1{,}0$

$\dfrac{\mu}{0{,}15} + \dfrac{|\sigma_N|}{3} \geq 1{,}0$

Bewehrungsgrad

12.9 Durchstanzen

(3) Dabei dürfen in den Gleichungen für $\varkappa_1$ und $\varkappa_2$
$a_s = 1{,}3$ und für
μ_g die Summe der Bewehrungsprozentsätze
$\mu_g = \mu_s + \mu_{vi}$
eingesetzt werden.

Hierin bedeuten:

μ_g vorhandener Bewehrungsprozentsatz, mit nicht mehr als 1,5 % in Rechnung zu stellen

μ_s Bewehrungsgrad in % der Bewehrung aus Betonstahl

$\mu_{vi} = \dfrac{\sigma_{bv,N}}{\beta_S} \cdot 100$ ideeller Bewehrungsgrad in % infolge Vorspannung

$\sigma_{bv,N}$ Längskraftanteil der Vorspannung der Platte zur Zeit $t = \infty$

β_S Streckgrenze des Betonstahls.

Bewehrungsnetz

6.7.2 Oberflächenbewehrung von Spannbetonplatten

(1) An der Ober- und Unterseite sind Bewehrungsnetze anzuordnen, die aus zwei sich annähernd rechtwinklig kreuzenden Bewehrungslagen mit einem Querschnitt nach Tabelle 4, Zeilen 1a und 1b, bestehen. Die einzelnen Bewehrungen können in mehrere oberflächennahe Lagen aufgeteilt werden.

Bewehrungsprozentsatz

12.9 Durchstanzen

(3) Dabei dürfen in den Gleichungen für $\varkappa_1$ und $\varkappa_2$
$a_s = 1{,}3$ und für
μ_g die Summe der Bewehrungsprozentsätze
$\mu_g = \mu_s + \mu_{vi}$
eingesetzt werden.

Hierin bedeuten:

μ_g vorhandener Bewehrungsprozentsatz, mit nicht mehr als 1,5 % in Rechnung zu stellen

μ_s Bewehrungsgrad in % der Bewehrung aus Betonstahl

$\mu_{vi} = \dfrac{\sigma_{bv,N}}{\beta_S} \cdot 100$ ideeller Bewehrungsgrad in % infolge Vorspannung

$\sigma_{bv,N}$ Längskraftanteil der Vorspannung der Platte zur Zeit $t = \infty$

β_S Streckgrenze des Betonstahls.

(4) Der Prozentsatz der Bewehrung aus Betonstahl im Bereich des Durchstanzkegels $d_k = d_{st} + 3\,h_m$ muß mindestens 0,3% und daneben innerhalb des Gurtstreifens mindestens 0,15% betragen.

Hierin bedeuten:

d_{st} nach DIN 1045/07.88, Abschnitt 22.5.1.1

h_m analog DIN 1045/07.88, Abschnitt 22.5.1.1, unter Berücksichtigung der den Rundschnitt kreuzenden Spannglieder.

Bewehrungsprozentsatz im Stützenbereich

6.7.6 Längsbewehrung im Stützenbereich durchlaufender Tragwerke bei Brücken und vergleichbaren Bauwerken

(1) Im Stützenbereich durchlaufender Tragwerke bei Brücken und vergleichbaren Bauwerken – mit Ausnahme massiver Vollplatten – ist eine Längsbewehrung im unteren Drittel der Stegfläche und in der unteren Platte vorzusehen, wenn die Randdruckspannungen dem Betrag nach kleiner als 1 N/mm² sind. Diese Längsbewehrung ist aus der Querschnittsfläche des gesamten Steges und der unteren Platte zu ermitteln. Der Bewehrungsprozentsatz darf bei Randdruckspannungen zwischen 0 und 1 N/mm² linear zwischen 0,2% und 0% interpoliert werden.

(2) Die Hälfte dieser Bewehrung darf frühestens in einem Abstand $(d_0 + l_0)$, der Rest in einem Abstand $(2\,d_0 + l_0)$ von der Lagerachse enden (d_0 Balkendicke, l_0 Grundmaß der Verankerungslänge nach DIN 1045/07.88, Abschnitt 18.5.2.1).

Bewehrungszulagen

10.4 Arbeitsfugen mit Spanngliedkopplungen

(5) Bewehrungszulagen dürfen nach Bild 4 gestaffelt werden.

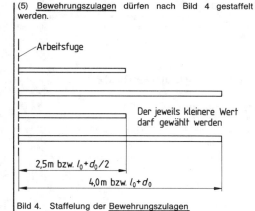

Bild 4. Staffelung der Bewehrungszulagen

Biegedruckspannung

9.4 Sonderlastfälle bei Fertigteilen

(2) Für den Beförderungszustand, d. h. für alle Beanspruchungen, die bei Fertigteilen bis zum Versetzen in die für den Verwendungszweck vorgesehene Lage auftreten können, kann auf die Nachweise der Biegedruckspannungen in der Druckzone und der schiefen Hauptspannungen im Gebrauchszustand verzichtet werden. Die Zugkraft in der Zugzone muß durch Bewehrung abgedeckt werden. Der Nachweis ist nach Abschnitt 10.2 zu führen; der Stabdurchmesser d_s darf jedoch die Werte nach Gleichung (8) überschreiten.

Biegemoment, Mindestwert

10.2 Nachweis zur Beschränkung der Rißbreite

(5) Bei überwiegend auf Biegung beanspruchten stabförmigen Bauteilen und Platten ist für den Nachweis nach Gleichung (8) von folgender Beanspruchungskombination auszugehen:

– 1,0fache ständige Last,
– 1,0fache Verkehrslast (einschließlich Schnee und Wind),
– 0,9- bzw. 1,1fache Summe aus statisch bestimmter und statisch unbestimmter Wirkung der Vorspannung unter Berücksichtigung von Kriechen und Schwinden; der ungünstigere Wert ist maßgebend,
– 1,0fache Zwangschnittgröße aus Wärmewirkung (auch im Bauzustand), wahrscheinlicher Baugrundbewegung, Schwinden und aus Anheben zum Auswechseln von Lagern,
– 1,0fache Schnittgröße aus planmäßiger Systemänderung,
– Zusatzmoment ΔM_1 mit

$$\Delta M_1 = \pm 5 \cdot 10^{-5} \cdot \frac{EI}{d_0}$$

Hierin bedeuten:

EI Biegesteifigkeit im Zustand I im betrachteten Querschnitt,

d_0 Querschnittsdicke im betrachteten Querschnitt (bei Platten ist $d_0 = d$ zu setzen).

Soweit diese Beanspruchungskombination ohne den statisch bestimmten Anteil der Vorspannung örtlich geringere Biegemomente als den Mindestwert

$$M_2 = \pm 15 \cdot 10^{-5} \cdot \frac{EI}{d_0}$$

ergibt, so ist dieses Moment M_2 in den durch Bild 3.1 gekennzeichneten Bereichen mit dem dort angegebenen Verlauf anzunehmen. Für den Nachweis nach Gleichung (8) ist dabei von der mit M_2 ermittelten Grenzlinie und dem statisch bestimmten Anteil der 0,9- bzw. 1,1fachen Vorspannung als Beanspruchungskombination auszugehen.

Biegemomente, Grenzlinie

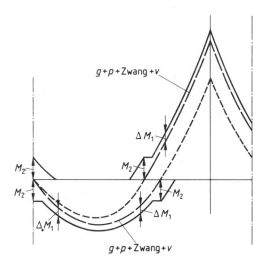

Bild 3.1. Abgrenzung der Anwendungsbereiche von M_2 (Grenzlinie der Biegemomente einschließlich der 0,9- bzw. 1,1fachen statisch unbestimmten Wirkung der Vorspannung v und Ansatz von ΔM_1

Biegesteifigkeit im Zustand I

10.2 Nachweis zur Beschränkung der Rißbreite

(5) Bei überwiegend auf Biegung beanspruchten stabförmigen Bauteilen und Platten ist für den Nachweis nach Gleichung (8) von folgender Beanspruchungskombination auszugehen:
- 1,0fache ständige Last,
- 1,0fache Verkehrslast (einschließlich Schnee und Wind),
- 0,9- bzw. 1,1fache Summe aus statisch bestimmter und statisch unbestimmter Wirkung der Vorspannung unter Berücksichtigung von Kriechen und Schwinden; der ungünstigere Wert ist maßgebend.
- 1,0fache Zwangschnittgröße aus Wärmewirkung (auch im Bauzustand), wahrscheinlicher Baugrundbewegung, Schwinden und aus Anheben zum Auswechseln von Lagern,
- 1,0fache Schnittgröße aus planmäßiger Systemänderung,
- Zusatzmoment ΔM_1 mit

$$\Delta M_1 = \pm 5 \cdot 10^{-5} \cdot \frac{EI}{d_0}$$

Hierin bedeuten:
EI Biegesteifigkeit im Zustand I im betrachteten Querschnitt,
d_0 Querschnittsdicke im betrachteten Querschnitt (bei Platten ist $d_0 = d$ zu setzen).

Soweit diese Beanspruchungskombination ohne den statisch bestimmten Anteil der Vorspannung örtlich geringere Biegemomente als den Mindestwert

$$M_2 = \pm 15 \cdot 10^{-5} \cdot \frac{EI}{d_0}$$

ergibt, so ist dieses Moment M_2 in den durch Bild 3.1 gekennzeichneten Bereichen mit dem dort angegebenen Verlauf anzunehmen. Für den Nachweis nach Gleichung (8) ist dabei von der mit M_2 ermittelten Grenzlinie und dem statisch bestimmten Anteil der 0,9- bzw. 1,1fachen Vorspannung als Beanspruchungskombination auszugehen.

15.9.2 Endverankerungen mit Ankerkörpern und Kopplungen

(4) Bei diesem Nachweis sind in Querschnitten mit festen oder beweglichen Kopplungen außer den ständigen Lasten und der Vorspannung nach Kriechen und Schwinden folgende Beanspruchungen als ständig wirkend zu berücksichtigen, soweit sie hinsichtlich der Spannungsschwankungen ungünstig wirken:

- Wahrscheinliche Baugrundbewegungen nach Abschnitt 9.2.6.
- Temperaturunterschiede nach Abschnitt 9.2.5. Bei Straßen- und Wegbrücken sind die Temperaturunterschiede nach DIN 1072/12.85, Tabelle 3, Spalten 4 bzw. 6, ohne Abminderung einzusetzen.
- Zusatzmoment $\Delta M = \pm \dfrac{EI}{10^4 \, d_0}$ (23)

Hierin bedeuten:
EI Biegesteifigkeit im Zustand I
d_0 Querschnittsdicke des jeweils betrachteten Querschnitts

(5) ΔM nach Gleichung (23) ist ausschließlich bei diesem Nachweis zu berücksichtigen.

Biegezugspannung aus Quertragwirkung

(Tabelle 9, siehe Seite 182)

Biegezugsspannung, Begrenzung

12 Schiefe Hauptspannungen und Schubdeckung

12.1 Allgemeines

(1) Der Spannungsnachweis ist für den Gebrauchszustand nach Abschnitt 12.2 und für den rechnerischen Bruchzustand nach Abschnitt 12.3 zu führen. Hierbei brauchen Biegespannungen aus Quertragwirkung (aus Plattenwirkung einzelner Querschnittsteile) nicht berücksichtigt zu werden, sofern nachfolgend nichts anderes angegeben ist (Begrenzung der Biegezugspannung aus Quertragwirkung im Gebrauchszustand siehe Abschnitt 15.6).

Biegung, zweiachsige

(Tabelle 9, siehe Seite 182)

Stichworte

Biegezugriß

14.2 Verankerung durch Verbund

(3) Die ausreichende Verankerung im rechnerischen Bruchzustand ist nachgewiesen, wenn die Bedingungen nach a) oder b) erfüllt sind:

a) Die Verankerungslänge l der Spannglieder muß in einem Bereich liegen, der im rechnerischen Bruchzustand frei von <u>Biegezugrissen</u> (Zone a nach Abschnitt 12.3.1) und frei von Schubrissen ($\sigma_I \leq$ Werte der Tabelle 9, Zeile 49, bei vorwiegend ruhender oder Zeile 50 bei nicht vorwiegend ruhender Belastung) ist.

Die Hauptzugspannung σ_I braucht nur in einem Abstand von $0,5\,d_0$ vom Auflagerrand nachgewiesen zu werden.

Die Verankerungslänge beträgt

$$l = \frac{Z_u}{\sigma_v \cdot A_v} \cdot l_{\ddot{u}} \qquad (18)$$

Hierin bedeuten:

$$Z_u = \frac{M_u}{z} + Q_u \cdot \frac{v}{h} \qquad (19)$$

σ_v die zulässige Vorspannung des Spannstahles (siehe Tabelle 9, Zeile 65)

A_v Querschnittsfläche des Spanngliedes

v Versatzmaß nach DIN 1045

Der Anteil $Q_u \cdot v/h$ der Gleichung (19) braucht nur berücksichtigt zu werden, wenn anschließend an die Verankerungslänge Schubrisse vorausgesetzt werden müssen (Überschreitung der oben genannten Grenzwerte).

b) Der rechnerische Überstand der im Verbund liegenden Spannglieder über die Auflagervorderkante muß betragen:

$$l_1 = \frac{Z_{Au}}{\sigma_v \cdot A_v} \cdot l_{\ddot{u}} \qquad (20)$$

Bei direkter Lagerung genügt ein Überstand von $^2/_3\,l_1$.

Hierin bedeuten:

$Z_{Au} = Q_u \cdot \dfrac{v}{h}$ am Auflager zu verankernde Zugkraft; sofern ein Teil dieser Zugkraft nach DIN 1045 durch Längsbewehrung aus Betonstahl verankert wird, braucht der Überstand der Spannglieder nur für die nicht abgedeckte Restzugkraft $\Delta Z_{Au} = Z_{Au} - A_s \cdot \beta_S$ nachgewiesen zu werden.

Q_u die Querkraft am Auflager im rechnerischen Bruchzustand

A_v der Querschnitt der über die Auflager geführten unten liegenden Spannglieder

Brennschneiden

6.3 Schweißen

(1) Für das Schweißen von Betonstahl gilt DIN 1045/07.88, Abschnitte 6.6 und 7.5.2 sowie DIN 4099. Das Schweißen an Spannstählen ist unzulässig; dagegen ist <u>Brennschneiden</u> hinter der Verankerung zulässig.

Bruchzustand, rechnerischer

6.2 Spannglieder

6.2.6 Mindestanzahl

(3) Eine Unterschreitung der Werte nach Tabelle 3, von Spalte 2, Zeilen 1 und 2, ist zulässig, wenn der Nachweis geführt wird, daß bei Ausfall von Stäben bzw. Drähten entsprechend den Werten von Spalte 3 die Beanspruchung aus 1,0fachen Einwirkungen aus Last und Zwang aufgenommen werden können. Dieser Nachweis ist auf der Grundlage der für <u>rechnerischen Bruchzustand</u> getroffenen Festlegungen (siehe Abschnitte 11, 12.3, 12.4) zu führen, wobei anstelle von $\gamma = 1,75$ jeweils $\gamma = 1,0$ gesetzt werden darf.

7.5 Nachträglich ergänzte Querschnitte

Bei Querschnitten, die nachträglich durch Anbetonieren ergänzt werden, sind die Nachweise nach Abschnitt 7.1 sowohl für den ursprünglichen als auch für den ergänzten Querschnitt zu führen. Beim Nachweis für den <u>rechnerischen Bruchzustand des</u> ergänzten Querschnitts darf so vorgegangen werden, als ob der Gesamtquerschnitt von Anfang an einheitlich hergestellt worden wäre. Für die erforderliche Anschlußbewehrung siehe Abschnitt 12.7.

9.4 Sonderlastfälle bei Fertigteilen

(3) Für den Beförderungszustand darf bei den Nachweisen im <u>rechnerischen Bruchzustand</u> nach den Abschnitten 11, 12.3 und 12.4, der Sicherheitsbeiwert $\gamma = 1,75$ auf $\gamma = 1,3$ abgemindert werden (siehe DIN 1045/07.88, Abschnitt 19.2).

11 Nachweis für den <u>rechnerischen Bruchzustand</u> bei Biegung, bei Biegung mit Längskraft und bei Längskraft

11.1 Rechnerischer Bruchzustand und Sicherheitsbeiwerte

(1) Für den <u>rechnerischen Bruchzustand</u> ist bei statisch bestimmt gelagerten Spannbetontragwerken die 1,75fache Summe der äußeren Lasten (nach den Abschnitten 9.2.2 und 9.2.3) in ungünstigster Stellung anzusetzen ($\gamma = 1,75$). Bei statisch unbestimmt gelagerten Tragwerken sind darüber hinaus – sofern diese ungünstig wirken – die 1,0fache Zwangbeanspruchung infolge von Schwinden, Wärmewirkungen und wahrscheinlicher Baugrundbewegung[8]) und Anheben zum Auswechseln von Lagern sowie die 1,0fache Schnittgröße am Gesamtquerschnitt aus Vorspannung (unter Berücksichtigung von Kriechen und Schwinden) zu berücksichtigen. Bei Zwangbeanspruchung infolge Baugrundbewegung darf das Kriechen berücksichtigt werden. Die Schnittgrößen aus den einzelnen Lastfällen sind im allgemeinen wie im Gebrauchszustand anzusetzen.

(2) Die Sicherheit ist ausreichend, wenn die Schnittgrößen, die vom Querschnitt im <u>Bruchzustand rechnerisch</u> aufgenommen werden können, mindestens gleich den mit den in Absatz (1) angegebenen Sicherheitsbeiwerten jeweils vervielfachten Schnittgrößen im Gebrauchszustand sind.

(3) Bei gleichgerichteten Beanspruchungen aus mehreren Tragwirkungen (Hauptträgerwirkung und örtliche Plattenwirkung im Zugbereich) braucht nur der Dehnungszustand jeweils einer Tragwirkung berücksichtigt zu werden.

(4) Die Schnittgrößen im rechnerischen Bruchzustand dürfen auch unter Berücksichtigung der Steifigkeitsverhältnisse im Zustand II ermittelt werden. Dabei sind für Betonstahl und Spannstahl die Elastizitätsmodulm nach Abschnitt 7.2, für druckbeanspruchten Beton die Elastizitätsmodulm nach Abschnitt 7.3 zugrunde zu legen. Als Sicherheitsbeiwert γ ist hierbei für die Vorspannung (unter Berücksichtigung des Spannungsverlustes infolge Kriechens und Schwindens) sowie für Zwang aus planmäßiger Systemänderung $\gamma = 1,0$, für alle übrigen Lastfälle $\gamma = 1,75$, anzusetzen. Wird hiervon Gebrauch gemacht, so ist die Schubdeckung zusätzlich im Gebrauchszustand nachzuweisen (siehe Abschnitt 12.4).

---

[8]) Bei Brücken ist die Zwangbeanspruchung aus der 0,4fachen möglichen Baugrundbewegung zu berücksichtigen, falls dies ungünstiger ist.

11.2 Grundlagen

11.2.4 Dehnungsdiagramm

(1) Bild 8 zeigt die im rechnerischen Bruchzustand je nach Beanspruchung möglichen Dehnungsdiagramme.

(2) Die Dehnung ε_s bzw. $\varepsilon_v - \varepsilon_v^{(0)}$ darf in der äußersten, zur Aufnahme der Beanspruchung im rechnerischen Bruchzustand herangezogenen Bewehrungslage 5‰ nicht überschreiten. Im gleichen Querschnitt dürfen verschiedene Stahlsorten (z. B. Spannstahl und Betonstahl) entsprechend den jeweiligen Spannungsdehnungslinien gemeinsam in Rechnung gestellt werden.

11.3 Nachweis bei Lastfällen vor Herstellen des Verbundes

(1) Ein Nachweis ist erforderlich, sofern die Lastschnittgrößen, die vor Herstellung des Verbundes auftreten, 70 % der Werte nach Herstellung des Verbundes überschreiten.

(2) Vor dem Herstellen des Verbundes können sich die Spannglieder auf ihrer ganzen Länge frei dehnen. Das Verhalten im rechnerischen Bruchzustand hängt deshalb von dem Formänderungsverhalten des gesamten Tragwerks ab. Die in den Spanngliedern wirkende Spannung darf wie folgt angenommen werden, sofern kein genauerer Nachweis geführt wird:

- bei annähernd gleichmäßig belasteten Trägern auf 2 Stützen:

$$\sigma_{vu} = \sigma_v^{(0)} + 110 \text{ N/mm}^2 \leq \beta_{Sv}, \quad (10a)$$

- bei Kragträgern unabhängig vom Belastungsbild, falls die Spannglieder im anschließenden Feld zumindest jenseits des Momentennullpunktes im Verbund liegen:

$$\sigma_{vu} = \sigma_v^{(0)} + 50 \text{ N/mm}^2 \leq \beta_{Sv}, \quad (10b)$$

- bei Durchlaufträgern:

$$\sigma_{vu} = \sigma_v^{(0)} \quad (10c)$$

Hierin bedeuten:

$\sigma_v^{(0)}$ Spannung im Spannglied im Bauzustand

β_{Sv} Streckgrenze bzw. $\beta_{0,2}$-Grenze des Spannstahls

12 Schiefe Hauptspannungen und Schubdeckung

12.1 Allgemeines

(1) Der Spannungsnachweis ist für den Gebrauchszustand nach Abschnitt 12.2 und für den rechnerischen Bruchzustand nach Abschnitt 12.3 zu führen. Hierbei brauchen Biegespannungen aus Quertragwirkung (aus Plattenwirkung einzelner Querschnittsteile) nicht berücksichtigt zu werden, sofern nachfolgend nichts anderes angegeben ist (Begrenzung der Biegezugspannung aus Quertragwirkung im Gebrauchszustand siehe Abschnitt 15.6).

(2) Es ist nachzuweisen, daß die jeweils zulässigen Werte der Tabelle 9 nicht überschritten werden. Der Nachweis darf bei unmittelbarer Stützung im Schnitt 0,5 d_0 vom Auflagerrand geführt werden.

(3) Bei Lastfallkombinationen unter Einschluß möglicher Baugrundbewegungen kann auf den Nachweis der schiefen Hauptzugspannungen im Gebrauchszustand verzichtet werden. Der Nachweis der Hauptdruckspannungen bzw. Schubspannungen im rechnerischen Bruchzustand[9]) nach den Abschnitten 12.3 und 12.3.3 und der Schubbewehrung nach Abschnitt 12.4 ist jedoch zu führen.

(7) Vor Herstellens des Verbundes sind bei den Spannungsnachweisen im Gebrauchszustand nach Abschnitt 12.2 die Spanngliedkräfte und gegebenenfalls die Umlenkkräfte als äußere Last mit ihrem 1,0fachen Wert, im rechnerischen Bruchzustand nach Abschnitt 12.3 mit der Spannungszunahme nach Abschnitt 11.3 einzusetzen. Die Hauptdruckspannungen sind unter Berücksichtigung der abzuziehenden Querschnittsflächen der nicht verpreßten Spannkanäle nach Tabelle 9, Zeile 63, zu begrenzen. Dabei darf mit gleichmäßiger Spannungsverteilung über die verbleibende Querschnittsfläche gerechnet werden. Bei der Bemessung der Schubbewehrung kann die Spannungszunahme in den Längsspanngliedern ebenfalls nach Abschnitt 11.3 ermittelt werden. Eine zur Schubaufnahme notwendige, im Verbund liegende Längsbewehrung ist unter Zugrundelegung der Fachwerkanalogie zu ermitteln. Für Spannglieder als Schubbewehrung gilt Abschnitt 12.4.1, Absatz (3).

12.3 Spannungsnachweise im rechnerischen Bruchzustand

12.3.1 Allgemeines

(2) Ein Querschnitt liegt in Zone a, wenn in der jeweiligen Lastfallkombination die größte nach Zustand I im rechnerischen Bruchzustand ermittelte Randzugspannung die nachstehenden Werte nicht überschreitet:

B 25	B 35	B 45	B 55
2,5 N/mm²	2,8 N/mm²	3,2 N/mm²	3,5 N/mm²

12.3.2 Nachweise der schiefen Hauptdruckspannungen in Zone a

(2) Auf diesen Nachweis darf bei druckbeanspruchten Gurten verzichtet werden, wenn die maximale Schubspannung im rechnerischen Bruchzustand kleiner als 0,1 β_{WN} ist.

12.4 Bemessung der Schubbewehrung

12.4.1 Allgemeines

(1) Die Schubdeckung durch Bewehrung ist für Querkraft und Torsion im rechnerischen Bruchzustand (siehe Abschnitt 12.1) in den Bereichen des Tragwerks und des Querschnitts nachzuweisen, in denen die Hauptzugspannung σ_I (Zustand I) bzw. die Schubspannung τ_R (Zustand II) eine der Nachweisgrenzen der Tabelle 9, Zeilen 50 bis 55, überschreitet.

12.8 Arbeitsfugen mit Kopplungen

In Arbeitsfugen mit Spanngliedkopplungen darf an Stelle des Nachweises nach den Abschnitten 12.3 und 12.4 der Nachweis der Schubdeckung unter Annahme eines Ersatzfachwerks geführt werden, wenn die Fuge konstruktiv entsprechend ausgebildet wird (im allgemeinen verzahnte Fuge). Die Bewehrung ist unter Zugrundelegung des angenommenen Fachwerks zu bemessen. Die Richtung der Druckstrebe darf dabei höchstens 15° von der Normalen derjenigen Fugenteilfläche abweichen, von der die Druckkraft aufzunehmen ist. Die Druckspannung auf die Teilflächen darf im rechnerischen Bruchzustand den Wert β_R nicht überschreiten.

13 Nachweis der Beanspruchung des Verbundes zwischen Spannglied und Beton

(1) Im Gebrauchszustand erübrigt sich ein Nachweis der Verbundspannungen. Die maximale Verbundspannung τ_1 ist im rechnerischen Bruchzustand nachzuweisen.

(2) Näherungsweise darf sie bestimmt werden aus:

$$\tau_1 = \frac{Z_u - Z_v}{u_v \cdot l'} \quad (16)$$

Hierin bedeuten:
Z_u Zugkraft des Spanngliedes im rechnerischen Bruchzustand beim Nachweis nach Abschnitt 11
Z_v zulässige Zugkraft des Spanngliedes im Gebrauchszustand
u_v Umfang des Spanngliedes nach Abschnitt 10.2
l' Abstand zwischen dem Querschnitt des maximalen Momentes im rechnerischen Bruchzustand und dem Momentennullpunkt unter ständiger Last.

14.2 Verankerung durch Verbund

(3) Die ausreichende Verankerung im rechnerischen Bruchzustand ist nachgewiesen, wenn die Bedingungen nach a) oder b) erfüllt sind:

a) Die Verankerungslänge l der Spannglieder muß in einem Bereich liegen, der im rechnerischen Bruchzustand frei von Biegezugrissen (Zone a nach Abschnitt 12.3.1) und frei von Schubrissen ($\sigma_I \leq$ Werte der Tabelle 9, Zeile 49, bei vorwiegend ruhender oder Zeile 50 bei nicht vorwiegend ruhender Belastung) ist.
Die Hauptzugspannung σ_I braucht nur in einem Abstand von 0,5 d_0 vom Auflagerrand nachgewiesen zu werden.
Die Verankerungslänge beträgt

$$l = \frac{Z_u}{\sigma_v \cdot A_v} \cdot l_{\ddot{u}} \quad (18)$$

Hierin bedeuten:

$$Z_u = \frac{M_u}{z} + Q_u \cdot \frac{v}{h} \quad (19)$$

σ_v die zulässige Vorspannung des Spannstahles (siehe Tabelle 9, Zeile 65)
A_v Querschnittsfläche des Spanngliedes
v Versatzmaß nach DIN 1045
Der Anteil $Q_u \cdot v/h$ der Gleichung (19) braucht nur berücksichtigt zu werden, wenn anschließend an die Verankerungslänge Schubrisse vorausgesetzt werden müssen (Überschreitung der oben genannten Grenzwerte).

b) Der rechnerische Überstand der im Verbund liegenden Spannglieder über die Auflagervorderkante muß betragen:

$$l_1 = \frac{Z_{Au}}{\sigma_v \cdot A_v} \cdot l_{\ddot{u}} \quad (20)$$

Bei direkter Lagerung genügt ein Überstand von $2/3\ l_1$.
Hierin bedeuten:

$Z_{Au} = Q_u \cdot \dfrac{v}{h}$ am Auflager zu verankernde Zugkraft sofern ein Teil dieser Zugkraft nach DIN 1045 durch Längsbewehrung aus Betonstahl verankert wird, braucht der Überstand der Spannglieder nur für die nicht abgedeckte Restzugkraft $\Delta Z_{Au} = Z_{Au} - A_s \cdot \beta_S$ nachgewiesen zu werden.

Q_u die Querkraft am Auflager im rechnerischen Bruchzustand
A_v der Querschnitt der über die Auflager geführten unten liegenden Spannglieder

14.3 Nachweis der Zugkraftdeckung

(1) Bei gestaffelter Anordnung von Spanngliedern ist die Zugkraftdeckung im rechnerischen Bruchzustand nach DIN 1045/07.88, Abschnitt 18.7.2, durchzuführen. Bei Platten ohne Schubbewehrung ist $v = 1,5\ h$ in Rechnung zu stellen.

14.4 Verankerungen innerhalb des Tragwerks

(1) Wenn ein Teil des Querschnitts mit Ankerkörpern (Verankerungen, Spanngliedkopplungen) durchsetzt ist, sind Querschnittsschwächungen zu berücksichtigen infolge von:
a) Ankerkörpern, bei denen zwischen Stirnfläche des Ankerkörpers und Beton bzw. Einpreßmörtel eine nachgiebige Zwischenlage angeordnet ist, bei allen Nachweisen im Gebrauchszustand und im rechnerischen Bruchzustand;
b) Ankerkörper, die im Bereich von Längszugspannungen liegen, bei Nachweisen im Gebrauchszustand.

Bruchzustand, rechnerischer, Schubspannung

(Tabelle 9, siehe Seite 182)

Bruchzustand, schiefe Hauptzugspannung

(Tabelle 9, siehe Seite 182)

Brücke

9.2 Zusammenstellung der Beanspruchungen

9.2.5 Wärmewirkungen

(3) Bei Brücken nach DIN 1072 und vergleichbaren Bauwerken mit Wärmewirkung darf beim Spannungsnachweis im Endzustand auf den Nachweis des vollen Temperaturunterschiedes bei 0,7facher Verkehrslast verzichtet werden.

9.2.6 Zwang aus Baugrundbewegungen

Bei Brücken und vergleichbaren Bauwerken ist Zwang aus wahrscheinlichen Baugrundbewegungen nach DIN 1072 zu berücksichtigen.

9.2.7 Zwang aus Anheben zum Auswechseln von Lagern

Der Lastfall Anheben zum Auswechseln von Lagern bei Brücken und vergleichbaren Bauwerken ist zu berücksichtigen. Die beim Anheben entstehende Zwangbeanspruchung darf bei der Spannungsermittlung unberücksichtigt bleiben.

10 Rissebeschränkung

10.1 Zulässigkeit von Zugspannungen

10.1.1 Volle Vorspannung

(1) Im Gebrauchszustand dürfen in der Regel keine Zugspannungen infolge von Längskraft und Biegemoment auftreten.

(2) In folgenden Fällen sind jedoch solche Zugspannungen zulässig:
a) Im Bauzustand, also z. B. unmittelbar nach dem Aufbringen der Vorspannung vor dem Einwirken der vollen ständigen Last, siehe Tabelle 9, Zeilen 15 bis 17 bzw. Zeilen 33 bis 35.
b) Bei Brücken und vergleichbaren Bauwerken unter Haupt- und Zusatzlasten, siehe Tabelle 9, Zeilen 30 bis 32; bei anderen Bauwerken unter wenig wahrscheinlicher Häufung von Lastfällen siehe Tabelle 9, Zeilen 12 bis 14.
c) Bei wenig wahrscheinlichen Laststellungen, siehe Tabelle 9, Zeilen 12 bis 14 bzw. Zeilen 30 bis 32; als wenig wahrscheinliche Laststellungen gelten z. B. die gleichzeitige Wirkung mehrerer Kräne und Kranlasten in ungünstigster Stellung oder die Berücksichtigung mehrerer Einflußlinien-Beitragsflächen gleichen Vorzeichens, die durch solche entgegengesetzten Vorzeichens voneinander getrennt sind.

10.1.2 Beschränkte Vorspannung

(1) Im Gebrauchszustand sind die in Tabelle 9, Zeilen 18 bis 26 bzw. bei Brücken und vergleichbaren Bauwerken Zeilen 36 bis 44 angegebenen Zugspannungen infolge von Längskraft und Biegemoment zulässig.

(2) Bei Bauteilen im Freien oder bei Bauteilen mit erhöhtem Korrosionsangriff gemäß DIN 1045/07.88, Tabelle 10, Zeile 4, dürfen jedoch keine Zugspannungen aus Längskraft und Biegemoment auftreten infolge des Lastfalles Vorspannung plus ständige Last plus Verkehrslast, die während der Nutzung ständig oder längere Zeit im wesentlichen unverändert wirkt (bei Brücken die halbe Verkehrslast), plus Kriechen und Schwinden. In dem vorgenannten Lastfall sind an Stelle der Verkehrslast die wahrscheinlichen Baugrundbewegungen zu berücksichtigen, wenn sich dadurch ungünstigere Werte ergeben. Für Lastfallkombinationen unter Einschluß der möglichen Baugrundbewegungen nach DIN 1072 sind Nachweise der Betonzugspannungen nicht erforderlich.

10.4 Arbeitsfugen mit Spanngliedkopplungen

(2) Bei Brücken und vergleichbaren Bauwerken ist die erhöhte Mindestbewehrung nach Tabelle 4 grundsätzlich einzulegen.

11 Nachweis für den rechnerischen Bruchzustand bei Biegung, bei Biegung mit Längskraft und bei Längskraft

11.1 Rechnerischer Bruchzustand und Sicherheitsbeiwerte

(1) Für den rechnerischen Bruchzustand ist bei statisch bestimmt gelagerten Spannbetontragwerken die 1,75fache Summe der äußeren Lasten (nach den Abschnitten 9.2.2 und 9.2.3) in ungünstigster Stellung anzusetzen ($y = 1,75$). Bei statisch unbestimmt gelagerten Tragwerken sind darüber hinaus – sofern diese ungünstig wirken – die 1,0fache Zwangbeanspruchung infolge von Schwinden, Wärmewirkungen und wahrscheinlicher Baugrundbewegung[8]) und Anheben zum Auswechseln von Lagern sowie die 1,0fache Schnittgröße am Gesamtquerschnitt aus Vorspannung (unter Berücksichtigung von Kriechen und Schwinden) zu berücksichtigen. Bei Zwangbeanspruchung infolge Baugrundbewegung darf das Kriechen berücksichtigt werden. Die Schnittgrößen aus den einzelnen Lastfällen sind im allgemeinen wie im Gebrauchszustand anzusetzen.

---

[8]) Bei Brücken ist die Zwangbeanspruchung aus der 0,4fachen möglichen Baugrundbewegung zu berücksichtigen, falls dies ungünstiger ist.

12 Schiefe Hauptspannungen und Schubdeckung

12.1 Allgemeines

(3) Bei Lastfallkombinationen unter Einschluß möglicher Baugrundbewegungen kann auf den Nachweis der schiefen Hauptspannungen im Gebrauchszustand verzichtet werden. Der Nachweis der Hauptdruckspannungen bzw. Schubspannungen im rechnerischen Bruchzustand[9]) nach den Abschnitten 12.3.2 und 12.3.3 und der Schubbewehrung nach Abschnitt 12.4 ist jedoch zu führen.

---

[9]) Bei Brücken ist die Zwangbeanspruchung aus der 0,4fachen möglichen Baugrundbewegung zu berücksichtigen, falls dies ungünstiger ist.

15 Zulässige Spannungen

15.1 Allgemeines

(3) Bei Brücken nach DIN 1072 und vergleichbaren Bauwerken gelten die zulässigen Betonzugspannungen von Tabelle 9, Zeilen 42, 43 und 44, nur, sofern im Bauzustand keine Zwangschnittgrößen infolge von Wärmewirkungen auftreten. Treten jedoch solche Zwangschnittgrößen auf, so sind die Zahlenwerte der Tabelle 9, Zeilen 42, 43 und 44, um $0,5\ \text{N/mm}^2$ herabzusetzen.

15.2 Zulässige Spannung bei Teilflächenbelastung

Es gelten DIN 1045/07.88, Abschnitt 17.3.3, und für Brücken DIN 1075/04.81, Abschnitt 8.

Stichworte

15.6 Querbiegezugspannungen in Querschnitten, die nach DIN 1045 bemessen werden

(1) In Querschnitten, die nach DIN 1045 bemessen werden (z. B. Stege oder Bodenplatten bei Querbiegebeanspruchung), dürfen die nach Zustand I ermittelten Querbiegezugspannungen die Werte der Tabelle 9, Zeile 45, nicht überschreiten. Bei <u>Brücken</u> wird dieser Nachweis nur für den Lastfall H verlangt.

(Tabelle 9, siehe Seite 182)

Brücke, Längsbewehrung im Stützenbereich

6.7.6 Längsbewehrung im Stützenbereich durchlaufender Tragwerke bei <u>Brücken</u> und vergleichbaren Bauwerken

(1) Im <u>Stützenbereich</u> durchlaufender Tragwerke bei <u>Brücken</u> und vergleichbaren Bauwerken – mit Ausnahme massiver Vollplatten – ist eine <u>Längsbewehrung</u> im unteren Drittel der Stegfläche und in der unteren Platte vorzusehen, wenn die Randdruckspannungen dem Betrag nach kleiner als 1 N/mm² sind. Diese Längsbewehrung ist aus der Querschnittsfläche des gesamten Steges und der unteren Platte zu ermitteln. Der Bewehrungsprozentsatz darf bei Randdruckspannungen zwischen 0 und 1 N/mm² linear zwischen 0,2 % und 0 % interpoliert werden.

(2) Die Hälfte dieser Bewehrung darf frühestens in einem Abstand $(d_0 + l_0)$, der Rest in einem Abstand $(2\,d_0 + l_0)$ von der Lagerachse enden (d_0 Balkendicke, l_0 Grundmaß der Verankerungslänge nach DIN 1045/07.88, Abschnitt 18.5.2.1).

Brücke, Mindesbewehrung

6.7 Mindestbewehrung

6.7.1 Allgemeines

(2) Bei <u>Brücken</u> und vergleichbaren Bauwerken (das sind Bauwerke im Freien unter nicht überwiegend ruhender Belastung) dürfen die Bewehrungsstäbe bei Verwendung von Betonstabstahl III S und Betonstabstahl IV S den Stabdurchmesser 10 mm und bei Betonstahlmatten IV M den Stabdurchmesser 8 mm bei 150 mm Maschenweite nicht unterschreiten.

(3) Bei <u>Brücken</u> und vergleichbaren Bauwerken ist eine erhöhte <u>Mindestbewehrung</u> in gezogenen bzw. weniger gedrückten Querschnittsteilen (siehe Tabelle 4, Zeilen 1b und 2b, Werte in Klammern) anzuordnen, wenn im Endzustand unter Haupt- und Zusatzlasten die nach Zustand I ermittelte Betondruckspannung am Rand dem Betrag nach kleiner als 2 N/mm² ist. Dabei dürfen Spannglieder unter Berücksichtigung der unterschiedlichen Verbundeigenschaften angerechnet werden[4]. In Gurtplatten sind Stabdurchmesser ≤ 16 mm zu verwenden, sofern kein genauer Nachweis erfolgt[4].

---

[4] Nachweise siehe DAfStb-Heft 320

(Tabelle 4, siehe Seite 178)

DIN 4227 Teil 1, Ausgabe Juli 1988

Bügel

12.4 Bemessung der Schubbewehrung

12.4.2 Schubbewehrung zur Aufnahme der Querkräfte

(1) Bei der Bemessung der Schubbewehrung nach der Fachwerkanalogie darf die Neigung der Zugstreben gegen die Querschnittsnormale im allgemeinen zwischen 90° (<u>Bügel</u>) und 45° (Schrägstäbe, Schrägbügel) gewählt werden.

12.6 Eintragung der Vorspannung

(4) Zur Aufnahme der im Bereich der Eintragungslänge e auftretenden Spaltzugkräfte muß stets eine Querbewehrung angeordnet werden. Sie ist bei Verankerung durch Verbund unter Zugrundelegung einer kürzeren Eintragungslänge zu bemessen und entsprechend zu verteilen. Für gerippte Drähte ist diese verkürzte Eintragungslänge mit der Hälfte, bei gezogenen profilierten Drähten bzw. Litzen mit ¾ des Ausgangswertes anzunehmen. Zugkräfte aus Schub und Spaltzug brauchen nicht addiert zu werden, wenn örtlich die jeweils größere Zugkraft durch <u>Bügel</u> abgedeckt wird.

Bündelspannglied

6.2 Spannglieder

6.2.6 Mindestanzahl

(1) In der vorgedrückten Zugzone tragender Spannbetonbauteile muß die Anzahl der Spannglieder bzw. bei Verwendung von <u>Bündelspanngliedern</u> die Gesamtzahl der Drähte oder Stäbe mindestens den Werten der Tabelle 3, Spalte 2, entsprechen. Die Werte gelten unter der Voraussetzung, daß gleiche Stab- bzw. Drahtdurchmesser verwendet werden.

10.2 Nachweis zur Beschränkung der Rißbreite

(3) Im Bereich eines Quadrates von 30 cm Seitenlänge, in dessen Schwerpunkt ein Spannglied mit nachträglichem Verbund liegt, darf die nach Absatz (2) nachgewiesene Betonstahlbewehrung um den Betrag

$$\Delta A_\text{s} = u_\text{v} \cdot \xi \cdot d_\text{s}/4 \qquad (9)$$

abgemindert werden.

Hierin bedeuten:

d_s nach Gleichung (8), jedoch in cm

u_v Umfang des Spanngliedes im Hüllrohr
  Einzelstab: $u_\text{v} = \pi\, d_\text{v}$
  Bündelspannglied, Litze: $u_\text{v} = 1{,}6 \cdot \pi \cdot \sqrt{A_\text{v}}$

d_v Spanngliedurchmesser des Einzelstabes in cm

A_v Querschnitt der <u>Bündelspannglieder</u> bzw. Litzen in cm²

ξ Verhältnis der Verbundfestigkeit von Spanngliedern im Einpreßmörtel zur Verbundfestigkeit von Rippenstahl im Beton

  – Spannglieder aus glatten Stäben $\qquad \xi = 0{,}2$
  – Spannglieder aus profilierten Drähten
    oder aus Litzen $\qquad \xi = 0{,}4$
  – Spannglieder aus gerippten Stählen $\qquad \xi = 0{,}6$

Tabelle 3. **Anzahl der Spannglieder**

	1	2	3
	Art der Spannglieder	Mindestanzahl nach Absatz (1)	Anzahl der rechnerisch ausfallenden Stäbe bzw. Drähte [1]
1	Einzelstäbe bzw. -drähte	3	1
2	Stäbe bzw. Drähte bei Bündelspanngliedern	7	3
3	7drähtige Litzen Einzeldrahtdurchmesser $d_v \geq 4$ mm [2])	1	—

[1]) Bei Verwendung von Stäben bzw. Drähten unterschiedlicher Querschnitte sind die jeweils dicksten Stäbe bzw. Drähte in Ansatz zu bringen.

[2]) Werden in Ausnahmefällen Litzen mit geringerem Drahtdurchmesser verwendet, so beträgt die Mindestanzahl 2.

Deckenträger, nachträglich ergänzt

8.7.3 Besonderheiten bei Fertigteilen

(2) Bei nachträglich durch Ortbeton ergänzten Deckenträgern unter 7 m Spannweite mit einer Verkehrslast $p \leq 3{,}5$ kN/m² brauchen die durch unterschiedliches Kriechen und Schwinden von Fertigteil und Ortbeton hervorgerufenen Spannungsumlagerungen nicht berücksichtigt zu werden.

Dehnung

11 Nachweis für den rechnerischen Bruchzustand bei Biegung, bei Biegung mit Längskraft und bei Längskraft

11.2 Grundlagen

11.2.1 Allgemeines

Die folgenden Bestimmungen gelten für Querschnitte, bei denen vorausgesetzt werden kann, daß sich die Dehnungen der einzelnen Fasern des Querschnitts wie ihre Abstände von der Nullinie verhalten. Eine Mitwirkung des Betons auf Zug darf nicht in Rechnung gestellt werden.

11.2.4 Dehnungsdiagramm

(2) Die Dehnung ε_s bzw. $\varepsilon_v - \varepsilon_v^{(0)}$ darf in der äußersten, zur Aufnahme der Beanspruchung im rechnerischen Bruchzustand herangezogenen Bewehrungslage 5‰ nicht überschreiten. Im gleichen Querschnitt dürfen verschiedene Stahlsorten (z. B. Spannstahl und Betonstahl) entsprechend den jeweiligen Spannungsdehnungslinien gemeinsam in Rechnung gestellt werden.

Dehnungsbehinderung

(Tabelle 9, siehe Seite 182)

Dehnungsbehinderung, Spannglied mit

15.4 Zulässige Spannungen in Spanngliedern mit Dehnungsbehinderung (Reibung)

Bei Spanngliedern, deren Dehnung durch Reibung behindert ist, darf nach Tabelle 9, Zeile 66, die zulässige Spannung am Spannende erhöht werden, wenn die Bereiche der maximalen Momente hiervon nicht berührt werden und die Erhöhung auf solche Bereiche beschränkt bleibt, in denen der Einfluß der Verkehrslasten gering ist.

Dehnungsdiagramm

11.2.4 Dehnungsdiagramm

(1) Bild 8 zeigt die im rechnerischen Bruchzustand je nach Beanspruchung möglichen Dehnungsdiagramme.

(2) Die Dehnung ε_s bzw. $\varepsilon_v - \varepsilon_v^{(0)}$ darf in der äußersten, zur Aufnahme der Beanspruchung im rechnerischen Bruchzustand herangezogenen Bewehrungslage 5‰ nicht überschreiten. Im gleichen Querschnitt dürfen verschiedene Stahlsorten (z. B. Spannstahl und Betonstahl) entsprechend den jeweiligen Spannungsdehnungslinien gemeinsam in Rechnung gestellt werden.

(3) Eine geradlinige Dehnungsverteilung über den Gesamtquerschnitt darf nur angenommen werden, wenn der Verbund zwischen den Spanngliedern und dem Beton nach Abschnitt 13 gesichert ist. Die durch Vorspannung im Spannstahl erzeugte Vordehnung ergibt sich als Dehnungsunterschied zwischen Spannglied und umgebendem Beton im Gebrauchszustand nach Kriechen und Schwinden. In Sonderfällen, z. B. bei vorgespannten Druckgliedern, kann die Spannung vor Kriechen und Schwinden maßgebend sein.

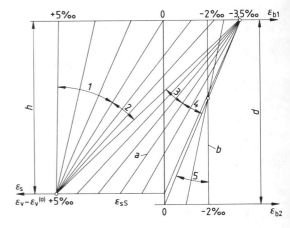

Bild 8. Dehnungsdiagramme (nach DIN 1045/07.88, Bild 13 oberer

Drähte

Tabelle 3. **Anzahl der Spannglieder**

	1	2	3
	Art der Spannglieder	Mindestanzahl nach Absatz (1)	Anzahl der rechnerisch ausfallenden Stäbe bzw. Drähte [1])
1	Einzelstäbe bzw. -drähte	3	1
2	Stäbe bzw. Drähte bei Bündelspanngliedern	7	3
3	7drähtige Litzen Einzeldrahtdurchmesser $d_v \geq 4$ mm [2])	1	—

[1]) Bei Verwendung von Stäben bzw. Drähten unterschiedlicher Querschnitte sind die jeweils dicksten Stäbe bzw. Drähte in Ansatz zu bringen.

[2]) Werden in Ausnahmefällen Litzen mit geringerem Drahtdurchmesser verwendet, so beträgt die Mindestanzahl 2.

12.6 Eintragung der Vorspannung

(4) Zur Aufnahme der im Bereich der Eintragungslänge e auftretenden Spaltzugkräfte muß stets eine Querbewehrung angeordnet werden. Sie ist bei Verankerung durch Verbund unter Zugrundelegung einer kürzeren Eintragungslänge zu bemessen und entsprechend zu verteilen. Für gerippte Drähte ist diese verkürzte Eintragungslänge mit der Hälfte, bei gezogenen profilierten Drähten bzw. Litzen mit ¾ des Ausgangswertes anzunehmen. Zugkräfte aus Schub und Spaltzug brauchen nicht addiert zu werden, wenn örtlich die jeweils größere Zugkraft durch Bügel abgedeckt wird.

14.2 Verankerung durch Verbund

(2) Bei Einzelspanngliedern aus Runddrähten oder Litzen ist d_v der Nenndurchmesser, bei nicht runden Drähten ist für d_v der Durchmesser eines Runddrahtes gleicher Querschnittsfläche einzusetzen. Der Verbundbeiwert k_1 ist den Zulassungen für den Spannstahl zu entnehmen.

Draht, Mindestbetondeckung

(siehe Mindestbetondeckung)

Druck, Beton auf

(Tabelle 9, siehe Seite 182)

Druck, mittiger

(Tabelle 9, siehe Seite 182)

Druckbewehrung

6 Grundsätze für die bauliche Durchbildung und Bauausführung

6.1 Bewehrung aus Betonstahl

(3) **Druckbeanspruchte Bewehrungsstäbe** in der äußeren Lage sind je m² Oberfläche an mindestens vier verteilt angeordneten Stellen gegen Ausknicken zu sichern (z. B. durch S-Haken oder Steckbügel), wenn unter Gebrauchslast die Betondruckspannung $0,2 \, \beta_{WN}$ überschritten wird. Die Sicherung kann bei höchstens 16 mm dicken Längsstäben entfallen, wenn die Betondeckung mindestens gleich der doppelten Stabdicke ist. Eine statisch erforderliche Druckbewehrung ist nach DIN 1045/07.88, Abschnitt 25.2.2.2, zu verbügeln.

Druckglied, vorgespannt

11.2.4 Dehnungsdiagramm

(3) Eine geradlinige Dehnungsverteilung über den Gesamtquerschnitt darf nur angenommen werden, wenn der Verbund zwischen den Spanngliedern und dem Beton nach Abschnitt 13 gesichert ist. Die durch Vorspannung im Spannstahl erzeugte Vordehnung ergibt sich als Dehnungsunterschied zwischen Spannglied und umgebendem Beton im Gebrauchszustand nach Kriechen und Schwinden. In Sonderfällen, z. B. bei vorgespannten Druckgliedern, kann die Spannung vor Kriechen und Schwinden maßgebend sein.

Druckrandspannung

10.4 Arbeitsfugen mit Spanngliedkopplungen

(3) Ist bei Bauwerken nach Tabelle 4, Spalten 2 und 4, in der Fuge am jeweils betrachteten Rand unter ungünstigster Überlagerung der Lastfälle nach Abschnitt 9 (unter Berücksichtigung auch der Bauzustände) eine Druckrandspannung nicht vorhanden, so sind für die die Fuge kreuzende Längsbewehrung folgende Mindestquerschnitte erforderlich:

a) Für den Bereich des unteren Querschnittsrandes, wenn dort keine Gurtscheibe vorhanden ist:

0,2 % der Querschnittsfläche des Steges bzw. der Platte (zu berechnen mit der gesamten Querschnittsdicke bei Hohlplatten mit annähernd kreisförmiger Aussparungen darf der reine Betonquerschnitt zugrunde gelegt werden). Mindestens die Hälfte dieser Bewehrung muß am unteren Rand liegen; der Rest darf über das untere Drittel der Querschnittsdicke verteilt sein.

b) Für den Bereich des unteren bzw. oberen Querschnittsrandes, wenn dort eine Gurtscheibe vorhanden ist (die folgende Regel gilt auch für Hohlplatten mit annähernd rechteckigen Aussparungen):

0,8 % der Querschnittsfläche der unteren bzw. 0,4 % der Querschnittsfläche der oberen Gurtscheibe einschließlich des jeweiligen (mit der gemittelten Scheibendicke zu bestimmenden) Durchdringungsbereiches mit dem Steg. Die Bewehrung muß über die Breite von Gurtscheibe und Durchdringungsbereich gleichmäßig verteilt sein.

(4) Bei Bauwerken nach Absatz (3) dürfen die vorstehenden Werte für die Mindestlängsbewehrung auf die doppelten Werte nach Tabelle 4 ermäßigt werden, wenn die <u>Druckrandspannung</u> am betrachteten Rand mindestens 2 N/mm² beträgt. Bei Mindest-<u>Druckrandspannungen</u> zwischen 0 und 2 N/mm² darf der Querschnitt der Mindestlängsbewehrung zwischen den jeweils maßgebenden Werten linear interpoliert werden.

Druckspannung

10.2 Nachweis zur Beschränkung der Rißbreite

(7) Bei Platten mit Umweltbedingungen nach DIN 1045/07.88, Tabelle 10, Zeilen 1 und 2, braucht der Nachweis nach den Absätzen (2) bis (5) nicht geführt zu werden, wenn eine der folgenden Bedingungen a) oder b) eingehalten ist:

a) Die Ausmitte $e = |M/N|$ bei Lastkombinationen nach Absatz (5) entspricht folgenden Werten:

$e \leq d/3$ bei Platten der Dicke $d \leq 0{,}40$ m
$e \leq 0{,}133$ m bei Platten der Dicke $d > 0{,}40$ m

b) Bei Deckenplatten des üblichen Hochbaues mit Dicken $d \leq 0{,}40$ m sind für den Wert der <u>Druckspannung</u> $|\sigma_N|$ in N/mm² aus Normalkraft infolge von Vorspannung und äußerer Last und den Bewehrungsgehalt μ in % für den Betonstahl in der vorgedrückten Zugzone – bezogen auf den gesamten Betonquerschnitt – folgende drei Bedingungen erfüllt:

$$\mu \geq 0{,}05$$
$$|\sigma_N| \geq 1{,}0$$
$$\frac{\mu}{0{,}15} + \frac{|\sigma_N|}{3} \geq 1{,}0$$

12.8 Arbeitsfugen mit Kopplungen

In Arbeitsfugen mit Spanngliedkopplungen darf an Stelle des Nachweises nach den Abschnitten 12.3 und 12.4 der Nachweis der Schubdeckung unter Annahme eines Ersatzfachwerks geführt werden, wenn die Fuge konstruktiv entsprechend ausgebildet wird (im allgemeinen verzahnte Fuge). Die Bewehrung ist unter Zugrundelegung des angenommenen Fachwerks zu bemessen. Die Richtung der Druckstrebe darf dabei höchstens 15° von der Normalen derjenigen Fugenteilfläche abweichen, von der die Druckkraft aufzunehmen ist. Die <u>Druckspannung</u> auf die Teilflächen darf im rechnerischen Bruchzustand den Wert β_R nicht überschreiten.

Druckspannung, Rechenwert

(siehe unten)

Druckspannung, zulässige

15.3 <u>Zulässige Druckspannungen</u> in der vorgedrückten Druckzone

Der <u>Rechenwert</u> der <u>Druckspannung</u>, der den <u>zulässigen</u> Spannungen nach Tabelle 9, Zeilen 1 bis 4, gegenüberzustellen ist, beträgt

$$\sigma = 0{,}75\,\sigma_v + \sigma_q \tag{22}$$

Hierin bedeuten:
σ_v Betondruckspannung aus Vorspannung
σ_q Betondruckspannung aus ungünstigster Lastzusammenstellung nach den Abschnitten 9.2.2 bis 9.2.7.

Druckstrebe, Neigung

12.3.2 Nachweise der schiefen Hauptdruckspannungen in Zone a

(3) Die schiefen Hauptdruckspannungen sind nach der Fachwerkanalogie zu ermitteln. Die <u>Neigung</u> der <u>Druckstreben</u> ist nach Gleichung (11) anzunehmen.

12.4 Bemessung der Schubbewehrung
12.4.1 Allgemeines

(6) Bei Berücksichtigung von Abschnitt 11.1, Absatz (4), ist die Schubdeckung zusätzlich im Gebrauchszustand nach den Grundsätzen der Zone a nachzuweisen. Dabei ist die <u>Neigung</u> der <u>Druckstreben</u> gegen die Querschnittsnormale gleich der Neigung der Hauptdruckspannungen im Zustand I anzunehmen. Für die Bemessung der Schubbewehrung aus Betonstahl gelten die in Tabelle 9, Zeile 68, angegebenen zulässigen Spannungen.

12.4.2 Schubbewehrung zur Aufnahme der Querkräfte

(3) In **Zone a** ist die <u>Neigung</u> ϑ der <u>Druckstreben</u> gegen die Querschnittsnormale im Trägersteg und in den Druckgurten nach Gleichung (11) anzunehmen:

$$\tan \vartheta = \tan \vartheta_I \left(1 - \frac{\Delta \tau}{\tau_u}\right) \tag{11}$$
$$\tan \vartheta \geq 0{,}4$$

Hierin bedeuten:

$\tan \vartheta_I$ Neigung der Hauptdruckspannungen gegen die Querschnittsnormale im Zustand I in der Schwerlinie des Trägers bzw. in Druckgurten am Anschluss

τ_u der Höchstwert der Schubspannung im Querschnitt aus Querkraft im rechnerischen Bruchzustand (nach Abschnitt 12.3), ermittelt nach Zustand I ohne Berücksichtigung von Spanngliedern als Schubbewehrung

$\Delta \tau$ 60% der Werte nach Tabelle 9, Zeile 50.

(4) Zone a darf auch wie Zone b behandelt werden. Für den Schubanschluß von Zuggurten gelten die Bestimmungen von Zone b.

(5) In **Zone b** ist die <u>Neigung</u> ϑ der <u>Druckstreben</u> gegen die Querschnittsnormale anzunehmen:

$$\tan \vartheta = 1 - \frac{\Delta \tau}{\tau_R} \tag{12}$$
$$\tan \vartheta \geq 0{,}4$$

Hierin bedeuten:

τ_R der für den rechnerischen Bruchzustand nach Zustand II ermittelte Rechenwert der Schubspannung

$\Delta \tau$ 60% der Werte nach Tabelle 9, Zeile 50.

12.4.3 Schubbewehrung zur Aufnahme der Torsionsmomente

(1) Die Schubbewehrung zur Aufnahme der Torsionsmomente ist für die Zugkräfte zu bemessen, die in den Stäben eines gedachten räumlichen Fachwerkkastens mit <u>Druckstreben</u> unter 45° <u>Neigung</u> zur Trägerachse ohne Abminderung entstehen.

12.7 Nachträglich ergänzte Querschnitte

(1) Schubkräfte zwischen Fertigteilen und Ortbeton bzw. in Arbeitsfugen (siehe DIN 1045/07.88, Abschnitte 10.2.3 und 19.4), die in Richtung der betrachteten Tragwirkung verlaufen, sind stets durch Bewehrung abzudecken. Die Bewehrung ist nach DIN 1045/07.88, Abschnitt 19.7.3, auszubilden. Die Fuge zwischen dem zuerst hergestellten Teil und der Ergänzung muß rauh sein. Dabei ist die Neigung der Druckstreben gegen die Querschnittsnormale wie folgt anzunehmen:

$$\tan \vartheta = \tan \vartheta_I \left(1 - 0{,}25 \frac{\Delta\tau}{\tau_u}\right) \geq 0{,}4 \text{ (Zone a)} \quad (14)$$

$$\tan \vartheta = 1 - \frac{0{,}25\,\Delta\tau}{\tau_R} \geq 0{,}4 \text{ (Zone b)} \quad (15)$$

Erklärung der Formelzeichen siehe Abschnitt 12.4.2.

Druckstrebenneigung

12.3.2 Nachweise der schiefen Hauptdruckspannungen in Zone a

(5) Eine Torsionsbeanspruchung ist bei der Ermittlung der schiefen Hauptdruckspannung zu berücksichtigen; dabei ist die Druckstrebenneigung nach Abschnitt 12.4.3 unter 45° anzunehmen. Bei Vollquerschnitten ist dabei ein Ersatzhohlquerschnitt nach Bild 9 anzunehmen, dessen Wanddicke $d_1 = d_m/6$ des in die Mittellinie eingeschriebenen größten Kreises beträgt.

12.7 Nachträglich ergänzte Querschnitte

(3) Sind die Fugen verzahnt oder wird die Oberfläche nachträglich verzahnt, so darf die Druckstrebenneigung nach Abschnitt 12.4.2 angenommen werden. Die Mindestschubbewehrung nach Tabelle 4 muß die Fuge durchdringen.

Druckzone

(Tabelle 9, siehe Seite 182)

Druckzone, vorgedrückte

1.2 Begriffe

1.2.1 Querschnittsteile

(1) Bei vorgespannten Bauteilen unterscheidet man:

(2) **Druckzone.** In der Druckzone liegen die Querschnittsteile, in denen ohne Vorspannung unter der gegebenen Belastung infolge von Längskraft und Biegemoment Druckspannungen entstehen würden. Werden durch die Vorspannung in der Druckzone Druckspannungen erzeugt, so liegt der Sonderfall einer **vorgedrückten Druckzone** vor (siehe Abschnitt 15.3).

15.3 Zulässige Druckspannungen in der vorgedrückten Druckzone

Der Rechenwert der Druckspannung, der den zulässigen Spannungen nach Tabelle 9, Zeilen 1 bis 4, gegenüberzustellen ist, beträgt

$$\sigma = 0{,}75\,\sigma_v + \sigma_q \quad (22)$$

Hierin bedeuten:
σ_v Betondruckspannung aus Vorspannung
σ_q Betondruckspannung aus ungünstigster Lastzusammenstellung nach den Abschnitten 9.2.2 bis 9.2.7.

Durchlaufträger

11.3 Nachweis bei Lastfällen vor Herstellen des Verbundes

(2) Vor dem Herstellen des Verbundes können sich die Spannglieder auf ihrer ganzen Länge frei dehnen. Das Verhalten im rechnerischen Bruchzustand hängt deshalb von dem Formänderungsverhalten des gesamten Tragwerks ab. Die in den Spanngliedern wirkende Spannung darf wie folgt angenommen werden, sofern kein genauerer Nachweis geführt wird:

– bei annähernd gleichmäßig belasteten Trägern auf 2 Stützen:

$$\sigma_{vu} = \sigma_v^{(0)} + 110 \text{ N/mm}^2 \leq \beta_{Sv}, \quad (10a)$$

– bei Kragträgern unabhängig vom Belastungsbild, falls die Spannglieder im anschließenden Feld zumindest jenseits des Momentennullpunktes im Verbund liegen:

$$\sigma_{vu} = \sigma_v^{(0)} + 50 \text{ N/mm}^2 \leq \beta_{Sv}, \quad (10b)$$

– bei Durchlaufträgern:

$$\sigma_{vu} = \sigma_v^{(0)} \quad (10c)$$

Hierin bedeuten:
$\sigma_v^{(0)}$ Spannung im Spannglied im Bauzustand
β_{Sv} Streckgrenze bzw. $\beta_{0,2}$-Grenze des Spannstahls

Durchstanzen
Durchstanzkegel

12.9 Durchstanzen

(1) Der Nachweis der Sicherheit gegen Durchstanzen ist nach DIN 1045/07.88, Abschnitte 22.5 bis 22.7, zu führen.

(2) Bei der Ermittlung der maßgebenden größten Querkraft max. Q_r im Rundschnitt zum Nachweis der Sicherheit gegen Durchstanzen von punktförmig gestützten Platten darf eine entlastende und muß eine belastende Wirkung von Spanngliedern, die den Rundschnitt kreuzen, berücksichtigt werden. In den nach DIN 1045, zu führenden Nachweisen sind die Schnittgrößen aus Vorspannung mit dem Faktor 1/1,75 abzumindern.

(3) Dabei dürfen in den Gleichungen für $\varkappa_1$ und $\varkappa_2$

$a_s = 1{,}3$ und für

μ_g die Summe der Bewehrungsprozentsätze

$\mu_g = \mu_s + \mu_{vi}$

eingesetzt werden.

Hierin bedeuten:
μ_g vorhandener Bewehrungsprozentsatz, mit nicht mehr als 1,5 % in Rechnung zu stellen
μ_s Bewehrungsgrad in % der Bewehrung aus Betonstahl

$\mu_{vi} = \dfrac{\sigma_{bv,N}}{\beta_S} \cdot 100$ ideeller Bewehrungsgrad in % infolge Vorspannung

$\sigma_{bv,N}$ Längskraftanteil der Vorspannung der Platte zur Zeit $t = \infty$

β_S Streckgrenze des Betonstahls.

(4) Der Prozentsatz der Bewehrung aus Betonstahl im Bereich des Durchstanzkegels $d_k = d_{st} + 3\ h_m$ muß mindestens 0,3% und daneben innerhalb des Gurtstreifens mindestens 0,15% betragen.

Hierin bedeuten:
d_{st} nach DIN 1045/07.88, Abschnitt 22.5.1.1
h_m analog DIN 1045/07.88, Abschnitt 22.5.1.1, unter Berücksichtigung der den Rundschnitt kreuzenden Spannglieder.

Eckspannung

(Tabelle 9, siehe Seite 182)

Eigenüberwachung

4 Nachweis der Güte der Baustoffe

(2) Im Rahmen der Eigenüberwachung auf Baustellen und in Werken sind zusätzlich die in Tabelle 1 enthaltenen Prüfungen vorzunehmen.

(3) Die Protokolle der Eigenüberwachung sind zu den Bauakten zu nehmen.

(Tabelle 1, siehe Seite 177)

Einbauteil, verzinkt

6.2.5 Verzinkte Einbauteile

Zwischen Spanngliedern und verzinkten Einbauteilen muß mindestens 2,0 cm Beton vorhanden sein; außerdem darf keine metallische Verbindung bestehen.

Einpreßarbeiten

2.2.2 Bauleitung und Fachpersonal

Bei der Herstellung von Spannbeton dürfen auf Baustellen und in Werken nur solche Führungskräfte (Bauleiter, Werkleiter) eingesetzt werden, die über ausreichende Erfahrungen und Kenntnisse im Spannbetonbau verfügen. Bei der Ausführung von Spannarbeiten und Einpreßarbeiten muß der hierfür zuständige Fachbauleiter stets anwesend sein.

(Tabelle 1, siehe Seite 177)

Einpreßmörtel

3.4 Einpreßmörtel

Die Zusammensetzung und die Eigenschaften des Einpreßmörtels müssen DIN 4227 Teil 5 entsprechen.

14.4 Verankerungen innerhalb des Tragwerks

(1) Wenn ein Teil des Querschnitts mit Ankerkörpern (Verankerungen, Spanngliedkopplungen) durchsetzt ist, sind Querschnittsschwächungen zu berücksichtigen infolge von:
a) Ankerkörpern, bei denen zwischen Stirnfläche des Ankerkörpers und Beton bzw. Einpreßmörtel eine nachgiebige Zwischenlage angeordnet ist, bei allen Nachweisen im Gebrauchszustand und im rechnerischen Bruchzustand;
b) Ankerkörper, die im Bereich von Längszugspannungen liegen, bei Nachweisen im Gebrauchszustand.

Einspannung

6.7 Mindestbewehrung

6.7.2 Oberflächenbewehrung von Spannbetonplatten

(2) Abweichend davon ist bei statisch bestimmt gelagerten Platten des üblichen Hochbaues (nach DIN 1045/07.88, Abschnitt 2.2.4) eine obere Mindestbewehrung nicht erforderlich. Bei Platten mit Vollquerschnitt und einer Breite $b \leq 1{,}20$ m darf außerdem die untere Mindestquerbewehrung entfallen. Bei rechnerisch nicht berücksichtigter Einspannung ist jedoch die Mindestbewehrung in Einspannrichtung über ein Viertel der Plattenstützweite einzulegen.

Eintragungslänge

12.6 Eintragung der Vorspannung

(1) An den Verankerungsstellen der Spannglieder darf erst im Abstand e vom Ende der Verankerung (Eintragungslänge) mit einer geradlinigen Spannungsverteilung infolge Vorspannung gerechnet werden.

(2) Bei Spanngliedern mit Endverankerung ist diese Eintragungslänge e gleich der Störungslänge s, die zur Ausbreitung der konzentriert angreifenden Spannkräfte bis zur Einstellung eines geradlinigen Spannungsverlaufes im Querschnitt nötig ist.

(3) Bei Spanngliedern, die nur durch Verbund verankert werden, gilt für die Eintragungslänge e:

$$e = \sqrt{s^2 + (0{,}6\ l_\text{ü})^2} \geq l_\text{ü} \qquad (13)$$

$l_\text{ü}$ Übertragungslänge aus Gleichung (17)

(4) Zur Aufnahme der im Bereich der Eintragungslänge e auftretenden Spaltzugkräfte muß stets eine Querbewehrung angeordnet werden. Sie ist bei Verankerung durch Verbund unter Zugrundelegung einer kürzeren Eintragungslänge zu bemessen und entsprechend zu verteilen. Für gerippte Drähte ist diese verkürzte Eintragungslänge die Hälfte, bei gezogenen profilierten Drähten bzw. Litzen mit ¾ des Ausgangswertes anzunehmen. Zugkräfte aus Schub und Spaltzug brauchen nicht addiert zu werden, wenn örtlich die jeweils größere Zugkraft durch Bügel abgedeckt wird.

Einzeldraht

3.2 Spannstahl

Spanndrähte müssen mindestens 5,0 mm Durchmesser oder bei nicht runden Querschnitten mindestens 30 mm² Querschnittsfläche haben. Litzen müssen mindestens 30 mm² Querschnittsfläche haben, wobei die einzelnen Drähte mindestens 3,0 mm Durchmesser aufweisen müssen. Für Sonderzwecke, z.B. für vorübergehend erforderliche Bewehrung oder Rohre aus Spannbeton, sind Einzeldrähte von mindestens 3,0 mm Durchmesser bzw. bei nicht runden Querschnitten von mindestens 20 mm² Querschnittsfläche zulässig.

Einzeldraht, Verankerung, Betondeckung

6.2.3 Betondeckung von Spanngliedern mit sofortigem Verbund

(5) Für die wirksame Verankerung runder gerippter Einzeldrähte und Litzen mit $d_v \leq 12$ mm sowie nichtrunder gerippter Einzeldrähte mit $d_v \leq 8$ mm gelten folgende Mindestbetondeckungen:

$c = 1,5\ d_v$ bei profilierten Drähten und bei Litzen aus glatten Einzeldrähten (1)

$c = 2,5\ d_v$ bei gerippten Drähten (2)

Darin ist für d_v zu setzen:

a) bei Runddrähten der Spanndrahtdurchmesser,
b) bei nichtrunden Drähten der Vergleichsdurchmesser eines Runddrahtes gleicher Querschnittsfläche,
c) bei Litzen der Nenndurchmesser.

Einzellast

12.4 Bemessung der Schubbewehrung
12.4.1 Allgemeines

(5) Der Querkraftanteil aus einer auflagernahen Einzellast F im Abstand $a \leq 2 \cdot d_0$ von der Auflagerachse darf auf den Wert $a \cdot Q_F/2\ d_0$ abgemindert werden. Dabei ist d_0 die Querschnittsdicke.

(7) Bei dicken Platten sind die in Tabelle 9, Zeile 51, angegebenen Werte nach der in DIN 1045/07.88, Abschnitt 17.5.5, getroffenen Regelung zu verringern. Diese Abminderung gilt jedoch nicht, wenn die rechnerische Schubspannung vorwiegend aus Einzellasten resultiert (z. B. Fahrbahnplatten von Brücken).

Einzelspannglied

14.2 Verankerung durch Verbund

(2) Bei Einzelspanngliedern aus Runddrähten oder Litzen ist d_v der Nenndurchmesser, bei nicht runden Drähten ist für d_v der Durchmesser eines Runddrahtes gleicher Querschnittsfläche einzusetzen. Der Verbundbeiwert k_1 ist den Zulassungen für den Spannstahl zu entnehmen.

Elastizitätsmodul

7.2 Formänderung des Betonstahles und des Spannstahles

Für alle Nachweise im Gebrauchszustand darf mit elastischem Verhalten des Beton- und Spannstahles gerechnet werden. Für den Betonstahl gilt DIN 1045/07.88, Abschnitt 16.2.1. Für Spannstähle darf als Rechenwert des Elastizitätsmoduls bei Drähten und Stäben $2,05 \cdot 10^5$ N/mm², bei Litzen $1,95 \cdot 10^5$ N/mm² angenommen werden. Bei der Ermittlung der Spannwege ist der Elastizitätsmodul des Spannstahles stets der Zulassung zu entnehmen.

7.3 Formänderung des Betons

(1) Bei allen Nachweisen im Gebrauchszustand und für die Berechnung der Schnittgrößen oberhalb des Gebrauchszustandes darf mit einem für Druck und Zug gleich großen Elastizitätsmodul E_b bzw. Schubmodul G_b nach Tabelle 6 gerechnet werden. Diese Richtwerte beziehen sich auf Beton mit Zuschlag aus überwiegend quarzitischem Kiessand (z. B. Rheinkiessand). Unter sonst gleichen Bedingungen können stark wassersaugende Sedimentgesteine (häufig bei Sandsteinen) einen bis zu 40 % niedrigeren, dichte magmatische Gesteine (z.B. Basalt) einen bis zu 40 % höheren Elastizitätsmodul und Schubmodul bewirken.

Tabelle 6. **Elastizitätsmodul und Schubmodul des Betons** (Richtwerte)

	1	2	3
	Betonfestigkeitsklasse	Elastizitätsmodul E_b N/mm²	Schubmodul G_b N/mm²
1	B 25	30 000	13 000
2	B 35	34 000	14 000
3	B 45	37 000	15 000
4	B 55	39 000	16 000

11.1 Rechnerischer Bruchzustand und Sicherheitsbeiwerte

(4) Die Schnittgrößen im rechnerischen Bruchzustand dürfen auch unter Berücksichtigung der Steifigkeitsverhältnisse im Zustand II ermittelt werden. Dabei sind für Betonstahl und Spannstahl die Elastizitätsmoduln nach Abschnitt 7.2, für druckbeanspruchten Beton die Elastizitätsmoduln nach Abschnitt 7.3 zugrunde zu legen. Als Sicherheitsbeiwert y ist hierbei für die Vorspannung (unter Berücksichtigung des Spannungsverlustes infolge Kriechens und Schwindens) sowie für Zwang aus planmäßiger Systemänderung $y = 1,0$, für alle übrigen Lastfälle $y = 1,75$, anzusetzen. Wird hiervon Gebrauch gemacht, so ist die Schubdeckung zusätzlich im Gebrauchszustand nachzuweisen (siehe Abschnitt 12.4).

Endkriechzahl

8.3 Kriechzahl des Betons

(3) Da im allgemeinen die Auswirkungen des Kriechens nur für den Zeitpunkt $t = \infty$ zu berücksichtigen sind, kann vereinfachend mit den Endkriechzahlen φ_∞ nach Tabelle 7 gerechnet werden.

(Tabelle 7, siehe Seite 180)

Endschwindmaß

8.4 Schwindmaß des Betons

(2) Ist die Auswirkung des Schwindens vom Wirkungsbeginn bis zum Zeitpunkt $t = \infty$ zu berücksichtigen, so kann mit den Endschwindmaßen $\varepsilon_{s\infty}$ nach Tabelle 7 gerechnet werden.

(Tabelle 7, siehe Seite 180)

Endverankerung mit Ankerkörpern und Kopplungen

15.9.2 Endverankerungen mit Ankerkörpern und Kopplungen

(1) An Endverankerungen mit Ankerkörpern sowie an festen und beweglichen Kopplungen der Spannglieder ist der Nachweis zu führen, daß die Schwingbreite das 0,7fache des im Zulassungsbescheid für das Spannverfahren angegebenen Wertes der ertragenen Schwingbreite nicht überschreitet.

Endverankerung, Spannglied

12.4 Bemessung der Schubbewehrung

12.4.1 Allgemeines

(8) Überschreiten die Hauptzugspannungen aus Querkraft und Querkraft plus Torsion die 0,6fachen Werte der Tabelle 9, Zeile 56, so dürfen für die Schubbewehrung nur Betonrippenstahl I oder Spannglieder mit Endverankerung verwendet werden. Für die Abstände von Schrägstäben und Schrägbügeln gilt DIN 1045/07.88, Abschnitt 18.

12.6 Eintragung der Vorspannung

(2) Bei Spanngliedern mit Endverankerung ist diese Eintragungslänge e gleich der Störungslänge s, die zur Ausbreitung der konzentriert angreifenden Spannkräfte bis zur Einstellung eines geradlinigen Spannungsverlaufes im Querschnitt nötig ist.

14 Verankerung und Kopplung der Spannglieder, Zugkraftdeckung

14.1 Allgemeines

Die Spannglieder sind durch geeignete Maßnahmen so im Beton des Bauteiles zu verankern, daß die Verankerung die Nennbruchkraft des Spanngliedes erträgt und im Gebrauchszustand keine schädlichen Risse im Verankerungsbereich auftreten. Für Spannglieder mit Endverankerung und für Kopplung sind die Angaben den Zulassungen zu entnehmen.

15.9.3 Endverankerung von Spanngliedern mit sofortigem Verbund

Es ist nachzuweisen, daß die Änderung der Spannung aus häufigen Lastwechseln (siehe Abschnitt 15.9.2) am Ende der Übertragungslänge bei gerippten und profilierten Drähten nicht größer als 70 N/mm^2, bei Litzen nicht größer als 50 MN/m^2 ist.

Entrostung

6.5 Herstellung, Lagerung und Einbau der Spannglieder

6.5.1 Allgemeines

(2) Spannstähle mit leichtem Flugrost dürfen verwendet werden. Der Begriff „leichter Flugrost" gilt für einen gleichmäßigen Rostansatz, der noch nicht zur Bildung von mit bloßem Auge erkennbaren Korrosionsnarben geführt hat und sich im allgemeinen durch Abwischen mit einem trockenen Lappen entfernen läßt. Eine Entrostung braucht jedoch auf diese Weise nicht vorgenommen zu werden.

Ergänzung, nachträgliche

15 Zulässige Spannungen

15.1 Allgemeines

(2) Bei nachträglicher Ergänzung von vorgespannten Fertigteilen durch Ortbeton B 15 (siehe Abschnitte 3.1.1 und 12.7) beträgt die zulässige Randdruckspannung 6 N/mm^2.

Erhärtungsgrad

8.3 Kriechzahl des Betons

(1) Das Kriechen des Betons hängt vor allem von der Feuchte der umgebenden Luft, von den Maßen des Bauteiles und der Zusammensetzung des Betons ab. Das Kriechen wird außerdem vom Erhärtungsgrad des Betons beim Belastungsbeginn und von der Dauer und der Größe der Beanspruchung beeinflußt.

Erhärtungsprüfung

5 Aufbringen der Vorspannung

5.1 Zeitpunkt des Vorspannens

(1) Der Beton darf erst vorgespannt werden, wenn er fest genug ist, um die dabei auftretenden Spannungen einschließlich der Beanspruchungen an den Verankerungsstellen der Spannglieder aufnehmen zu können. Für die endgültige Vorspannung gilt dies als erfüllt, wenn durch Erhärtungsprüfung nach DIN 1045/07.88, Abschnitt 7.4.4, nachgewiesen ist, daß die Würfeldruckfestigkeit β_{Wm} mindestens die Werte der Tabelle 2, Spalte 3, erreicht hat.

(2) Eine frühzeitige Teilvorspannung (z. B. zur Vermeidung von Schwind- und Temperaturrissen) ist zu empfehlen. Durch Erhärtungsprüfung ist dann nach DIN 1045/07.88, Abschnitt 7.4.4, nachzuweisen, daß die Würfeldruckfestigkeit β_{Wm} des Betons die Werte nach Tabelle 2, Spalte 2, erreicht hat. In diesem Fall dürfen die Spannkräfte einzelner Spannglieder und die Betonspannungen im übrigen Bauteil nicht mehr als 30% der für die Verankerung zugelassenen Spannkraft bzw. der nach Abschnitt 15 zulässigen Spannungen betragen. Liegt die durch Erhärtungsprüfung festgestellte Würfeldruckfestigkeit zwischen den Werten nach Tabelle 2, Spalten 2 und 3, so darf die zulässige Teilspannkraft linear interpoliert werden.

Ersatzhohlquerschnitt

12.3.2 Nachweise der schiefen Hauptdruckspannungen in Zone a

(5) Eine Torsionsbeanspruchung ist bei der Ermittlung der schiefen Hauptdruckspannung zu berücksichtigen; dabei ist die Druckstrebenneigung nach Abschnitt 12.4.3 unter 45° anzunehmen. Bei Vollquerschnitten ist dabei ein Ersatzhohlquerschnitt nach Bild 9 anzunehmen, dessen Wanddicke $d_1 = d_m/6$ des in die Mittellinie eingeschriebenen größten Kreises beträgt.

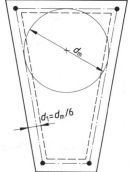

Bild 9. Ersatzhohlquerschnitt für Vollquerschnitte

Fachbauleiter

Fachpersonal

2.2.2 Bauleitung und Fachpersonal

Bei der Herstellung von Spannbeton dürfen auf Baustellen und in Werken nur solche Führungskräfte (Bauleiter, Werkleiter) eingesetzt werden, die über ausreichende Erfahrungen und Kenntnisse im Spannbetonbau verfügen. Bei der Ausführung von Spannarbeiten und Einpreßarbeiten muß der hierfür zuständige Fachbauleiter stets anwesend sein.

Fachwerkanalogie

12 Schiefe Hauptspannungen und Schubdeckung

12.1 Allgemeines

(7) Vor Herstellen des Verbundes sind bei den Spannungsnachweisen im Gebrauchszustand nach Abschnitt 12.2 die Spanngliedkräfte und gegebenenfalls die Umlenkkräfte als äußere Last mit ihrem 1,0fachen Wert, im rechnerischen Bruchzustand nach Abschnitt 12.3 mit der Spannungszunahme nach Abschnitt 11.3 einzusetzen. Die Hauptdruckspannungen sind unter Berücksichtigung der abzuziehenden Querschnittsflächen der nicht verpreßten Spannkanäle nach Tabelle 9, Zeile 63, zu begrenzen. Dabei darf mit gleichmäßiger Spannungsverteilung über die verbleibende Querschnittsfläche gerechnet werden. Bei der Bemessung der Schubbewehrung kann die Spannungszunahme in den Längsspanngliedern ebenfalls nach Abschnitt 11.3 ermittelt werden. Eine zur Schubaufnahme notwendige, im Verbund liegende Längsbewehrung ist unter Zugrundelegung der Fachwerkanalogie zu ermitteln. Für Spannglieder als Schubbewehrung gilt Abschnitt 12.4.1, Absatz (3).

12.3.2 Nachweise der schiefen Hauptdruckspannungen in Zone a

(3) Die schiefen Hauptdruckspannungen sind nach der Fachwerkanalogie zu ermitteln. Die Neigung der Druckstreben ist nach Gleichung (11) anzunehmen.

12.4 Bemessung der Schubbewehrung

12.4.1 Allgemeines

(2) Die erforderliche Schubbewehrung ist für die in den Zugstreben eines gedachten Fachwerks wirkenden Kräfte zu bemessen (Fachwerkanalogie). Bezüglich der Neigung der Fachwerkstreben siehe Abschnitte 12.4.2 (Querkraft) und 12.4.3 (Torsion); die Bewehrungen sind getrennt zu ermitteln und zu addieren. Auf die Mindestschubbewehrung nach den Abschnitten 6.7.3 und 6.7.5 wird hingewiesen. Für die Bemessung der Bewehrung aus Betonstahl gelten die in Tabelle 9, Zeile 69, angegebenen Spannungen.

12.4.2 Schubbewehrung zur Aufnahme der Querkräfte

(1) Bei der Bemessung der Schubbewehrung nach der Fachwerkanalogie darf die Neigung der Zugstreben gegen die Querschnittsnormale im allgemeinen zwischen 90° (Bügel) und 45° (Schrägstäbe, Schrägbügel) gewählt werden.

Fachwerkkasten

12.4.3 Schubbewehrung zur Aufnahme der Torsionsmomente

(1) Die Schubbewehrung zur Aufnahme der Torsionsmomente ist für die Zugkräfte zu bemessen, die in den Stäben eines gedachten räumlichen Fachwerkkastens mit Druckstreben unter 45° Neigung zur Trägerachse ohne Abminderung entstehen.

(2) Bei Vollquerschnitten verläuft die Mittellinie des gedachten Fachwerkkastens wie in Bild 9.

(3) Erhalten einzelne Querschnittsteile des gedachten Fachwerkkastens Druckbeanspruchungen aus Längskraft und Biegemoment, so dürfen die in diesen Druckbereichen entstehenden Druckkräfte bei der Bemessung der Torsionsbewehrung berücksichtigt werden.

(4) Hinsichtlich der Neigung der Zugstreben gilt Abschnitt 12.4.2.

Fertigspannglied

1.2 Begriffe

1.2.1 Querschnittsteile

(5) **Spannglieder.** Das sind die Zugglieder aus Spannstahl, die zur Erzeugung der Vorspannung dienen; hierunter sind auch Einzeldrähte, Einzelstäbe und Litzen zu verstehen. Fertigspannglieder sind Spannglieder, die nach Abschnitt 3.5.3 werkmäßig vorgefertigt werden.

6.5 Herstellung, Lagerung und Einbau der Spannglieder

6.5.3 Fertigspannglieder

(1) Die Fertigung muß in geschlossenen Hallen erfolgen.

(2) Die für den Spannstahl nach Zulassungsbescheid geltenden Bedingungen für Lagerung und Transport sind auch für die fertigen Spannglieder zu beachten; diese dürfen das Werk nur in abgedichteten Hüllrohren verlassen.

(3) Bei Auslieferung der Spannglieder sind folgende Unterlagen beizufügen:
- Lieferschein mit Angabe von Bauvorhaben, Spanngliedtyp, Positionsnummer der Spannglieder, Fertigungs- und Auslieferungsdatum und der Bestätigung, daß die Spannglieder güteüberwacht sind. Der Lieferschein muß auch die Angaben der Anhängeschilder der jeweils verwendeten Spannstähle enthalten;
- bei Verwendung von Restmengen oder Verschnitt Angaben über die Herkunft;
- Lieferzeugnisse für den Spannstahl und Lieferscheine für die Zubehörteile mit Angabe der hierfür fremdüberwachenden Stelle.

(4) Die Spannglieder sind durch den Bauleiter des Unternehmens oder dessen fachkundigen Vertreter bei Anlieferung auf Transportschäden (sichtbare Schäden an Hüllrohren und Ankern) zu überprüfen.

(Tabelle 1, siehe Seite 177)

Fertigteil

4   Nachweis der Güte der Baustoffe

(1) Für den Nachweis der Güte der Baustoffe gilt DIN 1045/07.88, Abschnitt 7. Darüber hinaus sind für den Spannstahl und das Spannverfahren die entsprechenden Abschnitte der Zulassungsbescheide zu beachten. Für die Güteüberwachung von Beton B II auf der Baustelle, von Fertigteilen und Transportbeton gelten DIN 1084 Teil 1 bis Teil 3.

8.7.3   Besonderheiten bei Fertigteilen

(1) Bei Spannbetonfertigteilen ist der durch das zeitabhängige Verformungsverhalten des Betons hervorgerufene Spannungsabfall im Spannstahl in der Regel unter der ungünstigen Annahme zu ermitteln, daß eine Lagerungszeit von einem halben Jahr auftritt. Davon darf abgewichen werden, wenn sichergestellt ist, daß die Fertigteile in einem früheren Betonalter eingebaut und mit der maßgebenden Dauerlast belastet werden.

(2) Bei nachträglich durch Ortbeton ergänzten Deckenträgern unter 7 m Spannweite mit einer Verkehrslast $p \leq 3{,}5$ kN/m^2 brauchen die durch unterschiedliches Kriechen und Schwinden von Fertigteil und Ortbeton hervorgerufenen Spannungsumlagerungen nicht berücksichtigt zu werden.

(3) Ändern sich die klimatischen Bedingungen zu einem Zeitpunkt t_i nach Aufbringen der Beanspruchung erheblich, so muß dies beim Kriechen und Schwinden durch die sich abschnittsweise ändernden Grundfließzahlen φ_{f_0} und zugehörigen Schwindmaße ε_{s_0} erfaßt werden.

15.5   Zulässige Betonzugspannungen für die Beförderungszustände bei Fertigteilen

Die zulässigen Betonzugspannungen betragen das Zweifache der zulässigen Werte für den Bauzustand.

Fertigteil, Betondeckung

6.2.5   Betondeckung von Spanngliedern mit sofortigem Verbund

(3) In den folgenden Fällen genügt es, für die Spannglieder die Mindestmaße der Betondeckung nach DIN 1045/07.88, Tabelle 10, Spalte 3, um 0,5 cm zu erhöhen:

a) bei Platten, Schalen und Faltwerken, wenn die Spannglieder innerhalb der Betondeckung nicht von Betonstahlbewehrung gekreuzt werden,

b) an den Stellen der Fertigteile, an die mindestens eine 2,0 cm dicke Ortbetonschicht anschließt,

c) bei Spanngliedern, die für die Tragfähigkeit der fertig eingebauten Teile nicht von Bedeutung sind, z. B. Transportbewehrung.

Fertigteil, Sonderlastfälle

9.4   Sonderlastfälle bei Fertigteilen

(1) Zusätzlich zu DIN 1045/07.88, Abschnitte 19.2, 19.5.1 und 19.5.2, gilt folgendes:

(2) Für den Beförderungszustand, d. h. für alle Beanspruchungen, die bei Fertigteilen bis zum Versetzen in die für den Verwendungszweck vorgesehene Lage auftreten können, kann auf die Nachweise der Biegedruckspannungen in der Druckzone und der schiefen Hauptspannungen im Gebrauchszustand verzichtet werden. Die Zugkraft in der Zugzone muß durch Bewehrung abgedeckt werden. Der Nachweis ist nach Abschnitt 10.2 zu führen; der Stabdurchmesser d_s darf jedoch die Werte nach Gleichung (8) überschreiten.

(3) Für den Beförderungszustand darf bei den Nachweisen im rechnerischen Bruchzustand nach den Abschnitten 11, 12.3 und 12.4, der Sicherheitsbeiwert $\gamma = 1{,}75$ auf $\gamma = 1{,}3$ abgemindert werden (siehe DIN 1045/07.88, Abschnitt 19.2).

(4) Bei dünnwandigen Trägern ohne Flansche bzw. mit schmalen Flanschen ist auf eine ausreichende Kippstabilität zu achten.

Festigkeitsklasse, erforderliche

Festigkeitsklasse, zugeordnete

Tabelle 2.   Mindestbetonfestigkeiten beim Vorspannen

	1	2	3
	Zugeordnete Festigkeitsklasse	Würfeldruckfestigkeit β_{Wm} beim Teilvorspannen N/mm^2	Würfeldruckfestigkeit β_{Wm} beim endgültigen Vorspannen N/mm^2
1	B 25	12	24
2	B 35	16	32
3	B 45	20	40
4	B 55	24	48

Anmerkung:
Die „zugeordnete Festigkeitsklasse" ist die laut Zulassung für das jeweilige Spannverfahren erforderliche Festigkeitsklasse des Betons.

Festigkeitsklasse, Zement

(Tabelle 7, siehe Seite 180)

Feuchte, Einfluß

8.5 Wirksame Körperdicke

Für die wirksame Körperdicke gilt die Gleichung

$$d_{\text{ef}} = k_{\text{ef}} \frac{2 \cdot A}{u} \qquad (6)$$

Hierin bedeuten:

k_{ef} Beiwert nach Tabelle 8, Spalte 5, zur Berücksichtigung des Einflusses der Feuchte auf die wirksame Dicke.

A Fläche des gesamten Betonquerschnitts

u Die Abwicklung der der Austrocknung ausgesetzten Begrenzungsfläche des gesamten Betonquerschnitts. Bei Kastenträgern ist im allgemeinen die Hälfte des inneren Umfanges zu berücksichtigen.

Fließanteil

8.3 Kriechzahl des Betons

(4) Ist ein genauerer Nachweis erforderlich oder sind die Auswirkungen des Kriechens zu einem anderen als zum Zeitpunkt $t=\infty$ zu beurteilen, so kann φ_t aus einem Fließanteil und einem Anteil der verzögert elastischen Verformung ermittelt werden:

$$\varphi_t = \varphi_{\text{f0}} \cdot (k_{\text{f,t}} - k_{\text{f,t0}}) + 0{,}4 \, k_{\text{v},(t-t_0)} \qquad (4)$$

Hierin bedeuten:

φ_{f0} Grundfließzahl nach Tabelle 8, Spalte 3.

k_{f} Beiwert nach Bild 1 für den zeitlichen Ablauf des Fließens unter Berücksichtigung der wirksamen Körperdicke d_{ef} nach Abschnitt 8.5, der Zementart und des wirksamen Alters.

t Wirksames Betonalter zum untersuchten Zeitpunkt nach Abschnitt 8.6.

t_0 Wirksames Betonalter beim Aufbringen der Spannung nach Abschnitt 8.6.

k_{v} Beiwert nach Bild 2 zur Berücksichtigung des zeitlichen Ablaufes der verzögert elastischen Verformung.

Fließmittel

(Tabelle 7, siehe Seite 180)

Flugrost, Spannstahl

6.5 Herstellung, Lagerung und Einbau der Spannglieder

6.5.1 Allgemeines

(2) Spannstähle mit leichtem Flugrost dürfen verwendet werden. Der Begriff „leichter Flugrost" gilt für einen gleichmäßigen Rostansatz, der noch nicht zur Bildung von mit bloßem Auge erkennbaren Korrosionsnarben geführt hat und sich im allgemeinen durch Abwischen mit einem trockenen Lappen entfernen läßt. Eine Entrostung braucht jedoch auf diese Weise nicht vorgenommen zu werden.

Formänderung des Betons

7.3 Formänderung des Betons

(1) Bei allen Nachweisen im Gebrauchszustand und für die Berechnung der Schnittgrößen oberhalb des Gebrauchszustandes darf mit einem für Druck und Zug gleich großen Elastizitätsmodul E_{b} bzw. Schubmodul G_{b} nach Tabelle 6 gerechnet werden. Diese Richtwerte beziehen sich auf Beton mit Zuschlag aus überwiegend quarzitischem Kiessand (z.B. Rheinkiessand). Unter sonst gleichen Bedingungen können stark wassersaugende Sedimentgesteine (häufig bei Sandsteinen) einen bis zu 40% niedrigeren, dichte magmatische Gesteine (z.B. Basalt) einen bis zu 40% höheren Elastizitätsmodul und Schubmodul bewirken.

(2) Soll der Einfluß der Querdehnung berücksichtigt werden, darf dieser mit $\mu = 0{,}2$ angesetzt werden.

(3) Zur Berechnung der Formänderung des Betons oberhalb des Gebrauchszustandes siehe DIN 1045/07.88, Abschnitt 16.3.

Formänderung des Stahles

7.2 Formänderung des Betonstahles und des Spannstahles

Für alle Nachweise im Gebrauchszustand darf mit elastischem Verhalten des Beton- und Spannstahles gerechnet werden. Für den Betonstahl gilt DIN 1045/07.88, Abschnitt 16.2.1. Für Spannstähle darf als Rechenwert des Elastizitätsmoduls bei Drähten und Stäben $2{,}05 \cdot 10^5$ N/mm², bei Litzen $1{,}95 \cdot 10^5$ N/mm² angenommen werden. Bei der Ermittlung der Spannwege ist der Elastizitätsmodul des Spannstahles stets der Zulassung zu entnehmen.

Formänderungsverhalten

11.3 Nachweis bei Lastfällen vor Herstellen des Verbundes

(2) Vor dem Herstellen des Verbundes können sich die Spannglieder auf ihrer ganzen Länge frei dehnen. Das Verhalten im rechnerischen Bruchzustand hängt deshalb von dem Formänderungsverhalten des gesamten Tragwerks ab. Die in den Spanngliedern wirkende Spannung darf wie folgt angenommen werden, sofern kein genauerer Nachweis geführt wird:

- bei annähernd gleichmäßig belasteten Trägern auf 2 Stützen:

$$\sigma_{\text{vu}} = \sigma_{\text{v}}^{(0)} + 110 \text{ N/mm}^2 \leq \beta_{\text{Sv}}, \qquad (10\text{a})$$

- bei Kragträgern unabhängig vom Belastungsbild, falls die Spannglieder im anschließenden Feld zumindest jenseits des Momentennullpunktes im Verbund liegen:

$$\sigma_{\text{vu}} = \sigma_{\text{v}}^{(0)} + 50 \text{ N/mm}^2 \leq \beta_{\text{Sv}}, \qquad (10\text{b})$$

- bei Durchlaufträgern:

$$\sigma_{\text{vu}} = \sigma_{\text{v}}^{(0)} \qquad (10\text{c})$$

Hierin bedeuten:
$\sigma_v^{(0)}$ Spannung im Spannglied im Bauzustand
β_{Sv} Streckgrenze bzw. $\beta_{0,2}$-Grenze des Spannstahls

Fuge

10.3 Arbeitsfugen annähernd rechtwinklig zur Tragrichtung

(2) Wird nicht nachgewiesen, daß die infolge Schwindens und Abfließens der Hydratationswärme im anbetonierten Teil auftretenden Zugkräfte durch Bewehrung aufgenommen werden können, so ist im anbetonierten Teil auf eine Länge $d_0 \leq 1,0$ m die parallel zur Arbeitsfuge laufende Bewehrung auf die doppelten Werte der Mindestbewehrung nach Abschnitt 6.7 – mit Ausnahme von Abschnitt 6.7.6 – anzuheben. Diese Werte gelten auch als Mindestquerschnitt der obersten und untersten Lage der die Fuge kreuzenden Bewehrung, die beiderseits der Fuge auf einer Länge $d_0 + l_0 \leq 4,0$ m vorhanden sein muß ($\overline{d_0}$ Balkenlänge bzw. Plattendicke; l_0 Grundmaß der Verankerungslänge nach DIN 1045/07.88, Abschnitt 18.5.2.1). Bei Brücken und vergleichbaren Bauwerken ist außerdem die Regelung über die erhöhte Mindestbewehrung nach Abschnitt 6.7.1 (3) zu beachten.

10.4 Arbeitsfugen mit Spanngliedkopplungen

(1) Werden in einer Arbeitsfuge mehr als 20 % der im Querschnitt vorhandenen Spannkraft mittels Spanngliedkopplungen oder auf andere Weise vorübergehend verankert, gelten für die Fuge kreuzende Bewehrung über die Abschnitte 10.2, 10.3, 14 und 15.9 hinaus die nachfolgenden Absätze (2) bis (5); dabei sollen die Stababstände nicht größer als 15 cm sein.

(2) Bei Brücken und vergleichbaren Bauwerken ist die erhöhte Mindestbewehrung nach Tabelle 4 grundsätzlich einzulegen.

(3) Ist bei Bauwerken nach Tabelle 4, Spalten 2 und 4, in der Fuge am jeweils betrachteten Rand unter ungünstigster Überlagerung der Lastfälle nach Abschnitt 9 (unter Berücksichtigung auch der Bauzustände) eine Druckrandspannung nicht vorhanden, so sind für die die Fuge kreuzende Längsbewehrung folgende Mindestquerschnitte erforderlich:

a) Für den Bereich des unteren Querschnittsrandes, wenn dort keine Gurtscheibe vorhanden ist:
0,2 % der Querschnittsfläche des Steges bzw. der Platte (zu berechnen mit der gesamten Querschnittsdicke; bei Hohlplatten mit annähernd kreisförmigen Aussparungen darf der reine Betonquerschnitt zugrunde gelegt werden). Mindestens die Hälfte dieser Bewehrung muß am unteren Rand liegen, der Rest darf über das untere Drittel der Querschnittsdicke verteilt sein.

b) Für den Bereich des unteren bzw. oberen Querschnittsrandes, wenn dort eine Gurtscheibe vorhanden ist (die folgende Regel gilt auch für Hohlplatten mit annähernd rechteckigen Aussparungen):
0,8 % der Querschnittsfläche der unteren bzw. 0,4 % der Querschnittsfläche der oberen Gurtscheibe einschließlich des jeweiligen (mit der gemittelten Scheibendicke zu bestimmenden) Durchdringungsbereiches mit dem Steg. Die Bewehrung muß über die Breite von Gurtscheibe und Durchdringungsbereich gleichmäßig verteilt sein.

12.7 Nachträglich ergänzte Querschnitte

(1) Schubkräfte zwischen Fertigteilen und Ortbeton bzw. in Arbeitsfugen (siehe DIN 1045/07.88, Abschnitte 10.2.3 und 19.4), die in Richtung der betrachteten Tragwirkung verlaufen, sind stets durch Bewehrung abzudecken. Die Bewehrung ist nach DIN 1045/07.88, Abschnitt 19.7.3, auszubilden. Die Fuge zwischen dem zuerst hergestellten Teil und der Ergänzung muß rauh sein. Dabei ist die Neigung der Druckstreben gegen die Querschnittsnormale wie folgt anzunehmen:

$$\tan \vartheta = \tan \vartheta_I \left(1 - 0{,}25 \frac{\Delta \tau}{\tau_u}\right) \geq 0{,}4 \text{ (Zone a)} \quad (14)$$

$$\tan \vartheta = 1 - \frac{0{,}25 \Delta \tau}{\tau_R} \geq 0{,}4 \text{ (Zone b)} \quad (15)$$

Erklärung der Formelzeichen siehe Abschnitt 12.4.2.

(2) Wird Ortbeton B 15 verwendet, so ist $\Delta \tau$ gleich 0,6 N/mm² zu setzen.

(3) Sind die Fugen verzahnt oder wird die Oberfläche nachträglich verzahnt, so darf die Druckstrebenneigung nach Abschnitt 12.4.2 angenommen werden. Die Mindestschubbewehrung nach Tabelle 4 muß die Fuge durchdringen.

12.8 Arbeitsfugen mit Kopplungen

In Arbeitsfugen mit Spanngliedkopplungen darf an Stelle des Nachweises nach den Abschnitten 12.3 und 12.4 der Nachweis der Schubdeckung unter Annahme eines Ersatzfachwerks geführt werden, wenn die Fuge konstruktiv entsprechend ausgebildet wird (im allgemeinen verzahnte Fuge). Die Bewehrung ist unter Zugrundelegung des angenommenen Fachwerks zu bemessen. Die Richtung der Druckstrebe darf dabei höchstens 15° von der Normalen derjenigen Fugenteilfläche abweichen, von der die Druckkraft aufzunehmen ist. Die Druckspannung auf die Teilflächen darf im rechnerischen Bruchzustand den Wert β_R nicht überschreiten.

Gebrauchsfähigkeit

10.2 Nachweis zur Beschränkung der Rißbreite

(1) Zur Sicherung der Gebrauchsfähigkeit und Dauerhaftigkeit der Bauteile ist die Rißbreite durch geeignete Wahl von Bewehrungsgehalt, Stahlspannung und Stabdurchmesser in dem Maß zu beschränken, wie es der Verwendungszweck erfordert.

Gebrauchslast

6.1 Bewehrung aus Betonstahl

(3) **Druckbeanspruchte Bewehrungsstäbe** in der äußeren Lage sind je m² Oberfläche an mindestens vier verteilt angeordneten Stellen gegen Ausknicken zu sichern (z. B. durch S-Haken oder Steckbügel), wenn unter Gebrauchslast die Betondruckspannung 0,2 β_{WN} überschritten wird. Die Sicherung kann bei höchstens 16 mm dicken Längsstäben entfallen, wenn die Betondeckung mindestens gleich der doppelten Stabdicke ist. Eine statisch erforderliche Druckbewehrung ist nach DIN 1045/07.88, Abschnitt 25.2.2.2, zu verbügeln.

Gebrauchszustand

7.3 Formänderung des Betons

(1) Bei allen Nachweisen im Gebrauchszustand und für die Berechnung der Schnittgrößen oberhalb des Gebrauchszustandes darf mit einem für Druck und Zug gleich großen Elastizitätsmodul E_b bzw. Schubmodul G_b nach Tabelle 6 gerechnet werden. Diese Richtwerte beziehen sich auf Beton mit Zuschlag aus überwiegend quarzitischem Kiessand (z. B. Rheinkiessand). Unter sonst gleichen Bedingungen können stark wassersaugende Sedimentgesteine (häufig bei Sandsteinen) einen bis zu 40 % niedrigeren, dichte magmatische Gesteine (z. B. Basalt) einen bis zu 40 % höheren Elastizitätsmodul und Schubmodul bewirken.

9 Gebrauchszustand, ungünstigste Laststellung, Sonderlastfälle bei Fertigteilen, Spaltzugbewehrung

9.1 Allgemeines

Zum Gebrauchszustand gehören alle Lastfälle, denen das Bauwerk während seiner Errichtung und seiner Nutzung unterworfen ist. Ausgenommen sind Beförderungszustände für Fertigteile nach Abschnitt 9.4.

9.4 Sonderlastfälle bei Fertigteilen

(1) Zusätzlich zu DIN 1045/07.88, Abschnitte 19.2, 19.5.1 und 19.5.2, gilt folgendes:

(2) Für den Beförderungszustand, d. h. für alle Beanspruchungen, die bei Fertigteilen bis zum Versetzen in die für den Verwendungszweck vorgesehene Lage auftreten können, kann auf die Nachweise der Biegedruckspannungen in der Druckzone und der schiefen Hauptspannungen im Gebrauchszustand verzichtet werden. Die Zugkraft in der Zugzone muß durch Bewehrung abgedeckt werden. Der Nachweis ist nach Abschnitt 10.2 zu führen; der Stabdurchmesser d_s darf jedoch die Werte nach Gleichung (8) überschreiten.

10 Rissebeschränkung

10.1 Zulässigkeit von Zugspannungen

10.1.1 Volle Vorspannung

(1) Im Gebrauchszustand dürfen in der Regel keine Zugspannungen infolge von Längskraft und Biegemoment auftreten.

11 Nachweis für den rechnerischen Bruchzustand bei Biegung, bei Biegung mit Längskraft und bei Längskraft

11.1 Rechnerischer Bruchzustand und Sicherheitsbeiwerte

(1) Für den rechnerischen Bruchzustand ist bei statisch bestimmt gelagerten Spannbetontragwerken die 1,75fache Summe der äußeren Lasten (nach den Abschnitten 9.2.2 und 9.2.3) in ungünstigster Stellung anzusetzen ($\gamma = 1,75$). Bei statisch unbestimmt gelagerten Tragwerken sind darüber hinaus – sofern diese ungünstig wirken – die 1,0fache Zwangbeanspruchung infolge von Schwinden, Wärmewirkungen und wahrscheinlicher Baugrundbewegung[8]) und Anheben zum Auswechseln von Lagern sowie die 1,0fache Schnittgröße am Gesamtquerschnitt aus Vorspannung (unter Berücksichtigung von Kriechen und Schwinden) zu berücksichtigen. Bei Zwangbeanspruchung infolge Baugrundbewegung darf das Kriechen berücksichtigt werden. Die Schnittgrößen aus den einzelnen Lastfällen sind im allgemeinen wie im Gebrauchszustand anzusetzen.

12 Schiefe Hauptspannungen und Schubdeckung

12.1 Allgemeines

(1) Der Spannungsnachweis ist für den Gebrauchszustand nach Abschnitt 12.2 und für den rechnerischen Bruchzustand nach Abschnitt 12.3 zu führen. Hierbei brauchen Biegespannungen aus Quertragwirkung (aus Plattenwirkung einzelner Querschnittsteile) nicht berücksichtigt zu werden, sofern nachfolgend nichts anderes angegeben ist (Begrenzung der Biegezugspannung aus Quertragwirkung im Gebrauchszustand siehe Abschnitt 15.6).

(3) Bei Lastfallkombinationen unter Einschluß möglicher Baugrundbewegungen kann auf den Nachweis der schiefen Hauptzugspannungen im Gebrauchszustand verzichtet werden. Der Nachweis der Hauptdruckspannungen bzw. Schubspannungen im rechnerischen Bruchzustand[9]) nach den Abschnitten 12.3.2 und 12.3.3 und der Schubbewehrung nach Abschnitt 12.4 ist jedoch zu führen.

(7) Vor Herstellen des Verbundes sind bei den Spannungsnachweisen im Gebrauchszustand nach Abschnitt 12.2 die Spanngliedkräfte und gegebenenfalls die Umlenkkräfte als äußere Last mit ihrem 1,0fachen Wert, im rechnerischen Bruchzustand nach Abschnitt 12.3 mit der Spannungszunahme nach Abschnitt 11.3 einzusetzen. Die Hauptdruckspannungen sind unter Berücksichtigung der abzuziehenden Querschnittsflächen der nicht verpreßten Spannkanäle nach Tabelle 9, Zeile 63, zu begrenzen. Dabei darf mit gleichmäßiger Spannungsverteilung über die verbleibende Querschnittsfläche gerechnet werden. Bei der Bemessung der Schubbewehrung kann die Spannungszunahme in den Längsspanngliedern ebenfalls nach Abschnitt 11.3 ermittelt werden. Eine zur Schubaufnahme notwendige, im Verbund liegende Längsbewehrung kann nach den Regeln der Fachwerkanalogie zu ermitteln. Für Spannglieder als Schubbewehrung gilt Abschnitt 12.4.1, Absatz (3).

---

[9]) Bei Brücken ist die Zwangbeanspruchung aus der 0,4fachen möglichen Baugrundbewegung zu berücksichtigen, falls dies ungünstiger ist.

12.4 Bemessung der Schubbewehrung

12.4.1 Allgemeines

(6) Bei Berücksichtigung von Abschnitt 11.1, Absatz (4), ist die Schubdeckung zusätzlich im Gebrauchszustand nach den Grundsätzen der Zone a nachzuweisen. Dabei ist die Neigung der Druckstreben gegen die Querschnittsnormale gleich der Neigung der Hauptdruckspannungen im Zustand I anzunehmen. Für die Bemessung der Schubbewehrung aus Betonstahl gelten die in Tabelle 9, Zeile 68, angegebenen zulässigen Spannungen.

13 Nachweis der Beanspruchung des Verbundes zwischen Spannglied und Beton

(1) Im Gebrauchszustand erübrigt sich ein Nachweis der Verbundspannungen. Die maximale Verbundspannung τ_1 ist im rechnerischen Bruchzustand nachzuweisen.

(2) Näherungsweise darf sie bestimmt werden aus:

$$\tau_1 = \frac{Z_u - Z_v}{u_v \cdot l'} \quad (16)$$

Hierin bedeuten:

Z_u Zugkraft des Spanngliedes im rechnerischen Bruchzustand beim Nachweis nach Abschnitt 11

Z_v zulässige Zugkraft des Spanngliedes im Gebrauchszustand
u_v Umfang des Spanngliedes nach Abschnitt 10.2
l' Abstand zwischen dem Querschnitt des maximalen Momentes im rechnerischen Bruchzustand und dem Momentennullpunkt unter ständiger Last.

14 Verankerung und Kopplung der Spannglieder, Zugkraftdeckung

14.1 Allgemeines

Die Spannglieder sind durch geeignete Maßnahmen so im Beton des Bauteiles zu verankern, daß die Verankerung der Nennbruchkraft des Spanngliedes erträgt und im Gebrauchszustand keine schädlichen Risse im Verankerungsbereich auftreten. Für Spannglieder mit Endverankerung und für Kopplung sind die Angaben den Zulassungen zu entnehmen.

14.4 Verankerungen innerhalb des Tragwerks

(1) Wenn ein Teil des Querschnitts mit Ankerkörpern (Verankerungen, Spanngliedkopplungen) durchsetzt ist, sind Querschnittsschwächungen zu berücksichtigen infolge von:
a) Ankerkörpern, bei denen zwischen Stirnfläche des Ankerkörpers und Beton bzw. Einpreßmörtel eine nachgiebige Zwischenlage angeordnet ist, bei allen Nachweisen im Gebrauchszustand und im rechnerischen Bruchzustand;
b) Ankerkörper, die im Bereich von Längszugspannungen liegen, bei Nachweisen im Gebrauchszustand.

(Tabelle 9, siehe Seite 182)

Gebrauchszustand, Mitwirkung des Betons

7.4 Mitwirkung des Betons in der Zugzone

Bei Berechnungen im Gebrauchszustand darf die Mitwirkung des Betons auf Zug berücksichtigt werden. Für die Rissebeschränkung siehe jedoch Abschnitt 10.2.

Gebrauchszustand, Nachweise

7 Berechnungsgrundlagen

7.1 Erforderliche Nachweise

Es sind folgende Nachweise zu erbringen:
a) Im Gebrauchszustand (siehe Abschnitt 9) der Nachweis, daß die hierfür zugelassenen Spannungen nach Abschnitt 15, Tabelle 9, nicht überschritten werden. Dieser Nachweis ist unter der Annahme eines linearen Zusammenhanges zwischen Spannung und Dehnung zu führen.
b) Der Nachweis zur Beschränkung der Rißbreite nach Abschnitt 10.
c) Der Nachweis der Sicherheit gegen Versagen nach Abschnitt 11 (rechnerischer Bruchzustand).
d) Der Nachweis der schiefen Hauptspannungen und der Schubdeckung nach Abschnitt 12.
e) Der Nachweis der Beanspruchung des Verbundes nach Abschnitt 13.
f) Der Nachweis der Zugkraftdeckung sowie der Verankerung und Kopplung der Spannglieder nach den Abschnitten 14 und 15.9.

Gebrauchszustand, schiefe Hauptzugspannung

(Tabelle 9, siehe Seite 182)

Gebrauchszustand, Formänderung

7.2 Formänderung des Betonstahles und des Spannstahles

Für alle Nachweise im Gebrauchszustand darf mit elastischem Verhalten des Beton- und Spannstahles gerechnet werden. Für den Betonstahl gilt DIN 1045/07.88, Abschnitt 16.2.1. Für Spannstähle darf als Rechenwert des Elastizitätsmoduls bei Drähten und Stäben $2,05 \cdot 10^5$ N/mm², bei Litzen $1,95 \cdot 10^5$ N/mm² angenommen werden. Bei der Ermittlung der Spannwege ist der Elastizitätsmodul des Spannstahles stets der Zulassung zu entnehmen.

Grenzlinie

10.2 Nachweis zur Beschränkung der Rißbreite

(5) Bei überwiegend auf Biegung beanspruchten stabförmigen Bauteilen und Platten ist für den Nachweis nach Gleichung (8) von folgender Beanspruchungskombination auszugehen:
– 1,0fache ständige Last,
– 1,0fache Verkehrslast (einschließlich Schnee und Wind),
– 0,9- bzw. 1,1fache Summe aus statisch bestimmter und statisch unbestimmter Wirkung der Vorspannung unter Berücksichtigung von Kriechen und Schwinden; der ungünstigere Wert ist maßgebend,
– 1,0fache Zwangschnittgröße aus Wärmewirkung (auch im Bauzustand), wahrscheinlicher Baugrundbewegung, Schwinden und aus Anheben zum Auswechseln von Lagern,
– 1,0fache Schnittgröße aus planmäßiger Systemänderung,
– Zusatzmoment ΔM_1 mit

$$\Delta M_1 = \pm 5 \cdot 10^{-5} \cdot \frac{EI}{d_0}$$

Hierin bedeuten:
EI Biegesteifigkeit im Zustand I im betrachteten Querschnitt,
d_0 Querschnittsdicke im betrachteten Querschnitt (bei Platten ist $d_0 = d$ zu setzen).

Soweit diese Beanspruchungskombination ohne den statisch bestimmten Anteil der Vorspannung örtlich geringere Biegemomente als den Mindestwert

$$M_2 = \pm 15 \cdot 10^{-5} \cdot \frac{EI}{d_0}$$

ergibt, so ist dieses Moment M_2 in den durch Bild 3.1 gekennzeichneten Bereichen mit dem dort angegebenen Verlauf anzunehmen. Für den Nachweis nach Gleichung (8) ist dabei von der mit M_2 ermittelten Grenzlinie und dem statisch bestimmten Anteil der 0,9- bzw. 1,1fachen Vorspannung als Beanspruchungskombination auszugehen.

Grenzlinie der Biegemomente

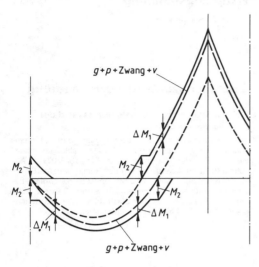

Bild 3.1. Abgrenzung der Anwendungsbereiche von M_2 (Grenzlinie der Biegemomente einschließlich der 0,9- bzw. 1,1fachen statisch unbestimmten Wirkung der Vorspannung v und Ansatz von ΔM_1

Grundfließzahl

8.3 Kriechzahl des Betons

(4) Ist ein genauerer Nachweis erforderlich oder sind die Auswirkungen des Kriechens zu einem anderen als zum Zeitpunkt $t=\infty$ zu beurteilen, so kann φ_t aus einem Fließanteil und einem Anteil der verzögert elastischen Verformung ermittelt werden:

$$\varphi_t = \varphi_{f0} \cdot (k_{f,t} - k_{f,t_0}) + 0,4\, k_{v,(t-t_0)} \qquad (4)$$

Hierin bedeuten:

φ_{f0} Grundfließzahl nach Tabelle 8, Spalte 3.

k_f Beiwert nach Bild 1 für den zeitlichen Ablauf des Fließens unter Berücksichtigung der wirksamen Körperdicke d_{ef} nach Abschnitt 8.5, der Zementart und des wirksamen Alters.

t Wirksames Betonalter zum untersuchten Zeitpunkt nach Abschnitt 8.6.

t_0 Wirksames Betonalter beim Aufbringen der Spannung nach Abschnitt 8.6.

k_v Beiwert nach Bild 2 zur Berücksichtigung des zeitlichen Ablaufes der verzögert elastischen Verformung.

8.7.3 Besonderheiten bei Fertigteilen

(3) Ändern sich die klimatischen Bedingungen zu einem Zeitpunkt t_i nach Aufbringen der Beanspruchung erheblich, so muß dies beim Kriechen und Schwinden durch die sich abschnittsweise ändernden Grundfließzahlen φ_{f0} und zugehörigen Schwindmaße ε_{s0} erfaßt werden.

Tabelle 8. **Grundfließzahl und Grundschwindmaß in Abhängigkeit von der Lage des Bauteiles** (Richtwerte)

	1	2	3	4	5
	Lage des Bauteiles	Mittlere relative Luftfeuchte in % etwa	Grundfließzahl φ_{f0}	Grundschwindmaß ε_{s0}	Beiwert k_{ef} nach Abschnitt 8.5
1	im Wasser		0,8	$+10 \cdot 10^{-5}$	30
2	in sehr feuchter Luft, z.B. unmittelbar über dem Wasser	90	1,3	$-13 \cdot 10^{-5}$	5,0
3	allgemein im Freien	70	2,0	$-32 \cdot 10^{-5}$	1,5
4	in trockener Luft, z.B. in trockenen Innenräumen	50	2,7	$-46 \cdot 10^{-5}$	1,0
Anwendungsbedingungen siehe Tabelle 7					

Grundmaß der Verankerungslänge

10.3 Arbeitsfugen annähernd rechtwinklig zur Tragrichtung

(2) Wird nicht nachgewiesen, daß die infolge Schwindens und Abfließens der Hydratationswärme im anbetonierten Teil auftretenden Zugkräfte durch Bewehrung aufgenommen werden können, so ist im anbetonierten Teil auf eine Länge $d_0 \leq 1,0$ m die parallel zur Arbeitsfuge laufende Bewehrung auf die doppelten Werte der Mindestbewehrung nach Abschnitt 6.7 – mit Ausnahme von Abschnitt 6.7.6 – anzuheben. Diese Werte gelten auch als Mindestquerschnitt der obersten und untersten Lage der die Fuge kreuzenden Bewehrung, die beiderseits der Fuge auf einer Länge $d_0 + l_0$ $\leq 4,0$ m vorhanden sein muß (d_0 Balkendicke bzw. Plattendicke; l_0 Grundmaß der Verankerungslänge nach DIN 1045/ 07.88, Abschnitt 18.5.2.1). Bei Brücken und vergleichbaren Bauwerken ist außerdem die Regelung über die erhöhte Mindestbewehrung nach Abschnitt 6.7.1 (3) zu beachten.

Grundschwindmaß

8.4 Schwindmaß des Betons

(3) Sind die Auswirkungen des Schwindens zu einem anderen als zum Zeitpunkt $t=\infty$ zu beurteilen, so kann der maßgebende Teil des Schwindmaßes bis zum Zeitpunkt t nach Gleichung (5) ermittelt werden:

$$\varepsilon_{s,t} = \varepsilon_{s0} \cdot (k_{s,t} - k_{s,t_0}) \quad (5)$$

Hierin bedeuten:

ε_{s0} Grundschwindmaß nach Tabelle 8, Spalte 4.

k_s Beiwert zur Berücksichtigung der zeitlichen Entwicklung des Schwindens nach Bild 3.

t Wirksames Betonalter zum untersuchten Zeitpunkt nach Abschnitt 8.6.

t_0 Wirksames Betonalter nach Abschnitt 8.6 zu dem Zeitpunkt, von dem ab der Einfluß des Schwindens berücksichtigt werden soll.

Tabelle 8. **Grundfließzahl und Grundschwindmaß in Abhängigkeit von der Lage des Bauteiles** (Richtwerte)

	1	2	3	4	5
	Lage des Bauteiles	Mittlere relative Luftfeuchte in % etwa	Grundfließzahl φ_{f0}	Grundschwindmaß ε_{s0}	Beiwert k_{ef} nach Abschnitt 8.5
1	im Wasser		0,8	$+10 \cdot 10^{-5}$	30
2	in sehr feuchter Luft, z.B. unmittelbar über dem Wasser	90	1,3	$-13 \cdot 10^{-5}$	5,0
3	allgemein im Freien	70	2,0	$-32 \cdot 10^{-5}$	1,5
4	in trockener Luft, z.B. in trockenen Innenräumen	50	2,7	$-46 \cdot 10^{-5}$	1,0
Anwendungsbedingungen siehe Tabelle 7					

Güteüberwachung

4 Nachweis der Güte der Baustoffe

(1) Für den Nachweis der Güte der Baustoffe gilt DIN 1045/07.88, Abschnitt 7. Darüber hinaus sind für den Spannstahl und das Spannverfahren die entsprechenden Abschnitte der Zulassungsbescheide zu beachten. Für die Güteüberwachung von Beton B II auf der Baustelle, von Fertigteilen und Transportbeton gelten DIN 1084 Teil 1 bis Teil 3.

Gurt, druckbeansprucht

12.3.2 Nachweise der schiefen Hauptdruckspannungen in Zone a

(2) Auf diesen Nachweis darf bei druckbeanspruchten Gurten verzichtet werden, wenn die maximale Schubspannung im rechnerischen Bruchzustand kleiner als 0,1 β_{WN} ist.

12.3.3 Nachweis der Schub- und schiefen Hauptdruckspannungen in Zone b

(4) In druckbeanspruchten Gurten und bei Einschnürungen der Druckzone sind die schiefen Hauptdruckspannungen nachzuweisen und wie in Zone a zu begrenzen. Auf diesen Nachweis darf verzichtet werden, wenn die maximale Schubspannung im rechnerischen Bruchzustand kleiner als 0,1 β_{WN} ist (siehe Abschnitt 12.3.2).

Gurt, zugbeansprucht

12.2 Spannungsnachweise im Gebrauchszustand

(1) Die nach Zustand I berechneten schiefen Hauptzugspannungen dürfen im Bereich von Längsdruckspannungen sowie in der Mittelfläche von Gurten und Stegen (soweit zugbeanspruchte Gurte anschließen) auch im Bereich von Längszugspannungen die Werte der Tabelle 9, Zeilen 46 bis 49, nicht überschreiten.

12.3.3 Nachweis der Schub- und schiefen Hauptdruckspannungen in Zone b

(3) Ein von Spanngliedern als Schubbewehrung erzeugter Spannungszustand bleibt beim Nachweis der Schubspannung unberücksichtigt. Bei zugbeanspruchten Gurten ist die Schubspannung aus Querkraft für Zustand II aus der Zugkraftänderung der vorhandenen Gurtlängsbewehrung zwischen zwei benachbarten Querschnitten zu ermitteln, falls sie nicht nach Zustand I berechnet wird.

Gurtbewehrung

14.3 Nachweis der Zugkraftdeckung

(4) Im Bereich von Zwischenauflagern ist diese untere Gurtbewehrung in Richtung des Auflagers um $v = 1,5\,h$ über den Schnitt hinaus zu führen, der bei sich ergebenden Lastfallkombination einschließlich ungünstig wirkender Zwangbeanspruchungen (z. B. aus Temperaturunterschied oder Stützensenkung) noch Zug erhalten kann.

(5) Entsprechendes gilt auch für die obere Gurtbewehrung.

Gurtlängsbewehrung

12.3.3 Nachweis der Schub- und schiefen Hauptdruckspannungen in Zone b

(3) Ein von Spanngliedern als Schubbewehrung erzeugter Spannungszustand bleibt beim Nachweis der Schubspannung unberücksichtigt. Bei zugbeanspruchten Gurten ist die Schubspannung aus Querkraft für Zustand II aus der Zugkraftänderung der vorhandenen Gurtlängsbewehrung zwischen zwei benachbarten Querschnitten zu ermitteln, falls sie nicht nach Zustand I berechnet wird.

Gurtplatte, Mindestbewehrung

(Tabelle 4, siehe Seite 178)

Gurtscheibe

10.4 Arbeitsfugen mit Spanngliedkopplungen

(3) Ist bei Bauwerken nach Tabelle 4, Spalten 2 und 4, in der Fuge am jeweils betrachteten Rand unter ungünstigster Überlagerung der Lastfälle nach Abschnitt 9 (unter Berücksichtigung auch der Bauzustände) eine Druckrandspannung nicht vorhanden, so sind für die die Fuge kreuzende Längsbewehrung folgende Mindestquerschnitte erforderlich:

a) Für den Bereich des unteren Querschnittsrandes, wenn dort keine Gurtscheibe vorhanden ist:
0,2 % der Querschnittsfläche des Steges bzw. der Platte (zu berechnen mit der gesamten Querschnittsdicke; bei Hohlplatten mit annähernd kreisförmigen Aussparungen darf der reine Betonquerschnitt zugrunde gelegt werden). Mindestens die Hälfte dieser Bewehrung muß am unteren Rand liegen; der Rest darf über das untere Drittel der Querschnittsdicke verteilt sein.

b) Für den Bereich des unteren bzw. oberen Querschnittsrandes, wenn dort eine Gurtscheibe vorhanden ist (die folgende Regel gilt auch für Hohlplatten mit annähernd rechteckigen Aussparungen):
0,8 % der Querschnittsfläche der unteren bzw. 0,4 % der Querschnittsfläche der oberen Gurtscheibe einschließlich des jeweiligen (mit der gemittelten Scheibendicke zu bestimmenden) Durchdringungsbereiches mit dem Steg. Die Bewehrung muß über die Breite von Gurtscheibe und Durchdringungsbereich gleichmäßig verteilt sein.

Gurtscheibe, Bewehrung

12.4 Bemessung der Schubbewehrung

12.4.1 Allgemeines

(9) Bei gleichzeitigem Auftreten von Schub und Querbiegung darf in der Regel vereinfachend eine symmetrisch zur Mittelfläche von Stegen verteilte Schubbewehrung auf die zur Aufnahme der Querbiegung erforderliche Bewehrung voll angerechnet werden. Diese Vereinfachung gilt nicht bei geneigten Bügeln und bei Spanngliedern als Schubbewehrung. In Gurtscheiben darf sinngemäß verfahren werden.

Gurtscheibe, Schubbewehrung

6.7.3 Schubbewehrung von Gurtscheiben

(1) Wirkt die Platte gleichzeitig als Gurtscheibe, muß die Mindestbewehrung zur Aufnahme des Scheibenschubs auf die örtliche Plattendicke bezogen werden.

(2) Für die Schubbewehrung von Gurtscheiben gilt Tabelle 4, Zeile 4.

Gurtstreifen

12.9 Durchstanzen

(4) Der Prozentsatz der Bewehrung aus Betonstahl im Bereich des Durchstanzkegels $d_k = d_{st} + 3\,h_m$ muß mindestens 0,3 % und daneben innerhalb des Gurtstreifens mindestens 0,15 % betragen.

Hierin bedeuten:
d_{st} nach DIN 1045/07.88, Abschnitt 22.5.1.1
h_m analog DIN 1045/07.88, Abschnitt 22.5.1.1, unter Berücksichtigung der den Rundschnitt kreuzenden Spannglieder.

Haupt- und Zusatzlasten

6.7 Mindestbewehrung

6.7.1 Allgemeines

(3) Bei Brücken und vergleichbaren Bauwerken ist eine erhöhte Mindestbewehrung in gezogenen bzw. weniger gedrückten Querschnittsteilen (siehe Tabelle 4, Zeilen 1b und 2b, Werte in Klammern) anzuordnen, wenn im Endzustand unter Haupt- und Zusatzlasten die nach Zustand I ermittelte Betondruckspannung am Rand dem Betrag nach kleiner als 2 N/mm² ist. Dabei dürfen Spannglieder unter Berücksichtigung der unterschiedlichen Verbundeigenschaften angerechnet werden[4]. In Gurtplatten sind Stabdurchmesser ≤ 16 mm zu verwenden, sofern kein genauer Nachweis erfolgt[4].

---

[4] Nachweise siehe DAfStb-Heft 320

(Tabelle 9, siehe Seite 182)

10 Rissebeschränkung

10.1 Zulässigkeit von Zugspannungen

10.1.1 Volle Vorspannung

(2) In folgenden Fällen sind jedoch solche Zugspannungen zulässig:

a) Im Bauzustand, also z. B. unmittelbar nach dem Aufbringen der Vorspannung vor dem Einwirken der vollen ständigen Last, siehe Tabelle 9, Zeilen 15 bis 17 bzw. Zeilen 33 bis 35.

b) Bei Brücken und vergleichbaren Bauwerken unter Haupt- und Zusatzlasten, siehe Tabelle 9, Zeilen 30 bis 32; bei anderen Bauwerken unter wenig wahrscheinlicher Häufung von Lastfällen siehe Tabelle 9, Zeilen 12 bis 14.

c) Bei wenig wahrscheinlichen Laststellungen, siehe Tabelle 9, Zeilen 12 bis 14 bzw. Zeilen 30 bis 32; als wenig wahrscheinliche Laststellungen gelten z. B. die gleichzeitige Wirkung mehrerer Kräne und Kranlasten in ungünstigster Stellung oder die Berücksichtigung mehrerer Einflußlinien-Beitragsflächen gleichen Vorzeichens, die durch solche entgegengesetzten Vorzeichens voneinander getrennt sind.

Hauptdruckspannung

12 Schiefe Hauptspannungen und Schubdeckung

12.1 Allgemeines

(3) Bei Lastfallkombinationen unter Einschluß möglicher Baugrundbewegungen kann auf den Nachweis der schiefen Hauptzugspannungen im Gebrauchszustand verzichtet werden. Der Nachweis der Hauptdruckspannungen bzw. Schubspannungen im rechnerischen Bruchzustand[9]) nach den Abschnitten 12.3.2 und 12.3.3 und der Schubbewehrung nach Abschnitt 12.4 ist jedoch zu führen.

(7) Vor Herstellen des Verbundes sind bei den Spannungsnachweisen im Gebrauchszustand nach Abschnitt 12.2 die Spanngliedkräfte und gegebenenfalls die Umlenkkräfte als äußere Last mit ihrem 1,0fachen Wert, im rechnerischen Bruchzustand nach Abschnitt 12.3 mit der Spannungszunahme nach Abschnitt 11.3 einzusetzen. Die Hauptdruckspannungen sind unter Berücksichtigung der abzuziehenden Querschnittsflächen der nicht verpreßten Spannkanäle nach Tabelle 9, Zeile 63, zu begrenzen. Dabei darf mit gleichmäßiger Spannungsverteilung über die verbleibende Querschnittsfläche gerechnet werden. Bei der Bemessung der Schubbewehrung kann die Spannungszunahme in den Längsspanngliedern ebenfalls nach Abschnitt 11.3 ermittelt werden. Eine zur Schubaufnahme notwendige, im Verbund liegende Längsbewehrung ist unter Zugrundelegung der Fachwerkanalogie zu ermitteln. Für Spannglieder als Schubbewehrung gilt Abschnitt 12.4.1, Absatz (3).

Hauptdruckspannung in Zone b, Nachweis

12.3.3 Nachweis der Schub- und schiefen Hauptdruckspannungen in Zone b

(Der gesamte Abschnitt, der sich mit o.g. Stichwort befaßt, wird hier nicht abgedruckt.)

Hauptdruckspannung, Neigung

12.4 Bemessung der Schubbewehrung

12.4.1 Allgemeines

(6) Bei Berücksichtigung von Abschnitt 11.1, Absatz (4), ist die Schubdeckung zusätzlich im Gebrauchszustand nach den Grundsätzen der Zone a nachzuweisen. Dabei ist die Neigung der Druckstreben gegen die Querschnittsnormale gleich der Neigung der Hauptdruckspannungen im Zustand I anzunehmen. Für die Bemessung der Schubbewehrung aus Betonstahl gelten die in Tabelle 9, Zeile 68, angegebenen zulässigen Spannungen.

12.4.2 Schubbewehrung zur Aufnahme der Querkräfte

(3) In **Zone a** ist die Neigung ϑ der Druckstreben gegen die Querschnittsnormale im Trägersteg und in den Druckgurten nach Gleichung (11) anzunehmen:

$$\tan \vartheta = \tan \vartheta_I \left(1 - \frac{\Delta\tau}{\tau_u}\right) \qquad (11)$$

$$\tan \vartheta \geq 0,4$$

Hierin bedeuten:

$\tan \vartheta_I$ Neigung der Hauptdruckspannungen gegen die Querschnittsnormale im Zustand I in der Schwerlinie des Trägers bzw. in Druckgurten am Anschnitt

τ_u der Höchstwert der Schubspannung im Querschnitt aus Querkraft im rechnerischen Bruchzustand (nach Abschnitt 12.3), ermittelt nach Zustand I ohne Berücksichtigung von Spanngliedern als Schubbewehrung

$\Delta\tau$ 60% der Werte nach Tabelle 9, Zeile 50.

Hauptdruckspannung, schiefe

12.3.2 Nachweise der schiefen Hauptdruckspannungen in Zone a

(1) Sofern nicht in Zone a vereinfachend wie in Zone b verfahren wird, ist nachzuweisen, daß die nach Ausfall der schiefen Hauptzugspannungen des Betons auftretenden schiefen Hauptdruckspannungen die Werte der Tabelle 9, Zeilen 62 bzw. 63, nicht überschreiten.

(2) Auf diesen Nachweis darf bei druckbeanspruchten Gurten verzichtet werden, wenn die maximale Schubspannung im rechnerischen Bruchzustand kleiner als $0,1 \beta_{WN}$ ist.

(3) Die schiefen Hauptdruckspannungen sind nach der Fachwerkanalogie zu ermitteln. Die Neigung der Druckstreben ist nach Gleichung (11) anzunehmen.

(5) Eine Torsionsbeanspruchung ist bei der Ermittlung der schiefen Hauptdruckspannung zu berücksichtigen; dabei ist die Druckstrebenneigung nach Abschnitt 12.4.3 unter 45° anzunehmen. Bei Vollquerschnitten ist dabei ein Ersatzhohlquerschnitt nach Bild 9 anzunehmen, dessen Wanddicke $d_1 = d_m/6$ des in die Mittellinie eingeschriebenen größten Kreises beträgt.

(Tabelle 9, siehe Seite 182)

Hauptlasten

(Tabelle 9, siehe Seite 182)

Hauptspannung, schiefe

7 Berechnungsgrundlagen
7.1 Erforderliche Nachweise
Es sind folgende Nachweise zu erbringen:
a) Im Gebrauchszustand (siehe Abschnitt 9) der Nachweis, daß die hierfür zugelassenen Spannungen nach Abschnitt 15, Tabelle 9, nicht überschritten werden. Dieser Nachweis ist unter der Annahme eines linearen Zusammenhanges zwischen Spannung und Dehnung zu führen.
b) Der Nachweis zur Beschränkung der Rißbreite nach Abschnitt 10.
c) Der Nachweis der Sicherheit gegen Versagen nach Abschnitt 11 (rechnerischer Bruchzustand).
d) Der Nachweis der schiefen Hauptspannungen und der Schubdeckung nach Abschnitt 12.
e) Der Nachweis der Beanspruchung des Verbundes nach Abschnitt 13.
f) Der Nachweis der Zugkraftdeckung sowie der Verankerung und Kopplung der Spannglieder nach den Abschnitten 14 und 15.9.

9.4 Sonderlastfälle bei Fertigteilen
(2) Für den Beförderungszustand, d. h. für alle Beanspruchungen, die bei Fertigteilen bis zum Versetzen in die für den Verwendungszweck vorgesehene Lage auftreten können, kann auf die Nachweise der Biegedruckspannungen in der Druckzone und der schiefen Hauptspannungen im Gebrauchszustand verzichtet werden. Die Zugkraft in der Zugzone muß durch Bewehrung abgedeckt werden. Der Nachweis ist nach Abschnitt 10.2 zu führen; der Stabdurchmesser d_s darf jedoch die Werte nach Gleichung (8) überschreiten.

12 Schiefe Hauptspannungen und Schubdeckung
(Der gesamte Abschnitt, der sich mit o.g. Stichwort befaßt, wird hier nicht abgedruckt.)

Hauptzugspannung

12.4 Bemessung der Schubbewehrung
12.4.1 Allgemeines
(1) Die Schubdeckung durch Bewehrung ist für Querkraft und Torsion im rechnerischen Bruchzustand (siehe Abschnitt 12.1) in den Bereichen des Tragwerks und des Querschnitts nachzuweisen, in denen die Hauptzugspannung σ_I (Zustand I) bzw. die Schubspannung τ_R (Zustand II) eine der Nachweisgrenzen der Tabelle 9, Zeilen 50 bis 55, überschreitet.

(8) Überschreiten die Hauptzugspannungen aus Querkraft und Querkraft plus Torsion die 0,6fachen Werte der Tabelle 9, Zeile 56, so dürfen für die Schubbewehrung nur Betonrippenstahl oder Spannglieder mit Endverankerung verwendet werden. Für die Abstände von Schrägstäben und Schrägbügeln gilt DIN 1045/07.88, Abschnitt 18.

14.2 Verankerung durch Verbund
(3) Die ausreichende Verankerung im rechnerischen Bruchzustand ist nachgewiesen, wenn die Bedingungen nach a) oder b) erfüllt sind:
a) Die Verankerungslänge l der Spannglieder muß in einem Bereich liegen, der im rechnerischen Bruchzustand frei von Biegezugrissen (Zone a nach Abschnitt 12.3.1) und frei von Schubrissen ($\sigma_I \leq$ Werte der Tabelle 9, Zeile 49, bei vorwiegend ruhender oder Zeile 50 bei nicht vorwiegend ruhender Belastung) ist.

Die Hauptzugspannung σ_I braucht nur in einem Abstand von $0,5 \, \overline{d_0}$ vom Auflagerrand nachgewiesen zu werden.

Die Verankerungslänge beträgt

$$l = \frac{Z_u}{\sigma_v \cdot A_v} \cdot l_{\text{ü}} \qquad (18)$$

Hierin bedeuten:

$$Z_u = \frac{M_u}{z} + Q_u \cdot \frac{v}{h} \qquad (19)$$

σ_v die zulässige Vorspannung des Spannstahles (siehe Tabelle 9, Zeile 65)
A_v Querschnittsfläche des Spanngliedes
v Versatzmaß nach DIN 1045

Der Anteil $Q_u \cdot v/h$ der Gleichung (19) braucht nur berücksichtigt zu werden, wenn anschließend an die Verankerungslänge Schubrisse vorausgesetzt werden müssen (Überschreitung der oben genannten Grenzwerte).

b) Der rechnerische Überstand der im Verbund liegenden Spannglieder über die Auflagervorderkante muß betragen:

$$l_1 = \frac{Z_{\text{Au}}}{\sigma_v \cdot A_v} \cdot l_{\text{ü}} \qquad (20)$$

Bei direkter Lagerung genügt ein Überstand von $\tfrac{2}{3} \, l_1$.

Hierin bedeuten:

$Z_{\text{Au}} = Q_u \cdot \dfrac{v}{h}$ am Auflager zu verankernde Zugkraft; sofern ein Teil dieser Zugkraft nach DIN 1045 durch Längsbewehrung aus Betonstahl verankert wird, braucht der Überstand der Spannglieder nur für die nicht abgedeckte Restzugkraft $\Delta Z_{\text{Au}} = Z_{\text{Au}} - A_s \cdot \beta_S$ nachgewiesen zu werden.

Q_u die Querkraft am Auflager im rechnerischen Bruchzustand
A_v der Querschnitt der über die Auflager geführten unten liegenden Spannglieder

14.3 Nachweis der Zugkraftdeckung
(2) In der Zone a erübrigt sich ein Nachweis der Zugkraftdeckung, wenn die Hauptzugspannungen im rechnerischen Bruchzustand
– bei vorwiegend ruhender Belastung die Vergleichswerte der Tabelle 9, Zeile 49,
– bei nicht vorwiegend ruhender Belastung die Werte der Tabelle 9, Zeile 50,
nicht überschreiten.

Hauptzugspannung, schiefe

12 Schiefe Hauptspannungen und Schubdeckung

12.1 Allgemeines

(3) Bei Lastfallkombinationen unter Einschluß möglicher Baugrundbewegungen kann auf den Nachweis der schiefen Hauptzugspannungen im Gebrauchszustand verzichtet werden. Der Nachweis der Hauptdruckspannungen bzw. Schubspannungen im rechnerischen Bruchzustand[9] nach den Abschnitten 12.3.2 und 12.3.3 und der Schubbewehrung nach Abschnitt 12.4 ist jedoch zu führen.

12.2 Spannungsnachweise im Gebrauchszustand

(1) Die nach Zustand I berechneten schiefen Hauptzugspannungen dürfen im Bereich von Längsdruckspannungen sowie in der Mittelfläche von Gurten und Stegen (soweit zugbeanspruchte Gurte anschließen) auch im Bereich von Längszugspannungen die Werte der Tabelle 9, Zeilen 46 bis 49, nicht überschreiten.

(2) Unter ständiger Last und Vorspannung dürfen auch unter Berücksichtigung der Querbiegespannungen die nach Zustand I berechneten schiefen Hauptzugspannungen die Werte der Tabelle 9, Zeilen 46 bis 49, nicht überschreiten.

12.3.2 Nachweise der schiefen Hauptdruckspannungen in Zone a

(1) Sofern nicht in Zone a vereinfachend wie in Zone b verfahren wird, ist nachzuweisen, daß die nach Ausfall der schiefen Hauptzugspannungen des Betons auftretenden schiefen Hauptdruckspannungen die Werte der Tabelle 9, Zeilen 62 bzw. 63, nicht überschreiten.

(Tabelle 9, siehe Seite 182)

Hebelarm der inneren Kräfte

12.3.3 Nachweis der Schub- und schiefen Hauptdruckspannungen in Zone b

(2) Sofern die Größe des Hebelarmes der inneren Kräfte nicht genauer nachgewiesen wird, darf sie bei der Ermittlung von τ_R infolge Querkraft dem Wert gleichgesetzt werden, der beim Nachweis nach Abschnitt 11 im betrachteten Schnitt ermittelt wurde. Bei Trägern mit konstanter Nutzhöhe h darf mit jenem Hebelarm gerechnet werden, der sich an der Stelle des maximalen Momentes im zugehörigen Querkraftbereich ergibt.

Hohlplatte

6.7.2 Oberflächenbewehrung von Spannbetonplatten

(3) Bei Hohlplatten mit annähernd kreisförmigen Aussparungen darf die Längsbewehrung auf den reinen Betonquerschnitt bezogen werden. Die Querbewehrung ist in gleicher Größe wie die Längsbewehrung zu wählen. Die Stege müssen hierbei eine Schubbewehrung nach Abschnitt 6.7.5 erhalten. Hohlplatten mit annähernd rechteckigen Aussparungen sind wie Kastenträger zu behandeln.

10.4 Arbeitsfugen mit Spanngliedkopplungen

(3) Ist bei Bauwerken nach Tabelle 4, Spalten 2 und 4, in der Fuge am jeweils betrachteten Rand unter ungünstigster Überlagerung der Lastfälle nach Abschnitt 9 (unter Berücksichtigung auch der Bauzustände) eine Druckrandspannung nicht vorhanden, so sind für die die Fuge kreuzende Längsbewehrung folgende Mindestquerschnitte erforderlich:

a) Für den Bereich des unteren Querschnittsrandes, wenn dort keine Gurtscheibe vorhanden ist:

0,2 % der Querschnittsfläche des Steges bzw. der Platte (zu berechnen aus der gesamten Querschnittsdicke; bei Hohlplatten mit annähernd kreisförmigen Aussparungen darf der reine Betonquerschnitt zugrunde gelegt werden). Mindestens die Hälfte dieser Bewehrung muß am unteren Rand liegen; der Rest darf über das untere Drittel der Querschnittsdicke verteilt sein.

b) Für den Bereich des unteren bzw. oberen Querschnittsrandes, wenn dort eine Gurtscheibe vorhanden ist (die folgende Regel gilt auch für Hohlplatten mit annähernd rechteckigen Aussparungen):

0,8 % der Querschnittsfläche der unteren bzw. 0,4 % der Querschnittsfläche der oberen Gurtscheibe einschließlich des jeweiligen (mit der gemittelten Scheibendicke zu bestimmenden) Durchdringungsbereiches mit dem Steg. Die Bewehrung muß über die Breite von Gurtscheibe und Durchdringungsbereich gleichmäßig verteilt sein.

Hohlplatte, Bewehrung

(Tabelle 4, siehe Seite 178)

Hüllrohr

3.3 Hüllrohre

Es sind Hüllrohre nach DIN 18 553 zu verwenden.

6.5.3 Fertigspannglieder

(1) Die Fertigung muß in geschlossenen Hallen erfolgen.

(2) Die für den Spannstahl nach Zulassungsbescheid geltenden Bedingungen für Lagerung und Transport sind auch für die fertigen Spannglieder zu beachten; diese dürfen das Werk nur in abgedichteten Hüllrohren verlassen.

(4) Die Spannglieder sind vom den Bauleiter des Unternehmens oder dessen fachkundigen Vertreter bei Anlieferung auf Transportschäden (sichtbare Schäden an Hüllrohren und Ankern) zu überprüfen.

Hüllrohr, Betondeckung

6.2.1 Betondeckung von Hüllrohren

Die Betondeckung von Hüllrohren für Spannglieder muß mindestens gleich dem 0,6fachen Hüllrohr-Innendurchmesser sein; sie darf 4 cm nicht unterschreiten.

Hüllrohr, Einbau

6.4 Einbau der Hüllrohre

(1) Hüllrohre dürfen keine Knicke, Eindrückungen oder andere Beschädigungen haben, die den Spann- oder Einpreßvorgang behindern. Hierfür kann es erforderlich werden, z. B. in Hochpunkten Verstärkungen nach DIN 18 553, anzuordnen.

(2) Hüllrohre müssen so gelagert, transportiert und verarbeitet werden, daß kein Wasser oder andere für den Spannstahl schädliche Stoffe in das Innere eindringen können. Hüllrohrstöße und -anschlüsse sind durch besondere Maßnahmen, z. B. durch Umwicklung mit geeigneten Dichtungsbändern, abzudichten. Die Hüllrohre sind so zu befestigen, daß sie sich während des Betonierens nicht verschieben.

Hüllrohre, Abstand

6.2.2 Lichter Abstand der Hüllrohre

Der lichte Abstand der Hüllrohre muß mindestens gleich dem 0,8fachen Hüllrohr-Innendurchmesser sein, er darf 2,5 cm nicht unterschreiten.

Hydratationswärme

6.8 Beschränkung von Temperatur und Schwindrissen

(1) Wenn die Gefahr besteht, daß die Hydratationswärme des Zements in dicken Bauteilen zu hohen Temperaturspannungen und dadurch zu Rissen führt, sind geeignete Gegenmaßnahmen zu ergreifen (z. B. niedrige Frischbetontemperatur durch gekühlte Ausgangsstoffe, Verwendung von Zementen mit niedriger Hydratationswärme, Aufbringen einer Teilvorspannung, Kühlen des erhärtenden Betons durch eingebaute Kühlrohre, Schutz des warmen Betons vor zu rascher Abkühlung).

10.3 Arbeitsfugen annähernd rechtwinklig zur Tragrichtung

(2) Wird nicht nachgewiesen, daß die infolge Schwindens und Abfließens der Hydratationswärme im anbetonierten Teil auftretenden Zugkräfte durch Bewehrung aufgenommen werden können, so ist im anbetonierten Teil auf eine Länge $d_0 \leq 1{,}0$ m die parallel zur Arbeitsfuge laufende Bewehrung auf die doppelten Werte der Mindestbewehrung nach Abschnitt 6.7 – mit Ausnahme von Abschnitt 6.7.6 – anzuheben. Diese Werte gelten auch als Mindestquerschnitt der obersten und untersten Lage der für die Fuge kreuzenden Bewehrung, die beiderseits der Fuge auf einer Länge $d_0 + l_0 \leq 4{,}0$ m vorhanden sein muß (d_0 Balkenbreite bzw. Plattendicke; l_0 Grundmaß der Verankerungslänge nach DIN 1045/07.88, Abschnitt 18.5.2.1). Bei Brücken und vergleichbaren Bauwerken ist außerdem die Regelung über die erhöhte Mindestbewehrung nach Abschnitt 6.7.1 (3) zu beachten.

Kastenträger

6.7.2 Oberflächenbewehrung von Spannbetonplatten

(3) Bei Hohlplatten mit annähernd kreisförmigen Aussparungen darf die Längsbewehrung auf den reinen Betonquerschnitt bezogen werden. Die Querbewehrung ist in gleicher Größe wie die Längsbewehrung zu wählen. Die Stege müssen hierbei eine Schubbewehrung nach Abschnitt 6.7.5 erhalten. Hohlplatten mit annähernd rechteckigen Aussparungen sind wie Kastenträger zu behandeln.

(4) Bei Platten mit veränderlicher Dicke darf die Mindestbewehrung auf die gemittelte Plattendicke d_m bezogen werden.

8.5 Wirksame Körperdicke

Für die wirksame Körperdicke gilt die Gleichung

$$d_{\text{ef}} = k_{\text{ef}} \frac{2 \cdot A}{u} \quad (6)$$

Hierin bedeuten:

k_{ef} Beiwert nach Tabelle 8, Spalte 5, zur Berücksichtigung des Einflusses der Feuchte auf die wirksame Dicke.

A Fläche des gesamten Betonquerschnitts

u Die Abwicklung der der Austrocknung ausgesetzten Begrenzungsfläche des gesamten Betonquerschnitts. Bei Kastenträgern ist im allgemeinen die Hälfte des inneren Umfanges zu berücksichtigen.

10.2 Nachweis zur Beschränkung der Rißbreite

(4) Ist der betrachtete Querschnittsteil nahezu mittig auf Zug beansprucht (z. B. Gurtplatte eines Kastenträgers), so ist der Nachweis nach Gleichung (8) für beide Lagen der Betonstahlbewehrung getrennt zu führen. Anstelle von μ_z tritt dabei jeweils der auf den betrachteten Querschnittsteil bezogene Bewehrungsgehalt des betreffenden Bewehrungsstranges.

12 Schiefe Hauptspannungen und Schubdeckung

12.1 Allgemeines

(4) Bei Balkentragwerken mit gegliederten Querschnitten, z. B. bei Plattenbalken und Kastenträgern, sind die Schubspannungen aus Scheibenwirkung der einzelnen Querschnittsteile nicht mit den Schubspannungen aus Plattenwirkung zu überlagern.

Kippstabilität

9.4 Sonderlastfälle bei Fertigteilen

(4) Bei dünnwandigen Trägern ohne Flansche bzw. mit schmalen Flanschen ist auf eine ausreichende Kippstabilität zu achten.

Körperdicke, wirksame

8.3 Kriechzahl des Betons

(4) Ist ein genauerer Nachweis erforderlich oder sind die Auswirkungen des Kriechens zu einem anderen als zum Zeitpunkt $t = \infty$ zu beurteilen, so kann φ_t aus einem Fließanteil und einem Anteil der verzögert elastischen Verformung ermittelt werden:

$$\varphi_t = \varphi_{f0} \cdot (k_{f,t} - k_{f,t0}) + 0{,}4\, k_{v,(t-t_0)} \quad (4)$$

Hierin bedeuten:

φ_{f0} Grundfließzahl nach Tabelle 8, Spalte 3.

k_f Beiwert nach Bild 1 für den zeitlichen Ablauf des Fließens unter Berücksichtigung der wirksamen Körperdicke d_{ef} nach Abschnitt 8.5, der Zementart und des wirksamen Alters.

t Wirksames Betonalter zum untersuchten Zeitpunkt nach Abschnitt 8.6.

t_0 Wirksames Betonalter beim Aufbringen der Spannung nach Abschnitt 8.6.

k_v Beiwert nach Bild 2 zur Berücksichtigung des zeitlichen Ablaufes der verzögert elastischen Verformung.

8.5 Wirksame Körperdicke

Für die wirksame Körperdicke gilt die Gleichung

$$d_{ef} = k_{ef} \frac{2 \cdot A}{u} \qquad (6)$$

Hierin bedeuten:
k_{ef} Beiwert nach Tabelle 8, Spalte 5, zur Berücksichtigung des Einflusses der Feuchte auf die wirksame Dicke.
A Fläche des gesamten Betonquerschnitts
u Die Abwicklung der der Austrocknung ausgesetzten Begrenzungsfläche des gesamten Betonquerschnitts. Bei Kastenträgern ist im allgemeinen die Hälfte des inneren Umfanges zu berücksichtigen.

Kondenswasser

6.5.2 Korrosionsschutz bis zum Einpressen

(2) Wenn das Eindringen und Ansammeln von Feuchte (auch Kondenswasser) vermieden wird, dürfen ohne besonderen Nachweis folgende Zeitspannen als unschädlich für den Spannstahl angesehen werden:
bis zu 12 Wochen zwischen dem Herstellen des Spanngliedes und dem Einpressen,
davon bis zu 4 Wochen frei in der Schalung
und bis zu etwa 2 Wochen in gespanntem Zustand.

Konsistenzbereich

(Tabelle 7, siehe Seite 180)

Kopplung

14 Verankerung und Kopplung der Spannglieder, Zugkraftdeckung

14.1 Allgemeines

Die Spannglieder sind durch geeignete Maßnahmen so im Beton des Bauteiles zu verankern, daß die Verankerung die Nennbruchkraft des Spanngliedes erträgt und im Gebrauchszustand keine schädlichen Risse im Verankerungsbereich auftreten. Für Spannglieder mit Endverankerung und für Kopplung sind die Angaben den Zulassungen zu entnehmen.

15.9.2 Endverankerungen mit Ankerkörpern und Kopplungen

(1) An Endverankerungen mit Ankerkörpern sowie an festen und beweglichen Kopplungen der Spannglieder ist der Nachweis zu führen, daß die Schwingbreite das 0,7fache des im Zulassungsbescheid für das Spannverfahren angegebenen Wertes der ertragenen Schwingbreite nicht überschreitet.

(4) Bei diesem Nachweis sind in Querschnitten mit festen oder beweglichen Kopplungen außer den ständigen Lasten und der Vorspannung nach Kriechen und Schwinden folgende Beanspruchungen als ständig wirkend zu berücksichtigen, soweit sie hinsichtlich der Spannungsschwankungen ungünstig wirken:

– Wahrscheinliche Baugrundbewegungen nach Abschnitt 9.2.6.

– Temperaturunterschiede nach Abschnitt 9.2.5. Bei Straßen- und Wegbrücken sind die Temperaturunterschiede nach DIN 1072/12.85, Tabelle 3, Spalten 4 bzw. 6, ohne Abminderung einzusetzen.

– Zusatzmoment $\Delta M = \pm \dfrac{EI}{10^4 \, d_0}$ \qquad (23)

Hierin bedeuten:
EI Biegesteifigkeit im Zustand I
d_0 Querschnittsdicke des jeweils betrachteten Querschnitts

(5) ΔM nach Gleichung (23) ist ausschließlich bei diesem Nachweis zu berücksichtigen.

Kopplung, Arbeitsfuge mit

12.8 Arbeitsfugen mit Kopplungen

In Arbeitsfugen mit Spanngliedkopplungen darf an Stelle des Nachweises nach den Abschnitten 12.3 und 12.4 der Nachweis der Schubdeckung unter Annahme eines Ersatzfachwerks geführt werden, wenn die Fuge konstruktiv entsprechend ausgebildet wird (im allgemeinen verzahnte Fuge). Die Bewehrung ist unter Zugrundelegung des angenommenen Fachwerks zu bemessen. Die Richtung der Druckstrebe darf dabei höchstens 15° von der Normalen derjenigen Fugenteilfläche abweichen, von der die Druckkraft aufzunehmen ist. Die Druckspannung auf die Teilflächen darf im rechnerischen Bruchzustand den Wert β_R nicht überschreiten.

Korngröße, Zuschlag

6.2.4 Lichter Abstand der Spannglieder bei Vorspannung mit sofortigem Verbund

(1) Der lichte Abstand der Spannglieder bei Vorspannung mit sofortigem Verbund muß größer als die Korngröße des überwiegenden Teils des Zuschlags sein; er soll außerdem die aus den Gleichungen (1) und (2) sich ergebenden Werte nicht unterschreiten.

Korrosionsangriff, erhöhter

10.1.2 Beschränkte Vorspannung

(2) Bei Bauteilen im Freien oder bei Bauteilen mit erhöhtem Korrosionsangriff gemäß DIN 1045/07.88, Tabelle 10, Zeile 4, dürfen jedoch keine Zugspannungen aus Längskraft und Biegemoment auftreten infolge des Lastfalles Vorspannung plus ständige Last plus Verkehrslast, die während der Nutzung ständig oder längere Zeit am wirksamen unverändert wirkt (bei Brücken die halbe Verkehrslast), plus Kriechen und Schwinden. In dem vorgenannten Lastfall sind an Stelle der Verkehrslast die wahrscheinlichen Baugrundbewegungen zu berücksichtigen, wenn sich dadurch ungünstigere Werte ergeben. Für Lastfallkombinationen unter Einschluß der möglichen Baugrundbewegungen nach DIN 1072 sind Nachweise der Betonzugspannungen nicht erforderlich.

Korrosionsnarben

6.5 Herstellung, Lagerung und Einbau der Spannglieder

6.5.1 Allgemeines

(2) Spannstähle mit leichtem Flugrost dürfen verwendet werden. Der Begriff „leichter Flugrost" gilt für einen gleichmäßigen Rostansatz, der noch nicht zur Bildung von mit bloßem Auge erkennbaren Korrosionsnarben geführt hat und sich im allgemeinen durch Abwischen mit einem trockenen Lappen entfernen läßt. Eine Entrostung braucht jedoch auf diese Weise nicht vorgenommen zu werden.

Korrosionsschutz

6.2.3 Betondeckung von Spanngliedern mit sofortigem Verbund

(1) Die Betondeckung von Spanngliedern mit sofortigem Verbund wird durch die Anforderungen an den Korrosionsschutz, an das ordnungsgemäße Einbringen des Betons und an die wirksame Verankerung bestimmt; der Höchstwert ist maßgebend.

(2) Der Korrosionsschutz ist im allgemeinen sichergestellt, wenn für die Spannglieder die Mindestmaße der Betondeckung nach DIN 1045/07.88, Tabelle 10, Spalte 3, um 1,0 cm erhöht werden.

6.5.2 Korrosionsschutz bis zum Einpressen

(Der gesamte Abschnitt, der sich mit o.g. Stichwort befaßt, wird hier nicht abgedruckt.)

Kragträger

11.3 Nachweis bei Lastfällen vor Herstellen des Verbundes

(2) Vor dem Herstellen des Verbundes können sich die Spannglieder auf ihrer ganzen Länge frei dehnen. Das Verhalten im rechnerischen Bruchzustand hängt deshalb von dem Formänderungsverhalten des gesamten Tragwerks ab. Die in den Spanngliedern wirkende Spannung darf wie folgt angenommen werden, sofern kein genauerer Nachweis geführt wird:

– bei annähernd gleichmäßig belasteten Trägern auf 2 Stützen:

$$\sigma_{vu} = \sigma_v^{(0)} + 110 \text{ N/mm}^2 \leq \beta_{Sv}, \quad (10a)$$

– bei Kragträgern unabhängig vom Belastungsbild, falls die Spannglieder im anschließenden Feld zumindest jenseits des Momentennullpunktes im Verbund liegen:

$$\sigma_{vu} = \sigma_v^{(0)} + 50 \text{ N/mm}^2 \leq \beta_{Sv}, \quad (10b)$$

– bei Durchlaufträgern:

$$\sigma_{vu} = \sigma_v^{(0)} \quad (10c)$$

Hierin bedeuten:

$\sigma_v^{(0)}$ Spannung im Spannglied im Bauzustand
β_{Sv} Streckgrenze bzw. $\beta_{0,2}$-Grenze des Spannstahls

Kranlasten

10 Rissebeschränkung

10.1 Zulässigkeit von Zugspannungen

10.1.1 Volle Vorspannung

(1) Im Gebrauchszustand dürfen in der Regel keine Zugspannungen infolge von Längskraft und Biegemoment auftreten.

(2) In folgenden Fällen sind jedoch solche Zugspannungen zulässig:

a) Im Bauzustand, also z. B. unmittelbar nach dem Aufbringen der Vorspannung vor dem Einwirken der vollen ständigen Last, siehe Tabelle 9, Zeilen 15 bis 17 bzw. Zeilen 33 bis 35.

b) Bei Brücken und vergleichbaren Bauwerken unter Haupt- und Zusatzlasten, siehe Tabelle 9, Zeilen 30 bis 32; bei anderen Bauwerken unter wenig wahrscheinlicher Häufung von Lastfällen siehe Tabelle 9, Zeilen 12 bis 14.

c) Bei wenig wahrscheinlichen Laststellungen, siehe Tabelle 9, Zeilen 12 bis 14 bzw. Zeilen 30 bis 32; als wenig wahrscheinliche Laststellungen gelten z. B. die gleichzeitige Wirkung mehrerer Kräne und Kranlasten in ungünstigster Stellung oder die Berücksichtigung mehrerer Einflußlinien-Beitragsflächen gleichen Vorzeichens, die durch solche entgegengesetzten Vorzeichens voneinander getrennt sind.

Kriechen

8 Zeitabhängiges Verformungsverhalten von Stahl und Beton

8.1 Begriffe und Anwendungsbereich

(1) Mit Kriechen wird die zeitabhängige Zunahme der Verformungen unter andauernden Spannungen und mit Relaxation die zeitabhängige Abnahme der Spannungen unter einer aufgezwungenen Verformung von konstanter Größe bezeichnet.

8.3 Kriechzahl des Betons

(1) Das Kriechen des Betons hängt vor allem von der Feuchte der umgebenden Luft, den Maßen des Bauteiles und der Zusammensetzung des Betons ab. Das Kriechen wird außerdem vom Erhärtungsgrad des Betons beim Belastungsbeginn und von der Dauer und der Größe der Beanspruchung beeinflußt.

(2) Mit der Kriechzahl φ_t wird der durch das Kriechen ausgelöste Verformungszuwachs ermittelt. Für konstante Spannung σ_0 gilt:

$$\varepsilon_k = \frac{\sigma_0}{E_b} \varphi_t \quad (3)$$

Bei veränderlicher Spannung gilt Abschnitt 8.7.2. Für E_b gilt Abschnitt 7.3.

(3) Da im allgemeinen die Auswirkungen des Kriechens nur für den Zeitpunkt $t = \infty$ zu berücksichtigen sind, kann vereinfachend mit den Endkriechzahlen φ_∞ nach Tabelle 7 gerechnet werden.

(4) Ist ein genauerer Nachweis erforderlich oder sind die Auswirkungen des Kriechens zu einem anderen als zum Zeitpunkt $t = \infty$ zu beurteilen, so kann φ_t aus einem Fließanteil und einem Anteil der verzögert elastischen Verformung ermittelt werden:

$$\varphi_t = \varphi_{f0} \cdot (k_{f,t} - k_{f,t_0}) + 0,4 \, k_{v,(t-t_0)} \quad (4)$$

Hierin bedeuten:

φ_{t_0} Grundfließzahl nach Tabelle 8, Spalte 3.

k_f Beiwert nach Bild 1 für den zeitlichen Ablauf des Fließens unter Berücksichtigung der wirksamen Körperdicke d_{ef} nach Abschnitt 8.5, der Zementart und des wirksamen Alters.

t Wirksames Betonalter zum untersuchten Zeitpunkt nach Abschnitt 8.6.

t_0 Wirksames Betonalter beim Aufbringen der Spannung nach Abschnitt 8.6.

k_v Beiwert nach Bild 2 zur Berücksichtigung des zeitlichen Ablaufes der verzögert elastischen Verformung.

8.7 Berücksichtigung der Auswirkung von Kriechen und Schwinden des Betons

8.7.1 Allgemeines

(1) Der Einfluß von Kriechen und Schwinden muß berücksichtigt werden, wenn hierdurch die maßgebenden Schnittgrößen oder Spannungen wesentlich in die ungünstigere Richtung verändert werden.

(2) Bei der Abschätzung der zu erwartenden Verformung sind die Auswirkungen des Kriechens und Schwindens stets zu verfolgen.

(3) Der rechnerische Nachweis ist für alle dauernd wirkenden Beanspruchungen durchzuführen. Wirkt ein nennenswerter Anteil der Verkehrslast dauernd, so ist auch der durchschnittlich vorhandene Betrag der Verkehrslast als Dauerlast zu betrachten.

(4) Bei der Berechnung der Auswirkungen des Schwindens darf sein Verlauf näherungsweise affin zum Kriechen angenommen werden.

8.7.2 Berücksichtigung von Belastungsänderungen

Bei sprunghaften Änderungen der dauernd einwirkenden Spannungen gilt das Superpositionsgesetz. Ändern sich die Spannungen allmählich, z. B. unter Einfluß von Kriechen und Schwinden, so darf an Stelle von genaueren Lösungen näherungsweise als kriecherzeugende Spannung das Mittel zwischen Anfangs- und Endwert angesetzt werden, sofern die Endspannung nicht mehr als 30% von der Anfangsspannung abweicht.

8.7.3 Besonderheiten bei Fertigteilen

(1) Bei Spannbetonfertigteilen ist der durch das zeitabhängige Verformungsverhalten des Betons hervorgerufene Spannungsabfall im Spannstahl in der Regel unter der ungünstigen Annahme zu ermitteln, daß eine Lagerungszeit von einem halben Jahr auftritt. Davon darf abgewichen werden, wenn sichergestellt ist, daß die Fertigteile in einem früheren Betonalter eingebaut und mit der maßgebenden Dauerlast belastet werden.

(2) Bei nachträglich durch Ortbeton ergänzten Deckenträgern unter 7 m Spannweite mit einer Verkehrslast $p \leq 3,5$ kN/m^2 brauchen die durch unterschiedliches Kriechen und Schwinden von Fertigteil und Ortbeton hervorgerufenen Spannungsumlagerungen nicht berücksichtigt zu werden.

(3) Ändern sich die klimatischen Bedingungen zu einem Zeitpunkt t_i nach Aufbringen der Beanspruchung erheblich, so muß dies beim Kriechen und Schwinden durch die sich abschnittsweise ändernden Grundfließzahlen φ_{t_0} und zugehörigen Schwindmaße ε_{s_0} erfaßt werden.

9.2.3 Verkehrslast, Wind und Schnee

Auch diese Lastfälle sind unter Umständen getrennt zu untersuchen, vor allem dann, wenn die Lasten zum Teil vor, zum Teil erst nach dem Kriechen und Schwinden auftreten.

9.2.4 Kriechen und Schwinden

In diesem Lastfall werden alle durch Kriechen und Schwinden entstehenden Umlagerungen der Kräfte und Spannungen zusammengefaßt.

9.3 Lastzusammenstellungen

Bei Ermittlung der ungünstigsten Beanspruchungen müssen in der Regel nachfolgende Lastfälle untersucht werden:
- Zustand unmittelbar nach dem Aufbringen der Vorspannung,
- Zustand mit ungünstigster Verkehrslast und teilweisem Kriechen und Schwinden,
- Zustand mit ungünstigster Verkehrslast nach Beendigung des Kriechens und Schwindens.

(Tabelle 7, siehe Seite 180)

10.1.2 Beschränkte Vorspannung

(2) Bei Bauteilen im Freien oder bei Bauteilen mit erhöhtem Korrosionsangriff gemäß DIN 1045/07.88, Tabelle 10, Zeile 4, dürfen jedoch keine Zugspannungen aus Längskraft und Biegemoment auftreten infolge des Lastfalles Vorspannung plus ständige Last plus Verkehrslast, die während der Nutzung ständig oder längere Zeit im wesentlichen unverändert wirkt (bei Brücken die halbe Verkehrslast), plus Kriechen und Schwinden. In dem vorgenannten Lastfall sind an Stelle der Verkehrslast die wahrscheinlichen Baugrundbewegungen zu berücksichtigen, wenn sich dadurch ungünstigere Werte ergeben. Für Lastfallkombinationen unter Einschluß der möglichen Baugrundbewegungen nach DIN 1072 sind Nachweise der Betonzugspannungen nicht erforderlich.

10.2 Nachweis zur Beschränkung der Rißbreite

(5) Bei überwiegend auf Biegung beanspruchten stabförmigen Bauteilen und Platten ist für den Nachweis nach Gleichung (8) von folgender Beanspruchungskombination auszugehen:
- 1,0fache ständige Last,
- 1,0fache Verkehrslast (einschließlich Schnee und Wind),
- 0,9- bzw. 1,1fache Summe aus statisch bestimmter und statisch unbestimmter Wirkung der Vorspannung unter Berücksichtigung von Kriechen und Schwinden; der ungünstigere Wert ist maßgebend,
- 1,0fache Zwangschnittgröße aus Wärmewirkung (auch im Bauzustand), wahrscheinlicher Baugrundbewegung, Schwinden und aus Anheben zum Auswechseln von Lagern.

10.3 Arbeitsfugen annähernd rechtwinklig zur Tragrichtung

(1) Arbeitsfugen, die annähernd rechtwinklig zur betrachteten Tragrichtung verlaufen, sind im Bereich von Zugspannungen nach Möglichkeit zu vermeiden. Es ist nachzuweisen, daß die größten Zugspannungen infolge von Längskraft und Biegemoment an der Stelle der Arbeitsfuge die Hälfte der nach den Abschnitten 10.1.1 oder 10.1.2, jeweils zulässigen Werte nicht überschreiten und daß infolge des Lastfalles Vorspannung plus ständige Last plus Kriechen und Schwinden keine Zugspannungen auftreten.

Stichworte

11 Nachweis für den rechnerischen Bruchzustand bei Biegung, bei Biegung mit Längskraft und bei Längskraft

11.1 Rechnerischer Bruchzustand und Sicherheitsbeiwerte

(1) Für den rechnerischen Bruchzustand ist bei statisch bestimmt gelagerten Spannbetontragwerken die 1,75fache Summe der äußeren Lasten (nach den Abschnitten 9.2.2 und 9.2.3) in ungünstigster Stellung anzusetzen ($y = 1{,}75$). Bei statisch unbestimmt gelagerten Tragwerken sind darüber hinaus – sofern diese ungünstig wirken – die 1,0fache Zwangbeanspruchung infolge von Schwinden, Wärmewirkungen und wahrscheinlicher Baugrundbewegung[8]) und Anheben zum Auswechseln von Lagern sowie die 1,0fache Schnittgröße am Gesamtquerschnitt aus Vorspannung (unter Berücksichtigung von Kriechen und Schwinden) zu berücksichtigen. Bei Zwangbeanspruchung infolge Baugrundbewegung darf das Kriechen berücksichtigt werden. Die Schnittgrößen aus den einzelnen Lastfällen sind im allgemeinen wie im Gebrauchszustand anzusetzen.

(4) Die Schnittgrößen im rechnerischen Bruchzustand dürfen auch unter Berücksichtigung der Steifigkeitsverhältnisse im Zustand II ermittelt werden. Dabei sind für Betonstahl und Spannstahl die Elastizitätsmodulen nach Abschnitt 7.2, für druckbeanspruchten Beton die Elastizitätsmodulen nach Abschnitt 7.3 zugrunde zu legen. Als Sicherheitsbeiwert y ist hierbei für die Vorspannung (unter Berücksichtigung des Spannungsverlustes infolge Kriechens und Schwindens) sowie für Zwang aus planmäßiger Systemänderung $y = 1{,}0$, für alle übrigen Lastfälle $y = 1{,}75$, anzusetzen. Wird hiervon Gebrauch gemacht, so ist die Schubdeckung zusätzlich im Gebrauchszustand nachzuweisen (siehe Abschnitt 12.4).

11.2.4 Dehnungsdiagramm

(3) Eine geradlinige Dehnungsverteilung über den Gesamtquerschnitt darf nur angenommen werden, wenn der Verbund zwischen den Spanngliedern und dem Beton nach Abschnitt 13 gesichert ist. Die durch Vorspannung im Spannstahl erzeugte Vordehnung ergibt sich als Dehnungsunterschied zwischen Spannglied und umgebendem Beton im Gebrauchszustand nach Kriechen und Schwinden. In Sonderfällen, z. B. bei vorgespannten Druckgliedern, kann die Spannung vor Kriechen und Schwinden maßgebend sein.

15.9.2 Endverankerungen mit Ankerkörpern und Kopplungen

(4) Bei diesem Nachweis sind in Querschnitten mit festen oder beweglichen Kopplungen außer den ständigen Lasten und der Vorspannung nach Kriechen und Schwinden folgende Beanspruchungen als ständig wirkend zu berücksichtigen, soweit sie hinsichtlich der Spannungsschwankungen ungünstig wirken:

– Wahrscheinliche Baugrundbewegungen nach Abschnitt 9.2.6.

– Temperaturunterschiede nach Abschnitt 9.2.5. Bei Straßen- und Wegbrücken sind die Temperaturunterschiede nach DIN 1072/12.85, Tabelle 3, Spalten 4 bzw. 6, ohne Abminderung einzusetzen.

– Zusatzmoment $\Delta M = \pm \dfrac{EI}{10^4 \, d_0}$ (23)

Hierin bedeuten:
EI Biegesteifigkeit im Zustand I
d_0 Querschnittsdicke des jeweils betrachteten Querschnitts

(5) ΔM nach Gleichung (23) ist ausschließlich bei diesem Nachweis zu berücksichtigen.

Kriechzahl

8.3 Kriechzahl des Betons

(2) Mit der Kriechzahl φ_t wird der durch das Kriechen ausgelöste Verformungszuwachs ermittelt. Für konstante Spannung σ_0 gilt:

$$\varepsilon_k = \frac{\sigma_0}{E_b} \varphi_t \quad (3)$$

Bei veränderlicher Spannung gilt Abschnitt 8.7.2. Für E_b gilt Abschnitt 7.3.

Längsbewehrung

6.7.2 Oberflächenbewehrung von Spannbetonplatten

(3) Bei Hohlplatten mit annähernd kreisförmigen Aussparungen darf die Längsbewehrung auf den reinen Betonquerschnitt bezogen werden. Die Querbewehrung ist in gleicher Größe wie die Längsbewehrung zu wählen. Die Stege müssen hierbei eine Schubbewehrung nach Abschnitt 6.7.5 erhalten. Hohlplatten mit annähernd rechteckigen Aussparungen sind wie Kastenträger zu behandeln.

(Tabelle 4, siehe Seite 178)

12 Schiefe Hauptspannungen und Schubdeckung

12.1 Allgemeines

(7) Vor Herstellen des Verbundes sind bei den Spannungsnachweisen im Gebrauchszustand nach Abschnitt 12.2 die Spanngliedkräfte und gegebenenfalls die Umlenkkräfte als äußere Last mit ihrem 1,0fachen Wert, im rechnerischen Bruchzustand nach Abschnitt 12.3 mit der Spannungszunahme nach Abschnitt 11.3 einzusetzen. Die Hauptdruckspannungen sind unter Berücksichtigung der abzuziehenden Querschnittsflächen der nicht verpreßten Spannkanäle nach Tabelle 9, Zeile 63, zu begrenzen. Dabei darf mit gleichmäßiger Spannungsverteilung über die verbleibende Querschnittsfläche gerechnet werden. Bei der Bemessung der Schubbewehrung kann die Spannungszunahme in den Längsspanngliedern ebenfalls nach Abschnitt 11.3 ermittelt werden. Eine zur Schubaufnahme notwendige, im Verbund liegende Längsbewehrung ist unter Zugrundelegung der Fachwerkanalogie zu ermitteln. Für Spannglieder als Schubbewehrung gilt Abschnitt 12.4.1, Absatz (3).

14.2 Verankerung durch Verbund

(3) Die ausreichende Verankerung im rechnerischen Bruchzustand ist nachgewiesen, wenn die Bedingungen nach a) oder b) erfüllt sind:

a) Die Verankerungslänge l der Spannglieder muß in einem Bereich liegen, der im rechnerischen Bruchzustand frei von Biegezugrissen (Zone a nach Abschnitt 12.3.1) und frei von Schubrissen ($\sigma_I \leq$ Werte der Tabelle 9, Zeile 49, bei vorwiegend ruhender oder Zeile 50 bei nicht vorwiegend ruhender Belastung) ist.

Die Hauptzugspannung σ_I braucht nur in einem Abstand von 0,5 d_b vom Auflagerrand nachgewiesen zu werden.
Die Verankerungslänge beträgt

$$l = \frac{Z_u}{\sigma_v \cdot A_v} \cdot l_{\ddot{u}} \qquad (18)$$

Hierin bedeuten:

$$Z_u = \frac{M_u}{z} + Q_u \cdot \frac{v}{h} \qquad (19)$$

σ_v die zulässige Vorspannung des Spannstahles (siehe Tabelle 9, Zeile 65)
A_v Querschnittsfläche des Spanngliedes
v Versatzmaß nach DIN 1045
Der Anteil $Q_u \cdot v/h$ der Gleichung (19) braucht nur berücksichtigt zu werden, wenn anschließend an die Verankerungslänge Schubrisse vorausgesetzt werden müssen (Überschreitung der oben genannten Grenzwerte).

b) Der rechnerische Überstand der im Verbund liegenden Spannglieder über die Auflagervorderkante muß betragen:

$$l_1 = \frac{Z_{Au}}{\sigma_v \cdot A_v} \cdot l_{\ddot{u}} \qquad (20)$$

Bei direkter Lagerung genügt ein Überstand von ⅔ l_1.

Hierin bedeuten:

$Z_{Au} = Q_u \cdot \dfrac{v}{h}$ am Auflager zu verankernde Zugkraft; sofern ein Teil dieser Zugkraft nach DIN 1045 durch Längsbewehrung aus Betonstahl verankert wird, braucht der Überstand der Spannglieder nur für die nicht abgedeckte Restzugkraft $\Delta Z_{Au} = Z_{Au} - A_s \cdot \beta_S$ nachgewiesen zu werden.

Q_u die Querkraft am Auflager im rechnerischen Bruchzustand
A_v der Querschnitt der über die Auflager geführten unten liegenden Spannglieder

Längsbewehrung im Stützenbereich von Brücken

(siehe Brücke)

Längsbewehrung von Balkenstegen

(siehe Balkensteg)

Längsbewehrung, Mindestquerschnitt

10.4 Arbeitsfugen mit Spanngliedkopplungen

(3) Ist bei Bauwerken nach Tabelle 4, Spalten 2 und 4, in der Fuge am jeweils betrachteten Rand unter ungünstigster Überlagerung der Lastfälle nach Abschnitt 9 (unter Berücksichtigung auch der Bauzustände) eine Druckrandspannung nicht vorhanden, so sind für die die Fuge kreuzende Längsbewehrung folgende Mindestquerschnitte erforderlich:

a) Für den Bereich des unteren Querschnittsrandes, wenn dort keine Gurtscheibe vorhanden ist:
0,2% der Querschnittsfläche des Steges bzw. der Platte (zu berechnen mit der gesamten Querschnittsdicke; bei Hohlplatten mit annähernd kreisförmigen Aussparungen darf die reine Betonquerschnitt zugrunde gelegt werden). Mindestens die Hälfte dieser Bewehrung muß am unteren Rand liegen; der Rest darf über das untere Drittel der Querschnittsdicke verteilt sein.

b) Für den Bereich des unteren bzw. oberen Querschnittsrandes, wenn dort eine Gurtscheibe vorhanden ist (die folgende Regel gilt auch für Hohlplatten mit annähernd rechteckigen Aussparungen):
0,8% der Querschnittsfläche der unteren bzw. 0,4% der Querschnittsfläche der oberen Gurtscheibe einschließlich des jeweiligen (mit der gemittelten Scheibendicke zu bestimmenden) Durchdringungsbereiches mit dem Steg. Die Bewehrung muß über die Breite von Gurtscheibe und Durchdringungsbereich gleichmäßig verteilt sein.

Längsdruckspannung

12.2 Spannungsnachweise im Gebrauchszustand

(1) Die nach Zustand I berechneten schiefen Hauptzugspannungen dürfen im Bereich von Längsdruckspannungen sowie in der Mittelfläche von Gurten und Stegen (soweit zugbeanspruchte Gurte anschließen) auch im Bereich von Längszugspannungen die Werte der Tabelle 9, Zeilen 46 bis 49, nicht überschreiten.

Längszugspannung

12.2 Spannungsnachweise im Gebrauchszustand

(1) Die nach Zustand I berechneten schiefen Hauptzugspannungen dürfen im Bereich von Längsdruckspannungen sowie in der Mittelfläche von Gurten und Stegen (soweit zugbeanspruchte Gurte anschließen) auch im Bereich von Längszugspannungen die Werte der Tabelle 9, Zeilen 46 bis 49, nicht überschreiten.

14.4 Verankerungen innerhalb des Tragwerks

(1) Wenn ein Teil des Querschnitts mit Ankerkörpern (Verankerungen, Spanngliedkopplungen) durchsetzt ist, sind Querschnittsschwächungen zu berücksichtigen infolge von:

a) Ankerkörpern, bei denen zwischen Stirnfläche des Ankerkörpers und Beton bzw. Einpreßmörtel eine nachgiebige Zwischenlage angeordnet ist, bei allen Nachweisen im Gebrauchszustand und im rechnerischen Bruchzustand;

b) Ankerkörper, die im Bereich von Längszugspannungen liegen, bei Nachweisen im Gebrauchszustand.

Lager, Anheben

10.2 Nachweis zur Beschränkung der Rißbreite

(5) Bei überwiegend auf Biegung beanspruchten stabförmigen Bauteilen und Platten ist für den Nachweis nach Gleichung (8) von folgender Beanspruchungskombination auszugehen:
– 1,0fache ständige Last,
– 1,0fache Verkehrslast (einschließlich Schnee und Wind),
– 0,9- bzw. 1,1fache Summe aus statisch bestimmter und statisch unbestimmter Wirkung der Vorspannung unter Berücksichtigung von Kriechen und Schwinden; der ungünstigere Wert ist maßgebend,

- 1,0fache Zwangschnittgröße aus Wärmewirkung (auch im Bauzustand), wahrscheinlicher Baugrundbewegung, Schwinden und aus Anheben zum Auswechseln von Lagern,
- 1,0fache Schnittgröße aus planmäßiger Systemänderung,
- Zusatzmoment ΔM_1 mit

$$\Delta M_1 = \pm 5 \cdot 10^{-5} \cdot \frac{EI}{d_0}$$

Hierin bedeuten:
EI Biegesteifigkeit im Zustand I im betrachteten Querschnitt,
d_0 Querschnittsdicke im betrachteten Querschnitt (bei Platten ist $d_0 = d$ zu setzen).

Soweit diese Beanspruchungskombination ohne den statisch bestimmten Anteil der Vorspannung örtlich geringere Biegemomente als den Mindestwert

$$M_2 = \pm 15 \cdot 10^{-5} \cdot \frac{EI}{d_0}$$

ergibt, so ist dieses Moment M_2 in den durch Bild 3.1 gekennzeichneten Bereichen mit dem dort angegebenen Verlauf anzunehmen. Für den Nachweis nach Gleichung (8) ist dabei von der mit M_2 ermittelten Grenzlinie und dem statisch bestimmten Anteil der 0,9- bzw. 1,1fachen Vorspannung als Beanspruchungskombination auszugehen.

11.1 Rechnerischer Bruchzustand und Sicherheitsbeiwerte

(1) Für den rechnerischen Bruchzustand ist bei statisch bestimmt gelagerten Spannbetontragwerken die 1,75fache Summe der äußeren Lasten (nach den Abschnitten 9.2.2 und 9.2.3) in ungünstigster Stellung anzusetzen ($\gamma = 1,75$). Bei statisch unbestimmt gelagerten Tragwerken ist darüber hinaus – sofern diese ungünstig wirken – die 1,0fache Zwangbeanspruchung infolge von Schwinden, Wärmewirkungen und wahrscheinlicher Baugrundbewegung[8]) und Anheben zum Auswechseln von Lagern sowie die 1,0fache Schnittgröße am Gesamtquerschnitt aus Vorspannung (unter Berücksichtigung von Kriechen und Schwinden) zu berücksichtigen. Bei Zwangbeanspruchung infolge Baugrundbewegung darf das Kriechen berücksichtigt werden. Die Schnittgrößen aus den einzelnen Lastfällen sind im allgemeinen wie im Gebrauchszustand anzusetzen.

Lager, Zwang aus Anheben

9.2.7 Zwang aus Anheben zum Auswechseln von Lagern

Der Lastfall Anheben zum Auswechseln von Lagern bei Brücken und vergleichbaren Bauwerken ist zu berücksichtigen. Die beim Anheben entstehende Zwangbeanspruchung darf bei der Spannungsermittlung unberücksichtigt bleiben.

Lagerung, direkte

14.2 Verankerung durch Verbund

(3) Die ausreichende Verankerung im rechnerischen Bruchzustand ist nachgewiesen, wenn die Bedingungen nach a) oder b) erfüllt sind:
a) Die Verankerungslänge l der Spannglieder muß in einem Bereich liegen, der im rechnerischen Bruchzustand frei von Biegezugrissen (Zone a nach Abschnitt 12.3.1) und frei von Schubrissen ($\sigma_I \leq$ Werte der Tabelle 9, Zeile 49, bei vorwiegend ruhender oder Zeile 50 bei nicht vorwiegend ruhender Belastung) ist.

Die Hauptzugspannung σ_I braucht nur in einem Abstand von 0,5 d_0 vom Auflagerrand nachgewiesen zu werden.

Die Verankerungslänge beträgt

$$l = \frac{Z_u}{\sigma_v \cdot A_v} \cdot l_{\ddot{u}} \tag{18}$$

Hierin bedeuten:

$$Z_u = \frac{M_u}{z} + Q_u \cdot \frac{v}{h} \tag{19}$$

σ_v die zulässige Vorspannung des Spannstahles (siehe Tabelle 9, Zeile 65)
A_v Querschnittsfläche des Spanngliedes
v Versatzmaß nach DIN 1045
Der Anteil $Q_u \cdot v/h$ der Gleichung (19) braucht nur berücksichtigt zu werden, wenn anschließend an die Verankerungslänge Schubrisse vorausgesetzt werden müssen (Überschreitung der oben genannten Grenzwerte).
b) Der rechnerische Überstand der im Verbund liegenden Spannglieder über die Auflagervorderkante muß betragen:

$$l_1 = \frac{Z_{Au}}{\sigma_v \cdot A_v} \cdot l_{\ddot{u}} \tag{20}$$

Bei direkter Lagerung genügt ein Überstand von ⅔ l_1.

Hierin bedeuten:

$Z_{Au} = Q_u \cdot \dfrac{v}{h}$ am Auflager zu verankernde Zugkraft; sofern ein Teil dieser Zugkraft nach DIN 1045 durch Längsbewehrung aus Betonstahl verankert wird, braucht der Überstand der Spannglieder nur für die nicht abgedeckte Restzugkraft $\Delta Z_{Au} = Z_{Au} - A_s \cdot \beta_S$ nachgewiesen zu werden.
Q_u die Querkraft am Auflager im rechnerischen Bruchzustand
A_v der Querschnitt der über die Auflager geführten unten liegenden Spannglieder

Lagerung, frei drehbare

7.6 Stützmomente

Die Momentenfläche muß über den Unterstützungen parabelförmig ausgerundet werden, wenn bei der Berechnung eine frei drehbare Lagerung angenommen wurde (siehe DIN 1045/07.88, Abschnitt 15.4.1.2).

Lagerung, indirekte

12.5 Indirekte Lagerung

Es gilt DIN 1045/07.88, Abschnitt 18.10.2. Für die Aufhängebewehrung dürfen auch Spannglieder herangezogen werden, wenn ihre Neigung zwischen 45° und 90° gegen die Trägerachse beträgt. Dabei ist für Spannstahl die Streckgrenze β_S anzusetzen, wenn der Spannungszuwachs kleiner als 420 N/mm² ist.

Last, ständige

9.2 Zusammenstellung der Beanspruchungen

9.2.2 Ständige Last

Wird die ständige Last stufenweise aufgebracht, so ist jede Laststufe als besonderer Lastfall zu behandeln.

10 Rissebeschränkung

10.1 Zulässigkeit von Zugspannungen

10.1.1 Volle Vorspannung

(1) Im Gebrauchszustand dürfen in der Regel keine Zugspannungen infolge von Längskraft und Biegemoment auftreten.

(2) In folgenden Fällen sind jedoch solche Zugspannungen zulässig:

a) Im Bauzustand, also z. B. unmittelbar nach dem Aufbringen der Vorspannung vor dem Einwirken der vollen <u>ständigen Last</u>, siehe Tabelle 9, Zeilen 15 bis 17 bzw. Zeilen 33 bis 35.
b) Bei Brücken und vergleichbaren Bauwerken unter Haupt- und Zusatzlasten, siehe Tabelle 9, Zeilen 30 bis 32; bei anderen Bauwerken unter wenig wahrscheinlicher Häufung von Lastfällen siehe Tabelle 9, Zeilen 12 bis 14.
c) Bei wenig wahrscheinlichen Laststellungen, siehe Tabelle 9 Zeilen 12 bis 14 bzw. Zeilen 30 bis 32; als wenig wahrscheinliche Laststellungen gelten z. B. die gleichzeitige Wirkung mehrerer Kräne und Kranlasten in ungünstigster Stellung oder die Berücksichtigung mehrerer Einflußlinien-Beitragsflächen gleichen Vorzeichens, die durch solche entgegengesetzten Vorzeichens voneinander getrennt sind.

Lastabtragung, örtliche

10 Rissebeschränkung

10.1 Zulässigkeit von Zugspannungen

10.1.1 Volle Vorspannung

(3) Gleichgerichtete Zugspannungen aus verschiedenen Tragwirkungen (z. B. Wirkung einer Platte als Gurt eines Hauptträgers bei gleichzeitiger <u>örtlicher Lastabtragung</u> in der Platte) sind zu überlagern; dabei dürfen die Spannungen die Werte der Tabelle 9, Zeilen 12 bis 14 bzw. Zeilen 30 bis 32, nicht überschreiten. Für Lastfallkombinationen unter Einschluß der möglichen Baugrundbewegungen nach DIN 1072 sind Nachweise der Betonzugspannungen nicht erforderlich.

Lastfälle vor Herstellen des Verbundes

11.3 Nachweis bei <u>Lastfällen vor Herstellen des Verbundes</u>

(Der gesamte Abschnitt, der sich mit o.g. Stichwort befaßt, wird hier nicht abgedruckt.)

Lastfälle, unwahrscheinliche Häufung von

(Tabelle 9, siehe Seite 182)

Lastkombinationen

10.2 Nachweis zur Beschränkung der Rißbreite

(7) Bei Platten mit Umweltbedingungen nach DIN 1045/ 07.83, Tabelle 10, Zeilen 1 und 2, braucht der Nachweis nach den Absätzen (2) bis (5) nicht geführt zu werden, wenn eine der folgenden Bedingungen a) oder b) eingehalten ist:

a) Die Ausmitte $e = |M/N|$ bei <u>Lastkombinationen</u> nach Absatz (5) entspricht folgenden Werten:
   $e \leq d/3$ bei Platten der Dicke $d \leq 0{,}40$ m
   $e \leq 0{,}133$ m   bei Platten der Dicke $d > 0{,}40$ m

b) Bei Deckenplatten des üblichen Hochbaues mit Dicken $d \leq 0{,}40$ m sind für den Wert der Druckspannung $|\sigma_N|$ in N/mm² aus Normalkraft infolge von Vorspannung und äußerer Last und den Bewehrungsgehalt μ in % für den Betonstahl in der vorgedrückten Zugzone – bezogen auf den gesamten Betonquerschnitt – folgende drei Bedingungen erfüllt:

$$\mu \geq 0{,}05$$
$$|\sigma_N| \geq 1{,}0$$
$$\frac{\mu}{0{,}15} + \frac{|\sigma_N|}{3} \geq 1{,}0$$

12 Schiefe Hauptspannungen und Schubdeckung

12.1 Allgemeines

(3) Bei <u>Lastfallkombinationen</u> unter Einschluß möglicher Baugrundbewegungen kann auf den Nachweis der schiefen Hauptzugspannungen im Gebrauchszustand verzichtet werden. Der Nachweis der Hauptdruckspannungen bzw. Schubspannungen im rechnerischen Bruchzustand[9]) nach den Abschnitten 12.3.2 und 12.3.3 und der Schubbewehrung nach Abschnitt 12.4 ist jedoch zu führen.

12.3 Spannungsnachweise im rechnerischen Bruchzustand

12.3.1 Allgemeines

(2) Ein Querschnitt liegt in Zone a, wenn in der jeweiligen <u>Lastfallkombination</u> die größte nach Zustand I im rechnerischen Bruchzustand ermittelte Randzugspannung die nachstehenden Werte nicht überschreitet:

B 25	B 35	B 45	B 55
2,5 N/mm²	2,8 N/mm²	3,2 N/mm²	3,5 N/mm²

Laststellung, ungünstigste

9 Gebrauchszustand, <u>ungünstigste Laststellung</u>, Sonderlastfälle bei Fertigteilen, Spaltzugbewehrung

(Hier ist nur die Überschrift von Abschnitt 9 abgedruckt.)

Laststellungen, wenig wahrscheinliche

10 Rissebeschränkung

10.1 Zulässigkeit von Zugspannungen

10.1.1 Volle Vorspannung

(2) In folgenden Fällen sind jedoch solche Zugspannungen zulässig:

Stichworte

a) Im Bauzustand, also z. B. unmittelbar nach dem Aufbringen der Vorspannung vor dem Einwirken der vollen ständigen Last, siehe Tabelle 9, Zeilen 15 bis 17 bzw. Zeilen 33 bis 35.
b) Bei Brücken und vergleichbaren Bauwerken unter Haupt- und Zusatzlasten, siehe Tabelle 9, Zeilen 30 bis 32; bei anderen Bauwerken unter wenig wahrscheinlicher Häufung von Lastfällen siehe Tabelle 9, Zeilen 12 bis 14.
c) Bei wenig wahrscheinlichen Laststellungen, siehe Tabelle 9, Zeilen 12 bis 14 bzw. Zeilen 30 bis 32; als wenig wahrscheinliche Laststellungen gelten z. B. die gleichzeitige Wirkung mehrerer Kräne und Kranlasten in ungünstigster Stellung oder die Berücksichtigung mehrerer Einflußlinien-Beitragsflächen gleichen Vorzeichens, die durch solche entgegengesetzten Vorzeichens voneinander getrennt sind.

Lastwechsel, häufige

15.9.2 Endverankerungen mit Ankerkörpern und Kopplungen

(2) Dieser Nachweis ist, sofern im Querschnitt Zugspannungen auftreten, nach Zustand II zu führen. Hierbei sind nur die durch häufige Lastwechsel verursachten Spannungsschwankungen zu berücksichtigen.

15.9.3 Endverankerung von Spanngliedern mit sofortigem Verbund

Es ist nachzuweisen, daß die Änderung der Spannung aus häufigen Lastwechseln (siehe Abschnitt 15.9.2) am Ende der Übertragungslänge bei gerippten und profilierten Drähten nicht größer als 70 N/mm², bei Litzen nicht größer als 50 MN/m² ist.

Lastzusammenstellung

9.3 Lastzusammenstellungen

Bei Ermittlung der ungünstigsten Beanspruchungen müssen in der Regel nachfolgende Lastfälle untersucht werden:
– Zustand unmittelbar nach dem Aufbringen der Vorspannung,
– Zustand mit ungünstigster Verkehrslast und teilweisem Kriechen und Schwinden,
– Zustand mit ungünstigster Verkehrslast nach Beendigung des Kriechens und Schwindens.

Lehrgerüstabsenken

5.3 Verfahren und Messungen beim Spannen

(1) Die Vorspannung ist entsprechend einem Spannprogramm aufzubringen. Dieses muß für jedes Spannglied neben der zeitlichen Folge des Spannens Angaben über Spannkraft und Spannweg unter Berücksichtigung der Zusammendrückung des Betons, der Reibung, des Schlupfes und des Zeitpunktes des Lehrgerüstabsenkens enthalten. Im Falle von Teilvorspannung sind die bis zum endgültigen Vorspannen eingetretenen Spannkraftverluste zu berücksichtigen. Das Spannprogramm ist so aufzustellen, daß keine unzulässigen Beanspruchungen des Betons entstehen.

Lieferschein Zubehörteile

Lieferschein, Spannglieder

Lieferzeugnis Spannstahl

6.5.3 Fertigspannglieder

(3) Bei Auslieferung der Spannglieder sind folgende Unterlagen beizufügen:
– Lieferschein mit Angabe von Bauvorhaben, Spanngliedtyp, Positionsnummer der Spannglieder, Fertigungs- und Auslieferungsdatum und der Bestätigung, daß die Spannglieder güteüberwacht sind. Der Lieferschein muß auch die Angaben der Anhängeschilder der jeweils verwendeten Spannstähle enthalten;
– bei Verwendung von Restmengen oder Verschnitt Angaben über die Herkunft;
– Lieferzeugnisse für den Spannstahl und Lieferscheine für die Zubehörteile mit Angabe der hierfür fremdüberwachenden Stelle.

Litze

1.2 Begriffe
1.2.1 Querschnittsteile

(5) **Spannglieder.** Das sind die Zugglieder aus Spannstahl, die zur Erzeugung der Vorspannung dienen; hierunter sind auch Einzeldrähte, Einzelstäbe und Litzen zu verstehen. Fertigspannglieder sind Spannglieder, die nach Abschnitt 6.5.3 werkmäßig vorgefertigt werden.

3.2 Spannstahl

Spanndrähte müssen mindestens 5,0 mm Durchmesser oder bei nicht runden Querschnitten mindestens 30 mm² Querschnittsfläche haben. Litzen müssen mindestens 30 mm² Querschnittsfläche haben, wobei die einzelnen Drähte mindestens 3,0 mm Durchmesser aufweisen müssen. Für Sonderzwecke, z.B. für vorübergehend erforderliche Bewehrung oder Rohre aus Spannbeton, sind Einzeldrähte von mindestens 3,0 mm Durchmesser bzw. bei nicht runden Querschnitten von mindestens 20 mm² Querschnittsfläche zulässig.

10.2 Nachweis zur Beschränkung der Rißbreite

(3) Im Bereich eines Quadrates von 30 cm Seitenlänge, in dessen Schwerpunkt ein Spannglied mit nachträglichem Verbund liegt, darf die nach Absatz (2) nachgewiesene Betonstahlbewehrung um den Betrag

$$\Delta A_s = u_v \cdot \xi \cdot d_s / 4 \qquad (9)$$

abgemindert werden.

Hierin bedeuten:

d_s nach Gleichung (8), jedoch in cm
u_v Umfang des Spanngliedes im Hüllrohr
  Einzelstab: $u_v = \pi \, d_v$
  Bündelspannglied, Litze: $u_v = 1{,}6 \cdot \pi \cdot \sqrt{A_v}$
d_v Spanngliederdurchmesser des Einzelstabes in cm

A_v Querschnitt der Bündelspannglieder bzw. Litzen in cm^2

ξ Verhältnis der Verbundfestigkeit von Spanngliedern im Einpreßmörtel zur Verbundfestigkeit von Rippenstahl im Beton
- Spannglieder aus glatten Stäben $\xi = 0{,}2$
- Spannglieder aus profilierten Drähten oder aus Litzen $\xi = 0{,}4$
- Spannglieder aus gerippten Stählen $\xi = 0{,}6$

12.6 Eintragung der Vorspannung

(4) Zur Aufnahme der im Bereich der Eintragungslänge e auftretenden Spaltzugkräfte muß stets eine Querbewehrung angeordnet werden. Sie ist bei Verankerung durch Verbund unter Zugrundelegung einer kürzeren Eintragungslänge zu bemessen und entsprechend zu verteilen. Für gerippte Drähte ist diese verkürzte Eintragungslänge mit der Hälfte, bei gezogenen profilierten Drähten bzw. Litzen mit ¾ des Ausgangswertes anzunehmen. Zugkräfte aus Schub und Spaltzug brauchen nicht addiert zu werden, wenn örtlich die jeweils größere Zugkraft durch Bügel abgedeckt wird.

14.2 Verankerung durch Verbund

(2) Bei Einzelspanngliedern aus Runddrähten oder Litzen ist d_v der Nenndurchmesser, bei nicht runden Drähten ist für d_v der Durchmesser eines Runddrahtes gleicher Querschnittsfläche einzusetzen. Der Verbundbeiwert k_1 ist den Zulassungen für den Spannstahl zu entnehmen.

15.8 Gekrümmte Spannglieder

In aufgerollten oder gekrümmt verlegten, gespannten Spanngliedern dürfen die Randspannungen den Wert $\beta_{0{,}01}$ nicht überschreiten. Die Randspannungen für Litzen dürfen mit dem halben Nenndurchmesser ermittelt werden.

15.9.3 Endverankerung von Spanngliedern mit sofortigem Verbund

Es ist nachzuweisen, daß die Änderung der Spannung aus häufigen Lastwechseln (siehe Abschnitt 15.9.2) am Ende der Übertragungslänge bei gerippten und profilierten Drähten nicht größer als 70 N/mm^2, bei Litzen nicht größer als 50 MN/m^2 ist.

Tabelle 8.1. **Beiwerte r zur Berücksichtigung der Verbundeigenschaften**

Bauteile mit Umweltbedingungen nach DIN 1045/07.88, Tabelle 10, Zeile(n)	1	2	3 und 4 [1]
zu erwartende Rißbreite	normal	normal	sehr gering
gerippter Betonstahl und gerippte Spannstähle in sofortigem Verbund	200	150	100
profilierter Spannstahl und Litzen in sofortigem Verbund	150	110	75

[1] Auch bei Bauteilen im Einflußbereich bis zu 10 m von
- Straßen, die mit Tausalzen behandelt werden
oder
- Eisenbahnstrecken, die vorwiegend mit Dieselantrieb befahren werden.

Litzen, Anzahl

Tabelle 3. **Anzahl der Spannglieder**

		1	2	3
	Art der Spannglieder	Mindestanzahl nach Absatz (1)	Anzahl der rechnerisch ausfallenden Stäbe bzw. Drähte [1]
1	Einzelstäbe bzw. -drähte	3	1
2	Stäbe bzw. Drähte bei Bündelspanngliedern	7	3
3	7drähtige Litzen Einzeldrahtdurchmesser $d_v \geq 4$ mm [2]	1	–

[1] Bei Verwendung von Stäben bzw. Drähten unterschiedlicher Querschnitte sind die jeweils dicksten Stäbe bzw. Drähte in Ansatz zu bringen.

[2] Werden in Ausnahmefällen Litzen mit geringerem Drahtdurchmesser verwendet, so beträgt die Mindestanzahl 2.

Luftfeuchte, mittlere relative

Tabelle 8. **Grundfließzahl und Grundschwindmaß in Abhängigkeit von der Lage des Bauteiles** (Richtwerte)

	1	2	3	4	5
	Lage des Bauteiles	Mittlere relative Luftfeuchte in % etwa	Grundfließzahl φ_{f0}	Grundschwindmaß ε_{s0}	Beiwert k_{ef} nach Abschnitt 8.5
1	im Wasser		0,8	$+10 \cdot 10^{-5}$	30
2	in sehr feuchter Luft, z.B. unmittelbar über dem Wasser	90	1,3	$-13 \cdot 10^{-5}$	5,0
3	allgemein im Freien	70	2,0	$-32 \cdot 10^{-5}$	1,5
4	in trockener Luft, z.B. in trockenen Innenräumen	50	2,7	$-46 \cdot 10^{-5}$	1,0

Anwendungsbedingungen siehe Tabelle 7

Luftfeuchte, relative

(Tabelle 7, siehe Seite 180)

Messungen beim Spannen

5.3 Verfahren und Messungen beim Spannen

(Der gesamte Abschnitt, der sich mit o.g. Stichwort befaßt, wird hier nicht abgedruckt.)

Mindestbetondeckung

6.2.3 Betondeckung von Spanngliedern mit sofortigem Verbund

(5) Für die wirksame Verankerung runder gerippter Einzeldrähte und Litzen mit $d_v \leq 12$ mm sowie nichtrunder gerippter Einzeldrähte mit $d_v \leq 8$ mm gelten folgende Mindestbetondeckungen:

$c = 1,5\, d_v$ bei profilierten Drähten und bei Litzen aus glatten Einzeldrähten (1)

$c = 2,5\, d_v$ bei gerippten Drähten (2)

Darin ist für d_v zu setzen:

a) bei Runddrähten der Spanndrahtdurchmesser,
b) bei nichtrunden Drähten der Vergleichsdurchmesser eines Runddrahtes gleicher Querschnittsfläche,
c) bei Litzen der Nenndurchmesser.

Mindestbetonfestigkeit

Tabelle 2. **Mindestbetonfestigkeiten** beim Vorspannen

	1	2	3
	Zugeordnete Festigkeitsklasse	Würfeldruckfestigkeit β_{Wm} beim Teilvorspannen N/mm²	Würfeldruckfestigkeit β_{Wm} beim endgültigen Vorspannen N/mm²
1	B 25	12	24
2	B 35	16	32
3	B 45	20	40
4	B 55	24	48

Anmerkung:
Die „zugeordnete Festigkeitsklasse" ist die laut Zulassung für das jeweilige Spannverfahren erforderliche Festigkeitsklasse des Betons.

Mindestbewehrung

6.7 Mindestbewehrung

(Der gesamte Abschnitt, der sich mit o.g. Stichwort befaßt, wird hier nicht abgedruckt.)

(Tabelle 4, siehe Seite 178)

Mindestbewehrung für Scheibenschub

6.7.3 Schubbewehrung von Gurtscheiben

(1) Wirkt die Platte gleichzeitig als Gurtscheibe, muß die Mindestbewehrung zur Aufnahme des Scheibenschubs auf die örtliche Plattendicke bezogen werden.

(2) Für die Schubbewehrung von Gurtscheiben gilt Tabelle 4, Zeile 4.

Mindestbewehrung, erhöhte

6.7 Mindestbewehrung

6.7.1 Allgemeines

(3) Bei Brücken und vergleichbaren Bauwerken ist eine erhöhte Mindestbewehrung in gezogenen bzw. weniger gedrückten Querschnittsteilen (siehe Tabelle 4, Zeilen 1b und 2b, Werte in Klammern) anzuordnen, wenn im Endzustand unter Haupt- und Zusatzlasten die nach Zustand I ermittelte Betondruckspannung am Rand dem Betrag nach kleiner als 2 N/mm² ist. Dabei dürfen Spannglieder unter Berücksichtigung der unterschiedlichen Verbundeigenschaften angerechnet werden[4]. In Gurtplatten sind Stabdurchmesser ≤ 16 mm zu verwenden, sofern kein genauer Nachweis erfolgt[4].

---

[4] Nachweise siehe DAfStb-Heft 320

6.7.4 Längsbewehrung von Balkenstegen

Für die Längsbewehrung von Balkenstegen gilt Tabelle 4, Zeilen 2a und 2b. Mindestens die Hälfte der erhöhten Mindestbewehrung muß am unteren und/oder oberen Rand des Steges liegen, der Rest darf über das untere und/oder obere Drittel der Steghöhe verteilt sein.

10.3 Arbeitsfugen annähernd rechtwinklig zur Tragrichtung

(2) Wird nicht nachgewiesen, daß die infolge Schwindens und Abfließens der Hydratationswärme im anbetonierten Teil auftretenden Zugkräfte durch Bewehrung aufgenommen werden können, so ist im anbetonierten Teil auf eine Länge $d_0 \leq 1,0$ m die parallel zur Arbeitsfuge laufende Bewehrung auf die doppelten Werte der Mindestbewehrung nach Abschnitt 6.7 – mit Ausnahme von Abschnitt 6.7.6 – anzuhe-

ben. Diese Werte gelten auch als Mindestquerschnitt der obersten und untersten Lage der die Fuge kreuzenden Bewehrung, die beiderseits der Fuge auf einer Länge $d_0 + l_0 \leq 4,0$ m vorhanden sein muß (d_0 Balkendicke bzw. Plattendicke; l_0 Grundmaß der Verankerungslänge nach DIN 1045/ 07.88, Abschnitt 18.5.2.1). Bei Brücken und vergleichbaren Bauwerken ist außerdem die Regelung über die erhöhte Mindestbewehrung nach Abschnitt 6.7.1 (3) zu beachten.

10.4 Arbeitsfugen mit Spanngliedkopplungen

(2) Bei Brücken und vergleichbaren Bauwerken ist die erhöhte Mindestbewehrung nach Tabelle 4 grundsätzlich einzulegen.

(Tabelle 4, siehe Seite 178)

Mindestbewehrung, Grundwerte

Tabelle 5. **Grundwerte μ der Mindestbewehrung in %**

	1	2	3
	Vorgesehene Betonfestigkeitsklasse	III S	IV S IV M
1	B 25	0,07	0,06
2	B 35	0,09	0,08
3	B 45	0,10	0,09
4	B 55	0,11	0,10

Mindestdruckrandspannung

10.4 Arbeitsfugen mit Spanngliedkopplungen

(4) Bei Bauwerken nach Absatz (3) dürfen die vorstehenden Werte für die Mindestlängsbewehrung auf die doppelten Werte nach Tabelle 4 ermäßigt werden, wenn die Druckrandspannung am betrachteten Rand mindestens 2 N/mm² beträgt. Bei Mindest-Druckrandspannungen zwischen 0 und 2 N/mm² darf der Querschnitt der Mindestlängsbewehrung zwischen den jeweils maßgebenden Werten linear interpoliert werden.

Mindestgurtbewehrung

14.3 Nachweis der Zugkraftdeckung

(3) Werden am Auflager Spannglieder von der Trägerunterseite hochgeführt, so muß die Wirkung der vollen Trägerhöhe für die Schubtragfähigkeit durch eine Mindestgurtbewehrung zur Deckung einer Zuggurtkraft von $Z_u = 0,5\ Q_u$ gesichert werden. Im Zuggurt verbleibende Spannglieder dürfen mit ihrer anfänglichen Vorspannkraft V_0 angesetzt werden.

Mindestlängsbewehrung

10.4 Arbeitsfugen mit Spanngliedkopplungen

(4) Bei Bauwerken nach Absatz (3) dürfen die vorstehenden Werte für die Mindestlängsbewehrung auf die doppelten Werte nach Tabelle 4 ermäßigt werden, wenn die Druckrandspannung am betrachteten Rand mindestens 2 N/mm² beträgt. Bei Mindest-Druckrandspannungen zwischen 0 und 2 N/mm² darf der Querschnitt der Mindestlängsbewehrung zwischen den jeweils maßgebenden Werten linear interpoliert werden.

Mindestquerbewehrung

6.7.2 Oberflächenbewehrung von Spannbetonplatten

(2) Abweichend davon ist bei statisch bestimmt gelagerten Platten des üblichen Hochbaues (nach DIN 1045/07.88, Abschnitt 2.2.4) eine obere Mindestbewehrung nicht erforderlich. Bei Platten mit Vollquerschnitt und einer Breite $b \leq 1,20$ m darf außerdem die untere Mindestquerbewehrung entfallen. Bei rechnerisch nicht berücksichtigter Einspannung ist jedoch die Mindestbewehrung in Einspannrichtung über ein Viertel der Plattenstützweite einzulegen.

Mindestquerschnitt der Bewehrung

10.3 Arbeitsfugen annähernd rechtwinklig zur Tragrichtung

(2) Wird nicht nachgewiesen, daß die infolge Schwindens und Abfließens der Hydratationswärme im anbetonierten Teil auftretenden Zugkräfte durch Bewehrung aufgenommen werden können, so ist im anbetonierten Teil auf eine Länge $d_0 \leq 1,0$ m die parallel zur Arbeitsfuge laufende Bewehrung auf die doppelten Werte der Mindestbewehrung nach Abschnitt 6.7 – mit Ausnahme von Abschnitt 6.7.6 – anzuheben. Diese Werte gelten auch als Mindestquerschnitt der obersten und untersten Lage der die Fuge kreuzenden Bewehrung, die beiderseits der Fuge auf einer Länge $d_0 + l_0 \leq 4,0$ m vorhanden sein muß (d_0 Balkendicke bzw. Plattendicke; l_0 Grundmaß der Verankerungslänge nach DIN 1045/ 07.88, Abschnitt 18.5.2.1). Bei Brücken und vergleichbaren Bauwerken ist außerdem die Regelung über die erhöhte Mindestbewehrung nach Abschnitt 6.7.1 (3) zu beachten.

Mindestschubbewehrung

12.4 Bemessung der Schubbewehrung

12.4.1 Allgemeines

(2) Die erforderliche Schubbewehrung ist für die in den Zugstreben eines gedachten Fachwerks wirkenden Kräfte zu bemessen (Fachwerkanalogie). Bezüglich der Neigung der Fachwerkstreben siehe Abschnitte 12.4.2 (Querkraft) und 12.4.3 (Torsion); die Bewehrungen sind getrennt zu ermitteln und zu addieren. Auf die Mindestschubbewehrung nach den Abschnitten 6.7.3 und 6.7.5 wird hingewiesen. Für die Bemessung der Bewehrung aus Betonstahl gelten die in Tabelle 9, Zeile 69, angegebenen Spannungen.

12.7 Nachträglich ergänzte Querschnitte

(3) Sind die Fugen verzahnt oder wird die Oberfläche nachträglich verzahnt, so darf die Druckstrebenneigung nach Abschnitt 12.4.2 angenommen werden. Die Mindestschubbewehrung nach Tabelle 4 muß die Fuge durchdringen.

Mitwirkung des Betons auf Zug

7.4 Mitwirkung des Betons in der Zugzone

Bei Berechnungen im Gebrauchszustand darf die Mitwirkung des Betons auf Zug berücksichtigt werden. Für die Rissebeschränkung siehe jedoch Abschnitt 10.2.

11 Nachweis für den rechnerischen Bruchzustand bei Biegung, bei Biegung mit Längskraft und bei Längskraft

11.2 Grundlagen

11.2.1 Allgemeines

Die folgenden Bestimmungen gelten für Querschnitte, bei denen vorausgesetzt werden kann, daß sich die Dehnungen der einzelnen Fasern des Querschnitts wie ihre Abstände von der Nullinie verhalten. Eine Mitwirkung des Betons auf Zug darf nicht in Rechnung gestellt werden.

Momentennullpunkt

11.3 Nachweis bei Lastfällen vor Herstellen des Verbundes

(2) Vor dem Herstellen des Verbundes können sich die Spannglieder auf ihrer ganzen Länge frei dehnen. Das Verhalten im rechnerischen Bruchzustand hängt deshalb von dem Formänderungsverhalten des gesamten Tragwerks ab. Die in den Spanngliedern wirkende Spannung darf wie folgt angenommen werden, sofern kein genauerer Nachweis geführt wird:

– bei annähernd gleichmäßig belasteten Trägern auf 2 Stützen:

$$\sigma_{vu} = \sigma_v^{(0)} + 110 \text{ N/mm}^2 \leq \beta_{Sv}, \quad (10a)$$

– bei Kragträgern unabhängig vom Belastungsbild, falls die Spannglieder im anschließenden Feld zumindest jenseits des Momentennullpunktes im Verbund liegen:

$$\sigma_{vu} = \sigma_v^{(0)} + 50 \text{ N/mm}^2 \leq \beta_{Sv}, \quad (10b)$$

– bei Durchlaufträgern:

$$\sigma_{vu} = \sigma_v^{(0)} \quad (10c)$$

Hierin bedeuten:
$\sigma_v^{(0)}$ Spannung im Spannglied im Bauzustand
β_{Sv} Streckgrenze bzw. $\beta_{0,2}$-Grenze des Spannstahls

13 Nachweis der Beanspruchung des Verbundes zwischen Spannglied und Beton

(2) Näherungsweise darf sie bestimmt werden aus:

$$\tau_1 = \frac{Z_u - Z_v}{u_v \cdot l'} \quad (16)$$

Hierin bedeuten:
Z_u Zugkraft des Spanngliedes im rechnerischen Bruchzustand beim Nachweis nach Abschnitt 11
Z_v zulässige Zugkraft des Spanngliedes im Gebrauchszustand
u_v Umfang des Spanngliedes nach Abschnitt 10.2
l' Abstand zwischen dem Querschnitt des maximalen Momentes im rechnerischen Bruchzustand und dem Momentennullpunkt unter ständiger Last.

Nennbruchkraft

14 Verankerung und Kopplung der Spannglieder, Zugkraftdeckung

14.1 Allgemeines

Die Spannglieder sind durch geeignete Maßnahmen so im Beton des Bauteiles zu verankern, daß die Verankerung die Nennbruchkraft des Spanngliedes erträgt und im Gebrauchszustand keine schädlichen Risse im Verankerungsbereich auftreten. Für Spannglieder mit Endverankerung und für Kopplung sind die Angaben den Zulassungen zu entnehmen.

Nenndurchmesser

6 Grundsätze für die bauliche Durchbildung und Bauausführung

6.1 Bewehrung aus Betonstahl

(2) Als glatter Betonstahl BSt 220 (Kennzeichen I) darf nur warmgewalzter Rundstahl nach DIN 1013 Teil 1 aus St 37-2 nach DIN 17 100 in den Nenndurchmessern d_s = 8, 10, 12, 14, 16, 20, 25 und 28 mm verwendet werden[3]).

14.2 Verankerung durch Verbund

(2) Bei Einzelspanngliedern aus Runddrähten oder Litzen ist d_v der Nenndurchmesser, bei nicht runden Drähten ist für d_v der Durchmesser eines Runddrahtes gleicher Querschnittsfläche einzusetzen. Der Verbundbeiwert k_1 ist den Zulassungen für den Spannstahl zu entnehmen.

Nenndurchmesser, Litze

6.2.3 Betondeckung von Spanngliedern mit sofortigem Verbund

(5) Für die wirksame Verankerung runder gerippter Einzeldrähte und Litzen mit $d_v \leq 12$ mm sowie nichtrunder gerippter Einzeldrähte mit $d_v \leq 8$ mm gelten folgende Mindestbetondeckungen:

$c = 1,5 \, d_v$ bei profilierten Drähten und bei Litzen aus glatten Einzeldrähten (1)

$c = 2,5 \, d_v$ bei gerippten Drähten (2)

Darin ist für d_v zu setzen:

a) bei Runddrähten der Spanndrahtdurchmesser,
b) bei nichtrunden Drähten der Vergleichsdurchmesser eines Runddrahtes gleicher Querschnittsfläche,
c) bei Litzen der Nenndurchmesser.

Oberflächenbewehrung

6.7.2 Oberflächenbewehrung von Spannbetonplatten

(Der gesamte Abschnitt, der sich mit o.g. Stichwort befaßt, wird hier nicht abgedruckt.)

Platte, dicke

12.4 Bemessung der Schubbewehrung

12.4.1 Allgemeines

(7) Bei dicken Platten sind die in Tabelle 9, Zeile 51, angegebenen Werte nach der in DIN 1045/07.88, Abschnitt 17.5.5, getroffenen Regelung zu verringern. Diese Abminderung gilt jedoch nicht, wenn die rechnerische Schubspannung vorwiegend aus Einzellasten resultiert (z. B. Fahrbahnplatten von Brücken).

Platte, Mindestbewehrung

6.7 Mindestbewehrung

6.7.2 Oberflächenbewehrung von Spannbetonplatten

(4) Bei Platten mit veränderlicher Dicke darf die Mindestbewehrung auf die gemittelte Plattendicke d_m bezogen werden.

(Tabelle 4, siehe Seite 178)

Platte ohne Schubbewehrung

14.3 Nachweis der Zugkraftdeckung

(1) Bei gestaffelter Anordnung von Spanngliedern ist die Zugkraftdeckung im rechnerischen Bruchzustand nach DIN 1045/07.88, Abschnitt 18.7.2, durchzuführen. Bei Platten ohne Schubbewehrung ist $v = 1,5\ h$ in Rechnung zu stellen.

Plattenbalken

12 Schiefe Hauptspannungen und Schubdeckung

12.1 Allgemeines

(4) Bei Balkentragwerken mit gegliederten Querschnitten, z. B. bei Plattenbalken und Kastenträgern, sind die Schubspannungen aus Scheibenwirkung der einzelnen Querschnittsteile nicht mit den Schubspannungen aus Plattenwirkung zu überlagern.

Protokoll

6.6 Herstellen des nachträglichen Verbundes

(3) Das Einpressen in jeden einzelnen Spannkanal ist im Protokoll unter Angabe etwaiger Unregelmäßigkeiten zu vermerken. Die Protokolle sind zu den Bauakten zu nehmen.

Prüfzeichen

3 Baustoffe

3.1 Beton

3.1.1 Vorspannung mit nachträglichem Verbund

(4) Betonzusatzmittel dürfen nur verwendet werden, wenn für sie ein Prüfbescheid (Prüfzeichen) erteilt ist, in dem die Anwendung für Spannbeton geregelt ist.

Querbewehrung

6.7.2 Oberflächenbewehrung von Spannbetonplatten

(3) Bei Hohlplatten mit annähernd kreisförmigen Aussparungen darf die Längsbewehrung auf den reinen Betonquerschnitt bezogen werden. Die Querbewehrung ist in gleicher Größe wie die Längsbewehrung zu wählen. Die Stege müssen hierbei eine Schubbewehrung nach Abschnitt 6.7.5 erhalten. Hohlplatten mit annähernd rechteckigen Aussparungen sind wie Kastenträger zu behandeln.

12.6 Eintragung der Vorspannung

(4) Zur Aufnahme der im Bereich der Eintragungslänge e auftretenden Spaltzugkräfte muß stets eine Querbewehrung angeordnet werden. Sie ist bei Verankerung durch Verbund unter Zugrundelegung einer kürzeren Eintragungslänge zu bemessen und entsprechend zu verteilen. Für gerippte Drähte ist diese verkürzte Eintragungslänge mit der Hälfte, bei gezogenen profilierten Drähten bzw. Litzen mit ¾ des Ausgangswertes anzunehmen. Zugkräfte aus Schub und Spaltzug brauchen nicht addiert zu werden, wenn örtlich die jeweils größere Zugkraft durch Bügel abgedeckt wird.

Querbiegespannung

12.2 Spannungsnachweise im Gebrauchszustand

(2) Unter ständiger Last und Vorspannung dürfen auch unter Berücksichtigung der Querbiegespannungen die nach Zustand I berechneten schiefen Hauptzugspannungen die Werte der Tabelle 9, Zeilen 46 bis 49, nicht überschreiten.

Querbiegezugspannung

15.6 Querbiegezugspannungen in Querschnitten, die nach DIN 1045 bemessen werden

(1) In Querschnitten, die nach DIN 1045 bemessen werden (z. B. Stege oder Bodenplatten bei Querbiegebeanspruchung), dürfen die nach Zustand I ermittelten Querbiegezugspannungen die Werte der Tabelle 9, Zeile 45, nicht überschreiten. Bei Brücken wird dieser Nachweis nur für den Lastfall H verlangt.

(2) Außerdem dürfen für den Lastfall ständige Last plus Vorspannung die nach Zustand I ermittelten Querbiegezugspannungen die Werte der Tabelle 9, Zeile 37, nicht überschreiten.

Querbiegung

12.4 Bemessung der Schubbewehrung
12.4.1 Allgemeines

(9) Bei gleichzeitigem Auftreten von Schub und Querbiegung darf in der Regel vereinfachend eine symmetrisch zur Mittelfläche von Stegen verteilte Schubbewehrung auf die zur Aufnahme der Querbiegung erforderliche Bewehrung voll angerechnet werden. Diese Vereinfachung gilt nicht bei geneigten Bügeln und bei Spanngliedern als Schubbewehrung. In Gurtscheiben darf sinngemäß verfahren werden.

Querdehnung

7.3 Formänderung des Betons

(2) Soll der Einfluß der Querdehnung berücksichtigt werden, darf dieser mit $\mu = 0{,}2$ angesetzt werden.

Querkraft

12 Schiefe Hauptspannungen und Schubdeckung
12.1 Allgemeines

(6) Ungünstig wirkende Querkräfte, die sich aus einer Neigung der Spannglieder gegen die Querschnittsnormale ergeben, sind zu berücksichtigen; günstig wirkende Querkräfte infolge Spanngliedneigung dürfen berücksichtigt werden.

12.4 Bemessung der Schubbewehrung
12.4.1 Allgemeines

(8) Überschreiten die Hauptzugspannungen aus Querkraft und Querkraft plus Torsion die 0,6fachen Werte der Tabelle 9, Zeile 56, so dürfen für die Schubbewehrung nur Betonrippenstahl oder Spannglieder mit Endverankerung verwendet werden. Für die Abstände von Schrägstäben und Schrägbügeln gilt DIN 1045/07.88, Abschnitt 18.

12.4.2 Schubbewehrung zur Aufnahme der Querkräfte

(Der Abschnitt wird unter dem Stichwort „Schubbewehrung" abgedruckt.)

(Tabelle 9, siehe Seite 182)

Querkraft, maßgebende größte

12.9 Durchstanzen

(2) Bei der Ermittlung der maßgebenden größten Querkraft max. Q_r im Rundschnitt zum Nachweis der Sicherheit gegen Durchstanzen von punktförmig gestützten Platten darf eine entlastende und muß eine belastende Wirkung von Spanngliedern, die den Rundschnitt kreuzen, berücksichtigt werden. In den nach DIN 1045, zu führenden Nachweisen sind die Schnittgrößen aus Vorspannung mit dem Faktor 1/1,75 abzumindern.

Querkraft, Zustand II

12.3.3 Nachweis der Schub- und schiefen Hauptdruckspannungen in Zone b

(1) Als maßgebende Spannungsgröße in Zone b gilt der Rechenwert der Schubspannung τ_R
- aus Querkraft nach Zustand II (siehe Abschnitt 12.1);
- aus Torsion nach Zustand I;

er darf die in Tabelle 9, Zeilen 56 bis 61, angegebenen Werte nicht überschreiten.

(3) Ein von Spanngliedern als Schubbewehrung erzeugter Spannungszustand bleibt beim Nachweis der Schubspannung unberücksichtigt. Bei zugbeanspruchten Gurten ist die Schubspannung aus Querkraft für Zustand II aus der Zugkraftänderung der vorhandenen Gurtlängsbewehrung zwischen zwei benachbarten Querschnitten zu ermitteln, falls sie nicht nach Zustand I berechnet wird.

Querschnitte, nachträglich ergänzte

7.5 Nachträglich ergänzte Querschnitte

Bei Querschnitten, die nachträglich durch Anbetonieren ergänzt werden, sind die Nachweise nach Abschnitt 7.1 sowohl für den ursprünglichen als auch für den ergänzten Querschnitt zu führen. Beim Nachweis für den rechnerischen Bruchzustand des ergänzten Querschnitts darf so vorgegangen werden, als ob der Gesamtquerschnitt von Anfang an einheitlich hergestellt worden wäre. Für die erforderliche Anschlußbewehrung siehe Abschnitt 12.7.

12.7 Nachträglich ergänzte Querschnitte

(1) Schubkräfte zwischen Fertigteilen und Ortbeton bzw. in Arbeitsfugen (siehe DIN 1045/07.88, Abschnitte 10.2.3 und 19.4), die in Richtung der betrachteten Tragwirkung verlaufen, sind stets durch Bewehrung abzudecken. Die Bewehrung ist nach DIN 1045/07.88, Abschnitt 19.7.3, auszubilden. Die Fuge zwischen dem zuerst hergestellten Teil und der Ergänzung muß rauh sein. Dabei ist die Neigung der Druckstreben gegen die Querschnittsnormale wie folgt anzunehmen:

$$\tan \vartheta = \tan \vartheta_I \left(1 - 0{,}25 \, \frac{\Delta \tau}{\tau_u}\right) \geq 0{,}4 \text{ (Zone a)} \quad (14)$$

$$\tan \vartheta = 1 - \frac{0{,}25 \, \Delta \tau}{\tau_R} \geq 0{,}4 \text{ (Zone b)} \quad (15)$$

Erklärung der Formelzeichen siehe Abschnitt 12.4.2.

(2) Wird Ortbeton B 15 verwendet, so ist $\Delta \tau$ gleich 0,6 N/mm² zu setzen.

(3) Sind die Fugen verzahnt oder wird die Oberfläche nachträglich verzahnt, so darf die Druckstrebenneigung nach Abschnitt 12.4.2 angenommen werden. Die Mindestschubbewehrung nach Tabelle 4 muß die Fuge durchdringen.

Querschnittsschwächung

14.4 Verankerungen innerhalb des Tragwerks

(1) Wenn ein Teil des Querschnitts mit Ankerkörpern (Verankerungen, Spanngliedkopplungen) durchsetzt ist, sind Querschnittsschwächungen zu berücksichtigen infolge von:
a) Ankerkörpern, bei denen zwischen Stirnfläche des Ankerkörpers und Beton bzw. Einpreßmörtel eine nachgiebige Zwischenlage angeordnet ist, bei allen Nachweisen im Gebrauchszustand und im rechnerischen Bruchzustand;
b) Ankerkörper, die im Bereich von Längszugspannungen liegen, bei Nachweisen im Gebrauchszustand.

Quertragwirkung

12 Schiefe Hauptspannungen und Schubdeckung

12.1 Allgemeines

(1) Der Spannungsnachweis ist für den Gebrauchszustand nach Abschnitt 12.2 und für den rechnerischen Bruchzustand nach Abschnitt 12.3 zu führen. Hierbei brauchen Biegespannungen aus Quertragwirkung (aus Plattenwirkung einzelner Querschnittsteile) nicht berücksichtigt zu werden, sofern nachfolgend nichts anderes angegeben ist (Begrenzung der Biegezugspannung aus Quertragwirkung im Gebrauchszustand siehe Abschnitt 15.6).

Randdruckspannung im Stützenbereich

6.7.6 Längsbewehrung im Stützenbereich durchlaufender Tragwerke bei Brücken und vergleichbaren Bauwerken

(1) Im Stützenbereich durchlaufender Tragwerke bei Brücken und vergleichbaren Bauwerken – mit Ausnahme massiver Vollplatten – ist eine Längsbewehrung im unteren Dritte! der Stegfläche und in der unteren Platte vorzusehen, wenn die Randdruckspannungen dem Betrag nach kleiner als 1 N/mm² sind. Diese Längsbewehrung ist aus der Querschnittsfläche des gesamten Steges und der unteren Platte zu ermitteln. Der Bewehrungsprozentsatz darf bei Randdruckspannungen zwischen 0 und 1 N/mm² linear zwischen 0,2 % und 0 % interpoliert werden.

Randdruckspannung, zulässige

15 Zulässige Spannungen

15.1 Allgemeines

(2) Bei nachträglicher Ergänzung von vorgespannten Fertigteilen durch Ortbeton B 15 (siehe Abschnitte 3.1.1 und 12.7) beträgt die zulässige Randdruckspannung 6 N/mm².

Randspannung

15.8 Gekrümmte Spannglieder

In aufgerollten oder gekrümmt verlegten, gespannten Spanngliedern dürfen die Randspannungen den Wert $\beta_{0,01}$ nicht überschreiten. Die Randspannungen für Litzen dürfen mit dem halben Nenndurchmesser ermittelt werden.

(Tabelle 9, siehe Seite 182)

Randzugspannung

12.3 Spannungsnachweise im rechnerischen Bruchzustand

12.3.1 Allgemeines

(2) Ein Querschnitt liegt in Zone a, wenn in der jeweiligen Lastfallkombination die größte nach Zustand I im rechnerischen Bruchzustand ermittelte Randzugspannung die nachstehenden Werte nicht überschreitet:

B 25	B 35	B 45	B 55
2,5 N/mm²	2,8 N/mm²	3,2 N/mm²	3,5 N/mm²

Rechenwert der Druckspannung

(siehe Druckspannung)

Rechenwert der Schubspannung

(siehe Schubspannung)

Rechenwert Spannungsdehnungslinie Beton

(siehe Spannungsdehnungslinie)

Rechenwert, Spannungsdehnungslinie, Stahl

(siehe Spannungsdehnungslinie)

Reibung

5.3 Verfahren und Messungen beim Spannen

(1) Die Vorspannung ist entsprechend einem Spannprogramm aufzubringen. Dieses muß für jedes Spannglied neben der zeitlichen Folge des Spannens Angaben über Spannkraft und Spannweg unter Berücksichtigung der Zusammendrückung des Betons, der Reibung, des Schlupfes und des Zeitpunktes des Lehrgerüstabsenkens enthalten. Im Falle von Teilvorspannung sind die bis zum endgültigen Vorspannen eingetretenen Spannkraftverluste zu berücksichtigen. Das Spannprogramm ist so aufzustellen, daß keine unzulässigen Beanspruchungen des Betons entstehen.

15.4 Zulässige Spannungen in Spanngliedern mit Dehnungsbehinderung (Reibung)

Bei Spanngliedern, deren Dehnung durch Reibung behindert ist, darf nach Tabelle 9, Zeile 66, die zulässige Spannung am Spannende erhöht werden, wenn die Bereiche der maximalen Momente hiervon nicht berührt werden und die Erhöhung auf solche Bereiche beschränkt bleibt, in denen der Einfluß der Verkehrslasten gering ist.

Relaxation

8 Zeitabhängiges Verformungsverhalten von Stahl und Beton

8.1 Begriffe und Anwendungsbereich

(1) Mit Kriechen wird die zeitabhängige Zunahme der Verformungen unter andauernden Spannungen und mit Relaxation die zeitabhängige Abnahme der Spannungen unter einer aufgezwungenen Verformung von konstanter Größe bezeichnet.

8.2 Spannstahl

Zeitabhängige Spannungsverluste des Spannstahles (Relaxation) müssen entsprechend den Zulassungsbescheiden des Spannstahles berücksichtigt werden.

Restmengen, Spannglied

6.5.3 Fertigspannglieder

(3) Bei Auslieferung der Spannglieder sind folgende Unterlagen beizufügen:

- Lieferschein mit Angabe von Bauvorhaben, Spanngliedtyp, Positionsnummer der Spannglieder, Fertigungs- und Auslieferungsdatum und der Bestätigung, daß die Spannglieder güteüberwacht sind. Der Lieferschein muß auch die Angaben der Anhängeschilder der jeweils verwendeten Spannstähle enthalten.
- bei Verwendung von Restmengen oder Verschnitt Angaben über die Herkunft;
- Lieferzeugnisse für den Spannstahl und Lieferscheine für die Zubehörteile mit Angabe der hierfür fremdüberwachenden Stelle.

Restzugkraft

14.2 Verankerung durch Verbund

(3) Die ausreichende Verankerung im rechnerischen Bruchzustand ist nachgewiesen, wenn die Bedingungen nach a) oder b) erfüllt sind:

a) Die Verankerungslänge l der Spannglieder muß in einem Bereich liegen, der im rechnerischen Bruchzustand frei von Biegezugrissen (Zone a nach Abschnitt 12.3.1) und frei von Schubrissen ($\sigma_I \leq$ Werte der Tabelle 9, Zeile 49, bei vorwiegend ruhender oder Zeile 50 bei nicht vorwiegend ruhender Belastung) ist.

Die Hauptzugspannung σ_I braucht nur in einem Abstand von 0,5 d_0 vom Auflagerrand nachgewiesen zu werden.

Die Verankerungslänge beträgt

$$l = \frac{Z_u}{\sigma_v \cdot A_v} \cdot l_\text{ü} \qquad (18)$$

Hierin bedeuten:

$$Z_u = \frac{M_u}{z} + Q_u \cdot \frac{v}{h} \qquad (19)$$

σ_v die zulässige Vorspannung des Spannstahles (siehe Tabelle 9, Zeile 65)

A_v Querschnittsfläche des Spanngliedes

v Versatzmaß nach DIN 1045

Der Anteil $Q_u \cdot v/h$ der Gleichung (19) braucht nur berücksichtigt zu werden, wenn anschließend an die Verankerungslänge Schubrisse vorausgesetzt werden müssen (Überschreitung der oben genannten Grenzwerte).

b) Der rechnerische Überstand der im Verbund liegenden Spannglieder über die Auflagervorderkante muß betragen:

$$l_1 = \frac{Z_{Au}}{\sigma_v \cdot A_v} \cdot l_\text{ü} \qquad (20)$$

Bei direkter Lagerung genügt ein Überstand von ⅔ l_1.

Hierin bedeuten:

$Z_{Au} = Q_u \cdot \dfrac{v}{h}$ am Auflager zu verankernde Zugkraft; sofern ein Teil dieser Zugkraft nach DIN 1045 durch Längsbewehrung aus Betonstahl verankert wird, braucht der Überstand der Spannglieder nur für die nicht abgedeckte Restzugkraft $\Delta Z_{Au} = Z_{Au} - A_s \cdot \beta_S$ nachgewiesen zu werden.

Q_u die Querkraft am Auflager im rechnerischen Bruchzustand

A_v der Querschnitt der über die Auflager geführten unten liegenden Spannglieder

Rissebschränkung

7.4 Mitwirkung des Betons in der Zugzone

Bei Berechnungen im Gebrauchszustand darf die Mitwirkung des Betons auf Zug berücksichtigt werden. Für die Rissebeschränkung siehe jedoch Abschnitt 10.2.

10 Rissebeschränkung

(Der gesamte Abschnitt, der sich mit o.g. Stichwort befaßt, wird hier nicht abgedruckt.)

Rißbreite, Beschränkung

7 Berechnungsgrundlagen

7.1 Erforderliche Nachweise

Es sind folgende Nachweise zu erbringen:

a) Im Gebrauchszustand (siehe Abschnitt 9) der Nachweis, daß die hierfür zugelassenen Spannungen nach Abschnitt 15, Tabelle 9, nicht überschritten werden. Dieser Nachweis ist unter der Annahme eines linearen Zusammenhanges zwischen Spannung und Dehnung zu führen.

b) Der Nachweis zur Beschränkung der Rißbreite nach Abschnitt 10.

c) Der Nachweis der Sicherheit gegen Versagen nach Abschnitt 11 (rechnerischer Bruchzustand).

d) Der Nachweis der schiefen Hauptspannungen und der Schubdeckung nach Abschnitt 12.

e) Der Nachweis der Beanspruchung des Verbundes nach Abschnitt 13.

f) Der Nachweis der Zugkraftdeckung sowie der Verankerung und Kopplung der Spannglieder nach den Abschnitten 14 und 15.9.

10.2 Nachweis zur Beschränkung der Rißbreite

(Der gesamte Abschnitt, der sich mit o.g. Stichwort befaßt, wird hier nicht abgedruckt.)

(Tabelle 9, siehe Seite 182)

Rißbreite, zu erwartende

Tabelle 8.1. **Beiwerte r zur Berücksichtigung der Verbundeigenschaften**

Bauteile mit Umweltbedingungen nach DIN 1045/07.88, Tabelle 10, Zeile(n)	1	2	3 und 4 [1)]
zu erwartende Rißbreite	normal	normal	sehr gering
gerippter Betonstahl und gerippte Spannstähle in sofortigem Verbund	200	150	100
profilierter Spannstahl und Litzen in sofortigem Verbund	150	110	75

[1)] Auch bei Bauteilen im Einflußbereich bis zu 10 m von
– Straßen, die mit Tausalzen behandelt werden
oder
– Eisenbahnstrecken, die vorwiegend mit Dieselantrieb befahren werden.

Rost

6.5 Herstellung, Lagerung und Einbau der Spannglieder

6.5.1 Allgemeines

(1) Der Spannstahl muß bei der Spanngliedherstellung sauber und frei von schädigendem Rost sein und darf hierbei nicht naß werden.

Runddraht

14.2 Verankerung durch Verbund

(2) Bei Einzelspanngliedern aus Runddrähten oder Litzen ist d_v der Nenndurchmesser, bei nicht runden Drähten ist für d_v der Durchmesser eines Runddrahtes gleicher Querschnittsfläche einzusetzen. Der Verbundbeiwert k_1 ist den Zulassungen für den Spannstahl zu entnehmen.

Rundschnitt

12.9 Durchstanzen

(1) Der Nachweis der Sicherheit gegen Durchstanzen ist nach DIN 1045/07.88, Abschnitte 22.5 bis 22.7, zu führen.

(2) Bei der Ermittlung der maßgebenden größten Querkraft max. Q_r im Rundschnitt zum Nachweis der Sicherheit gegen Durchstanzen von punktförmig gestützten Platten darf eine entlastende und muß eine belastende Wirkung von Spanngliedern, die den Rundschnitt kreuzen, berücksichtigt werden. In den nach DIN 1045, zu führenden Nachweisen sind die Schnittgrößen aus Vorspannung mit dem Faktor 1/1,75 abzumindern.

(4) Der Prozentsatz der Bewehrung aus Betonstahl im Bereich des Durchstanzkegels $d_k = d_{st} + 3\,h_m$ muß mindestens 0,3 % und daneben innerhalb des Gurtstreifens mindestens 0,15 % betragen.

Hierin bedeuten:

d_{st} nach DIN 1045/07.88, Abschnitt 22.5.1.1

h_m analog DIN 1045/07.88, Abschnitt 22.5.1.1, unter Berücksichtigung der den Rundschnitt kreuzenden Spannglieder.

Rundstahl, warmgewalzter

6.1 Bewehrung aus Betonstahl

(1) Für die Bewehrung gilt DIN 1045/07.88, Abschnitte 13 und 18.

(2) Als glatter Betonstahl BSt 220 (Kennzeichen I) darf nur warmgewalzter Rundstahl nach DIN 1013 Teil 1 aus St 37-2 nach DIN 17 100 in den Nenndurchmessern $d_s = 8, 10, 12, 14, 16, 20, 25$ und 28 mm verwendet werden [3)].

[3)] Die bisherigen Regelungen der DIN 4227 Teil 1/12.79 für den Betonstahl I sind in das DAfStb-Heft 320 übernommen.

S-Haken

6.1 Bewehrung aus Betonstahl

(3) **Druckbeanspruchte Bewehrungsstäbe** in der äußeren Lage sind je m² Oberfläche an mindestens vier verteilt angeordneten Stellen gegen Ausknicken zu sichern (z. B. durch S-Haken oder Steckbügel), wenn unter Gebrauchslast die Betondruckspannung 0,2 β_{WN} überschritten wird. Die Sicherung kann bei höchstens 16 mm dicken Längsstäben entfallen, wenn die Betondeckung mindestens gleich der doppelten Stabdicke ist. Eine statisch erforderliche Druckbewehrung ist nach DIN 1045/07.88, Abschnitt 25.2.2.2, zu verbügeln.

Schalentragwerk

10.2 Nachweis zur Beschränkung der Rißbreite

(8) Bei anderen Tragwerken (wie z. B. Behälter, Scheiben- und Schalentragwerke) sind besondere Überlegungen zur Erfüllung von Absatz (1) erforderlich.

Scheibenschub, Bewehrung

(Tabelle 4, siehe Seite 178)

Scheibenschub, Mindestbewehrung

6.7.3 Schubbewehrung von Gurtscheiben

(1) Wirkt die Platte gleichzeitig als Gurtscheibe, muß die Mindestbewehrung zur Aufnahme des Scheibenschubs auf die örtliche Plattendicke bezogen werden.

(2) Für die Schubbewehrung von Gurtscheiben gilt Tabelle 4, Zeile 4.

Stichworte   DIN 4227 Teil 1, Ausgabe Juli 1988

Scheibentragwerk

10.2 Nachweis zur Beschränkung der Rißbreite

(8) Bei anderen Tragwerken (wie z. B. Behälter, Scheiben- und Schalentragwerke) sind besondere Überlegungen zur Erfüllung von Absatz (1) erforderlich.

Scheibenwirkung

12 Schiefe Hauptspannungen und Schubdeckung

12.1 Allgemeines

(4) Bei Balkentragwerken mit gegliederten Querschnitten, z.B. bei Plattenbalken und Kastenträgern, sind die Schubspannungen aus Scheibenwirkung der einzelnen Querschnittsteile nicht mit den Schubspannungen aus Plattenwirkung zu überlagern.

Schlupf

5.3 Verfahren und Messungen beim Spannen

(1) Die Vorspannung ist entsprechend einem Spannprogramm aufzubringen. Dieses muß für jedes Spannglied neben der zeitlichen Folge des Spannens Angaben über Spannkraft und Spannweg unter Berücksichtigung der Zusammendrückung des Betons, der Reibung, des Schlupfes und des Zeitpunktes des Lehrgerüstabsenkens enthalten. Im Falle von Teilvorspannung sind die bis zum endgültigen Vorspannen eingetretenen Spannkraftverluste zu berücksichtigen. Das Spannprogramm ist so aufzustellen, daß keine unzulässigen Beanspruchungen des Betons entstehen.

Schnittgrößen

7.3 Formänderung des Betons

(1) Bei allen Nachweisen im Gebrauchszustand und für die Berechnung der Schnittgrößen oberhalb des Gebrauchszustandes darf mit einem für Druck und Zug gleich großen Elastizitätsmodul E_b bzw. Schubmodul G_b nach Tabelle 6 gerechnet werden. Diese Richtwerte beziehen sich auf Beton mit Zuschlag aus überwiegend quarzitischem Kiessand (z. B. Rheinkiessand). Unter sonst gleichen Bedingungen können stark wassersaugende Sedimentgesteine (häufig bei Sandsteinen) einen bis zu 40% niedrigeren, dichte magmatische Gesteine (z.B. Basalt) einen bis zu 40% höheren Elastizitätsmodul und Schubmodul bewirken.

Schnittgrößen, Umlagerung

6.2 Spannglieder

6.2.6 Mindestanzahl

(4) Tragreserven, z. B. aus Querabtragung der Lasten, sowie mögliche Umlagerungen der Schnittgrößen aus Änderungen des statischen Systems dürfen berücksichtigt werden. Werden bei diesem Nachweis auch Stahlbetonbauteile nach DIN 1045 in Rechnung gestellt, so darf anstelle der in DIN 1045/07.88, Abschnitt 17.2.2, genannten Sicherheitsbeiwerte einheitlich $y = 1,0$ gesetzt werden. Bei der Bemessung für Querkraft und Torsion dürfen dabei die Grundwerte der Schubspannung nach DIN 1045/07.88, Abschnitt 17.5, auf das 1,75fache vergrößert werden.

Schnittkraftkombination

12 Schiefe Hauptspannungen und Schubdeckung

12.1 Allgemeines

(5) Als maßgebende Schnittkraftkombinationen kommen in Frage:
- Höchstwerte der Querkraft mit zugehörigem Torsions- und Biegemoment,
- Höchstwerte des Torsionsmomentes mit zugehöriger Querkraft und zugehörigem Biegemoment,
- Höchstwerte des Biegemomentes mit zugehöriger Querkraft und zugehörigem Torsionsmoment.

Schrägbügel

12.4 Bemessung der Schubbewehrung

12.4.1 Allgemeines

(8) Überschreiten die Hauptzugspannungen aus Querkraft und Querkraft plus Torsion die 0,6fachen Werte der Tabelle 9, Zeile 56, so dürfen für die Schubbewehrung nur Betonrippenstahl oder Spannglieder mit Endverankerung verwendet werden. Für die Abstände von Schrägstäben und Schrägbügeln gilt DIN 1045/07.88, Abschnitt 18.

12.4.2 Schubbewehrung zur Aufnahme der Querkräfte

(1) Bei der Bemessung der Schubbewehrung nach der Fachwerkanalogie darf die Neigung der Zugstreben gegen die Querschnittsnormale im allgemeinen zwischen 90° (Bügel) und 45° (Schrägstäbe, Schrägbügel) gewählt werden.

Schrägstab

12.4 Bemessung der Schubbewehrung

12.4.1 Allgemeines

(8) Überschreiten die Hauptzugspannungen aus Querkraft und Querkraft plus Torsion die 0,6fachen Werte der Tabelle 9, Zeile 56, so dürfen für die Schubbewehrung nur Betonrippenstahl oder Spannglieder mit Endverankerung verwendet werden. Für die Abstände von Schrägstäben und Schrägbügeln gilt DIN 1045/07.88, Abschnitt 18.

12.4.2 Schubbewehrung zur Aufnahme der Querkräfte

(1) Bei der Bemessung der Schubbewehrung nach der Fachwerkanalogie darf die Neigung der Zugstreben gegen die Querschnittsnormale im allgemeinen zwischen 90° (Bügel) und 45° (Schrägstäbe, Schrägbügel) gewählt werden.

(2) Schrägstäbe, die flacher als 35° gegenüber der Trägerachse geneigt sind, dürfen als Schubbewehrung nicht herangezogen werden.

Schub, Beton auf

(Tabelle 9, siehe Seite 182)

Schub und Querbiegung

12.4 Bemessung der Schubbewehrung
12.4.1 Allgemeines

(9) Bei gleichzeitigem Auftreten von Schub und Querbiegung darf in der Regel vereinfachend eine symmetrisch zur Mittelfläche von Stegen verteilte Schubbewehrung auf die zur Aufnahme der Querbiegung erforderliche Bewehrung voll angerechnet werden. Diese Vereinfachung gilt nicht bei geneigten Bügeln und bei Spanngliedern als Schubbewehrung. In Gurtscheiben darf sinngemäß verfahren werden.

Schub, Zugkraft aus

12.6 Eintragung der Vorspannung

(4) Zur Aufnahme der im Bereich der Eintragungslänge e auftretenden Spaltzugkräfte muß stets eine Querbewehrung angeordnet werden. Sie ist bei Verankerung durch Verbund unter Zugrundelegung einer kürzeren Eintragungslänge zu bemessen und entsprechend zu verteilen. Für gerippte Drähte ist diese verkürzte Eintragungslänge mit der Hälfte, bei gezogenen profilierten Drähten bzw. Litzen mit ¾ des Ausgangswertes anzunehmen. Zugkräfte aus Schub und Spaltzug brauchen nicht addiert zu werden, wenn örtlich die jeweils größere Zugkraft durch Bügel abgedeckt wird.

Schubanschluß Druckgurt

12.4.2 Schubbewehrung zur Aufnahme der Querkräfte

(6) Beim Schubanschluß von Druckgurten gelten die für Zone a gemachten Angaben.

Schubanschluß Zuggurt

12.4 Bemessung der Schubbewehrung
12.4.1 Allgemeines

(4) Zone a darf auch wie Zone b behandelt werden. Für den Schubanschluß von Zuggurten gelten die Bestimmungen von Zone b.

Schubbewehrung

6.7.2 Oberflächenbewehrung von Spannbetonplatten

(3) Bei Hohlplatten mit annähernd kreisförmigen Aussparungen darf die Längsbewehrung auf den reinen Betonquerschnitt bezogen werden. Die Querbewehrung ist in gleicher Größe wie die Längsbewehrung zu wählen. Die Stege müssen hierbei eine Schubbewehrung nach Abschnitt 6.7.5 erhalten. Hohlplatten mit annähernd rechteckigen Aussparungen sind wie Kastenträger zu behandeln.

12 Schiefe Hauptspannungen und Schubdeckung

12.1 Allgemeines

(3) Bei Lastfallkombinationen unter Einschluß möglicher Baugrundbewegungen kann auf den Nachweis der schiefen Hauptzugspannungen im Gebrauchszustand verzichtet werden. Der Nachweis der Hauptdruckspannungen bzw. Schubspannungen im rechnerischen Bruchzustand [9]) nach den Abschnitten 12.3.2 und 12.3.3 und der Schubbewehrung nach Abschnitt 12.4 ist jedoch zu führen.

---

[9]) Bei Brücken ist die Zwangbeanspruchung aus der 0,4fachen möglichen Baugrundbewegung zu berücksichtigen, falls dies ungünstiger ist.

(7) Vor Herstellen des Verbundes sind bei den Spannungsnachweisen im Gebrauchszustand nach Abschnitt 12.2 die Spanngliedkräfte und gegebenenfalls die Umlenkkräfte als äußere Last mit ihrem 1,0fachen Wert, im rechnerischen Bruchzustand nach Abschnitt 12.3 mit der Spannungszunahme nach Abschnitt 11.3 einzusetzen. Die Hauptdruckspannungen sind unter Berücksichtigung der abzuziehenden Querschnittsflächen für nicht verpreßten Spannkanäle nach Tabelle 9, Zeile 63, zu begrenzen. Dabei darf mit gleichmäßiger Spannungsverteilung über die verbleibende Querschnittsfläche gerechnet werden. Bei der Bemessung der Schubbewehrung kann die Spannungszunahme in Längsspanngliedern ebenfalls nach Abschnitt 11.3 ermittelt werden. Eine zur Schubaufnahme notwendige, im Verbund liegende Längsbewehrung ist unter Zugrundelegung der Fachwerkanalogie zu ermitteln. Für Spannglieder als Schubbewehrung gilt Abschnitt 12.4.1, Absatz (3).

12.3.3 Nachweis der Schub- und schiefen Hauptdruckspannungen in Zone b

(3) Ein von Spanngliedern als Schubbewehrung erzeugter Spannungszustand bleibt beim Nachweis der Schubspannung unberücksichtigt. Bei zugbeanspruchten Gurten ist die Schubbewehrung aus Querkraft für Zustand II aus der Zugkraftänderung der vorhandenen Gurtlängsbewehrung zwischen zwei benachbarten Querschnitten zu ermitteln, falls sie nicht nach Zustand I berechnet wird.

(Hier ist nur die Überschrift des Abschnittes 12.4. und seiner Unterabschnitte abgedruckt.)

12.4 Bemessung der Schubbewehrung
12.4.1 Allgemeines
12.4.2 Schubbewehrung zur Aufnahme der Querkräfte
12.4.3 Schubbewehrung zur Aufnahme der Torsionsmomente

(Tabelle 4, siehe Seite 178)

(Tabelle 9, siehe Seite 182)

Schubbewehrung von Balkenstegen

6.7.5 Schubbewehrung von Balkenstegen
Für die Schubbewehrung von Balkenstegen gilt Tabelle 4, Zeile 5.

Schubbewehrung von Gurtscheiben

6.7.3 Schubbewehrung von Gurtscheiben
(1) Wirkt die Platte gleichzeitig als Gurtscheibe, muß die Mindestbewehrung zur Aufnahme des Scheibenschubs auf die örtliche Plattendicke bezogen werden.
(2) Für die Schubbewehrung von Gurtscheiben gilt Tabelle 4, Zeile 4.

Schubbewehrung zur Aufnahme der Querkräfte

12.4.2 Schubbewehrung zur Aufnahme der Querkräfte

(Der gesamte Abschnitt, der sich mit o.g. Stichwort befaßt, wird hier nicht abgedruckt.)

Schubbewehrung zur Aufnahme der Torsionsmomente

12.4.3 Schubbewehrung zur Aufnahme der Torsionsmomente

(Der gesamte Abschnitt, der sich mit o.g. Stichwort befaßt, wird hier nicht abgedruckt.)

Schubbewehrung, Platte ohne

14.3 Nachweis der Zugkraftdeckung
(1) Bei gestaffelter Anordnung von Spanngliedern ist die Zugkraftdeckung im rechnerischen Bruchzustand nach DIN 1045/07.88, Abschnitt 18.7.2, durchzuführen. Bei Platten ohne Schubbewehrung ist $v = 1,5\,h$ in Rechnung zu stellen.

Schubbewehrung, Spannglied als

12 Schiefe Hauptspannungen und Schubdeckung

12.1 Allgemeines

(7) Vor Herstellen des Verbundes sind bei den Spannungsnachweisen im Gebrauchszustand nach Abschnitt 12.2 die Spanngliedkräfte und gegebenenfalls die Umlenkkräfte als äußere Last mit ihrem 1,0fachen Wert, im rechnerischen Bruchzustand nach Abschnitt 12.3 mit der Spannungszunahme nach Abschnitt 11.3 einzusetzen. Die Hauptdruckspannungen sind unter Berücksichtigung der abzuziehenden Querschnittsflächen der nicht verpreßten Spannkanäle nach Tabelle 9, Zeile 63, zu begrenzen. Dabei darf mit gleichmäßiger Spannungsverteilung über die verbleibende Querschnittsfläche gerechnet werden. Bei der Bemessung der Schubbewehrung kann die Spannungszunahme in den Längsspanngliedern ebenfalls nach Abschnitt 11.3 ermittelt werden. Eine zur Schubaufnahme notwendige, im Verbund liegende Längsbewehrung ist unter Zugrundelegung der Fachwerkanalogie zu ermitteln. Für Spannglieder als Schubbewehrung gilt Abschnitt 12.4.1, Absatz (3).

12.3.2 Nachweise der schiefen Hauptdruckspannungen in Zone a

(4) Für Zustände nach Herstellen des Verbundes darf im Steg der Nachweis vereinfachend in der Schwerlinie des Trägers geführt werden, wenn die Stegdicke über die Trägerhöhe konstant ist oder wenn die minimale Stegdicke eingesetzt wird. Ein von Spanngliedern als Schubbewehrung erzeugter Spannungszustand ist zu berücksichtigen.

12.4 Bemessung der Schubbewehrung

12.4.1 Allgemeines

(3) Spannglieder als Schubbewehrung dürfen mit den in Tabelle 9, Zeile 65, angegebenen Spannungen zuzüglich β_S des Betonstahles, jedoch höchstens mit ihrer jeweiligen Streckgrenze bemessen werden.

12.4.2 Schubbewehrung zur Aufnahme der Querkräfte

(3) In Zone a ist die Neigung ϑ der Druckstreben gegen die Querschnittsnormale im Trägersteg und in den Druckgurten nach Gleichung (11) anzunehmen:

$$\tan \vartheta = \tan \vartheta_\mathrm{I} \left(1 - \frac{\Delta\tau}{\tau_\mathrm{u}}\right) \qquad (11)$$

$$\tan \vartheta \geq 0,4$$

Hierin bedeuten:

$\tan \vartheta_\mathrm{I}$ Neigung der Hauptdruckspannungen gegen die Querschnittsnormale im Zustand I in der Schwerlinie des Trägers bzw. in Druckgurten am Anschnitt

τ_u der Höchstwert der Schubspannung im Querschnitt aus Querkraft im rechnerischen Bruchzustand (nach Abschnitt 12.3), ermittelt nach Zustand I ohne Berücksichtigung von Spanngliedern als Schubbewehrung

$\Delta\tau$ 60 % der Werte nach Tabelle 9, Zeile 50.

Schubdeckung

7 Berechnungsgrundlagen

7.1 Erforderliche Nachweise

Es sind folgende Nachweise zu erbringen:
a) Im Gebrauchszustand (siehe Abschnitt 9) der Nachweis, daß die hierfür zugelassenen Spannungen nach Abschnitt 15, Tabelle 9, nicht überschritten werden. Dieser Nachweis ist unter der Annahme eines linearen Zusammenhanges zwischen Spannung und Dehnung zu führen.

b) Der Nachweis zur Beschränkung der Rißbreite nach Abschnitt 10.
c) Der Nachweis der Sicherheit gegen Versagen nach Abschnitt 11 (rechnerischer Bruchzustand).
d) Der Nachweis der schiefen Hauptspannungen und der Schubdeckung nach Abschnitt 12.
e) Der Nachweis der Beanspruchung des Verbundes nach Abschnitt 13.
f) Der Nachweis der Zugkraftdeckung sowie der Verankerung und Kopplung der Spannglieder nach den Abschnitten 14 und 15.9.

11 Nachweis für den rechnerischen Bruchzustand bei Biegung, bei Biegung mit Längskraft und bei Längskraft

11.1 Rechnerischer Bruchzustand und Sicherheitsbeiwerte

(4) Die Schnittgrößen im rechnerischen Bruchzustand dürfen auch unter Berücksichtigung der Steifigkeitsverhältnisse im Zustand II ermittelt werden. Dabei sind für Betonstahl und Spannstahl die Elastizitätsmodul nach Abschnitt 7.2, für druckbeanspruchten Beton die Elastizitätsmodul nach Abschnitt 7.3 zugrunde zu legen. Als Sicherheitsbeiwert γ ist hierbei für die Vorspannung (unter Berücksichtigung des Spannungsverlustes infolge Kriechens und Schwindens) sowie für Zwang aus planmäßiger Systemänderung $\gamma = 1,0$, für alle übrigen Lastfälle $\gamma = 1,75$, anzusetzen. Wird hiervon Gebrauch gemacht, so ist die Schubdeckung zusätzlich im Gebrauchszustand nachzuweisen (siehe Abschnitt 12.4).

(Hier sind nur die Überschriften des Abschnitts 12 und seiner Unterabschnitte abgedruckt.)

12 Schiefe Hauptspannungen und Schubdeckung

12.1 Allgemeines

12.3.3 Nachweis der Schub- und schiefen Hauptdruckspannungen in Zone b

12.4 Bemessung der Schubbewehrung

12.4.1 Allgemeines

(1) Die Schubdeckung durch Bewehrung ist für Querkraft und Torsion im rechnerischen Bruchzustand (siehe Abschnitt 12.1) in den Bereichen des Tragwerks und des Querschnitts nachzuweisen, in denen die Hauptzugspannung σ_I (Zustand I) bzw. die Schubspannung τ_R (Zustand II) eine der Nachweisgrenzen der Tabelle 9, Zeilen 50 bis 55, überschreitet.

(6) Bei Berücksichtigung von Abschnitt 11.1, Absatz (4), ist die Schubdeckung zusätzlich im Gebrauchszustand nach den Grundsätzen der Zone a nachzuweisen. Dabei ist die Neigung der Druckstreben gegen die Querschnittsnormale gleich der Neigung der Hauptdruckspannungen im Zustand I anzunehmen. Für die Bemessung der Schubbewehrung aus Betonstahl gelten die in Tabelle 9, Zeile 68, angegebenen zulässigen Spannungen.

12.4.2 Schubbewehrung zur Aufnahme der Querkräfte

12.4.3 Schubbewehrung zur Aufnahme der Torsionsmomente

Schubdeckung, Nachweis

12.8 Arbeitsfugen mit Kopplungen

In Arbeitsfugen mit Spanngliedkopplungen darf an Stelle des Nachweises nach den Abschnitten 12.3 und 12.4 der Nachweis der Schubdeckung unter Annahme eines Ersatzfachwerks geführt werden, wenn die Fuge konstruktiv entsprechend ausgebildet wird (im allgemeinen verzahnte Fuge). Die Bewehrung ist unter Zugrundelegung des angenommenen Fachwerks zu bemessen. Die Richtung der Druckstrebe darf dabei höchstens 15° von der Normalen derjenigen Fugenteilfläche abweichen, von der die Druckkraft aufzunehmen ist. Die Druckspannung auf die Teilflächen darf im rechnerischen Bruchzustand den Wert β_R nicht überschreiten.

Schubkraft

12.7 Nachträglich ergänzte Querschnitte

(1) Schubkräfte zwischen Fertigteilen und Ortbeton bzw. in Arbeitsfugen (siehe DIN 1045/07.88, Abschnitte 10.2.3 und 19.4), die in Richtung der betrachteten Tragwirkung verlaufen, sind stets durch Bewehrung abzudecken. Die Bewehrung ist nach DIN 1045/07.88, Abschnitt 19.7.3, auszubilden. Die Fuge zwischen dem zuerst hergestellten Teil und der Ergänzung muß rauh sein. Dabei ist die Neigung der Druckstreben gegen die Querschnittsnormale wie folgt anzunehmen:

$$\tan \vartheta = \tan \vartheta_I \left(1 - 0{,}25 \, \frac{\Delta \tau}{\tau_u}\right) \geq 0{,}4 \quad \text{(Zone a)} \quad (14)$$

$$\tan \vartheta = 1 - \frac{0{,}25 \, \Delta \tau}{\tau_R} \geq 0{,}4 \quad \text{(Zone b)} \quad (15)$$

Erklärung der Formelzeichen siehe Abschnitt 12.4.2.

Schubmodul

7.3 Formänderung des Betons

(1) Bei allen Nachweisen im Gebrauchszustand und für die Berechnung der Schnittgrößen oberhalb des Gebrauchszustandes darf mit einem für Druck und Zug gleich großen Elastizitätsmodul E_b bzw. Schubmodul G_b nach Tabelle 6 gerechnet werden. Diese Richtwerte beziehen sich auf Beton mit Zuschlag aus überwiegend quarzitischem Kiessand (z. B. Rheinkiessand). Unter sonst gleichen Bedingungen können stark wassersaugende Sedimentgesteine (häufig bei Sandsteinen) einen bis zu 40% niedrigeren, dichte magmatische Gesteine (z. B. Basalt) einen bis zu 40% höheren Elastizitätsmodul und Schubmodul bewirken.

Tabelle 6. **Elastizitätsmodul** und **Schubmodul** des Betons (Richtwerte)

	1	2	3
	Betonfestigkeitsklasse	Elastizitätsmodul E_b N/mm²	Schubmodul G_b N/mm²
1	B 25	30 000	13 000
2	B 35	34 000	14 000
3	B 45	37 000	15 000
4	B 55	39 000	16 000

Schubriß

14.2 Verankerung durch Verbund

(3) Die ausreichende Verankerung im rechnerischen Bruchzustand ist nachgewiesen, wenn die Bedingungen nach a) oder b) erfüllt sind:

a) Die Verankerungslänge l der Spannglieder muß in einem Bereich liegen, der im rechnerischen Bruchzustand frei von Biegezugrissen (Zone a nach Abschnitt 12.3.1) und frei von Schubrissen ($\sigma_I \leq$ Werte der Tabelle 9, Zeile 49, bei vorwiegend ruhender oder Zeile 50 bei nicht vorwiegend ruhender Belastung) ist.
Die Hauptzugspannung σ_I braucht nur in einem Abstand von 0,5 d_0 vom Auflagerrand nachgewiesen zu werden.
Die Verankerungslänge beträgt

$$l = \frac{Z_u}{\sigma_v \cdot A_v} \cdot l_{\ddot{u}} \qquad (18)$$

Hierin bedeuten:

$$Z_u = \frac{M_u}{z} + Q_u \cdot \frac{v}{h} \qquad (19)$$

σ_v die zulässige Vorspannung des Spannstahles (siehe Tabelle 9, Zeile 65)
A_v Querschnittsfläche des Spanngliedes
v Versatzmaß nach DIN 1045
Der Anteil $Q_u \cdot v/h$ der Gleichung (19) braucht nur berücksichtigt zu werden, wenn anschließend an die Verankerungslänge Schubrisse vorausgesetzt werden müssen (Überschreitung der oben genannten Grenzwerte).

b) Der rechnerische Überstand der im Verbund liegenden Spannglieder über die Auflagervorderkante muß betragen:

$$l_1 = \frac{Z_{Au}}{\sigma_v \cdot A_v} \cdot l_{\ddot{u}} \qquad (20)$$

Bei direkter Lagerung genügt ein Überstand von ⅔ l_1.

Hierin bedeuten:

$Z_{Au} = Q_u \cdot \frac{v}{h}$ am Auflager zu verankernde Zugkraft; sofern ein Teil dieser Zugkraft nach DIN 1045 durch Längsbewehrung aus Betonstahl verankert wird, braucht der Überstand der Spannglieder nur für die nicht abgedeckte Restzugkraft $\Delta Z_{Au} = Z_{Au} - A_s \cdot \beta_S$ nachgewiesen zu werden.

Q_u die Querkraft am Auflager im rechnerischen Bruchzustand
A_v der Querschnitt der über die Auflager geführten unten liegenden Spannglieder

Schubsicherung

15.9 Nachweise bei nicht vorwiegend ruhender Belastung

15.9.1 Allgemeines

(2) Für die Verwendung von Betonstahlmatten gilt DIN 1045/07.88, Abschnitt 17.8; für die Schubsicherung bei Eisenbahnbrücken dürfen jedoch Betonstahlmatten nicht verwendet werden.

Schubspannung

12 Schiefe Hauptspannungen und Schubdeckung

12.1 Allgemeines

(3) Bei Lastfallkombinationen unter Einschluß möglicher Baugrundbewegungen kann auf den Nachweis der schiefen Hauptzugspannungen im Gebrauchszustand verzichtet werden. Der Nachweis der Hauptdruckspannungen bzw. Schubspannungen im rechnerischen Bruchzustand[9] nach den Abschnitten 12.3.2 und 12.3.3 und der Schubbewehrung nach Abschnitt 12.4 ist jedoch zu führen.

(4) Bei Balkentragwerken mit gegliederten Querschnitten, z. B. bei Plattenbalken und Kastenträgern, sind die Schubspannungen aus Scheibenwirkung der einzelnen Querschnittsteile nicht mit den Schubspannungen aus Plattenwirkung zu überlagern.

12.3.3 Nachweis der Schub- und schiefen Hauptdruckspannungen in Zone b

(3) Ein von Spanngliedern als Schubbewehrung erzeugter Spannungszustand bleibt beim Nachweis der Schubspannung unberücksichtigt. Bei zugbeanspruchten Gurten ist die Schubspannung aus Querkraft für Zustand II aus der Zugkraftänderung der vorhandenen Gurtlängsbewehrung zwischen zwei benachbarten Querschnitten zu ermitteln, falls sie nicht nach Zustand I berechnet wird.

(4) In druckbeanspruchten Gurten und bei Einschnürungen der Druckzone sind die schiefen Hauptdruckspannungen nachzuweisen und wie in Zone a zu begrenzen. Auf diesen Nachweis darf verzichtet werden, wenn die maximale Schubspannung im rechnerischen Bruchzustand kleiner als $0{,}1\,\beta_{WN}$ ist (siehe Abschnitt 12.3.2).

12.4 Bemessung der Schubbewehrung

12.4.1 Allgemeines

(1) Die Schubdeckung durch Bewehrung ist für Querkraft und Torsion im rechnerischen Bruchzustand (siehe Abschnitt 12.1) in den Bereichen des Tragwerks nachzuweisen, in denen die Hauptzugspannung σ_I (Zustand I) bzw. die Schubspannung τ_R (Zustand II) eine der Nachweisgrenzen der Tabelle 9, Zeilen 50 bis 55, überschreitet.

(7) Bei dicken Platten sind die in Tabelle 9, Zeile 51, angegebenen Werte nach der in DIN 1045/07.88, Abschnitt 17.5.5, getroffenen Regelung zu verringern. Diese Abminderung gilt jedoch nicht, wenn die rechnerische Schubspannung vorwiegend aus Einzellasten resultiert (z. B. Fahrbahnplatten von Brücken).

Schubspannung, Grundwert

6.2 Spannglieder

6.2.6 Mindestanzahl

(4) Tragreserven, z. B. aus Querabtragung der Lasten, sowie mögliche Umlagerungen der Schnittgrößen aus Änderungen des statischen Systems dürfen berücksichtigt werden. Werden bei diesem Nachweis auch Stahlbetonbauteile nach DIN 1045 in Rechnung gestellt, so darf anstelle der in DIN 1045/07.88, Abschnitt 17.2.2, genannten Sicherheitsbeiwerte einheitlich $\gamma = 1{,}0$ gesetzt werden. Bei der Bemessung für Querkraft und Torsion dürfen dabei die Grundwerte der Schubspannung nach DIN 1045/07.88, Abschnitt 17.5, auf das 1,75fache vergrößert werden.

(Tabelle 9, siehe Seite 182)

Schubspannung, Höchstwert

12.4.2 Schubbewehrung zur Aufnahme der Querkräfte

(3) In **Zone a** ist die Neigung ϑ der Druckstreben gegen die Querschnittsnormale im Trägersteg und in den Druckgurten nach Gleichung (11) anzunehmen:

$$\tan \vartheta = \tan \vartheta_I \left(1 - \frac{\Delta \tau}{\tau_u}\right) \quad (11)$$

$$\tan \vartheta \geq 0{,}4$$

Hierin bedeuten:

$\tan \vartheta_I$ Neigung der Hauptdruckspannungen gegen die Querschnittsnormale im Zustand I in der Schwerlinie des Trägers bzw. in Druckgurten am Anschluß

τ_u der Höchstwert der Schubspannung im Querschnitt aus Querkraft im rechnerischen Bruchzustand (nach Abschnitt 12.3), ermittelt nach Zustand I ohne Berücksichtigung von Spanngliedern als Schubbewehrung

$\Delta \tau$ 60 % der Werte nach Tabelle 9, Zeile 50.

Schubspannung, Rechenwert

12.3.3 Nachweis der Schub- und schiefen Hauptdruckspannungen in Zone b

(1) Als maßgebende Spannungsgröße in Zone b gilt der Rechenwert der Schubspannung τ_R
- aus Querkraft nach Zustand II (siehe Abschnitt 12.1);
- aus Torsion nach Zustand I;

er darf die in Tabelle 9, Zeilen 56 bis 61, angegebenen Werte nicht überschreiten.

12.4.2 Schubbewehrung zur Aufnahme der Querkräfte

(5) In **Zone b** ist die Neigung ϑ der Druckstreben gegen die Querschnittsnormale anzunehmen:

$$\tan \vartheta = 1 - \frac{\Delta \tau}{\tau_R} \quad (12)$$

$$\tan \vartheta \geq 0{,}4$$

Hierin bedeuten:

τ_R der für den rechnerischen Bruchzustand nach Zustand II ermittelte Rechenwert der Schubspannung

$\Delta \tau$ 60 % der Werte nach Tabelle 9, Zeile 50.

Schubtragfähigkeit

14.3 Nachweis der Zugkraftdeckung

(3) Werden am Auflager Spannglieder von der Trägerunterseite hochgeführt, so muß der Wirkung der vollen Trägerhöhe für die Schubtragfähigkeit durch eine Mindestgurtbewehrung zur Deckung einer Zuggurtkraft von $Z_u = 0{,}5 \ Q_u$ gesichert werden. Im Zuggurt verbleibende Spannglieder dürfen mit ihrer anfänglichen Vorspannkraft V_0 angesetzt werden.

Schweißen

6.3 Schweißen

(1) Für das Schweißen von Betonstahl gilt DIN 1045/07.88, Abschnitte 6.6 und 7.5.2 sowie DIN 4099. Das Schweißen an Spannstählen ist unzulässig; dagegen ist Brennschneiden hinter der Verankerung zulässig.

(2) Spannstahl und Verankerungen sind vor herunterfallendem Schweißgut zu schützen (z. B. durch widerstandsfähige Ummantelungen).

Schwinden

6.8 Beschränkung von Temperatur- und Schwindrissen

(2) Auch beim abschnittsweisen Betonieren (z. B. Bodenplatte – Stege – Fahrbahnplatte bei einer Brücke) können Maßnahmen gegen Risse infolge von Temperaturunterschieden oder Schwinden erforderlich werden.

8 Zeitabhängiges Verformungsverhalten von Stahl und Beton

8.1 Begriffe und Anwendungsbereich

(2) Unter Schwinden wird die Verkürzung des unbelasteten Betons während der Austrocknung verstanden. Dabei wird angenommen, daß der Schwindvorgang durch die im Beton wirkenden Spannungen nicht beeinflußt wird.

8.4 Schwindmaß des Betons

(1) Das Schwinden des Betons hängt vor allem von der Feuchte der umgebenden Luft, den Maßen des Bauteiles und der Zusammensetzung des Betons ab.

(2) Ist die Auswirkung des Schwindens vom Wirkungsbeginn bis zum Zeitpunkt $t = \infty$ zu berücksichtigen, so kann mit den Endschwindmaßen $\varepsilon_{s\infty}$ nach Tabelle 7 gerechnet werden.

(3) Sind die Auswirkungen des Schwindens zu einem anderen als zum Zeitpunkt $t=\infty$ zu beurteilen, so kann der maßgebende Teil des Schwindmaßes bis zum Zeitpunkt t nach Gleichung (5) ermittelt werden:

$$\varepsilon_{s,t} = \varepsilon_{s0} \cdot (k_{s,t} - k_{s,t_0}) \quad (5)$$

Hierin bedeuten:

ε_{s0} Grundschwindmaß nach Tabelle 8, Spalte 4.

k_s Beiwert zur Berücksichtigung der zeitlichen Entwicklung des Schwindens nach Bild 3.

t Wirksames Betonalter zum untersuchten Zeitpunkt nach Abschnitt 8.6.

t_0 Wirksames Betonalter nach Abschnitt 8.6 zu dem Zeitpunkt, von dem ab der Einfluß des Schwindens berücksichtigt werden soll.

8.7 Berücksichtigung der Auswirkung von Kriechen und Schwinden des Betons

8.7.1 Allgemeines

(1) Der Einfluß von Kriechen und Schwinden muß berücksichtigt werden, wenn hierdurch die maßgebenden Schnittgrößen oder Spannungen wesentlich in die ungünstigere Richtung verändert werden.

8.7.2 Berücksichtigung von Belastungsänderungen

Bei sprunghaften Änderungen der dauernd einwirkenden Spannungen gilt das Superpositionsgesetz. Ändern sich die Spannungen allmählich, z. B. unter Einfluß von Kriechen und Schwinden, so darf an Stelle von genaueren Lösungen näherungsweise als kriecherzeugende Spannung das Mittel zwischen Anfangs- und Endwert angesetzt werden, sofern die Endspannung nicht mehr als 30% von der Anfangsspannung abweicht.

8.7.3 Besonderheiten bei Fertigteilen

(2) Bei nachträglich durch Ortbeton ergänzten Deckenträgern unter 7 m Spannweite mit einer Verkehrslast $p \leq 3,5$ kN/m² brauchen die durch unterschiedliches Kriechen und Schwinden von Fertigteil und Ortbeton hervorgerufenen Spannungsumlagerungen nicht berücksichtigt zu werden.

(3) Ändern sich die klimatischen Bedingungen zu einem Zeitpunkt t_i nach Aufbringen der Beanspruchung erheblich, so muß dies beim Kriechen und Schwinden durch die sich abschnittsweise ändernden Grundfließzahlen φ_{t_0} und zugehörigen Schwindmaßen ε_{s0} erfaßt werden.

9.2 Zusammenstellung der Beanspruchungen

9.2.3 Verkehrslast, Wind und Schnee

Auch diese Lastfälle sind unter Umständen getrennt zu untersuchen, vor allem dann, wenn die Lasten zum Teil vor, zum Teil erst nach dem Kriechen und Schwinden auftreten.

9.2.4 Kriechen und Schwinden

In diesem Lastfall werden alle durch Kriechen und Schwinden entstehenden Umlagerungen der Kräfte und Spannungen zusammengefaßt.

9.3 Lastzusammenstellungen

Bei Ermittlung der ungünstigsten Beanspruchungen müssen in der Regel nachfolgende Lastfälle untersucht werden:

- Zustand unmittelbar nach dem Aufbringen der Vorspannung,
- Zustand mit ungünstigster Verkehrslast und teilweisem Kriechen und Schwinden,
- Zustand mit ungünstigster Verkehrslast nach Beendigung des Kriechens und Schwindens.

10 Rissebeschränkung

10.1 Zulässigkeit von Zugspannungen

10.1.2 Beschränkte Vorspannung

(2) Bei Bauteilen im Freien oder bei Bauteilen mit erhöhtem Korrosionsangriff gemäß DIN 1045/07.88, Tabelle 10, Zeile 4, dürfen jedoch keine Zugspannungen aus Längskraft und Biegemoment auftreten infolge des Lastfalles Vorspannung plus ständige Last plus Verkehrslast, die während der Nutzung ständig oder längere Zeit im wesentlichen unverändert wirkt (bei Brücken die halbe Verkehrslast), plus Kriechen und Schwinden. In dem vorgenannten Lastfall sind an Stelle der Verkehrslast die wahrscheinlichen Baugrundbewegungen zu berücksichtigen, wenn sich dadurch ungünstigere Werte ergeben. Für Lastfallkombinationen unter Einschluß der möglichen Baugrundbewegungen nach DIN 1072 sind Nachweise der Betonzugspannungen nicht erforderlich.

10.2 Nachweis zur Beschränkung der Rißbreite

(5) Bei überwiegend auf Biegung beanspruchten stabförmigen Bauteilen und Platten ist für den Nachweis nach Gleichung (8) von folgender Beanspruchungskombination auszugehen:

- 1,0fache ständige Last,
- 1,0fache Verkehrslast (einschließlich Schnee und Wind),
- 0,9- bzw. 1,1fache Summe aus statisch bestimmter und statisch unbestimmter Wirkung der Vorspannung unter Berücksichtigung von Kriechen und Schwinden; der ungünstigere Wert ist maßgebend,
- 1,0fache Zwangschnittgröße aus Wärmewirkung (auch im Bauzustand), wahrscheinlicher Baugrundbewegung, Schwinden und aus Anheben zum Auswechseln von Lagern,
- 1,0fache Schnittgröße aus planmäßiger Systemänderung,
- Zusatzmoment ΔM_1 mit

$$\Delta M_1 = \pm 5 \cdot 10^{-5} \cdot \frac{EI}{d_0}$$

Hierin bedeuten:

EI Biegesteifigkeit im Zustand I im betrachteten Querschnitt,

d_0 Querschnittsdicke im betrachteten Querschnitt (bei Platten ist $d_0 = d$ zu setzen).

Soweit diese Beanspruchungskombination ohne den statisch bestimmten Anteil der Vorspannung örtlich geringere Biegemomente als den Mindestwert

$$M_2 = \pm 15 \cdot 10^{-5} \cdot \frac{EI}{d_0}$$

ergibt, so ist dieses Moment M_2 in durch Bild 3.1 gekennzeichneten Bereichen mit dem dort angegebenen Verlauf anzunehmen. Für den Nachweis nach Gleichung (8) ist dabei von der mit M_2 ermittelten Grenzlinie und dem statisch bestimmten Anteil der 0,9- bzw. 1,1fachen Vorspannung als Beanspruchungskombination auszugehen.

10.3 Arbeitsfugen annähernd rechtwinklig zur Tragrichtung

(1) Arbeitsfugen, die annähernd rechtwinklig zur betrachteten Tragrichtung verlaufen, sind im Bereich von Zugspannungen nach Möglichkeit zu vermeiden. Es ist nachzuweisen, daß die größten Zugspannungen infolge von Längskraft und Biegemoment an der Stelle der Arbeitsfuge die Hälfte der nach den Abschnitten 10.1.1 oder 10.1.2, jeweils zulässigen Werte nicht überschreiten und daß infolge des Lastfalles Vorspannung plus ständige Last plus Kriechen und Schwinden keine Zugspannungen auftreten.

(2) Wird nicht nachgewiesen, daß die infolge Schwindens und Abfließens der Hydratationswärme im anbetonierten Teil auftretenden Zugkräfte durch Bewehrung aufgenommen werden können, so ist im anbetonierten Teil auf eine Länge $d_0 \leq 1{,}0$ m die parallel zur Arbeitsfuge laufende Bewehrung auf die doppelten Werte der Mindestbewehrung nach Abschnitt 6.7 – mit Ausnahme von Abschnitt 6.7.6 – anzuheben. Diese Werte gelten auch als Mindestquerschnitt der obersten und untersten Lage der die Fuge kreuzenden Bewehrung, die beiderseits der Fuge auf einer Länge $d_0 + l_0 \leq 4{,}0$ m vorhanden sein muß (d_0 Balkendicke bzw. Plattendicke; l_0 Grundmaß der Verankerungslänge nach DIN 1045/07.88, Abschnitt 18.5.2.1). Bei Brücken und vergleichbaren Bauwerken ist außerdem die Regelung über die erhöhte Mindestbewehrung nach Abschnitt 6.7.1 (3) zu beachten.

11 Nachweis für den rechnerischen Bruchzustand bei Biegung, bei Biegung mit Längskraft und bei Längskraft

11.1 Rechnerischer Bruchzustand und Sicherheitsbeiwerte

(1) Für den rechnerischen Bruchzustand ist bei statisch bestimmt gelagerten Spannbetontragwerken die 1,75fache Summe der äußeren Lasten (nach den Abschnitten 9.2.2 und 9.2.3) in ungünstigster Stellung anzusetzen ($y = 1{,}75$). Bei statisch unbestimmt gelagerten Tragwerken sind darüber hinaus – sofern diese ungünstig wirken – die 1,0fache Zwangbeanspruchung infolge von Schwinden, Wärmewirkungen und wahrscheinlicher Baugrundbewegung[8]) und Anheben zum Auswechseln von Lagern sowie die 1,0fache Schnittgröße am Gesamtquerschnitt aus Vorspannung (unter Berücksichtigung von Kriechen und Schwinden) zu berücksichtigen. Bei Zwangbeanspruchung infolge Baugrundbewegung darf das Kriechen berücksichtigt werden. Die Schnittgrößen aus den einzelnen Lastfällen sind im allgemeinen wie im Gebrauchszustand anzusetzen.

(4) Die Schnittgrößen im rechnerischen Bruchzustand dürfen auch unter Berücksichtigung der Steifigkeitsverhältnisse im Zustand II ermittelt werden. Dabei sind für Betonstahl und Spannstahl die Elastizitätsmoduln nach Abschnitt 7.2, für druckbeanspruchten Beton die Elastizitätsmoduln nach Abschnitt 7.3 zugrunde zu legen. Als Sicherheitsbeiwert y ist hierbei für die Vorspannung (unter Berücksichtigung des Spannungsverlustes infolge Kriechens und Schwindens) sowie für Zwang aus planmäßiger Systemänderung $y = 1{,}0$, für alle übrigen Lastfälle $y = 1{,}75$, anzusetzen. Wird hiervon Gebrauch gemacht, so ist die Schubdeckung zusätzlich im Gebrauchszustand nachzuweisen (siehe Abschnitt 12.4).

11.2.4 Dehnungsdiagramm

(3) Eine geradlinige Dehnungsverteilung über den Gesamtquerschnitt darf nur angenommen werden, wenn der Verbund zwischen den Spanngliedern und dem Beton nach Abschnitt 13 gesichert ist. Die durch Vorspannung im Spannstahl erzeugte Vordehnung ergibt sich als Dehnungsunterschied zwischen Spannglied und umgebendem Beton im Gebrauchszustand nach Kriechen und Schwinden. In Sonderfällen, z. B. bei vorgespannten Druckgliedern, kann die Spannung vor Kriechen und Schwinden maßgebend sein.

15.9 Nachweise bei nicht vorwiegend ruhender Belastung

15.9.2 Endverankerungen mit Ankerkörpern und Kopplungen

(4) Bei diesem Nachweis sind in Querschnitten mit festen oder beweglichen Kopplungen außer den ständigen Lasten und der Vorspannung nach Kriechen und Schwinden folgende Beanspruchungen als ständig wirkend zu berücksichtigen, soweit sie hinsichtlich der Spannungsschwankungen ungünstig wirken:

– Wahrscheinliche Baugrundbewegungen nach Abschnitt 9.2.6.

– Temperaturunterschiede nach Abschnitt 9.2.5. Bei Straßen- und Wegbrücken sind die Temperaturunterschiede nach DIN 1072/12.85, Tabelle 3, Spalten 4 bzw. 6, ohne Abminderung einzusetzen.

– Zusatzmoment $\Delta M = \pm \dfrac{EI}{10^4\, d_0}$ (23)

Hierin bedeuten:

EI Biegesteifigkeit im Zustand I
d_0 Querschnittsdicke des jeweils betrachteten Querschnitts

(5) ΔM nach Gleichung (23) ist ausschließlich bei diesem Nachweis zu berücksichtigen.

Schwinden, Auswirkung

8.7 Berücksichtigung der Auswirkung von Kriechen und Schwinden des Betons

8.7.1 Allgemeines

(2) Bei der Abschätzung der zu erwartenden Verformung sind die Auswirkungen des Kriechens und Schwindens stets zu verfolgen.

(3) Der rechnerische Nachweis ist für alle dauernd wirkenden Beanspruchungen durchzuführen. Wirkt ein nennenswerter Anteil der Verkehrslast dauernd, so ist auch der durchschnittlich vorhandene Betrag der Verkehrslast als Dauerlast zu betrachten.

(4) Bei der Berechnung der Auswirkungen des Schwindens darf sein Verlauf näherungsweise affin zum Kriechen angenommen werden.

---

[8]) Bei Brücken ist die Zwangbeanspruchung aus der 0,4fachen möglichen Baugrundbewegung zu berücksichtigen, falls dies ungünstiger ist.

Schwindmaß

8.4 Schwindmaß des Betons

(3) Sind die Auswirkungen des Schwindens zu einem anderen als zum Zeitpunkt $t = \infty$ zu beurteilen, so kann der maßgebende Teil des Schwindmaßes bis zum Zeitpunkt t nach Gleichung (5) ermittelt werden:

$$\varepsilon_{s,t} = \varepsilon_{s0} \cdot (k_{s,t} - k_{s,t_0}) \qquad (5)$$

Hierin bedeuten:

ε_{s0} Grundschwindmaß nach Tabelle 8, Spalte 4.

k_s Beiwert zur Berücksichtigung der zeitlichen Entwicklung des Schwindens nach Bild 3.

t Wirksames Betonalter zum untersuchten Zeitpunkt nach Abschnitt 8.6.

t_0 Wirksames Betonalter nach Abschnitt 8.6 zu dem Zeitpunkt, von dem ab der Einfluß des Schwindens berücksichtigt werden soll.

8.7 Berücksichtigung der Auswirkung von Kriechen und Schwinden des Betons

8.7.3 Besonderheiten bei Fertigteilen

(3) Ändern sich die klimatischen Bedingungen zu einem Zeitpunkt t_i nach Aufbringen der Beanspruchung erheblich, so muß dies beim Kriechen und Schwinden durch die sich abschnittsweise ändernden Grundfließzahlen φ_{f0} und zugehörigen Schwindmaße ε_{s0} erfaßt werden.

Schwindrisse, Beschränkung

6.8 Beschränkung von Temperatur- und Schwindrissen

(1) Wenn die Gefahr besteht, daß die Hydratationswärme des Zements in dicken Bauteilen zu hohen Temperaturspannungen und dadurch zu Rissen führt, sind geeignete Gegenmaßnahmen zu ergreifen (z. B. niedrige Frischbetontemperatur durch gekühlte Ausgangsstoffe, Verwendung von Zementen mit niedriger Hydratationswärme, Aufbringen einer Teilvorspannung, Kühlen des erhärtenden Betons durch eingebaute Kühlrohre, Schutz des warmen Betons vor zu rascher Abkühlung).

(2) Auch beim abschnittsweisen Betonieren (z. B. Bodenplatte – Stege – Fahrbahnplatte bei einer Brücke) können Maßnahmen gegen Risse infolge von Temperaturunterschieden oder Schwinden erforderlich werden.

Schwingbreite

15.9 Nachweise bei nicht vorwiegend ruhender Belastung

15.9.1 Allgemeines

(1) Mit Ausnahme der in den Abschnitten 15.9.2 und 15.9.3 genannten Fälle sind Nachweise der Schwingbreite für Betonstahl und Spannstahl nicht erforderlich.

15.9.2 Endverankerungen mit Ankerkörpern und Kopplungen

(1) An Endverankerungen mit Ankerkörpern sowie an festen und beweglichen Kopplungen der Spannglieder ist der Nachweis zu führen, daß die Schwingbreite das 0,7fache des im Zulassungsbescheid für das Spannverfahren angegebenen Wertes der ertragenen Schwingbreite nicht überschreitet.

(3) In diesen Querschnitten ist auch die Schwingbreite im Betonstahl nachzuweisen. Die ermittelten Schwingbreiten dürfen die Werte von DIN 1045/07.88, Abschnitt 17.8; nicht überschreiten.

Sicherheit gegen Durchstanzen

12.9 Durchstanzen

(1) Der Nachweis der Sicherheit gegen Durchstanzen ist nach DIN 1045/07.88, Abschnitte 22.5 bis 22.7, zu führen.

(2) Bei der Ermittlung der maßgebenden größten Querkraft max. Q_r im Rundschnitt zum Nachweis der Sicherheit gegen Durchstanzen von punktförmig gestützten Platten darf eine entlastende und muß eine belastende Wirkung von Spanngliedern, die den Rundschnitt kreuzen, berücksichtigt werden. In den nach DIN 1045, zu führenden Nachweisen sind die Schnittgrößen aus Vorspannung mit dem Faktor 1/1,75 abzumindern.

Sicherheitsbeiwert

6.2 Spannglieder

6.2.6 Mindestanzahl

(4) Tragreserven, z. B. aus Querabtragung der Lasten, sowie mögliche Umlagerungen der Schnittgrößen aus Änderungen des statischen Systems dürfen berücksichtigt werden. Werden bei diesem Nachweis auch Stahlbetonbauteile nach DIN 1045 in Rechnung gestellt, so darf anstelle der in DIN 1045/07.88, Abschnitt 17.2.2, genannten Sicherheitsbeiwerte einheitlich $y = 1,0$ gesetzt werden. Bei der Bemessung für Querkraft und Torsion dürfen dabei die Grundwerte der Schubspannung nach DIN 1045/07.88, Abschnitt 17.5, auf das 1,75fache vergrößert werden.

9.4 Sonderlastfälle bei Fertigteilen

(3) Für den Beförderungszustand darf bei den Nachweisen im rechnerischen Bruchzustand nach den Abschnitten 11, 12.3 und 12.4, der Sicherheitsbeiwert $y = 1,75$ auf $y = 1,3$ abgemindert werden (siehe DIN 1045/07.88, Abschnitt 19.2).

11 Nachweis für den rechnerischen Bruchzustand bei Biegung, bei Biegung mit Längskraft und bei Längskraft

11.1 Rechnerischer Bruchzustand und Sicherheitsbeiwerte

(4) Die Schnittgrößen im rechnerischen Bruchzustand dürfen auch unter Berücksichtigung der Steifigkeitsverhältnisse im Zustand II ermittelt werden. Dabei sind für Betonstahl und Spannstahl die Elastizitätsmoduln nach Abschnitt 7.2, für druckbeanspruchten Beton die Elastizitätsmodul nach Abschnitt 7.3 zugrunde zu legen. Als Sicherheitsbeiwert y ist hierbei für die Vorspannung (unter Berücksichtigung des Spannungsverlustes infolge Kriechens und Schwindens) sowie für Zwang aus planmäßiger Systemänderung $y = 1,0$, für alle übrigen Lastfälle $y = 1,75$, anzusetzen. Wird hiervon Gebrauch gemacht, so ist die Schubdeckung zusätzlich im Gebrauchszustand nachzuweisen (siehe Abschnitt 12.4).

Sollspannkraft, Abweichung

Sollspannweg, Abweichung

5.3 Verfahren und Messungen beim Spannen

(2) Über das Spannen ist ein Spannprotokoll zu führen, in das alle beim Spannen durchgeführten Messungen einschließlich etwaiger Unregelmäßigkeiten einzutragen sind. Die Messungen müssen mindestens Spannkraft und Spannweg umfassen. Wenn die Summe aus den Absolutwerten der prozentualen Abweichung von der Sollspannkraft und der prozentualen Abweichung vom Sollspannweg bei einem einzelnen Spannglied mehr als 15% beträgt, muß die zuständige Bauaufsicht unverzüglich verständigt werden. Ist die Abweichung von der Sollspannkraft oder vom Sollspannweg bei der Summe aller in einem Querschnitt liegenden Spannglieder größer als 5%, so ist gleichfalls die Bauaufsicht zu verständigen.

Sonderlastfälle bei Fertigteilen

9 Gebrauchszustand, ungünstigste Laststellung, Sonderlastfälle bei Fertigteilen, Spaltzugbewehrung

9.4 Sonderlastfälle bei Fertigteilen

(Der gesamte Abschnitt, der sich mit o.g. Stichwort befaßt, wird hier nicht abgedruckt.)

Spaltzug

12.6 Eintragung der Vorspannung

(4) Zur Aufnahme der im Bereich der Eintragungslänge e auftretenden Spaltzugkräfte muß stets eine Querbewehrung angeordnet werden. Sie ist bei Verankerung durch Verbund unter Zugrundelegung einer kürzeren Eintragungslänge zu bemessen und entsprechend zu verteilen. Für gerippte Drähte ist diese verkürzte Eintragungslänge mit der Hälfte, bei gezogenen profilierten Drähten bzw. Litzen mit ¾ des Ausgangswertes anzunehmen. Zugkräfte aus Schub und Spaltzug brauchen nicht addiert zu werden, wenn örtlich die jeweils größere Zugkraft durch Bügel abgedeckt wird.

Spaltzugbewehrung

9.5 Spaltzugspannungen und Spaltzugbewehrung im Bereich von Spanngliedern

(1) Die zur Aufnahme der Spaltzugspannungen im Verankerungsbereich anzuordnende Bewehrung ist dem Zulassungsbescheid für das Spannverfahren zu entnehmen.

(2) Im Bereich von Spanngliedern, deren zulässige Spannkraft gemäß Tabelle 9, Zeile 65, mehr als 1500 kN beträgt, dürfen die Spaltzugspannungen außerhalb des Verankerungsbereiches den Wert

$$0{,}35 \cdot \sqrt[3]{\beta_{WN}^2} \text{ in N/mm}^2$$

nur überschreiten, wenn die Spaltzugkräfte durch Bewehrung aufgenommen werden, die für die Spannung $\beta_S/1{,}75$ bemessen ist[6]. Die Bewehrung ist in der Regel je zur Hälfte auf beiden Seiten jeder Spanngliedlage anzuordnen. Der Abstand der quer zu den Spanngliedern verlaufenden Stäbe soll 20 cm nicht überschreiten. Die Bewehrung ist an den Enden zu verankern.

Spaltzugkraft

9.5 Spaltzugspannungen und Spaltzugbewehrung im Bereich von Spanngliedern

(2) Im Bereich von Spanngliedern, deren zulässige Spannkraft gemäß Tabelle 9, Zeile 65, mehr als 1500 kN beträgt, dürfen die Spaltzugspannungen außerhalb des Verankerungsbereiches den Wert

$$0{,}35 \cdot \sqrt[3]{\beta_{WN}^2} \text{ in N/mm}^2$$

nur überschreiten, wenn die Spaltzugkräfte durch Bewehrung aufgenommen werden, die für die Spannung $\beta_S/1{,}75$ bemessen ist[6]. Die Bewehrung ist in der Regel je zur Hälfte auf beiden Seiten jeder Spanngliedlage anzuordnen. Der Abstand der quer zu den Spanngliedern verlaufenden Stäbe soll 20 cm nicht überschreiten. Die Bewehrung ist an den Enden zu verankern.

12.6 Eintragung der Vorspannung

(4) Zur Aufnahme der im Bereich der Eintragungslänge e auftretenden Spaltzugkräfte muß stets eine Querbewehrung angeordnet werden. Sie ist bei Verankerung durch Verbund unter Zugrundelegung einer kürzeren Eintragungslänge zu bemessen und entsprechend zu verteilen. Für gerippte Drähte ist diese verkürzte Eintragungslänge mit der Hälfte, bei gezogenen profilierten Drähten bzw. Litzen mit ¾ des Ausgangswertes anzunehmen. Zugkräfte aus Schub und Spaltzug brauchen nicht addiert zu werden, wenn örtlich die jeweils größere Zugkraft durch Bügel abgedeckt wird.

Spaltzugspannung

9.5 Spaltzugspannungen und Spaltzugbewehrung im Bereich von Spanngliedern

(1) Die zur Aufnahme der Spaltzugspannungen im Verankerungsbereich anzuordnende Bewehrung ist dem Zulassungsbescheid für das Spannverfahren zu entnehmen.

(2) Im Bereich von Spanngliedern, deren zulässige Spannkraft gemäß Tabelle 9, Zeile 65, mehr als 1500 kN beträgt, dürfen die Spaltzugspannungen außerhalb des Verankerungsbereiches den Wert

$$0{,}35 \cdot \sqrt[3]{\beta_{WN}^2} \text{ in N/mm}^2$$

nur überschreiten, wenn die Spaltzugkräfte durch Bewehrung aufgenommen werden, die für die Spannung $\beta_S/1{,}75$ bemessen ist[6]. Die Bewehrung ist in der Regel je zur Hälfte auf beiden Seiten jeder Spanngliedlage anzuordnen. Der Abstand der quer zu den Spanngliedern verlaufenden Stäbe soll 20 cm nicht überschreiten. Die Bewehrung ist an den Enden zu verankern.

---

[6] Ansätze für die Ermittlung können den Mitteilungen des Instituts für Bautechnik, Berlin, Heft 4/1979, Seiten 98 und 99, entnommen werden.

Spannarbeiten

2.2.2 Bauleitung und Fachpersonal

Bei der Herstellung von Spannbeton dürfen auf Baustellen und in Werken nur solche Führungskräfte (Bauleiter, Werkleiter) eingesetzt werden, die über ausreichende Erfahrungen und Kenntnisse im Spannbetonbau verfügen. Bei der Ausführung von Spannarbeiten und Einpreßarbeiten muß der hierfür zuständige Fachbauleiter stets anwesend sein.

Spannbeton mit nachträglichem Verbung

Spannbeton mit sofortigem Verbund

3 Baustoffe
3.1 Beton
3.1.3 Verwendung von Transportbeton

Bei Verwendung von Transportbeton müssen aus dem Betonsortenverzeichnis (siehe DIN 1045/07.88, Abschnitt 5.4.4) die
- Eignung für Spannbeton mit nachträglichem Verbund

bzw. die
- Eignung für Spannbeton mit sofortigem Verbund

hervorgehen.

Spannbett

1.2.3 Zeitpunkt des Spannens der Spannglieder

(1) Beim **Spannen vor dem Erhärten des Betons** werden die Spannglieder von festen Punkten aus gespannt und dann einbetoniert (Spannen im Spannbett).

1.2.4 Art der Verbundwirkung von Spanngliedern [2]

(1) Bei **Vorspannung mit sofortigem Verbund** werden die Spannglieder nach dem Spannen im Spannbett so in den Beton eingebettet, daß gleichzeitig mit dem Erhärten des Betons eine Verbundwirkung entsteht.

---

[2] Vorspannung ohne Verbund im Endzustand siehe DIN 4227 Teil 6.

Spanndraht

3.2 Spannstahl

Spanndrähte müssen mindestens 5,0 mm Durchmesser oder bei nicht runden Querschnitten mindestens 30 mm² Querschnittsfläche haben. Litzen müssen mindestens 30 mm² Querschnittsfläche haben, wobei die einzelnen Drähte mindestens 3,0 mm Durchmesser aufweisen müssen. Für Sonderzwecke, z.B. für vorübergehend erforderliche Bewehrung oder Rohre aus Spannbeton, sind Einzeldrähte von mindestens 3,0 mm Durchmesser bzw. bei nicht runden Querschnitten von mindestens 20 mm² Querschnittsfläche zulässig.

Spanndraht, Anrechnung

6.7 Mindestbewehrung
6.7.1 Allgemeines

(1) Sofern sich nach der Bemessung oder aus konstruktiven Gründen keine größere Bewehrung ergibt, ist eine Mindestbewehrung nach den nachstehenden Grundsätzen anzuordnen. Dabei sollen die Stababstände 20 cm nicht überschreiten. Bei Vorspannung mit sofortigem Verbund dürfen die Spanndrähte als Betonstabstahl IV S auf die Mindestbewehrung angerechnet werden. In jedem Querschnitt ist nur der Höchstwert von Oberflächen- oder Längs- oder Schubbewehrung maßgebend. Eine Addition der verschiedenen Arten von Mindestbewehrung ist nicht erforderlich.

Spannen, Messungen beim

(siehe Messungen)

Spannen, Vorrichtung für

5.2 Vorrichtungen für das Spannen

(1) Vorrichtungen für das Spannen sind vor ihrer ersten Benutzung und später in der Regel halbjährlich mit kalibrierten Geräten darauf zu prüfen, welche Abweichungen vom Sollwert die Anzeigen der Spannvorrichtungen aufweisen. Soweit diese Abweichungen von äußeren Einflüssen abhängen (z.B. bei Öldruckpressen von der Temperatur), ist dies zu berücksichtigen.

(2) Vorrichtungen, deren Fehlergrenze der Anzeige im Bereich der endgültigen Vorspannkraft um mehr als 5% vom Prüfdiagramm abweicht, dürfen nicht verwendet werden.

(Tabelle 1, siehe Seite 177)

Spannglied

1 Allgemeines
1.1 Anwendungsbereich und Zweck

(1) Diese Norm gilt für die Bemessung und Ausführung von Bauteilen aus Normalbeton, bei denen der Beton durch Spannglieder beschränkt oder voll vorgespannt wird und die Spannglieder im Endzustand im Verbund vorliegen.

1.2 Begriffe
1.2.1 Querschnittsteile

(5) **Spannglieder.** Das sind die Zugglieder aus Spannstahl, die zur Erzeugung der Vorspannung dienen; hierunter sind auch Einzeldrähte, Einzelstäbe und Litzen zu verstehen. Fertigspannglieder sind Spannglieder, die nach Abschnitt 6.5.3 werkmäßig vorgefertigt werden.

1.2.3 Zeitpunkt des Spannens der Spannglieder

(1) Beim **Spannen vor dem Erhärten des Betons** werden die Spannglieder von festen Punkten aus gespannt und dann einbetoniert (Spannen im Spannbett).

1.2.4 Art der Verbundwirkung von Spanngliedern [2])

(1) Bei **Vorspannung mit sofortigem Verbund** werden die Spannglieder nach dem Spannen im Spannbett so in den Beton eingebettet, daß gleichzeitig mit dem Erhärten des Betons eine Verbundwirkung entsteht.

[2]) Vorspannung ohne Verbund im Endzustand siehe DIN 4227 Teil 6.

4 Nachweis der Güte der Baustoffe

(4) Über die Lieferung des Spannstahles ist anhand der vom Lieferwerk angebrachten Anhänger Buch zu führen; außerdem ist festzuhalten, in welche Bauteile und Spannglieder der Stahl der jeweiligen Lieferung eingebaut wurde.

5 Aufbringen der Vorspannung

5.1 Zeitpunkt des Vorspannens

(2) Eine frühzeitige Teilvorspannung (z. B. zur Vermeidung von Schwind- und Temperaturrissen) ist zu empfehlen. Durch Erhärtungsprüfung ist dann nach DIN 1045/07.88, Abschnitt 7.4.4, nachzuweisen, daß die Würfeldruckfestigkeit β_{Wm} des Betons die Werte nach Tabelle 2, Spalte 2, erreicht hat. In diesem Fall dürfen die Spannkräfte einzelner Spannglieder und die Betonspannungen im übrigen Bauteil nicht mehr als 30 % der für die Verankerung zugelassenen Spannkraft bzw. der nach Abschnitt 15 zulässigen Spannungen betragen. Liegt die durch Erhärtungsprüfung festgestellte Würfeldruckfestigkeit zwischen den Werten nach Tabelle 2, Spalten 2 und 3, so darf die zulässige Teilspannkraft linear interpoliert werden.

6.2 Spannglieder

(Der gesamte Abschnitt, der sich mit o.g. Stichwort befaßt, wird hier nicht abgedruckt.)

6.5.3 Fertigspannglieder

(1) Die Fertigung muß in geschlossenen Hallen erfolgen.

(2) Die für den Spannstahl nach Zulassungsbescheid geltenden Bedingungen für Lagerung und Transport sind auch für die fertigen Spannglieder zu beachten; diese dürfen das Werk nur in abgedichteten Hüllrohren verlassen.

(3) Bei Auslieferung der Spannglieder sind folgende Unterlagen beizufügen:
- Lieferschein mit Angabe von Bauvorhaben, Spanngliedtyp, Positionsnummer der Spannglieder, Fertigungs- und Auslieferungsdatum und der Bestätigung, daß die Spannglieder güteüberwacht sind. Der Lieferschein muß auch die Angaben der Anhängeschilder der jeweils verwendeten Spannstähle enthalten;
- bei Verwendung von Restmengen oder Verschnitt Angaben über die Herkunft;
- Lieferzeugnisse für den Spannstahl und Lieferscheine für die Zubehörteile mit Angabe der hierfür fremdüberwachenden Stelle.

(4) Die Spannglieder sind durch den Bauleiter des Unternehmens oder dessen fachkundigen Vertreter bei Anlieferung auf Transportschäden (sichtbare Schäden an Hüllrohren und Ankern) zu überprüfen.

10.2 Nachweis zur Beschränkung der Rißbreite

(3) Im Bereich eines Quadrates von 30 cm Seitenlänge, in dessen Schwerpunkt ein Spannglied mit nachträglichem Verbund liegt, darf die nach Absatz (2) nachgewiesene Betonstahlbewehrung um den Betrag

$$\Delta A_s = u_v \cdot \xi \cdot d_s / 4 \tag{9}$$

abgemindert werden.

Hierin bedeuten:

d_s nach Gleichung (8), jedoch in cm

u_v Umfang des Spanngliedes im Hüllrohr
Einzelstab: $u_v = \pi \cdot d_v$
Bündelspannglied, Litze: $u_v = 1{,}6 \cdot \pi \cdot \sqrt{A_v}$

d_v Spanngliedurchmesser des Einzelstabes in cm

A_v Querschnitt der Bündelspannglieder bzw. Litzen in cm^2

ξ Verhältnis der Verbundfestigkeit von Spanngliedern im Einpreßmörtel zur Verbundfestigkeit von Rippenstahl im Beton

- Spannglieder aus glatten Stäben $\xi = 0{,}2$
- Spannglieder aus profilierten Drähten oder aus Litzen $\xi = 0{,}4$
- Spannglieder aus gerippten Stählen $\xi = 0{,}6$

12.5 Indirekte Lagerung

Es gilt DIN 1045/07.88, Abschnitt 18.10.2. Für die Aufhängebewehrung dürfen auch Spannglieder herangezogen werden, wenn ihre Neigung zwischen 45° und 90° gegen die Trägerachse beträgt. Dabei ist für Spannstahl die Streckgrenze β_S anzusetzen, wenn der Spannungszuwachs kleiner als 420 N/mm^2 ist.

12.6 Eintragung der Vorspannung

(1) An den Verankerungsstellen der Spannglieder darf erst im Abstand e vom Ende der Verankerung (Eintragungslänge) mit einer geradlinigen Spannungsverteilung infolge Vorspannung gerechnet werden.

(2) Bei Spanngliedern mit Endverankerung ist diese Eintragungslänge e gleich der Störungslänge s, die zur Ausbreitung der konzentriert angreifenden Spannkräfte bis zur Einstellung eines geradlinigen Spannungsverlaufes im Querschnitt nötig ist.

(3) Bei Spanngliedern, die nur durch Verbund verankert werden, gilt für die Eintragungslänge e:

$$e = \sqrt{s^2 + (0{,}6\, l_{\ddot{u}})^2} \geq l_{\ddot{u}} \tag{13}$$

$l_{\ddot{u}}$ Übertragungslänge aus Gleichung (17)

12.9 Durchstanzen

(4) Der Prozentsatz der Bewehrung aus Betonstahl im Bereich des Durchstanzkegels $d_k = d_{st} + 3\, h_m$ muß mindestens 0,3 % und daneben innerhalb des Gurtstreifens mindestens 0,15 % betragen.

Hierin bedeuten:

d_{st} nach DIN 1045/07.88, Abschnitt 22.5.1.1

h_m analog DIN 1045/07.88, Abschnitt 22.5.1.1, unter Berücksichtigung der den Rundschnitt kreuzenden Spannglieder.

14.2 Verankerung durch Verbund

(1) Bei Spanngliedern, die nur durch Verbund verankert werden, ist für die volle Übertragung der Vorspannung vom Stahl auf den Beton im Gebrauchszustand eine Übertragungslänge $l_{\ddot{u}}$ erforderlich.
Dabei ist

$$l_{\ddot{u}} = k_1 \cdot d_v \qquad (17)$$

14.3 Nachweis der Zugkraftdeckung

(1) Bei gestaffelter Anordnung von Spanngliedern ist die Zugkraftdeckung im rechnerischen Bruchzustand nach DIN 1045/07.88, Abschnitt 18.7.2, durchzuführen. Bei Platten ohne Schubbewehrung ist $v = 1{,}5\,h$ in Rechnung zu stellen.

(3) Werden am Auflager Spannglieder von der Trägerunterseite hochgeführt, so muß die Wirkung der vollen Trägerhöhe für die Schubtragfähigkeit durch eine Mindestgurtbewehrung zur Deckung einer Zuggurtkraft von $Z_u = 0{,}5\,Q_u$ gesichert werden. Im Zuggurt verbleibende Spannglieder dürfen mit ihrer anfänglichen Vorspannkraft V_0 angesetzt werden.

14.4 Verankerungen innerhalb des Tragwerks

(3) Dabei darf nur jener Teil der Bewehrung berücksichtigt werden, der nicht weiter als in einem Abstand von $1{,}5\sqrt{A_1}$ von der Achse des endenden Spanngliedes liegt und dessen resultierende Zugkraft etwa in der Achse des endenden Spanngliedes liegt. Dabei ist A_1 die Aufstandsfläche des Ankerkörpers des Spanngliedes. Im Verbund liegende Spannglieder dürfen dabei mitgerechnet werden.

(4) Als zulässige Stahlspannung der Bewehrung aus Betonstahl gelten hierbei die Werte der Tabelle 9, Zeile 68. Für die Spannglieder darf die vorhandene Spannungsreserve bis zur zulässigen Spannstahlspannung nach Tabelle 9, Zeile 65, aber keine höhere Zusatzspannung als 240 N/mm² angesetzt werden.

15.7 Zulässige Stahlspannungen in Spanngliedern

(3) Bei Spannverfahren, für die in den Zulassungen eine Abminderung der Spannkraft vorgeschrieben ist, muß die gleiche prozentuale Abminderung sowohl beim Spannen als auch nach dem Verankern der Spannglieder berücksichtigt werden.

15.9.2 Endverankerungen mit Ankerkörpern und Kopplungen

(1) An Endverankerungen mit Ankerkörpern sowie an festen und beweglichen Kopplungen der Spannglieder ist der Nachweis zu führen, daß die Schwingbreite das 0,7fache des im Zulassungsbescheid für das Spannverfahren angegebenen Wertes der ertragenen Schwingbreite nicht überschreitet.

Spannglied als Schubbewehrung

12 Schiefe Hauptspannungen und Schubdeckung

12.1 Allgemeines

(7) Vor Herstellen des Verbundes sind bei den Spannungsnachweisen im Gebrauchszustand nach Abschnitt 12.2 die Spanngliedkräfte und gegebenenfalls die Umlenkkräfte als äußere Last mit ihrem 1,0fachen Wert, im rechnerischen Bruchzustand nach Abschnitt 12.3 mit der Spannungszunahme nach Abschnitt 11.3 einzusetzen. Die Hauptdruckspannungen sind unter Berücksichtigung der abzuziehenden Querschnittsflächen der nicht verpreßten Spannkanäle nach Tabelle 9, Zeile 63, zu begrenzen. Dabei darf mit gleichmäßiger Spannungsverteilung über die verbleibende Querschnittsfläche gerechnet werden. Bei der Bemessung der Schubbewehrung kann die Spannungszunahme in den Längsspanngliedern ebenfalls nach Abschnitt 11.3 ermittelt werden. Eine zur Schubaufnahme notwendige, im Verbund liegende Längsbewehrung ist unter Zugrundelegung der Fachwerkanalogie zu ermitteln. Für Spannglieder als Schubbewehrung gilt Abschnitt 12.4.1, Absatz (3).

12.3 Spannungsnachweise im rechnerischen Bruchzustand

12.3.2 Nachweise der schiefen Hauptdruckspannungen in Zone a

(4) Für Zustände nach Herstellen des Verbundes darf im Steg der Nachweis vereinfachend in der Schwerlinie des Trägers geführt werden, wenn die Stegdicke über die Trägerhöhe konstant ist oder wenn die minimale Stegdicke eingesetzt wird. Ein von Spanngliedern als Schubbewehrung erzeugter Spannungszustand ist zu berücksichtigen.

12.4.2 Schubbewehrung zur Aufnahme der Querkräfte

(3) In Zone a ist die Neigung ϑ der Druckstreben gegen die Querschnittsnormale im Trägersteg und in den Druckgurten nach Gleichung (11) anzunehmen:

$$\tan\vartheta = \tan\vartheta_I \left(1 - \frac{\Delta\tau}{\tau_u}\right) \qquad (11)$$

$$\tan\vartheta \geq 0{,}4$$

Hierin bedeuten:

$\tan\vartheta_I$ Neigung der Hauptdruckspannungen gegen die Querschnittsnormale im Zustand I in der Schwerlinie des Trägers bzw. in Druckgurten am Anschnitt

τ_u der Höchstwert der Schubspannung im Querschnitt aus Querkraft im rechnerischen Bruchzustand (nach Abschnitt 12.3), ermittelt nach Zustand I ohne Berücksichtigung von Spanngliedern als Schubbewehrung

$\Delta\tau$ 60% der Werte nach Tabelle 9, Zeile 50.

Spannglied mit Dehnungsbehinderung

15.4 Zulässige Spannungen in Spanngliedern mit Dehnungsbehinderung (Reibung)

Bei Spanngliedern, deren Dehnung durch Reibung behindert ist, darf nach Tabelle 9, Zeile 66, die zulässige Spannung am Spannende erhöht werden, wenn die Bereiche der maximalen Momente hiervon nicht berührt werden und die Erhöhung auf solche Bereiche beschränkt bleibt, in denen der Einfluß der Verkehrslasten gering ist.

Spannglied mit nachträglichem Verbund

Spannglied mit sofortigem Verbund

10.2 Nachweis zur Beschränkung der Rißbreite

(2) Die Betonstahlbewehrung zur Beschränkung der Rißbreite muß aus gerippten Betonstahl bestehen. Bei Vorspannung mit sofortigem Verbund dürfen im Querschnitt vorhandene Spannglieder zur Beschränkung der Rißbreite herangezogen werden. Die Beschränkung der Rißbreite gilt als nachgewiesen, wenn folgende Bedingung eingehalten ist:

$$d_s \leq r \cdot \frac{\mu_z}{\sigma_s^2} \cdot 10^4 \quad (8)$$

Hierin bedeuten:

d_s größter vorhandener Stabdurchmesser der Längsbewehrung in mm (Betonstahl oder Spannstahl in sofortigem Verbund)

r Beiwert nach Tabelle 8.1 [7])

μ_z der auf die Zugzone A_{bz} bezogene Bewehrungsgehalt 100 $(A_s + A_v)/A_{bz}$ ohne Berücksichtigung der Spannglieder mit nachträglichem Verbund (Zugzone = Bereich von rechnerischen Zugdehnungen des Betons unter der in Absatz (5) angegebenen Schnittgrößenkombination, wobei mit einer Zugzonenhöhe von höchstens 0,80 m zu rechnen ist). Dabei ist vorausgesetzt, daß die Bewehrung A_s annähernd gleichmäßig über die Breite der Zugzone verteilt ist. Bei stark unterschiedlichen Bewehrungsgehalten μ_z innerhalb breiter Zugzonen muß Gleichung (8) auch örtlich erfüllt sein.

A_s Querschnitt der Betonstahlbewehrung der Zugzone A_{bz} in cm²

A_v Querschnitt der Spannglieder in sofortigem Verbund in der Zugzone A_{bz} in cm²

σ_s Zugspannung im Betonstahl bzw. Spannungszuwachs sämtlicher im Verbund liegender Spannstähle in N/mm² nach Zustand II unter Zugrundelegung linear-elastischen Verhaltens für die in Absatz (5) angegebene Schnittgrößenkombination, jedoch höchstens β_s (siehe auch Erläuterungen im DAfStb-Heft 320)

---

[7]) Bei unterschiedlichen Verbundeigenschaften darf der Ermittlung der Bewehrung ein mittlerer Wert r zugrunde gelegt werden, siehe z.B. DAfStb-Heft 320.

Spannglied mit sofortigem Verbund

(siehe auch oben)

15.9.3 Endverankerung von Spanngliedern mit sofortigem Verbund

Es ist nachzuweisen, daß die Änderung der Spannung aus häufigen Lastwechseln (siehe Abschnitt 15.9.2) am Ende der Übertragungslänge bei gerippten und profilierten Drähten nicht größer als 70 N/mm², bei Litzen nicht größer als 50 MN/m² ist.

Spannglied, Abweichung

5.3 Verfahren und Messungen beim Spannen

(2) Über das Spannen ist ein Spannprotokoll zu führen, in das alle beim Spannen durchgeführten Messungen einschließlich etwaiger Unregelmäßigkeiten einzutragen sind. Die Messungen müssen mindestens Spannkraft und Spannweg umfassen. Wenn die Summe aus den Absolutwerten der prozentualen Abweichung von der Sollspannkraft und der prozentualen Abweichung vom Sollspannweg bei einem einzelnen Spannglied mehr als 15% beträgt, muß die zuständige Bauaufsicht unverzüglich verständigt werden. Ist die Abweichung von der Sollspannkraft oder vom Sollspannweg bei der Summe aller in einem Querschnitt liegenden Spannglieder größer als 5%, so ist gleichfalls die Bauaufsicht zu verständigen.

Spannglied, Anrechnung

6.7 Mindestbewehrung

6.7.1 Allgemeines

(3) Bei Brücken und vergleichbaren Bauwerken ist eine erhöhte Mindestbewehrung in gezogenen bzw. weniger gedrückten Querschnittsteilen (siehe Tabelle 4, Zeilen 1b und 2b, Werte in Klammern) anzuordnen, wenn im Endzustand unter Haupt- und Zusatzlasten die nach Zustand I ermittelte Betondruckspannung am Rand dem Betrag nach kleiner als 2 N/mm² ist. Dabei dürfen Spannglieder unter Berücksichtigung der unterschiedlichen Verbundeigenschaften angerechnet werden [4]). In Gurtplatten sind Stabdurchmesser $\leq$ 16 mm zu verwenden, sofern kein genauer Nachweis erfolgt [4]).

---

[4]) Nachweise siehe DAfStb-Heft 320

Spannglied, Anzahl

Tabelle 3. Anzahl der Spannglieder

	1	2	3
	Art der Spannglieder	Mindestanzahl nach Absatz (1)	Anzahl der rechnerisch ausfallenden Stäbe bzw. Drähte [1])
1	Einzelstäbe bzw. -drähte	3	1
2	Stäbe bzw. Drähte bei Bündelspanngliedern	7	3
3	7drähtige Litzen Einzeldrahtdurchmesser $d_v \geq 4$ mm [2])	1	—

[1]) Bei Verwendung von Stäben bzw. Drähten unterschiedlicher Querschnitte sind die jeweils dicksten Stäbe bzw. Drähte in Ansatz zu bringen.

[2]) Werden in Ausnahmefällen Litzen mit geringerem Drahtdurchmesser verwendet, so beträgt die Mindestanzahl 2.

Spannglied, Auslieferung

6.5.3 Fertigspannglieder

(3) Bei Auslieferung der Spannglieder sind folgende Unterlagen beizufügen:
- Lieferschein mit Angabe von Bauvorhaben, Spanngliedtyp, Positionsnummer der Spannglieder, Fertigungs- und Auslieferungsdatum und der Bestätigung, daß die Spannglieder güteüberwacht sind. Der Lieferschein muß auch die Angaben der Anhängeschilder der jeweils verwendeten Spannstähle enthalten;
- bei Verwendung von Restmengen oder Verschnitt Angaben über die Herkunft;
- Lieferzeugnisse für den Spannstahl und Lieferscheine für die Zubehörteile mit Angabe der hierfür fremdüberwachenden Stelle.

Spannglied, Betondeckung

(siehe Betondeckung)

Spannglied, Endverankerung

(siehe Endverankerung)

Spannglied, gekrümmt

15.8 Gekrümmte Spannglieder

In aufgerollten oder gekrümmt verlegten, gespannten Spanngliedern dürfen die Randspannungen den Wert $\beta_{0,01}$ nicht überschreiten. Die Randspannungen für Litzen dürfen mit dem halben Nenndurchmesser ermittelt werden.

Spannglied, Herstellung

(Abschnitt 6.5., der sich u.a. mit der Herstellung von Spanngliedern befaßt, wird hier nur durch seine Überschriften wiedergegeben.)

6.5 Herstellung, Lagerung und Einbau der Spannglieder
6.5.1 Allgemeines
6.5.2 Korrosionsschutz bis zum Einpressen
6.5.3 Fertigspannglieder

Spannglied, Kopplung

(siehe Kopplung)

Spannglied, Lagerung

(Abschnitt 6.5., der sich u.a. mit der Lagerung von Spanngliedern befaßt, wird hier nur durch seine Überschriften wiedergegeben.)

6.5 Herstellung, Lagerung und Einbau der Spannglieder
6.5.1 Allgemeines
6.5.2 Korrosionsschutz bis zum Einpressen
6.5.3 Fertigspannglieder

Spannglied, lichter Abstand

6.2.4 Lichter Abstand der Spannglieder bei Vorspannung mit sofortigem Verbund

(1) Der lichte Abstand der Spannglieder bei Vorspannung mit sofortigem Verbund muß größer als die Korngröße des überwiegenden Teils des Zuschlags sein; er soll außerdem die aus den Gleichungen (1) und (2) sich ergebenden Werte nicht unterschreiten.

(2) Bei der Verteilung von Spanngliedern über die Breite eines Querschnitts dürfen innerhalb von Gruppen mit 2 oder 3 Spanngliedern mit $d_v \leq 10$ mm die lichten Abstände der einzelnen Spannglieder bis auf 1,0 cm verringert werden, wenn die Gesamtanzahl in einer Lage nicht größer ist als bei gleichmäßiger Verteilung zulässig.

Spannglied, Mindestanzahl

6.2 Spannglieder

6.2.6 Mindestanzahl

(1) In der vorgedrückten Zugzone tragender Spannbetonbauteile muß die Anzahl der Spannglieder bzw. bei Verwendung von Bündelspanngliedern die Gesamtanzahl der Drähte oder Stäbe mindestens den Werten der Tabelle 3, Spalte 2, entsprechen. Die Werte gelten unter der Voraussetzung, daß gleiche Stab- bzw. Drahtdurchmesser verwendet werden.

(2) Bei Verwendung von Stäben bzw. Drähten unterschiedlicher Querschnitte ist stets der Nachweis nach den Absätzen (3) und (4) zu führen.

(3) Eine Unterschreitung der Werte nach Tabelle 3, von Spalte 2, Zeilen 1 und 2, ist zulässig, wenn der Nachweis geführt wird, daß bei Ausfall von Stäben bzw. Drähten entsprechend den Werten von Spalte 3 die Beanspruchung aus 1,0fachen Einwirkungen aus Last und Zwang aufgenommen werden können. Dieser Nachweis ist auf der Grundlage der für rechnerischen Bruchzustand getroffenen Festlegungen (siehe Abschnitte 11, 12.3, 12.4) zu führen, wobei anstelle von $\gamma = 1,75$ jeweils $\gamma = 1,0$ gesetzt werden darf.

Tabelle 3. **Anzahl der Spannglieder**

1	2	3
Art der Spannglieder	Mindestanzahl nach Absatz (1)	Anzahl der rechnerisch ausfallenden Stäbe bzw. Drähte [1]
1 Einzelstäbe bzw. -drähte	3	1
2 Stäbe bzw. Drähte bei Bündelspanngliedern	7	3
3 7drähtige Litzen Einzeldrahtdurchmesser $d_v \geq 4$ mm [2]	1	–

[1] Bei Verwendung von Stäben bzw. Drähten unterschiedlicher Querschnitte sind die jeweils dicksten Stäbe bzw. Drähte in Ansatz zu bringen.

[2] Werden in Ausnahmefällen Litzen mit geringerem Drahtdurchmesser verwendet, so beträgt die Mindestanzahl 2.

(4) Tragreserven, z. B. aus Querabtragung der Lasten, sowie mögliche Umlagerungen der Schnittgrößen aus Änderungen des statischen Systems dürfen berücksichtigt werden. Werden bei diesem Nachweis auch Stahlbetonbauteile nach DIN 1045 in Rechnung gestellt, so darf anstelle der in DIN 1045/07.88, Abschnitt 17.2.2, genannten Sicherheitsbeiwerte einheitlich $\gamma = 1{,}0$ gesetzt werden. Bei der Bemessung für Querkraft und Torsion dürfen dabei die Grundwerte der Schubspannung nach DIN 1045/07.88, Abschnitt 17.5, auf das 1,75fache vergrößert werden.

Spannglied, Neigung

12 Schiefe Hauptspannungen und Schubdeckung

12.1 Allgemeines

(6) Ungünstig wirkende Querkräfte, die sich aus einer Neigung der Spannglieder gegen die Querschnittsnormale ergeben, sind zu berücksichtigen; günstig wirkende Querkräfte infolge Spanngliedneigung dürfen berücksichtigt werden.

Spannglied, Transportschäden

(siehe Transportschäden)

Spannglied, Verankern

(siehe Verankern)

Spannglied, Verankerung

(siehe Verankerung)

Spannglied, Verbund

(siehe Verbund)

Spannglied, Verteilung

6.2.4 Lichter Abstand der Spannglieder bei Vorspannung mit sofortigem Verbund

(2) Bei der Verteilung von Spanngliedern über die Breite eines Querschnitts dürfen innerhalb von Gruppen mit 2 oder 3 Spanngliedern mit $d_v \leq 10$ mm die lichten Abstände der einzelnen Spannglieder bis auf 1,0 cm verringert werden, wenn die Gesamtanzahl in einer Lage nicht größer ist als bei gleichmäßiger Verteilung zulässig.

Spannglied, Zugkraft

(siehe Zugkraft)

Spannglied, zulässige Spannkraft

9.5 Spaltzugspannungen und Spaltzugbewehrung im Bereich von Spanngliedern

(1) Die zur Aufnahme der Spaltzugspannungen im Verankerungsbereich anzuordnende Bewehrung ist dem Zulassungsbescheid für das Spannverfahren zu entnehmen.

(2) Im Bereich von Spanngliedern, deren zulässige Spannkraft gemäß Tabelle 9, Zeile 65, mehr als 1500 kN beträgt, dürfen die Spaltzugspannungen außerhalb des Verankerungsbereiches den Wert

$$0{,}35 \cdot \sqrt[3]{\beta_{WN}^2} \quad \text{in N/mm}^2$$

nur überschreiten, wenn die Spaltzugkräfte durch Bewehrung aufgenommen werden, die für die Spannung $\beta_S/1{,}75$ bemessen ist[6]. Die Bewehrung ist in der Regel je zur Hälfte an beiden Seiten jeder Spanngliedlage anzuordnen. Der Abstand der quer zu den Spanngliedern verlaufenden Stäbe soll 20 cm nicht überschreiten. Die Bewehrung ist an den Enden zu verankern.

[6] Ansätze für die Ermittlung können den Mitteilungen des Instituts für Bautechnik, Berlin, Heft 4/1979, Seiten 98 und 99, entnommen werden.

Spannglied, zulässige Stahlspannung

(siehe Stahlspannung)

Stichworte

Spanngliedkopplung

10.4 Arbeitsfugen mit Spanngliedkopplungen

(1) Werden in einer Arbeitsfuge mehr als 20% der im Querschnitt vorhandenen Spannkraft mittels Spanngliedkopplungen oder auf andere Weise vorübergehend verankert, gelten für die die Fuge kreuzende Bewehrung über die Abschnitte 10.2, 10.3, 14 und 15.9, hinaus die nachfolgenden Absätze (2) bis (5); dabei sollen die Stababstände nicht größer als 15 cm sein.

12.8 Arbeitsfugen mit Kopplungen

In Arbeitsfugen mit Spanngliedkopplungen darf an Stelle des Nachweises nach den Abschnitten 12.3 und 12.4 der Nachweis der Schubdeckung unter Annahme eines Ersatzfachwerks geführt werden, wenn die Fuge konstruktiv entsprechend ausgebildet wird (im allgemeinen verzahnte Fuge). Die Bewehrung ist unter Zugrundelegung des angenommenen Fachwerks zu bemessen. Die Richtung der Druckstrebe darf dabei höchstens 15° von der Normalen derjenigen Fugenteilfläche abweichen, von der die Druckkraft aufzunehmen ist. Die Druckspannung auf die Teilflächen darf im rechnerischen Bruchzustand den Wert β_R nicht überschreiten.

14.4 Verankerungen innerhalb des Tragwerks

(1) Wenn ein Teil des Querschnitts mit Ankerkörpern (Verankerungen, Spanngliedkopplungen) durchsetzt ist, sind Querschnittsschwächungen zu berücksichtigen infolge von:
a) Ankerkörpern, bei denen zwischen Stirnfläche des Ankerkörpers und Beton bzw. Einpreßmörtel eine nachgiebige Zwischenlage angeordnet ist, bei allen Nachweisen im Gebrauchszustand und im rechnerischen Bruchzustand;
b) Ankerkörper, die im Bereich von Längszugspannungen liegen, bei Nachweisen im Gebrauchszustand.

Spannkanal

6.5.2 Korrosionsschutz bis zum Einpressen

(1) Die Zeitspanne zwischen Herstellen des Spanngliedes und Einpressen des Zementmörtels ist eng zu begrenzen. Im Regelfall ist nach dem Vorspannen unverzüglich Zementmörtel in die Spannkanäle einzupressen. Zulässige Zeitspannen sind unter Berücksichtigung der örtlichen Gegebenheiten zu beurteilen.

Spannkanal, Einpressen

6.6 Herstellen des nachträglichen Verbundes

(1) Das Einpressen von Zementmörtel in die Spannkanäle erfordert besondere Sorgfalt.
(2) Es gilt DIN 4227 Teil 5. Es muß sichergestellt sein, daß die Spannstähle mit Zementmörtel umhüllt sind.
(3) Das Einpressen in jeden einzelnen Spannkanal ist im Protokoll unter Angabe etwaiger Unregelmäßigkeiten zu vermerken. Die Protokolle sind zu den Bauakten zu nehmen.

Spannkanal, nicht verpreßter

12 Schiefe Hauptspannungen und Schubdeckung

12.1 Allgemeines

(7) Vor Herstellen des Verbundes sind bei den Spannungsnachweisen im Gebrauchszustand nach Abschnitt 12.2 die Spanngliedkräfte und gegebenenfalls die Umlenkkräfte als äußere Last mit ihrem 1,0fachen Wert, im rechnerischen Bruchzustand nach Abschnitt 12.3 mit der Spannungszunahme nach Abschnitt 11.3 einzusetzen. Die Hauptdruckspannungen sind unter Berücksichtigung der abzuziehenden Querschnittsflächen der nicht verpreßten Spannkanäle nach Tabelle 9, Zeile 63, zu begrenzen. Dabei darf mit gleichmäßiger Spannungsverteilung über die verbleibende Querschnittsfläche gerechnet werden. Bei der Bemessung der Schubbewehrung kann die Spannungszunahme in den Längsspanngliedern ebenfalls nach Abschnitt 11.3 ermittelt werden. Eine zur Schubaufnahme notwendige, im Verbund liegende Längsbewehrung ist unter Zugrundelegung der Fachwerkanalogie zu ermitteln. Für Spannglieder als Schubbewehrung gilt Abschnitt 12.4.1, Absatz (3).

Spannkanal, Spülen

6.5 Herstellung, Lagerung und Einbau der Spannglieder

6.5.2 Korrosionsschutz bis zum Einpressen

(4) Als besondere Schutzmaßnahme ist z. B. ein zeitweises Spülen der Spannkanäle mit vorgetrockneter und erforderlichenfalls gereinigter Luft geeignet.

Spannkraft

5.3 Verfahren und Messungen beim Spannen

(1) Die Vorspannung ist entsprechend einem Spannprogramm aufzubringen. Dieses muß für jedes Spannglied neben der zeitlichen Folge des Spannens Angaben über Spannkraft und Spannweg unter Berücksichtigung der Zusammendrückung des Betons, der Reibung, des Schlupfes und des Zeitpunktes des Lehrgerüstabsenkens enthalten. Im Falle von Teilvorspannung sind die bis zum endgültigen Vorspannen eingetretenen Spannkraftverluste zu berücksichtigen. Das Spannprogramm ist so aufzustellen, daß keine unzulässigen Beanspruchungen des Betons entstehen.

(2) Über das Spannen ist ein Spannprotokoll zu führen, in das alle beim Spannen durchgeführten Messungen einschließlich etwaiger Unregelmäßigkeiten einzutragen sind. Die Messungen müssen mindestens Spannkraft und Spannweg umfassen. Wenn die Summe aus den Absolutwerten der prozentualen Abweichung von der Sollspannkraft und der prozentualen Abweichung vom Sollspannweg bei einem einzelnen Spannglied mehr als 15 % beträgt, muß die zuständige Bauaufsicht unverzüglich verständigt werden. Ist die Abweichung von der Sollspannkraft oder vom Sollspannweg bei der Summe aller in einem Querschnitt liegenden Spannglieder größer als 5 %, so ist gleichfalls die Bauaufsicht zu verständigen.

Spannkraft, Abminderung

15.7 Zulässige Stahlspannungen in Spanngliedern

(3) Bei Spannverfahren, für die in den Zulassungen eine Abminderung der Spannkraft vorgeschrieben ist, muß die gleiche prozentuale Abminderung sowohl beim Spannen als auch nach dem Verankern der Spannglieder berücksichtigt werden.

Spannkraft, Ausbreitung

12.6 Eintragung der Vorspannung

(2) Bei Spanngliedern mit Endverankerung ist diese Eintragungslänge e gleich der Störungslänge s, die zur Ausbreitung der konzentriert angreifenden Spannkräfte bis zur Einstellung eines geradlinigen Spannungsverlaufes im Querschnitt nötig ist.

Spannkraft, zulässige

9.5 Spaltzugspannungen und Spaltzugbewehrung im Bereich von Spanngliedern

(1) Die zur Aufnahme der Spaltzugspannungen im Verankerungsbereich anzuordnende Bewehrung ist dem Zulassungsbescheid für das Spannverfahren zu entnehmen.

(2) Im Bereich von Spanngliedern, deren zulässige Spannkraft gemäß Tabelle 9, Zeile 65, mehr als 1500 kN beträgt, dürfen die Spaltzugspannungen außerhalb des Verankerungsbereiches den Wert

$$0,35 \cdot \sqrt[3]{\beta_{WN}^2} \text{ in N/mm}^2$$

nur überschreiten, wenn die Spaltzugkräfte durch Bewehrung aufgenommen werden, die für die Spannung $\beta_S/1,75$ bemessen ist [6]. Die Bewehrung ist in der Regel zur Hälfte auf beiden Seiten jeder Spanngliedlage anzuordnen. Der Abstand der quer zu den Spanngliedern verlaufenden Stäbe soll 20 cm nicht überschreiten. Die Bewehrung ist an den Enden zu verankern.

---

[6] Ansätze für die Ermittlung können den Mitteilungen des Instituts für Bautechnik, Berlin, Heft 4/1979, Seiten 98 und 99, entnommen werden.

Spannkraftverlust

5.3 Verfahren und Messungen beim Spannen

(1) Die Vorspannung ist entsprechend einem Spannprogramm aufzubringen. Dieses muß für jedes Spannglied neben der zeitlichen Folge des Spannens Angaben über Spannkraft und Spannweg unter Berücksichtigung der Zusammendrückung des Betons, der Reibung, des Schlupfes und des Zeitpunktes des Lehrgerüstabsenkens enthalten. Im Falle von Teilvorspannung sind die bis zum endgültigen Vorspannen eingetretenen Spannkraftverluste zu berücksichtigen. Das Spannprogramm ist so aufzustellen, daß keine unzulässigen Beanspruchungen des Betons entstehen.

Spannprogramm

5.3 Verfahren und Messungen beim Spannen

(1) Die Vorspannung ist entsprechend einem Spannprogramm aufzubringen. Dieses muß für jedes Spannglied neben der zeitlichen Folge des Spannens Angaben über Spannkraft und Spannweg unter Berücksichtigung der Zusammendrückung des Betons, der Reibung, des Schlupfes und des Zeitpunktes des Lehrgerüstabsenkens enthalten. Im Falle von Teilvorspannung sind die bis zum endgültigen Vorspannen eingetretenen Spannkraftverluste zu berücksichtigen. Das Spannprogramm ist so aufzustellen, daß keine unzulässigen Beanspruchungen des Betons entstehen.

(Tabelle 1, siehe Seite 177)

Spannprotokoll

5.3 Verfahren und Messungen beim Spannen

(2) Über das Spannen ist ein Spannprotokoll zu führen, in das alle beim Spannen durchgeführten Messungen einschließlich etwaiger Unregelmäßigkeiten einzutragen sind. Die Messungen müssen mindestens Spannkraft und Spannweg umfassen. Wenn die Summe aus den Absolutwerten der prozentualen Abweichung von der Sollspannkraft und der prozentualen Abweichung vom Sollspannweg bei einem einzelnen Spannglied mehr als 15 % beträgt, muß die zuständige Bauaufsicht unverzüglich verständigt werden. Ist die Abweichung von der Sollspannkraft oder vom Sollspannweg bei der Summe aller in einem Querschnitt liegenden Spannglieder größer als 5 %, so ist gleichfalls die Bauaufsicht zu verständigen.

Spannstahl

2.1 Bauaufsichtliche Zulassungen, Zustimmungen

(1) Entsprechend den allgemeinen bauaufsichtlichen Bestimmungen ist eine Zulassung bzw. eine Zustimmung im Einzelfall unter anderem erforderlich für:
– den Spannstahl (siehe Abschnitt 3.2)
– das Spannverfahren.

(2) Die Bescheide müssen auf der Baustelle vorliegen.

3.2 Spannstahl

Spanndrähte müssen mindestens 5,0 mm Durchmesser oder bei nicht runden Querschnitten mindestens 30 mm^2 Querschnittsfläche haben. Litzen müssen mindestens 30 mm^2 Querschnittsfläche haben, wobei die einzelnen Drähte mindestens 3,0 mm Durchmesser aufweisen müssen. Für Sonderzwecke, z.B. für vorübergehend erforderliche Bewehrung oder Rohre aus Spannbeton, sind Einzeldrähte von mindestens 3,0 mm Durchmesser bzw. bei nicht runden Querschnitten von mindestens 20 mm^2 Querschnittsfläche zulässig.

4 Nachweis der Güte der Baustoffe

(1) Für den Nachweis der Güte der Baustoffe gilt DIN 1045/07.88, Abschnitt 7. Darüber hinaus sind für den Spannstahl und das Spannverfahren die entsprechenden Abschnitte der Zulassungsbescheide zu beachten. Für die Güteüberwachung von Beton B II auf der Baustelle, von Fertigteilen und Transportbeton gelten DIN 1084 Teil 1 bis Teil 3.

Stichworte   DIN 4227 Teil 1, Ausgabe Juli 1988

(4) Über die Lieferung des Spannstahles ist anhand der vom Lieferwerk angebrachten Anhänger Buch zu führen; außerdem ist festzuhalten, in welche Bauteile und Spannglieder der Stahl der jeweiligen Lieferung eingebaut wurde.

11.1 Rechnerischer Bruchzustand und Sicherheitsbeiwerte

(4) Die Schnittgrößen im rechnerischen Bruchzustand dürfen auch unter Berücksichtigung der Steifigkeitsverhältnisse im Zustand II ermittelt werden. Dabei sind für Betonstahl und Spannstahl die Elastizitätsmoduln nach Abschnitt 7.2, für druckbeanspruchten Beton die Elastizitätsmoduln nach Abschnitt 7.3 zugrunde zu legen. Als Sicherheitsbeiwert y ist hierbei für die Vorspannung (unter Berücksichtigung des Spannungsverlustes infolge Kriechens und Schwindens) sowie für Zwang aus planmäßiger Systemänderung $y = 1,0$, für alle übrigen Lastfälle $y = 1,75$, anzusetzen. Wird hiervon Gebrauch gemacht, so ist die Schubdeckung zusätzlich im Gebrauchszustand nachzuweisen (siehe Abschnitt 12.4).

11.2.4 Dehnungsdiagramm

(3) Eine geradlinige Dehnungsverteilung über den Gesamtquerschnitt darf nur angenommen werden, wenn der Verbund zwischen den Spanngliedern und dem Beton nach Abschnitt 13 gesichert ist. Die durch Vorspannung im Spannstahl erzeugte Vordehnung ergibt sich als Dehnungsunterschied zwischen Spannglied und umgebendem Beton im Gebrauchszustand nach Kriechen und Schwinden. In Sonderfällen, z. B. bei vorgespannten Druckgliedern, kann die Spannung vor Kriechen und Schwinden maßgebend sein.

15.7 Zulässige Stahlspannungen in Spanngliedern

(1) Beim Spannvorgang darf die Spannung im Spannstahl vorübergehend die Werte nach Tabelle 9, Zeile 64, erreichen; der kleinere Wert ist maßgebend.

(Tabelle 1, siehe Seite 177)

Spannstahl, Einbau

6.5 Herstellung, Lagerung und Einbau der Spannglieder

6.5.1 Allgemeines

(3) Beim Ablängen und Einbau der Spannstähle sind Knicke und Verletzungen zu vermeiden. Fertige Spannglieder sind bis zum Einbau in das Bauwerk bodenfrei und trocken zu lagern und vor Berührung mit schädigenden Stoffen zu schützen. Spannstahl ist auch in der Zeitspanne zwischen dem Verlegen und der Herstellung des Verbundes vor Korrosion und Verschmutzung zu schützen.

Spannstahl, Formänderung

7.2 Formänderung des Betonstahles und des Spannstahles

Für alle Nachweise im Gebrauchszustand darf mit elastischem Verhalten des Beton- und Spannstahles gerechnet werden. Für den Betonstahl gilt DIN 1045/07.88, Abschnitt 16.2.1. Für Spannstähle darf als Rechenwert des Elastizitätsmoduls bei Drähten und Stäben $2,05 \cdot 10^5$ N/mm², bei Litzen $1,95 \cdot 10^5$ N/mm² angenommen werden. Bei der Ermittlung der Spannwege ist der Elastizitätsmodul des Spannstahles stets der Zulassung zu entnehmen.

Spannstahl, gerippt

Tabelle 8.1. **Beiwerte r zur Berücksichtigung der Verbundeigenschaften**

Bauteile mit Umweltbedingungen nach DIN 1045/07.88, Tabelle 10, Zeile(n)	1	2	3 und 4 [1]
zu erwartende Rißbreite	normal	normal	sehr gering
gerippter Betonstahl und gerippte Spannstähle in sofortigem Verbund	200	150	100
profilierter Spannstahl und Litzen in sofortigem Verbund	150	110	75

[1] Auch bei Bauteilen im Einflußbereich bis zu 10 m von
 - Straßen, die mit Tausalzen behandelt werden
 oder
 - Eisenbahnstrecken, die vorwiegend mit Dieselantrieb befahren werden.

Spannstahl, Lieferzeugnis

6.5.3 Fertigspannglieder

(3) Bei Auslieferung der Spannglieder sind folgende Unterlagen beizufügen:
- Lieferschein mit Angabe von Bauvorhaben, Spanngliedtyp, Positionsnummer der Spannglieder, Fertigungs- und Auslieferungsdatum und der Bestätigung, daß die Spannglieder güteüberwacht sind. Der Lieferschein muß auch die Angaben der Anhängeschilder der jeweils verwendeten Spannstähle enthalten;
- bei Verwendung von Restmengen oder Verschnitt Angaben über die Herkunft;
- Lieferzeugnisse für den Spannstahl und Lieferscheine für die Zubehörteile mit Angabe der hierfür fremdüberwachenden Stelle.

Spannstahl, profiliert

Tabelle 8.1. **Beiwerte r zur Berücksichtigung der Verbundeigenschaften**

Bauteile mit Umweltbedingungen nach DIN 1045/07.88, Tabelle 10, Zeile(n)	1	2	3 und 4[1)
zu erwartende Rißbreite	normal	normal	sehr gering
gerippter Betonstahl und gerippte Spannstähle in sofortigem Verbund	200	150	100
profilierter Spannstahl und Litzen in sofortigem Verbund	150	110	75

[1)] Auch bei Bauteilen im Einflußbereich bis zu 10 m von
 – Straßen, die mit Tausalzen behandelt werden
 oder
 – Eisenbahnstrecken, die vorwiegend mit Dieselantrieb befahren werden.

Spannstahl, Schweißen

(siehe Schweißen)

Spannstahl, Spannungsdehnungslinie

11.2.2 Spannungsdehnungslinie des Stahles

(1) Die Spannungsdehnungslinie des Spannstahles ist der Zulassung zu entnehmen, wobei jedoch anzunehmen ist, daß die Spannung oberhalb der Streck- bzw. der $\beta_{0,2}$-Grenze nicht mehr ansteigt.

Spannstahl, Streckgrenze

11.3 Nachweis bei Lastfällen vor Herstellen des Verbundes

(2) Vor dem Herstellen des Verbundes können sich die Spannglieder auf ihrer ganzen Länge frei dehnen. Das Verhalten im rechnerischen Bruchzustand hängt deshalb von dem Formänderungsverhalten des gesamten Tragwerks ab. Die in den Spanngliedern wirkende Spannung darf wie folgt angenommen werden, sofern kein genauerer Nachweis geführt wird:
– bei annähernd gleichmäßig belasteten Trägern auf 2 Stützen:

$$\sigma_{vu} = \sigma_v^{(0)} + 110 \text{ N/mm}^2 \leq \beta_{Sv}, \quad (10a)$$

– bei Kragträgern unabhängig vom Belastungsbild, falls die Spannglieder im anschließenden Feld zumindest jenseits des Momentennullpunktes im Verbund liegen:

$$\sigma_{vu} = \sigma_v^{(0)} + 50 \text{ N/mm}^2 \leq \beta_{Sv}, \quad (10b)$$

– bei Durchlaufträgern:

$$\sigma_{vu} = \sigma_v^{(0)} \quad (10c)$$

Hierin bedeuten:
$\sigma_v^{(0)}$ Spannung im Spannglied im Bauzustand
β_{Sv} Streckgrenze bzw. $\beta_{0,2}$-Grenze des Spannstahls

Spannstahl, vorübergehender Korrosionsschutz

6.5.2 Korrosionsschutz bis zum Einpressen

(3) Werden diese Bedingungen nicht eingehalten, so sind besondere Maßnahmen zum vorübergehenden Korrosionsschutz der Spannstähle vorzusehen; andernfalls ist der Nachweis zu führen, daß schädigende Korrosion nicht auftritt.

Spannstahl Zulassungsbescheid

6.5.3 Fertigspannglieder

(1) Die Fertigung muß in geschlossenen Hallen erfolgen.

(2) Die für den Spannstahl nach Zulassungsbescheid geltenden Bedingungen für Lagerung und Transport sind auch für die fertigen Spannglieder zu beachten; diese dürfen das Werk nur in abgedichteten Hüllrohren verlassen.

Spannung, Bauzustand

11.3 Nachweis bei Lastfällen vor Herstellen des Verbundes

(2) Vor dem Herstellen des Verbundes können sich die Spannglieder auf ihrer ganzen Länge frei dehnen. Das Verhalten im rechnerischen Bruchzustand hängt deshalb von dem Formänderungsverhalten des gesamten Tragwerks ab. Die in den Spanngliedern wirkende Spannung darf wie folgt angenommen werden, sofern kein genauerer Nachweis geführt wird:
– bei annähernd gleichmäßig belasteten Trägern auf 2 Stützen:

$$\sigma_{vu} = \sigma_v^{(0)} + 110 \text{ N/mm}^2 \leq \beta_{Sv}, \quad (10a)$$

– bei Kragträgern unabhängig vom Belastungsbild, falls die Spannglieder im anschließenden Feld zumindest jenseits des Momentennullpunktes im Verbund liegen:

$$\sigma_{vu} = \sigma_v^{(0)} + 50 \text{ N/mm}^2 \leq \beta_{Sv}, \quad (10b)$$

– bei Durchlaufträgern:

$$\sigma_{vu} = \sigma_v^{(0)} \quad (10c)$$

Hierin bedeuten:
$\sigma_v^{(0)}$ Spannung im Spannglied im Bauzustand
β_{Sv} Streckgrenze bzw. $\beta_{0,2}$-Grenze des Spannstahls

Spannung, kriecherzeugende

8.7.2 Berücksichtigung von Belastungsänderungen

Bei sprunghaften Änderungen der dauernd einwirkenden Spannungen gilt das Superpositionsgesetz. Ändern sich die Spannungen allmählich, z. B. unter Einfluß von Kriechen und Schwinden, so darf an Stelle von genaueren Lösungen näherungsweise als kriecherzeugende Spannung das Mittel zwischen Anfangs- und Endwert angesetzt werden, sofern die Endspannung nicht mehr als 30 % von der Anfangsspannung abweicht.

Spannung, zulässige

5 Aufbringen der Vorspannung

5.1 Zeitpunkt des Vorspannens

(2) Eine frühzeitige Teilvorspannung (z. B. zur Vermeidung von Schwind- und Temperaturrissen) ist zu empfehlen. Durch Erhärtungsprüfung ist dann nach DIN 1045/07.88, Abschnitt 7.4.4, nachzuweisen, daß die Würfeldruckfestigkeit β_{Wm} des Betons die Werte nach Tabelle 2, Spalte 2, erreicht hat. In diesem Fall dürfen die Spannkräfte einzelner Spannglieder und die Betonspannungen im übrigen Bauteil nicht mehr als 30 % der für die Verankerung zugelassenen Spannkraft bzw. der nach Abschnitt 15 zulässigen Spannungen betragen. Liegt die durch Erhärtungsprüfung festgestellte Würfeldruckfestigkeit zwischen den Werten nach Tabelle 2, Spalten 2 und 3, so darf die zulässige Teilspannkraft linear interpoliert werden.

(Hier sind nur die Überschriften des Abschnittes 15 und seiner Unterabschnitte abgedruckt.)

15 Zulässige Spannungen
15.1 Allgemeines

15.2 Zulässige Spannung bei Teilflächenbelastung

15.3 Zulässige Druckspannungen in der vorgedrückten Druckzone

15.4 Zulässige Spannungen in Spanngliedern mit Dehnungsbehinderung (Reibung)

15.5 Zulässige Betonzugspannungen für die Beförderungszustände bei Fertigteilen

15.6 Querbiegezugspannungen in Querschnitten, die nach DIN 1045 bemessen werden

15.7 Zulässige Stahlspannungen in Spanngliedern

15.8 Gekrümmte Spannglieder

15.9 Nachweise bei nicht vorwiegend ruhender Belastung
15.9.1 Allgemeines
15.9.2 Endverankerungen mit Ankerkörpern und Kopplungen
15.9.3 Endverankerung von Spanngliedern mit sofortigem Verbund

Spannung, zulässige bei Teilflächenbelastung

15.2 Zulässige Spannung bei Teilflächenbelastung

Es gelten DIN 1045/07.88, Abschnitt 17.3.3, und für Brücken DIN 1075/04.81, Abschnitt 8.

Spannungsabfall

8.7.3 Besonderheiten bei Fertigteilen

(1) Bei Spannbetonfertigteilen ist der durch das zeitabhängige Verformungsverhalten des Betons hervorgerufene Spannungsabfall im Spannstahl in der Regel unter der ungünstigen Annahme zu ermitteln, daß eine Lagerungszeit von einem halben Jahr auftritt. Davon darf abgewichen werden, wenn sichergestellt ist, daß die Fertigteile in einem früheren Betonalter eingebaut und mit der maßgebenden Dauerlast belastet werden.

Spannungsdehnungslinie

11.2.4 Dehnungsdiagramm

(1) Bild 8 zeigt die im rechnerischen Bruchzustand je nach Beanspruchung möglichen Dehnungsdiagramme.

(2) Die Dehnung ε_s bzw. $\varepsilon_v - \varepsilon_v^{(0)}$ darf in der äußersten, zur Aufnahme der Beanspruchung im rechnerischen Bruchzustand herangezogenen Bewehrungslage 5 ‰ nicht überschreiten. Im gleichen Querschnitt dürfen verschiedene Stahlsorten (z. B. Spannstahl und Betonstahl) entsprechend den jeweiligen Spannungsdehnungslinien gemeinsam in Rechnung gestellt werden.

Spannungsdehnungslinie Beton

11.2.3 Spannungsdehnungslinie des Betons

(1) Für die Bestimmung der Betondruckkraft gilt die Spannungsdehnungslinie nach Bild 6.

(2) Zur Vereinfachung darf auch Bild 7 angewendet werden.

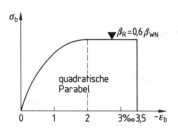

Bild 6. Rechenwerte für die Spannungsdehnungslinie des Betons

Spannungsdehnungslinie, Beton vereinfacht

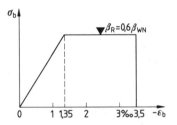

Bild 7. Vereinfachte Rechenwerte für die Spannungsdehnungslinie des Betons

Spannungsdehnungslinie, Stahl

11.2.2 Spannungsdehnungslinie des Stahles

(1) Die Spannungsdehnungslinie des Spannstahles ist der Zulassung zu entnehmen, wobei jedoch anzunehmen ist, daß die Spannung oberhalb der Streck- bzw. der $\beta_{0,2}$-Grenze nicht mehr ansteigt.

(2) Für Betonstahl gilt Bild 5.

(3) Bei druckbeanspruchtem Betonstahl tritt an die Stelle von β_S bzw. $\beta_{0,2}$ der Rechenwert $1,75/2,1 \cdot \beta_S$ bzw. $1,75/2,1 \cdot \beta_{0,2}$.

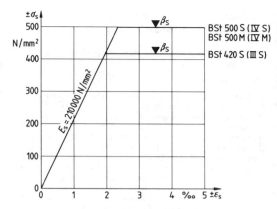

Bild 5. Rechenwerte für die Spannungsdehnungslinien der Betonstähle

Spannungsermittlung

9.2.7 Zwang aus Anheben zum Auswechseln von Lagern

Der Lastfall Anheben zum Auswechseln von Lagern bei Brücken und vergleichbaren Bauwerken ist zu berücksichtigen. Die beim Anheben entstehende Zwangbeanspruchung darf bei der Spannungsermittlung unberücksichtigt bleiben.

Spannungsnachweis

12 Schiefe Hauptspannungen und Schubdeckung

12.1 Allgemeines

(1) Der Spannungsnachweis ist für den Gebrauchszustand nach Abschnitt 12.2 und für den rechnerischen Bruchzustand nach Abschnitt 12.3 zu führen. Hierbei brauchen Biegespannungen aus Quertragwirkung (aus Plattenwirkung einzelner Querschnittsteile) nicht berücksichtigt zu werden, sofern nachfolgend nichts anderes angegeben ist (Begrenzung der Biegezugspannung aus Quertragwirkung im Gebrauchszustand siehe Abschnitt 15.6).

Spannungsnachweis, Bauzustand

(siehe Bauzustand)

Spannungsnachweis, Endzustand

9.2.5 Wärmewirkungen

(3) Bei Brücken nach DIN 1072 und vergleichbaren Bauwerken mit Wärmewirkung darf beim Spannungsnachweis im Endzustand auf den Nachweis des vollen Temperaturunterschiedes bei 0,7facher Verkehrslast verzichtet werden.

Spannungsnachweis, Gebrauchszustand

12 Schiefe Hauptspannungen und Schubdeckung

12.1 Allgemeines

(7) Vor Herstellen des Verbundes sind bei den Spannungsnachweisen im Gebrauchszustand nach Abschnitt 12.2 die Spanngliedkräfte und gegebenenfalls die Umlenkkräfte als äußere Last mit ihrem 1,0fachen Wert, im rechnerischen Bruchzustand nach Abschnitt 12.3 mit der Spannungszunahme nach Abschnitt 11.3 einzusetzen. Die Hauptdruckspannungen sind unter Berücksichtigung der abzuziehenden Querschnittsflächen der nicht verpreßten Spannkanäle nach Tabelle 9, Zeile 63, zu begrenzen. Dabei darf mit gleichmäßiger Spannungsverteilung über die verbleibende Querschnittsfläche gerechnet werden. Bei der Bemessung der Schubbewehrung kann die Spannungszunahme in den Längsspanngliedern ebenfalls nach Abschnitt 11.3 ermittelt werden. Eine zur Schubaufnahme notwendige, im Verbund liegende Längsbewehrung ist unter Zugrundelegung der Fachwerkanalogie zu ermitteln. Für Spannglieder als Schubbewehrung gilt Abschnitt 12.4.1, Absatz (3).

12.2 Spannungsnachweise im Gebrauchszustand

(1) Die nach Zustand I berechneten schiefen Hauptzugspannungen dürfen im Bereich von Längsdruckspannungen sowie in der Mittelfläche von Gurten und Stegen (soweit zugbeanspruchte Gurte anschließen) auch im Bereich von Längszugspannungen die Werte der Tabelle 9, Zeilen 46 bis 49, nicht überschreiten.

(2) Unter ständiger Last und Vorspannung dürfen auch unter Berücksichtigung der Querbiegespannungen die nach Zustand I berechneten schiefen Hauptzugspannungen die Werte der Tabelle 9, Zeilen 46 bis 49, nicht überschreiten.

Spannungsnachweis, rechnerischen Bruchzustand

(Hier sind nur die Überschriften des Abschnittes 12.3. und seiner Unterabschnitte abgedruckt.)

12.3 Spannungsnachweise im rechnerischen Bruchzustand

12.3.1 Allgemeines

12.3.2 Nachweise der schiefen Hauptdruckspannungen in Zone a

12.3.3 Nachweis der Schub- und schiefen Hauptdruckspannungen in Zone b

Spannungsreserve

14.4 Verankerungen innerhalb des Tragwerks

(4) Als zulässige Stahlspannung der Bewehrung aus Betonstahl gelten hierbei die Werte der Tabelle 9, Zeile 68. Für die Spannglieder darf die vorhandene Spannungsreserve bis zur zulässigen Spannstahlspannung nach Tabelle 9, Zeile 65, aber keine höhere Zusatzspannung als 240 N/mm^2 angesetzt werden.

Spannungsschwankung

15.9.2 Endverankerungen mit Ankerkörpern und Kopplungen

(2) Dieser Nachweis ist, sofern im Querschnitt Zugspannungen auftreten, nach Zustand II zu führen. Hierbei sind nur die durch häufige Lastwechsel verursachten Spannungsschwankungen zu berücksichtigen.

(4) Bei diesem Nachweis sind in Querschnitten mit festen oder beweglichen Kopplungen außer den ständigen Lasten und der Vorspannung nach Kriechen und Schwinden folgende Beanspruchungen als ständig wirkend zu berücksichtigen, soweit sie hinsichtlich der Spannungsschwankungen ungünstig wirken:

– Wahrscheinliche Baugrundbewegungen nach Abschnitt 9.2.6.

– Temperaturunterschiede nach Abschnitt 9.2.5. Bei Straßen- und Wegbrücken sind die Temperaturunterschiede nach DIN 1072/12.85, Tabelle 3, Spalten 4 bzw. 6, ohne Abminderung einzusetzen.

– Zusatzmoment $\Delta M = \pm \dfrac{EI}{10^4 \, d_0}$ (23)

Hierin bedeuten:
EI Biegesteifigkeit im Zustand I
d_0 Querschnittsdicke des jeweils betrachteten Querschnitts

Spannungsumlagerung

8.7.3 Besonderheiten bei Fertigteilen

(2) Bei nachträglich durch Ortbeton ergänzten Deckenträgern unter 7 m Spannweite mit einer Verkehrslast $p \leq 3,5$ kN/m^2 brauchen die durch unterschiedliches Kriechen und Schwinden von Fertigteil und Ortbeton hervorgerufenen Spannungsumlagerungen nicht berücksichtigt zu werden.

Spannungsverlust

8.2 Spannstahl

Zeitabhängige Spannungsverluste des Spannstahles (Relaxation) müssen entsprechend den Zulassungsbescheiden des Spannstahles berücksichtigt werden.

11 Nachweis für den rechnerischen Bruchzustand bei Biegung, bei Biegung mit Längskraft und bei Längskraft

11.1 Rechnerischer Bruchzustand und Sicherheitsbeiwerte

(4) Die Schnittgrößen im rechnerischen Bruchzustand dürfen auch unter Berücksichtigung der Steifigkeitsverhältnisse im Zustand II ermittelt werden. Dabei sind für Betonstahl und Spannstahl die Elastizitätsmodul nach Abschnitt 7.2, für druckbeanspruchten Beton die Elastizitätsmodul nach Abschnitt 7.3 zugrunde zu legen. Als Sicherheitsbeiwert y ist hierbei für die Vorspannung (unter Berücksichtigung des Spannungsverlustes infolge Kriechens und Schwindens) sowie für Zwang aus planmäßiger Systemänderung $y = 1,0$, für alle übrigen Lastfälle $y = 1,75$, anzusetzen. Wird hiervon Gebrauch gemacht, so ist die Schubdeckung zusätzlich im Gebrauchszustand nachzuweisen (siehe Abschnitt 12.4).

Spannungsverteilung, geradlinige

12.6 Eintragung der Vorspannung

(1) An den Verankerungsstellen der Spannglieder darf erst im Abstand e vom Ende der Verankerung (Eintragungslänge) mit einer geradlinigen Spannungsverteilung infolge Vorspannung gerechnet werden.

Spannungsverteilung, gleichmäßige

12 Schiefe Hauptspannungen und Schubdeckung

12.1 Allgemeines

(7) Vor Herstellen des Verbundes sind bei den Spannungsnachweisen im Gebrauchszustand nach Abschnitt 12.2 die Spanngliedkräfte und gegebenenfalls die Umlenkkräfte als äußere Last mit ihrem 1,0fachen Wert, im rechnerischen Bruchzustand nach 12.3 mit der Spannungszunahme nach Abschnitt 11.3 einzusetzen. Die Hauptdruckspannungen sind unter Berücksichtigung der abzuziehenden Querschnittsflächen der nicht verpreßten Spannkanäle nach Tabelle 9, Zeile 63, zu begrenzen. Dabei darf mit gleichmäßiger Spannungsverteilung über die verbleibende Querschnittsfläche gerechnet werden. Bei der Bemessung der Schubbewehrung kann die Spannungszunahme in den Längsspanngliedern ebenfalls nach Abschnitt 11.3 ermittelt werden. Eine zur Schubaufnahme notwendige, im Verbund liegende Längsbewehrung ist unter Zugrundelegung der Fachwerkanalogie zu ermitteln. Für Spannglieder als Schubbewehrung gilt Abschnitt 12.4.1, Absatz (3).

Spannverfahren

2.1 Bauaufsichtliche Zulassungen, Zustimmungen

(1) Entsprechend den allgemeinen bauaufsichtlichen Bestimmungen ist eine Zulassung bzw. eine Zustimmung im Einzelfall unter anderem erforderlich für:
- den Spannstahl (siehe Abschnitt 3.2)
- das Spannverfahren.

4 Nachweis der Güte der Baustoffe

(1) Für den Nachweis der Güte der Baustoffe gilt DIN 1045/07.88, Abschnitt 7. Darüber hinaus sind für den Spannstahl und das Spannverfahren die entsprechenden Abschnitte der Zulassungsbescheide zu beachten. Für die Güteüberwachung von Beton B II auf der Baustelle, von Fertigteilen und Transportbeton gelten DIN 1084 Teil 1 bis Teil 3.

15.7 Zulässige Stahlspannungen in Spanngliedern

(3) Bei Spannverfahren, für die in den Zulassungen eine Abminderung der Spannkraft vorgeschrieben ist, muß die gleiche prozentuale Abminderung sowohl beim Spannen als auch nach dem Verankern der Spannglieder berücksichtigt werden.

(Tabelle 1, siehe Seite 177)

Spannweg

5.3 Verfahren und Messungen beim Spannen

(1) Die Vorspannung ist entsprechend einem Spannprogramm aufzubringen. Dieses muß für jedes Spannglied neben der zeitlichen Folge des Spannens Angaben über Spannkraft und Spannweg unter Berücksichtigung der Zusammendrückung des Betons, der Reibung, des Schlupfes und des Zeitpunktes des Lehrgerüstabsenkens enthalten. Im Falle von Teilvorspannung sind die bis zum endgültigen Vorspannen eingetretenen Spannkraftverluste zu berücksichtigen. Das Spannprogramm ist so aufzustellen, daß keine unzulässigen Beanspruchungen des Betons entstehen.

(2) Über das Spannen ist ein Spannprotokoll zu führen, in das alle beim Spannen durchgeführten Messungen einschließlich etwaiger Unregelmäßigkeiten einzutragen sind. Die Messungen müssen mindestens Spannkraft und Spannweg umfassen. Wenn die Summe aus den Absolutwerten der prozentualen Abweichung vom Sollspannkraft und der prozentualen Abweichung vom Sollspannweg bei einem einzelnen Spannglied mehr als 15 % beträgt, muß die zuständige Bauaufsicht unverzüglich verständigt werden. Ist die Abweichung von der Sollspannkraft oder vom Sollspannweg bei der Summe aller in einem Querschnitt liegenden Spannglieder größer als 5 %, so ist gleichfalls die Bauaufsicht zu verständigen.

(3) Schlagartige Übertragung der Vorspannkraft ist zu vermeiden.

7.2 Formänderung des Betonstahles und des Spannstahles

Für alle Nachweise im Gebrauchszustand darf mit elastischem Verhalten des Beton- und Spannstahles gerechnet werden. Für den Betonstahl gilt DIN 1045/07.88, Abschnitt 16.2.1. Für Spannstähle darf als Rechenwert des Elastizitätsmoduls bei Drähten und Stäben $2,05 \cdot 10^5$ N/mm², bei Litzen $1,95 \cdot 10^5$ N/mm² angenommen werden. Bei der Ermittlung der Spannwege ist der Elastizitätsmodul des Spannstahles stets der Zulassung zu entnehmen.

Stababstand

6.7 Mindestbewehrung
6.7.1 Allgemeines

(1) Sofern sich nach der Bemessung oder aus konstruktiven Gründen keine größere Bewehrung ergibt, ist eine Mindestbewehrung nach den nachstehenden Grundsätzen anzuordnen. Dabei sollen die Stababstände 20 cm nicht überschreiten. Bei Vorspannung mit sofortigem Verbund dürfen die Spanndrähte als Betonstabstahl IV S auf die Mindestbewehrung angerechnet werden. In jedem Querschnitt ist nur der Höchstwert von Oberflächen- oder Längs- oder Schubbewehrung maßgebend. Eine Addition der verschiedenen Arten von Mindestbewehrung ist nicht erforderlich.

10.4 Arbeitsfugen mit Spanngliedkopplungen

(1) Werden in einer Arbeitsfuge mehr als 20% der im Querschnitt vorhandenen Spannkraft mittels Spanngliedkopplungen oder auf andere Weise vorübergehend verankert, gelten für die die Fuge kreuzende Bewehrung über die Abschnitte 10.2, 10.3, 14 und 15.9, hinaus die nachfolgenden Absätze (2) bis (5); dabei sollen die Stababstände nicht größer als 15 cm sein.

Stabdurchmesser

6.7 Mindestbewehrung
6.7.1 Allgemeines

(2) Bei Brücken und vergleichbaren Bauwerken (das sind Bauwerke im Freien unter nicht vorwiegend ruhender Belastung) dürfen die Bewehrungsstäbe bei Verwendung von Betonstabstahl III S und Betonstabstahl IV S den Stabdurchmesser 10 mm und bei Betonstahlmatten IV M den Stabdurchmesser 8 mm bei 150 mm Maschenweite nicht unterschreiten.

9.4 Sonderlastfälle bei Fertigteilen

(2) Für den Beförderungszustand, d.h. für alle Beanspruchungen, die bei Fertigteilen bis zum Versetzen in die für den Verwendungszweck vorgesehene Lage auftreten können, kann auf die Nachweise der Biegedruckspannungen in der Druckzone und der schiefen Hauptspannungen im Gebrauchszustand verzichtet werden. Die Zugkraft in der Zugzone muß durch Bewehrung abgedeckt werden. Der Nachweis ist nach Abschnitt 10.2 zu führen; der Stabdurchmesser d_s darf jedoch die Werte nach Gleichung (8) überschreiten.

10.2 Nachweis zur Beschränkung der Rißbreite

(1) Zur Sicherung der Gebrauchsfähigkeit und Dauerhaftigkeit der Bauteile ist die Rißbreite durch geeignete Wahl von Bewehrungsgehalt, Stahlspannung und Stabdurchmesser in dem Maß zu beschränken, wie es der Verwendungszweck erfordert.

Staffelung, Bewehrungszulagen

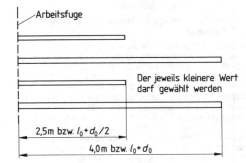

Bild 4. Staffelung der Bewehrungszulagen

Stahl auf Zug

(Tabelle 9, siehe Seite 182)

Stahl, Spannungsdehnungslinie

11.2.2 Spannungsdehnungslinie des Stahles

(1) Die Spannungsdehnungslinie des Spannstahles ist der Zulassung zu entnehmen, wobei jedoch anzunehmen ist, daß die Spannung oberhalb der Streck- bzw. der $\beta_{0,2}$-Grenze nicht mehr ansteigt.

(2) Für Betonstahl gilt Bild 5.

(3) Bei druckbeanspruchtem Betonstahl tritt an die Stelle von β_S bzw. $\beta_{0,2}$ der Rechenwert $1{,}75/2{,}1 \cdot \beta_S$ bzw. $1{,}75/2{,}1 \cdot \beta_{0,2}$.

Stahl, zeitabhängiges Verformungsverhalten

8 Zeitabhängiges Verformungsverhalten von Stahl und Beton

8.2 Spannstahl

Zeitabhängige Spannungsverluste des Spannstahles (Relaxation) müssen entsprechend den Zulassungsbescheiden des Spannstahles berücksichtigt werden.

Stahlsorten, verschiedene

11.2.4 Dehnungsdiagramm

(2) Die Dehnung ε_s bzw. $\varepsilon_v - \varepsilon_v^{(0)}$ darf in der äußersten, zur Aufnahme der Beanspruchung im rechnerischen Bruchzustand herangezogenen Bewehrungslage 5‰ nicht überschreiten. Im gleichen Querschnitt dürfen verschiedene Stahlsorten (z.B. Spannstahl und Betonstahl) entsprechend den jeweiligen Spannungsdehnungslinien gemeinsam in Rechnung gestellt werden.

Stahlspannung

10.2 Nachweis zur Beschränkung der Rißbreite

(1) Zur Sicherung der Gebrauchsfähigkeit und Dauerhaftigkeit der Bauteile ist die Rißbreite durch geeignete Wahl von Bewehrungsgehalt, Stahlspannung und Stabdurchmesser in dem Maß zu beschränken, wie es der Verwendungszweck erfordert.

Stahlspannung, zulässige

14.4 Verankerungen innerhalb des Tragwerks

(4) Als zulässige Stahlspannung der Bewehrung aus Betonstahl gelten hierbei die Werte der Tabelle 9, Zeile 68. Für die Spannglieder darf die vorhandene Spannungsreserve bis zur zulässigen Spannstahlspannung nach Tabelle 9, Zeile 65, aber keine höhere Zusatzspannung als 240 N/mm^2 angesetzt werden.

15 Zulässige Spannungen

15.1 Allgemeines

(1) Die bei den Nachweisen nach den Abschnitten 9 bis 12 und 14 zulässigen Beton- und Stahlspannungen sind in Tabelle 9 angegeben. Zwischenwerte dürfen nicht eingeschaltet werden. In der Mittelfläche von Gurtplatten sind die Spannungen für mittigen Zug einzuhalten.

15.7 Zulässige Stahlspannungen in Spanngliedern

(1) Beim Spannvorgang darf die Spannung im Spannstahl vorübergehend die Werte nach Tabelle 9, Zeile 64, erreichen; der kleinere Wert ist maßgebend.

(2) Nach dem Verankern der Spannglieder gelten die Werte der Tabelle 9, Zeilen 65 bzw. 66 (siehe auch Abschnitt 15.4).

(3) Bei Spannverfahren, für die in den Zulassungen eine Abminderung der Spannkraft vorgeschrieben ist, muß die gleiche prozentuale Abminderung sowohl beim Spannen als auch nach dem Verankern der Spannglieder berücksichtigt werden.

Steckbügel

6 Grundsätze für die bauliche Durchbildung und Bauausführung

6.1 Bewehrung aus Betonstahl

(3) **Druckbeanspruchte Bewehrungsstäbe** in der äußeren Lage sind je m^2 Oberfläche an mindestens vier verteilt angeordneten Stellen gegen Ausknicken zu sichern (z. B. durch S-Haken oder Steckbügel), wenn unter Gebrauchslast die Betondruckspannung $0{,}2\ \beta_{WN}$ überschritten wird. Die Sicherung kann bei höchstens 16 mm dicken Längsstäben entfallen, wenn die Betondeckung mindestens gleich der doppelten Stabdicke ist. Eine statisch erforderliche Druckbewehrung ist nach DIN 1045/07.88, Abschnitt 25.2.2.2, zu verbügeln.

Stegdicke, minimale

12.3.2 Nachweise der schiefen Hauptdruckspannungen in Zone a

(4) Für Zustände nach Herstellen des Verbundes darf im Steg der Nachweis vereinfachend in der Schwerlinie des Trägers geführt werden, wenn die Stegdicke über die Trägerhöhe konstant ist oder wenn die minimale Stegdicke eingesetzt wird. Ein von Spanngliedern als Schubbewehrung erzeugter Spannungszustand ist zu berücksichtigen.

Stege von Plattenbalken, Mindestbewehrung

(Tabelle 4, siehe Seite 178)

Störungslänge

12.6 Eintragung der Vorspannung

(2) Bei Spanngliedern mit Endverankerung ist diese Eintragungslänge e gleich der Störungslänge s, die zur Ausbreitung der konzentriert angreifenden Spannkräfte bis zur Einstellung eines geradlinigen Spannungsverlaufes im Querschnitt nötig ist.

Straßen- und Wegbrücken

15.9.2 Endverankerungen mit Ankerkörpern und Kopplungen

(4) Bei diesem Nachweis sind in Querschnitten mit festen oder beweglichen Kopplungen außer den ständigen Lasten und der Vorspannung nach Kriechen und Schwinden folgende Beanspruchungen als ständig wirkend zu berücksichtigen, soweit sie hinsichtlich der Spannungsschwankungen ungünstig wirken:

– Wahrscheinliche Baugrundbewegungen nach Abschnitt 9.2.6.

– Temperaturunterschiede nach Abschnitt 9.2.5. Bei Straßen- und Wegbrücken sind die Temperaturunterschiede nach DIN 1072/12.85, Tabelle 3, Spalten 4 bzw. 6, ohne Abminderung einzusetzen.

– Zusatzmoment $\Delta M = \pm \dfrac{EI}{10^4\, d_0}$ (23)

Hierin bedeuten:

EI Biegesteifigkeit im Zustand I
d_0 Querschnittsdicke des jeweils betrachteten Querschnitts

(5) ΔM nach Gleichung (23) ist ausschließlich bei diesem Nachweis zu berücksichtigen.

Streckgrenze

12.4 Bemessung der Schubbewehrung

12.4.1 Allgemeines

(3) Spannglieder als Schubbewehrung dürfen mit den in Tabelle 9, Zeile 65, angegebenen Spannungen zuzüglich β_S des Betonstahles, jedoch höchstens mit ihrer jeweiligen Streckgrenze bemessen werden.

Streckgrenze, Spannstahl

11.3 Nachweis bei Lastfällen vor Herstellen des Verbundes

(2) Vor dem Herstellen des Verbundes können sich die Spannglieder auf ihrer ganzen Länge frei dehnen. Das Verhalten im rechnerischen Bruchzustand hängt deshalb von dem Formänderungsverhalten des gesamten Tragwerks ab. Die in den Spanngliedern wirkende Spannung darf wie folgt angenommen werden, sofern kein genauerer Nachweis geführt wird:

– bei annähernd gleichmäßig belasteten Trägern auf 2 Stützen:

$$\sigma_{vu} = \sigma_v^{(0)} + 110 \text{ N/mm}^2 \leq \beta_{Sv}, \qquad (10a)$$

– bei Kragträgern unabhängig vom Belastungsbild, falls die Spannglieder im anschließenden Feld zumindest jenseits des Momentennullpunktes im Verbund liegen:

$$\sigma_{vu} = \sigma_v^{(0)} + 50 \text{ N/mm}^2 \leq \beta_{Sv}, \qquad (10b)$$

– bei Durchlaufträgern:

$$\sigma_{vu} = \sigma_v^{(0)} \qquad (10c)$$

Hierin bedeuten:
$\sigma_v^{(0)}$ Spannung im Spannglied im Bauzustand
β_{Sv} Streckgrenze bzw. $\beta_{0,2}$-Grenze des Spannstahls

12.5 Indirekte Lagerung

Es gilt DIN 1045/07.88, Abschnitt 18.10.2. Für die Aufhängebewehrung dürfen auch Spannglieder herangezogen werden, wenn ihre Neigung zwischen 45° und 90° gegen die Trägerachse beträgt. Dabei ist für Spannstahl die Streckgrenze β_S anzusetzen, wenn der Spannungszuwachs kleiner als 420 N/mm² ist.

Stützenbereich, Längsbewehrung

(siehe Brücke)

Stützensenkung

14.3 Nachweis der Zugkraftdeckung

(4) Im Bereich von Zwischenauflagern ist diese untere Gurtbewehrung in Richtung des Auflagers um $v = 1,5\,h$ über den Schnitt hinaus zu führen, der bei der sich ergebenden Lastfallkombination einschließlich ungünstig wirkender Zwangbeanspruchungen (z. B. aus Temperaturunterschied oder Stützensenkung) noch Zug erhalten kann.

(5) Entsprechendes gilt auch für die obere Gurtbewehrung.

Stützmoment

7.6 Stützmomente

Die Momentenfläche muß über den Unterstützungen parabelförmig ausgerundet werden, wenn bei der Berechnung eine frei drehbare Lagerung angenommen wurde (siehe DIN 1045/07.88, Abschnitt 15.4.1.2).

Stützung, unmittelbare

12 Schiefe Hauptspannungen und Schubdeckung

12.1 Allgemeines

(2) Es ist nachzuweisen, daß die jeweils zulässigen Werte der Tabelle 9 nicht überschritten werden. Der Nachweis darf bei unmittelbarer Stützung im Schnitt $0,5\,d_0$ vom Auflagerrand geführt werden.

System, Änderung des statischen

6.2 Spannglieder

6.2.6 Mindestanzahl

(4) Tragreserven, z. B. aus Querabtragung der Lasten, sowie mögliche Umlagerungen der Schnittgrößen aus Änderungen des statischen Systems dürfen berücksichtigt werden. Werden bei diesem Nachweis auch Stahlbetonbauteile nach DIN 1045 in Rechnung gestellt, so darf anstelle der in DIN 1045/07.88, Abschnitt 17.2.2, genannten Sicherheitsbeiwerte einheitlich $\gamma = 1,0$ gesetzt werden. Bei der Bemessung für Querkraft und Torsion dürfen dabei die Grundwerte der Schubspannung nach DIN 1045/07.88, Abschnitt 17.5, auf das 1,75fache vergrößert werden.

Systemänderung, planmäßige

10.2 Nachweis zur Beschränkung der Rißbreite

(5) Bei überwiegend auf Biegung beanspruchten stabförmigen Bauteilen und Platten ist für den Nachweis nach Gleichung (8) von folgender Beanspruchungskombination auszugehen:
- 1,0fache ständige Last,
- 1,0fache Verkehrslast (einschließlich Schnee und Wind),
- 0,9- bzw. 1,1fache Summe aus statisch bestimmter und statisch unbestimmter Wirkung der Vorspannung unter Berücksichtigung von Kriechen und Schwinden; der ungünstigere Wert ist maßgebend,
- 1,0fache Zwangschnittgröße aus Wärmewirkung (auch im Bauzustand), wahrscheinlicher Baugrundbewegung, Schwinden und aus Anheben zum Auswechseln von Lagern,
- 1,0fache Schnittgröße aus planmäßiger Systemänderung,
- Zusatzmoment ΔM_1 mit

$$\Delta M_1 = \pm 5 \cdot 10^{-5} \cdot \frac{EI}{d_0}$$

Hierin bedeuten:
EI Biegesteifigkeit im Zustand I im betrachteten Querschnitt,
d_0 Querschnittsdicke im betrachteten Querschnitt (bei Platten ist $d_0 = d$ zu setzen).

Soweit diese Beanspruchungskombination ohne den statisch bestimmten Anteil der Vorspannung örtlich geringere Biegemomente als den Mindestwert

$$M_2 = \pm 15 \cdot 10^{-5} \cdot \frac{EI}{d_0}$$

ergibt, so ist dieses Moment M_2 in den durch Bild 3.1 gekennzeichneten Bereichen mit dem dort angegebenen Verlauf anzunehmen. Für den Nachweis nach Gleichung (8) ist dabei von der mit M_2 ermittelten Grenzlinie und dem statisch bestimmten Anteil der 0,9- bzw. 1,1fachen Vorspannung als Beanspruchungskombination auszugehen.

11 Nachweis für den rechnerischen Bruchzustand bei Biegung, bei Biegung mit Längskraft und bei Längskraft

11.1 Rechnerischer Bruchzustand und Sicherheitsbeiwerte

(4) Die Schnittgrößen im rechnerischen Bruchzustand dürfen auch unter Berücksichtigung der Steifigkeitsverhältnisse im Zustand II ermittelt werden. Dabei sind für Betonstahl und Spannstahl die Elastizitätsmoduln nach Abschnitt 7.2, für druckbeanspruchten Beton die Elastizitätsmoduln nach Abschnitt 7.3 zugrunde zu legen. Als Sicherheitsbeiwert y ist hierbei für die Vorspannung (unter Berücksichtigung des Spannungsverlustes infolge Kriechens und Schwindens) sowie für Zwang aus planmäßiger Systemänderung $y = 1,0$, für alle übrigen Lastfälle $y = 1,75$, anzusetzen. Wird hiervon Gebrauch gemacht, so ist die Schubdeckung zusätzlich im Gebrauchszustand nachzuweisen (siehe Abschnitt 12.4).

Teilflächenbelastung, zulässige Spannung

15.2 Zulässige Spannung bei Teilflächenbelastung

Es gelten DIN 1045/07.88, Abschnitt 17.3.3, und für Brücken DIN 1075/04.81, Abschnitt 8.

Teilvorspannung

5 Aufbringen der Vorspannung

5.1 Zeitpunkt des Vorspannens

(2) Eine frühzeitige Teilvorspannung (z. B. zur Vermeidung von Schwind- und Temperaturrissen) ist zu empfehlen. Durch Erhärtungsprüfung ist dann nach DIN 1045/07.88, Abschnitt 7.4.4, nachzuweisen, daß die Würfeldruckfestigkeit β_{Wm} des Betons die Werte nach Tabelle 2, Spalte 2, erreicht hat. In diesem Fall dürfen die Spannkräfte einzelner Spannglieder und die Betonspannungen im übrigen Bauteil nicht mehr als 30 % der für die Verankerung zugelassenen Spannkraft bzw. der nach Abschnitt 15 zulässigen Spannungen betragen. Liegt die durch Erhärtungsprüfung festgestellte Würfeldruckfestigkeit zwischen den Werten nach Tabelle 2, Spalten 2 und 3, so darf die zulässige Teilspannkraft linear interpoliert werden.

5.3 Verfahren und Messungen beim Spannen

(1) Die Vorspannung ist entsprechend einem Spannprogramm aufzubringen. Dieses muß für jedes Spannglied neben der zeitlichen Folge des Spannens Angaben über Spannkraft und Spannweg unter Berücksichtigung der Zusammendrückung des Betons, der Reibung, des Schlupfes und des Zeitpunktes des Lehrgerüstabsenkens enthalten. Im Falle von Teilvorspannung sind die bis zum endgültigen Vorspannen eingetretenen Spannkraftverluste zu berücksichtigen. Das Spannprogramm ist so aufzustellen, daß keine unzulässigen Beanspruchungen des Betons entstehen.

6.8 Beschränkung von Temperatur und Schwindrissen

(1) Wenn die Gefahr besteht, daß die Hydratationswärme des Zements in dicken Bauteilen zu hohen Temperaturspannungen und dadurch zu Rissen führt, sind geeignete Gegenmaßnahmen zu ergreifen (z. B. niedrige Frischbetontemperatur durch gekühlte Ausgangsstoffe, Verwendung von Zementen mit niedriger Hydratationswärme, Aufbringen einer Teilvorspannung, Kühlen des erhärtenden Betons durch eingebaute Kühlrohre, Schutz des warmen Betons vor zu rascher Abkühlung).

Temperaturrisse, Beschränkung

Temperaturspannung

6.8 Beschränkung von Temperatur und Schwindrissen

(1) Wenn die Gefahr besteht, daß die Hydratationswärme des Zements in dicken Bauteilen zu hohen Temperaturspannungen und dadurch zu Rissen führt, sind geeignete Gegenmaßnahmen zu ergreifen (z. B. niedrige Frischbetontemperatur durch gekühlte Ausgangsstoffe, Verwendung von Zementen mit niedriger Hydratationswärme, Aufbringen einer Teilvorspannung, Kühlen des erhärtenden Betons durch eingebaute Kühlrohre, Schutz des warmen Betons vor zu rascher Abkühlung).

(2) Auch beim abschnittsweisen Betonieren (z. B. Bodenplatte – Stege – Fahrbahnplatte bei einer Brücke) können Maßnahmen gegen Risse infolge von Temperaturunterschieden oder Schwinden erforderlich werden.

Temperaturunterschied

6.8 Beschränkung von Temperatur und Schwindrissen

(2) Auch beim abschnittsweisen Betonieren (z. B. Bodenplatte – Stege – Fahrbahnplatte bei einer Brücke) können Maßnahmen gegen Risse infolge von Temperaturunterschieden oder Schwinden erforderlich werden.

Torsion

12.4 Bemessung der Schubbewehrung

12.4.1 Allgemeines

(8) Überschreiten die Hauptzugspannungen aus Querkraft und Querkraft plus Torsion die 0,6fachen Werte der Tabelle 9, Zeile 56, so dürfen für die Schubbewehrung nur Betonrippenstahl oder Spannglieder mit Endverankerung verwendet werden. Für die Abstände von Schrägstäben und Schrägbügeln gilt DIN 1045/07.88, Abschnitt 18.

(Tabelle 9, siehe Seite 182)

Torsion Zustand I

12.3.3 Nachweis der Schub- und schiefen Hauptdruckspannungen in Zone b

(1) Als maßgebende Spannungsgröße in Zone b gilt der Rechenwert der Schubspannung τ_R
- aus Querkraft nach Zustand II (siehe Abschnitt 12.1);
- aus Torsion nach Zustand I;

er darf die in Tabelle 9, Zeilen 56 bis 61, angegebenen Werte nicht überschreiten.

Torsionsbeanspruchung

12.3.2 Nachweise der schiefen Hauptdruckspannungen in Zone a

(5) Eine Torsionsbeanspruchung ist bei der Ermittlung der schiefen Hauptdruckspannung zu berücksichtigen; dabei ist die Druckstrebenneigung nach Abschnitt 12.4.3 unter 45° anzunehmen. Bei Vollquerschnitten ist dabei ein Ersatzhohlquerschnitt nach Bild 9 anzunehmen, dessen Wanddicke $d_1 = d_m/6$ des in die Mittellinie eingeschriebenen größten Kreises beträgt.

Torsionsbewehrung, Bemessung

12.4.3 Schubbewehrung zur Aufnahme der Torsionsmomente

(3) Erhalten einzelne Querschnittsteile des gedachten Fachwerkkastens Druckbeanspruchungen aus Längskraft und Biegemoment, so dürfen die in diesen Druckbereichen entstehenden Druckkräfte bei der Bemessung der Torsionsbewehrung berücksichtigt werden.

Torsionsmomente, Schubbewehrung

(siehe Schubbewehrung)

Tragreserve

6.2 Spannglieder

6.2.6 Mindestanzahl

(4) Tragreserven, z. B. aus Querabtragung der Lasten, sowie mögliche Umlagerungen der Schnittgrößen aus Änderungen des statischen Systems dürfen berücksichtigt werden. Werden bei diesem Nachweis auch Stahlbetonbauteile nach DIN 1045 in Rechnung gestellt, so darf anstelle der in DIN 1045/07.88, Abschnitt 17.2.2, genannten Sicherheitsbeiwerte einheitlich $\gamma = 1,0$ gesetzt werden. Bei der Bemessung für Querkraft und Torsion dürfen dabei die Grundwerte der Schubspannung nach DIN 1045/07.88, Abschnitt 17.5, auf das 1,75fache vergrößert werden.

Transportbeton

3.1.3 Verwendung von Transportbeton

Bei Verwendung von Transportbeton müssen aus dem Betonsortenverzeichnis (siehe DIN 1045/07.88, Abschnitt 5.4.4) die
- Eignung für Spannbeton mit nachträglichem Verbund bzw. die
- Eignung für Spannbeton mit sofortigem Verbund

hervorgehen.

4 Nachweis der Güte der Baustoffe

(1) Für den Nachweis der Güte der Baustoffe gilt DIN 1045/07.88, Abschnitt 7. Darüber hinaus sind für den Spannstahl und das Spannverfahren die entsprechenden Abschnitte der Zulassungsbescheide zu beachten. Für die Güteüberwachung von Beton B II auf der Baustelle, von Fertigteilen und Transportbeton gelten DIN 1084 Teil 1 bis Teil 3.

15.9.3 Endverankerung von Spanngliedern mit sofortigem Verbund

Es ist nachzuweisen, daß die Änderung der Spannung aus häufigen Lastwechseln (siehe Abschnitt 15.9.2) am Ende der Übertragungslänge bei gerippten und profilierten Drähten nicht größer als 70 N/mm², bei Litzen nicht größer als 50 MN/m² ist.

Transportbewehrung, Betondeckung

6.2.3 Betondeckung von Spanngliedern mit sofortigem Verbund

(3) In den folgenden Fällen genügt es, für die Spannglieder die Mindestmaße der Betondeckung nach DIN 1045/07.88, Tabelle 10, Spalte 3, um 0,5 cm zu erhöhen:

a) bei Platten, Schalen und Faltwerken, wenn die Spannglieder innerhalb der Betondeckung nicht von Betonstahlbewehrung gekreuzt werden,

b) an den Stellen der Fertigteile, an die mindestens eine 2,0 cm dicke Ortbetonschicht anschließt,

c) bei Spanngliedern, die für die Tragfähigkeit der fertig eingebauten Teile nicht von Bedeutung sind, z. B. Transportbewehrung.

Transportschäden

6.5.3 Fertigspannglieder

(4) Die Spannglieder sind durch den Bauleiter des Unternehmens oder dessen fachkundigen Vertreter bei Anlieferung auf Transportschäden (sichtbare Schäden an Hüllrohren und Ankern) zu überprüfen.

Übertragungslänge

12.6 Eintragung der Vorspannung

(3) Bei Spanngliedern, die nur durch Verbund verankert werden, gilt für die Eintragungslänge e:

$$e = \sqrt{s^2 + (0{,}6\, l_\text{ü})^2} \geq l_\text{ü} \tag{13}$$

$l_\text{ü}$ Übertragungslänge aus Gleichung (17)

14.2 Verankerung durch Verbund

(1) Bei Spanngliedern, die nur durch Verbund verankert werden, ist für die volle Übertragung der Vorspannung vom Stahl auf den Beton im Gebrauchszustand eine Übertragungslänge $l_\text{ü}$ erforderlich.
Dabei ist

$$l_\text{ü} = k_1 \cdot d_v \tag{17}$$

Umlagerung

6.2 Spannglieder

6.2.6 Mindestanzahl

(4) Tragreserven, z. B. aus Querabtragung der Lasten, sowie mögliche Umlagerungen der Schnittgrößen aus Änderungen des statischen Systems dürfen berücksichtigt werden. Werden bei diesem Nachweis auch Stahlbetonbauteile nach DIN 1045 in Rechnung gestellt, so darf anstelle der in DIN 1045/07.88, Abschnitt 17.2.2, genannten Sicherheitsbeiwerte einheitlich $y = 1{,}0$ gesetzt werden. Bei der Bemessung für Querkraft und Torsion dürfen dabei die Grundwerte der Schubspannung nach DIN 1045/07.88, Abschnitt 17.5, auf das 1,75fache vergrößert werden.

9.2.4 Kriechen und Schwinden

In diesem Lastfall werden alle durch Kriechen und Schwinden entstehenden Umlagerungen der Kräfte und Spannungen zusammengefaßt.

Umlenkkraft

12 Schiefe Hauptspannungen und Schubdeckung

12.1 Allgemeines

(7) Vor Herstellen des Verbundes sind bei den Spannungsnachweisen im Gebrauchszustand nach Abschnitt 12.2 die Spanngliedkräfte und gegebenenfalls die Umlenkkräfte als äußere Last mit ihrem 1,0fachen Wert, im rechnerischen Bruchzustand nach Abschnitt 12.3 mit der Spannungszunahme nach Abschnitt 11.3 einzusetzen. Die Hauptdruckspannungen sind unter Berücksichtigung der abzuziehenden Querschnittsflächen der nicht verpreßten Spannkanäle nach Tabelle 9, Zeile 63, zu begrenzen. Dabei darf mit gleichmäßiger Spannungsverteilung über die verbleibende Querschnittsfläche gerechnet werden. Bei der Bemessung der Schubbewehrung kann die Spannungszunahme in Längsspanngliedern ebenfalls nach Abschnitt 11.3 ermittelt werden. Eine zur Schubaufnahme notwendige, im Verbund liegende Längsbewehrung ist unter Zugrundelegung der Fachwerkanalogie zu ermitteln. Für Spannglieder als Schubbewehrung gilt Abschnitt 12.4.1, Absatz (3).

Umweltbedingung

Tabelle 8.1. **Beiwerte r zur Berücksichtigung der Verbundeigenschaften**

Bauteile mit Umweltbedingungen nach DIN 1045/07.88, Tabelle 10, Zeile(n)	1	2	3 und 4 [1])
zu erwartende Rißbreite	normal	normal	sehr gering
gerippter Betonstahl und gerippte Spannstähle in sofortigem Verbund	200	150	100
profilierter Spannstahl und Litzen in sofortigem Verbund	150	110	75

[1]) Auch bei Bauteilen im Einflußbereich bis zu 10 m von
 – Straßen, die mit Tausalzen behandelt werden
 oder
 – Eisenbahnstrecken, die vorwiegend mit Dieselantrieb befahren werden.

Umweltbedingung, Platten

10.2 Nachweis zur Beschränkung der Rißbreite

(7) Bei Platten mit Umweltbedingungen nach DIN 1045/07.88, Tabelle 10, Zeilen 1 und 2, braucht der Nachweis nach den Absätzen (2) bis (5) nicht geführt zu werden, wenn eine der folgenden Bedingungen a) oder b) eingehalten ist:

a) Die Ausmitte $e = |M/N|$ bei Lastkombinationen nach Absatz (5) entspricht folgenden Werten:

$e \leq d/3$ bei Platten der Dicke $d \leq 0{,}40$ m
$e \leq 0{,}133$ m bei Platten der Dicke $d > 0{,}40$ m

b) Bei Deckenplatten des üblichen Hochbaus mit Dicken $d \leq 0{,}40$ m sind für den Wert der Druckspannung $|\sigma_N|$ in N/mm² aus Normalkraft infolge von Vorspannung und äußerer Last und den Bewehrungsgehalt μ in % für den Betonstahl in der vorgedrückten Zugzone – bezogen auf den gesamten Betonquerschnitt – folgende drei Bedingungen erfüllt:

$$\mu \geq 0{,}05$$
$$|\sigma_N| \geq 1{,}0$$
$$\frac{\mu}{0{,}15} + \frac{|\sigma_N|}{3} \geq 1{,}0$$

Unterlagen, bautechnische

2.2.1 Bautechnische Unterlagen

Zu den bautechnischen Unterlagen gehören neben den Anforderungen nach DIN 1045/07.88, Abschnitte 3 bis 5, die Angaben über Grad, Zeitpunkt und Art der Vorspannung, das Herstellungsverfahren sowie das Spannprogramm.

Verankerung

5 Aufbringen der Vorspannung

5.1 Zeitpunkt des Vorspannens

(2) Eine frühzeitige Teilvorspannung (z. B. zur Vermeidung von Schwind- und Temperaturrissen) ist zu empfehlen. Durch Erhärtungsprüfung ist dann nach DIN 1045/07.88, Abschnitt 7.4.4, nachzuweisen, daß die Würfeldruckfestigkeit β_{Wm} des Betons die Werte nach Tabelle 2, Spalte 2, erreicht hat. In diesem Fall dürfen die Spannkräfte einzelner Spannglieder und die Betonspannungen im übrigen Bauteil nicht mehr als 30 % der für die Verankerung zugelassenen Spannkraft bzw. der nach Abschnitt 15 zulässigen Spannungen betragen. Liegt die durch Erhärtungsprüfung festgestellte Würfeldruckfestigkeit zwischen den Werten nach Tabelle 2, Spalten 2 und 3, so darf die zulässige Teilspannkraft linear interpoliert werden.

7 Berechnungsgrundlagen

7.1 Erforderliche Nachweise

Es sind folgende Nachweise zu erbringen:

a) Im Gebrauchszustand (siehe Abschnitt 9) der Nachweis, daß die hierfür zugelassenen Spannungen nach Abschnitt 15, Tabelle 9, nicht überschritten werden. Dieser Nachweis ist unter der Annahme eines linearen Zusammenhanges zwischen Spannung und Dehnung zu führen.

b) Der Nachweis zur Beschränkung der Rißbreite nach Abschnitt 10.

c) Der Nachweis der Sicherheit gegen Versagen nach Abschnitt 11 (rechnerischer Bruchzustand).

d) Der Nachweis der schiefen Hauptspannungen und der Schubdeckung nach Abschnitt 12.

e) Der Nachweis der Beanspruchung des Verbundes nach Abschnitt 13.

f) Der Nachweis der Zugkraftdeckung sowie der Verankerung und Kopplung der Spannglieder nach den Abschnitten 14 und 15.9.

12.6 Eintragung der Vorspannung

(1) An den Verankerungsstellen der Spannglieder darf erst im Abstand e vom Ende der Verankerung (Eintragungslänge) mit einer geradlinigen Spannungsverteilung infolge Vorspannung gerechnet werden.

14 Verankerung und Kopplung der Spannglieder, Zugkraftdeckung

14.1 Allgemeines

Die Spannglieder sind durch geeignete Maßnahmen so im Beton des Bauteiles zu verankern, daß die Verankerung die Nennbruchkraft des Spanngliedes erträgt und im Gebrauchszustand keine schädlichen Risse im Verankerungsbereich auftreten. Für Spannglieder mit Endverankerung und für Kopplung sind die Angaben den Zulassungen zu entnehmen.

14.2 Verankerung durch Verbund

(1) Bei Spanngliedern, die nur durch Verbund verankert werden, ist für die volle Übertragung der Vorspannung vom Stahl auf den Beton im Gebrauchszustand eine Übertragungslänge $l_ü$ erforderlich.

Dabei ist

$$l_{\ddot{u}} = k_1 \cdot d_v \qquad (17)$$

(2) Bei Einzelspanngliedern aus Runddrähten oder Litzen ist d_v der Nenndurchmesser, bei nicht runden Drähten ist für d_v der Durchmesser eines Runddrahtes gleicher Querschnittsfläche einzusetzen. Der Verbundbeiwert k_1 ist den Zulassungen für den Spannstahl zu entnehmen.

(3) Die ausreichende Verankerung im rechnerischen Bruchzustand ist nachgewiesen, wenn die Bedingungen nach a) oder b) erfüllt sind:

a) Die Verankerungslänge l der Spannglieder muß in einem Bereich liegen, der im rechnerischen Bruchzustand frei von Biegezugrissen (Zone a nach Abschnitt 12.3.1) und frei von Schubrissen ($\sigma_I \leq$ Werte der Tabelle 9, Zeile 49, bei vorwiegend ruhender oder Zeile 50 bei nicht vorwiegend ruhender Belastung) ist.

Die Hauptzugspannung σ_I braucht nur in einem Abstand von $0{,}5\,d_0$ vom Auflagerrand nachgewiesen zu werden.

Die Verankerungslänge beträgt

$$l = \frac{Z_u}{\sigma_v \cdot A_v} \cdot l_{\ddot{u}} \qquad (18)$$

Hierin bedeuten:

$$Z_u = \frac{M_u}{z} + Q_u \cdot \frac{v}{h} \qquad (19)$$

σ_v die zulässige Vorspannung des Spannstahles (siehe Tabelle 9, Zeile 65)
A_v Querschnittsfläche des Spanngliedes
v Versatzmaß nach DIN 1045
Der Anteil $Q_u \cdot v/h$ der Gleichung (19) braucht nur berücksichtigt zu werden, wenn anschließend an die Verankerungslänge Schubrisse vorausgesetzt werden müssen (Überschreitung der oben genannten Grenzwerte).

b) Der rechnerische Überstand der im Verbund liegenden Spannglieder über die Auflagervorderkante muß betragen:

$$l_1 = \frac{Z_{Au}}{\sigma_v \cdot A_v} \cdot l_{\ddot{u}} \qquad (20)$$

Bei direkter Lagerung genügt ein Überstand von ⅔ l_1.

Hierin bedeuten:

$Z_{Au} = Q_u \cdot \dfrac{v}{h}$ am Auflager zu verankernde Zugkraft; sofern ein Teil dieser Zugkraft nach DIN 1045 durch Längsbewehrung aus Betonstahl verankert ist, braucht der Überstand der Spannglieder nur für die nicht abgedeckte Restzugkraft $\Delta Z_{Au} = Z_{Au} - A_s \cdot \beta_s$ nachgewiesen zu werden.

Q_u die Querkraft am Auflager im rechnerischen Bruchzustand
A_v der Querschnitt der über die Auflager geführten unten liegenden Spannglieder

14.4 Verankerungen innerhalb des Tragwerks

(1) Wenn ein Teil des Querschnitts mit Ankerkörpern (Verankerungen, Spanngliedkopplungen) durchsetzt ist, sind Querschnittsschwächungen zu berücksichtigen infolge von:

a) Ankerkörpern, bei denen zwischen Stirnfläche des Ankerkörpers und Beton bzw. Einpreßmörtel eine nachgiebige Zwischenlage angeordnet ist, bei allen Nachweisen im Gebrauchszustand und im rechnerischen Bruchzustand;

b) Ankerkörper, die im Bereich von Längszugspannungen liegen, bei Nachweisen im Gebrauchszustand.

(2) Bei Verankerungen innerhalb von flächenhaften Tragwerksteilen müssen mindestens 25% der eingetragenen Vorspannkraft durch Bewehrung nach rückwärts, d. h. über das Spanngliedende hinaus, verankert werden.

(3) Dabei darf nur jener Teil der Bewehrung berücksichtigt werden, der nicht weiter als in einem Abstand von $1{,}5\sqrt{A_1}$ von der Achse des endenden Spanngliedes liegt und dessen resultierende Zugkraft etwa in der Achse des endenden Spanngliedes liegt. Dabei ist A_1 die Aufstandsfläche des Ankerkörpers des Spanngliedes. Im Verbund liegende Spannglieder dürfen dabei mitgerechnet werden.

(4) Als zulässige Stahlspannung der Bewehrung aus Betonstahl gelten hierbei die Werte der Tabelle 9, Zeile 68. Für die Spannglieder darf die vorhandene Spannungsreserve bis zur zulässigen Spannstahlspannung nach Tabelle 9, Zeile 65, aber keine höhere Zusatzspannung als 240 N/mm² angesetzt werden.

(5) Sind hinter einer Verankerung Betondruckspannungen σ vorhanden, so darf die sich daraus ergebende kleinste Druckkraft abgezogen werden:

$$D = 5 \cdot A_1 \cdot \sigma \qquad (21)$$

Verankerung, Schweißen

6.3 Schweißen

(2) Spannstahl und Verankerungen sind vor herunterfallendem Schweißgut zu schützen (z. B. durch widerstandsfähige Ummantelungen).

Verankerung, wirksame

6.2.3 Betondeckung von Spanngliedern mit sofortigem Verbund

(1) Die Betondeckung von Spanngliedern mit sofortigem Verbund wird durch die Anforderungen an den Korrosionsschutz, an das ordnungsgemäße Einbringen des Betons und an die wirksame Verankerung bestimmt; der Höchstwert ist maßgebend.

(5) Für die wirksame Verankerung runder gerippter Einzeldrähte und Litzen mit $d_v \leq 12$ mm sowie nichtrunder gerippter Einzeldrähte mit $d_v \leq 8$ mm gelten folgende Mindestbetondeckungen:

$c = 1{,}5\,d_v$ bei profilierten Drähten und bei (1)
Litzen aus glatten Einzeldrähten

$c = 2{,}5\,d_v$ bei gerippten Drähten (2)

Darin ist für d_v zu setzen:

a) bei Runddrähten der Spanndrahtdurchmesser,
b) bei nichtrunden Drähten der Vergleichsdurchmesser eines Runddrahtes gleicher Querschnittsfläche,
c) bei Litzen der Nenndurchmesser.

Verankerungsbereich

9.5 Spaltzugspannungen und Spaltzugbewehrung im Bereich von Spanngliedern

(1) Die zur Aufnahme der Spaltzugspannungen im Verankerungsbereich anzuordnende Bewehrung ist dem Zulassungsbescheid für das Spannverfahren zu entnehmen.

14 Verankerung und Kopplung der Spannglieder, Zugkraftdeckung

14.1 Allgemeines

Die Spannglieder sind durch geeignete Maßnahmen so im Beton des Bauteiles zu verankern, daß die Verankerung die Nennbruchkraft des Spanngliedes erträgt und im Gebrauchszustand keine schädlichen Risse im Verankerungsbereich auftreten. Für Spannglieder mit Endverankerung und für Kopplung sind die Angaben den Zulassungen zu entnehmen.

Verankerungslänge

14.2 Verankerung durch Verbund

(3) Die ausreichende Verankerung im rechnerischen Bruchzustand ist nachgewiesen, wenn die Bedingungen nach a) oder b) erfüllt sind:

a) Die Verankerungslänge l der Spannglieder muß in einem Bereich liegen, der im rechnerischen Bruchzustand frei von Biegezugrissen (Zone a nach Abschnitt 12.3.1) und frei von Schubrissen ($\sigma_I \leq$ Werte der Tabelle 9, Zeile 49, bei vorwiegend ruhender oder Zeile 50 bei nicht vorwiegend ruhender Belastung) ist.

Die Hauptzugspannung σ_I braucht nur in einem Abstand von $0{,}5\ d_0$ vom Auflagerrand nachgewiesen zu werden.

Die Verankerungslänge beträgt

$$l = \frac{Z_u}{\sigma_v \cdot A_v} \cdot l_{\ddot{u}} \qquad (18)$$

Hierin bedeuten:

$$Z_u = \frac{M_u}{z} + Q_u \cdot \frac{v}{h} \qquad (19)$$

σ_v die zulässige Vorspannung des Spannstahles (siehe Tabelle 9, Zeile 65)

A_v Querschnittsfläche des Spanngliedes

v Versatzmaß nach DIN 1045

Der Anteil $Q_u \cdot v/h$ der Gleichung (19) braucht nur berücksichtigt zu werden, wenn anschließend an die Verankerungslänge Schubrisse vorausgesetzt werden müssen (Überschreitung der oben genannten Grenzwerte).

b) Der rechnerische Überstand der im Verbund liegenden Spannglieder über die Auflagervorderkante muß betragen:

$$l_1 = \frac{Z_{Au}}{\sigma_v \cdot A_v} \cdot l_{\ddot{u}} \qquad (20)$$

Bei direkter Lagerung genügt ein Überstand von ⅔ l_1.

Hierin bedeuten:

$Z_{Au} = Q_u \cdot \dfrac{v}{h}$ am Auflager zu verankernde Zugkraft; sofern ein Teil dieser Zugkraft nach DIN 1045 durch Längsbewehrung aus Betonstahl verankert wird, braucht der Überstand der Spannglieder nur für die nicht abgedeckte Restzugkraft $\Delta Z_{Au} = Z_{Au} - A_s \cdot \beta_S$ nachgewiesen zu werden.

Q_u die Querkraft am Auflager im rechnerischen Bruchzustand

A_v der Querschnitt der über die Auflager geführten unten liegenden Spannglieder

Verankerungslänge, Grundmaß

10.3 Arbeitsfugen annähernd rechtwinklig zur Tragrichtung

(2) Wird nicht nachgewiesen, daß die infolge Schwindens und Abfließens der Hydratationswärme im anbetonierten Teil auftretenden Zugkräfte durch Bewehrung aufgenommen werden können, so ist im anbetonierten Teil auf eine Länge $d_0 \leq 1{,}0$ m die parallel zur Arbeitsfuge laufende Bewehrung auf die doppelten Werte der Mindestbewehrung nach Abschnitt 6.7 – mit Ausnahme von Abschnitt 6.7.6 – anzuheben. Diese Werte gelten auch als Mindestquerschnitt der obersten und untersten Lage der die Fuge kreuzenden Bewehrung, die beiderseits der Fuge auf einer Länge $d_0 + l_0 \leq 4{,}0$ m vorhanden sein muß (d_0 Balkendicke bzw. Plattendicke; l_0 Grundmaß der Verankerungslänge nach DIN 1045/07.88, Abschnitt 18.5.2.1). Bei Brücken und vergleichbaren Bauwerken ist außerdem die Regelung über die erhöhte Mindestbewehrung nach Abschnitt 6.7.1 (3) zu beachten.

Verbund

1 Allgemeines

1.1 Anwendungsbereich und Zweck

(1) Diese Norm gilt für die Bemessung und Ausführung von Bauteilen aus Normalbeton, bei denen der Beton durch Spannglieder beschränkt oder voll vorgespannt wird und die Spannglieder im Endzustand im Verbund vorliegen.

7 Berechnungsgrundlagen

7.1 Erforderliche Nachweise

Es sind folgende Nachweise zu erbringen:

a) Im Gebrauchszustand (siehe Abschnitt 9) der Nachweis, daß die hierfür zugelassenen Spannungen nach Abschnitt 15, Tabelle 9, nicht überschritten werden. Dieser Nachweis ist unter der Annahme eines linearen Zusammenhanges zwischen Spannung und Dehnung zu führen.

b) Der Nachweis zur Beschränkung der Rißbreite nach Abschnitt 10.

c) Der Nachweis der Sicherheit gegen Versagen nach Abschnitt 11 (rechnerischer Bruchzustand).

d) Der Nachweis der schiefen Hauptspannungen und der Schubdeckung nach Abschnitt 12.

e) Der Nachweis der Beanspruchung des Verbundes nach Abschnitt 13.

f) Der Nachweis der Zugkraftdeckung sowie der Verankerung und Kopplung der Spannglieder nach den Abschnitten 14 und 15.9.

11.2.4 Dehnungsdiagramm

(3) Eine geradlinige Dehnungsverteilung über den Gesamtquerschnitt darf nur angenommen werden, wenn der Verbund zwischen den Spanngliedern und dem Beton nach Abschnitt 13 gesichert ist. Die durch Vorspannung im Spannstahl erzeugte Vordehnung ergibt sich als Dehnungsunterschied zwischen Spannglied und umgebendem Beton im Gebrauchszustand nach Kriechen und Schwinden. In Sonderfällen, z. B. bei vorgespannten Druckgliedern, kann die Spannung vor Kriechen und Schwinden maßgebend sein.

11.3 Nachweis bei Lastfällen vor Herstellen des Verbundes

(2) Vor dem Herstellen des Verbundes können sich die Spannglieder auf ihrer ganzen Länge frei dehnen. Das Verhalten im rechnerischen Bruchzustand hängt deshalb von dem Formänderungsverhalten des gesamten Tragwerks ab. Die in den Spanngliedern wirkende Spannung darf wie folgt angenommen werden, sofern kein genauerer Nachweis geführt wird:

– bei annähernd gleichmäßig belasteten Trägern auf 2 Stützen:

$$\sigma_{vu} = \sigma_v^{(0)} + 110 \text{ N/mm}^2 \leq \beta_{Sv},\qquad(10a)$$

– bei Kragträgern unabhängig vom Belastungsbild, falls die Spannglieder im anschließenden Feld zumindest jenseits des Momentennullpunktes im Verbund liegen:

$$\sigma_{vu} = \sigma_v^{(0)} + 50 \text{ N/mm}^2 \leq \beta_{Sv},\qquad(10b)$$

– bei Durchlaufträgern:

$$\sigma_{vu} = \sigma_v^{(0)}\qquad(10c)$$

Hierin bedeuten:

$\sigma_v^{(0)}$ Spannung im Spannglied im Bauzustand

β_{Sv} Streckgrenze bzw. $\beta_{0,2}$-Grenze des Spannstahls

12.6 Eintragung der Vorspannung

(3) Bei Spanngliedern, die nur durch Verbund verankert werden, gilt für die Eintragungslänge e:

$$e = \sqrt{s^2 + (0,6\, l_{\ddot{u}})^2} \geq l_{\ddot{u}}\qquad(13)$$

$l_{\ddot{u}}$ Übertragungslänge aus Gleichung (17)

(4) Zur Aufnahme der im Bereich der Eintragungslänge e auftretenden Spaltzugkräfte muß stets eine Querbewehrung angeordnet werden. Sie ist bei Verankerung durch Verbund unter Zugrundelegung einer kürzeren Eintragungslänge zu bemessen und entsprechend zu verteilen. Für gerippte Drähte ist diese verkürzte Eintragungslänge mit der Hälfte, bei gezogenen profilierten Drähten bzw. Litzen mit ¾ des Ausgangswertes anzunehmen. Zugkräfte aus Schub und Spaltzug brauchen nicht addiert zu werden, wenn örtlich die jeweils größere Zugkraft durch Bügel abgedeckt wird.

14.2 Verankerung durch Verbund

(1) Bei Spanngliedern, die nur durch Verbund verankert werden, ist für die volle Übertragung der Vorspannung vom Stahl auf den Beton im Gebrauchszustand eine Übertragungslänge $l_{\ddot{u}}$ erforderlich.

Dabei ist

$$l_{\ddot{u}} = k_1 \cdot d_v\qquad(17)$$

Verbund, Lastfälle vor Herstellen des

(siehe Lastfälle)

Verbund, nachträglich

1.2.4 Art der Verbundwirkung von Spanngliedern [2]

(2) Bei **Vorspannung mit nachträglichem Verbund** wird der Beton zunächst ohne Verbund vorgespannt; später wird für alle nach diesem Zeitpunkt wirksamen Lastfälle eine Verbundwirkung erzeugt.

---

[2] Vorspannung ohne Verbund im Endzustand siehe DIN 4227 Teil 6.

3 Baustoffe

3.1 Beton

3.1.1 Vorspannung mit nachträglichem Verbund

(1) Bei Vorspannung mit nachträglichem Verbund ist Beton der Festigkeitsklassen B 25 bis B 55 nach DIN 1045/07.88, Abschnitt 6.5 zu verwenden.

(2) Bei üblichen Hochbauten (Definition nach DIN 1045/07.88, Abschnitt 2.2.4) darf für die nachträgliche Ergänzung vorgespannter Fertigteile auch Ortbeton der Festigkeitsklasse B 15 verwendet werden.

(3) Der Chloridgehalt des Anmachwassers darf 600 mg Cl⁻ je Liter nicht überschreiten. Die Verwendung von Meerwasser und anderem salzhaltigen Wasser ist unzulässig. Es darf nur solcher Betonzuschlag verwendet werden, der hinsichtlich des Gehaltes an wasserlöslichem Chlorid (berechnet als Chlor) den Anforderungen nach DIN 4226 Teil 1/04.83, Abschnitt 7.6.6b) genügt (Chloridgehalt mit einem Massenanteil $\leq 0,02$ %).

(4) **Betonzusatzmittel** dürfen nur verwendet werden, wenn für sie ein Prüfbescheid (Prüfzeichen) erteilt ist, in dem die Anwendung für Spannbeton geregelt ist.

Stichworte   DIN 4227 Teil 1, Ausgabe Juli 1988

3.1.3 Verwendung von Transportbeton

Bei Verwendung von Transportbeton müssen aus dem Betonsortenverzeichnis (siehe DIN 1045/07.88, Abschnitt 5.4.4) die

- Eignung für Spannbeton mit nachträglichem Verbund bzw. die
- Eignung für Spannbeton mit sofortigem Verbund

hervorgehen.

6.6 Herstellen des nachträglichen Verbundes

(1) Das Einpressen von Zementmörtel in die Spannkanäle erfordert besondere Sorgfalt.

(2) Es gilt DIN 4227 Teil 5. Es muß sichergestellt sein, daß die Spannstähle mit Zementmörtel umhüllt sind.

(3) Das Einpressen in jeden einzelnen Spannkanal ist im Protokoll unter Angabe etwaiger Unregelmäßigkeiten zu vermerken. Die Protokolle sind zu den Bauakten zu nehmen.

10.2 Nachweis zur Beschränkung der Rißbreite

(2) Die Betonstahlbewehrung zur Beschränkung der Rißbreite muß aus geripptem Betonstahl bestehen. Bei Vorspannung mit sofortigem Verbund dürfen im Querschnitt vorhandene Spannglieder zur Beschränkung der Rißbreite herangezogen werden. Die Beschränkung der Rißbreite gilt als nachgewiesen, wenn folgende Bedingung eingehalten ist:

$$d_s \leq r \cdot \frac{\mu_z}{\sigma_s^2} \cdot 10^4 \qquad (8)$$

Hierin bedeuten:

d_s größter vorhandener Stabdurchmesser der Längsbewehrung in mm (Betonstahl oder Spannstahl in sofortigem Verbund)

r Beiwert nach Tabelle 8.1 [7]

μ_z der auf die Zugzone A_{bz} bezogene Bewehrungsgehalt 100 $(A_s + A_v)/A_{bz}$ ohne Berücksichtigung der Spannglieder mit nachträglichem Verbund (Zugzone = Bereich von rechnerischen Zugdehnungen des Betons unter der in Absatz (5) angegebenen Schnittgrößenkombination, wobei mit einer Zugzonenhöhe von höchstens 0,80 m zu rechnen ist). Dabei ist vorausgesetzt, daß die Bewehrung A_s annähernd gleichmäßig über die Breite der Zugzone verteilt ist. Bei stark unterschiedlichen Bewehrungsgehalten μ_z innerhalb breiter Zugzonen muß Gleichung (8) auch örtlich erfüllt sein.

A_s Querschnitt der Betonstahlbewehrung der Zugzone A_{bz} in cm^2

A_v Querschnitt der Spannglieder in sofortigem Verbund in der Zugzone A_{bz} in cm^2

σ_s Zugspannung im Betonstahl bzw. Spannungszuwachs sämtlicher im Verbund liegender Spannstähle in N/mm^2 nach Zustand II unter Zugrundelegung linear-elastischen Verhaltens für die in Absatz (5) angegebene Schnittgrößenkombination, jedoch höchstens β_s (siehe auch Erläuterungen im DAfStb-Heft 320)

---

[7] Bei unterschiedlichen Verbundeigenschaften darf der Ermittlung der Bewehrung ein mittlerer Wert r zugrunde gelegt werden, siehe z. B. DAfStb-Heft 320.

Verbund, sofortig

1.2.4 Art der Verbundwirkung von Spanngliedern [2]

(1) Bei **Vorspannung mit sofortigem Verbund** werden die Spannglieder nach dem Spannen im Spannbett so in den Beton eingebettet, daß gleichzeitig mit dem Erhärten des Betons eine Verbundwirkung entsteht.

---

[2] Vorspannung ohne Verbund im Endzustand siehe DIN 4227 Teil 6.

3 Baustoffe

3.1 Beton

3.1.2 Vorspannung mit sofortigem Verbund

(1) Bei Vorspannung mit **sofortigem Verbund** gelten die Festlegungen nach Abschnitt 3.1.1; jedoch muß der Beton mindestens der Festigkeitsklasse B 35 entsprechen. Dabei ist nur werkmäßige Herstellung nach DIN 1045/07.88, Abschnitt 5.3 zulässig.

(2) Alle **Zemente** der Normen der Reihe DIN 1164 der Festigkeitsklassen Z 45 und Z 55 sowie Portland- und Eisenportlandzement der Festigkeitsklasse Z 35 F dürfen verwendet werden.

(3) **Betonzusatzstoffe** dürfen nicht verwendet werden.

3.1.3 Verwendung von Transportbeton

Bei Verwendung von Transportbeton müssen aus dem Betonsortenverzeichnis (siehe DIN 1045/07.88, Abschnitt 5.4.4) die

- Eignung für Spannbeton mit nachträglichem Verbund bzw. die
- Eignung für Spannbeton mit sofortigem Verbund

hervorgehen.

6.2.3 Betondeckung von Spanngliedern mit sofortigem Verbund

(Der gesamte Abschnitt, der sich mit o.g. Stichwort befaßt, wird hier nicht abgedruckt.)

6.2.4 Lichter Abstand der Spannglieder bei Vorspannung mit sofortigem Verbund

(1) Der lichte Abstand der Spannglieder bei Vorspannung mit sofortigem Verbund muß größer als die Korngröße des überwiegenden Teils des Zuschlags sein; er soll außerdem die aus den Gleichungen (1) und (2) sich ergebenden Werte nicht unterschreiten.

(2) Bei der Verteilung von Spanngliedern über die Breite eines Querschnitts dürfen innerhalb von Gruppen mit 2 oder 3 Spanngliedern mit $d_v \leq 10$ mm die lichten Abstände der einzelnen Spannglieder bis auf 1,0 cm verringert werden, wenn die Gesamtanzahl in einer Lage nicht größer ist als bei gleichmäßiger Verteilung zulässig.

6.7 Mindestbewehrung

6.7.1 Allgemeines

(1) Sofern sich nach der Bemessung oder aus konstruktiven Gründen keine größere Bewehrung ergibt, ist eine Mindestbewehrung nach den nachstehenden Grundsätzen anzuordnen. Dabei sollen die Stababstände 20 cm nicht überschreiten. Bei Vorspannung mit sofortigem Verbund dürfen die Spanndrähte als Betonstabstahl IV S auf die Mindestbewehrung angerechnet werden. In jedem Querschnitt ist nur der Höchstwert von Oberflächen-, oder Längs- oder Schubbewehrung maßgebend. Eine Addition der verschiedenen Arten von Mindestbewehrung ist nicht erforderlich.

10.2 Nachweis zur Beschränkung der Rißbreite

(2) Die Betonstahlbewehrung zur Beschränkung der Rißbreite muß aus geripptem Betonstahl bestehen. Bei Vorspannung mit sofortigem Verbund dürfen im Querschnitt vorhandene Spannglieder zur Beschränkung der Rißbreite herangezogen werden. Die Beschränkung der Rißbreite gilt als nachgewiesen, wenn folgende Bedingung eingehalten ist:

$$d_s \leq r \cdot \frac{\mu_z}{\sigma_s^2} \cdot 10^4 \qquad (8)$$

Hierin bedeuten:

d_s größter vorhandener Stabdurchmesser der Längsbewehrung in mm (Betonstahl oder Spannstahl in sofortigem Verbund)

r Beiwert nach Tabelle 8.1 [7])

μ_z der auf die Zugzone A_{bz} bezogene Bewehrungsgehalt 100 $(A_s + A_v)/A_{bz}$ ohne Berücksichtigung der Spannglieder mit nachträglichem Verbund (Zugzone = Bereich von rechnerischen Zugdehnungen des Betons unter der in Absatz (5) angegebenen Schnittgrößenkombination, wobei mit einer Zugzonenhöhe von höchstens 0,80 m zu rechnen ist). Dabei ist vorausgesetzt, daß die Bewehrung A_s annähernd gleichmäßig über die Breite der Zugzone verteilt ist. Bei stark unterschiedlichen Bewehrungsgehalten μ_z innerhalb breiter Zugzonen muß Gleichung (8) auch örtlich erfüllt sein.

A_s Querschnitt der Betonstahlbewehrung der Zugzone A_{bz} in cm²

A_v Querschnitt der Spannglieder in sofortigem Verbund in der Zugzone A_{bz} in cm²

σ_s Zugspannung im Betonstahl bzw. Spannungszuwachs sämtlicher im Verbund liegender Spannstähle in N/mm² nach Zustand II unter Zugrundelegung linear-elastischen Verhaltens für die in Absatz (5) angegebene Schnittgrößenkombination, jedoch höchstens β_s (siehe auch Erläuterungen im DAfStb-Heft 320)

---

[7]) Bei unterschiedlichen Verbundeigenschaften darf der Ermittlung der Bewehrung ein mittlerer Wert r zugrunde gelegt werden, siehe z. B. DAfStb-Heft 320.

15.9.3 Endverankerung von Spanngliedern mit sofortigem Verbund

Es ist nachzuweisen, daß die Änderung der Spannung aus häufigen Lastwechseln (siehe Abschnitt 15.9.2) am Ende der Übertragungslänge bei gerippten und profilierten Drähten nicht größer als 70 N/mm², bei Litzen nicht größer als 50 MN/m² ist.

Verbund, Verankerung durch

(siehe Verankerung)

Verbund zwischen Spannglied und Beton

13 Nachweis der Beanspruchung des Verbundes zwischen Spannglied und Beton

(1) Im Gebrauchszustand erübrigt sich ein Nachweis der Verbundspannungen. Die maximale Verbundspannung τ_1 ist im rechnerischen Bruchzustand nachzuweisen.

(2) Näherungsweise darf sie bestimmt werden aus:

$$\tau_1 = \frac{Z_u - Z_v}{u_v \cdot l'} \qquad (16)$$

Hierin bedeuten:

Z_u Zugkraft des Spanngliedes im rechnerischen Bruchzustand beim Nachweis nach Abschnitt 11

Z_v zulässige Zugkraft des Spanngliedes im Gebrauchszustand

u_v Umfang des Spanngliedes nach Abschnitt 10.2

l' Abstand zwischen dem Querschnitt des maximalen Momentes im rechnerischen Bruchzustand und dem Momentennullpunkt unter ständiger Last.

(3) τ_1 darf die folgenden Werte nicht überschreiten:
bei glatten Stählen: zul $\tau_1 = 1,2$ N/mm²,
bei profilierten Stählen und Litzen: zul $\tau_1 = 1,8$ N/mm²,
bei gerippten Stählen: zul $\tau_1 = 3,0$ N/mm².

(4) Ergibt Gleichung (16) höhere Werte, so ist der Nachweis nach Abschnitt 11.2 für die mit zul τ_1 bestimmte Zugkraft Z_u neu zu führen.

Verbund zwischen Spannglied und Einpreßmörtel

6.5.2 Korrosionsschutz bis zum Einpressen

(5) Die ausreichende Schutzwirkung und die Unschädlichkeit der Maßnahmen für den Spannstahl, für den Einpreßmörtel und für den Verbund zwischen Spanngliedern und Einpreßmörtel sind nachzuweisen.

Verbundbeiwert

14.2 Verankerung durch Verbund

(2) Bei Einzelspanngliedern aus Runddrähten oder Litzen ist d_v der Nenndurchmesser, bei nicht runden Drähten ist für d_v der Durchmesser eines Runddrahtes gleicher Querschnittsfläche einzusetzen. Der Verbundbeiwert k_1 ist den Zulassungen für den Spannstahl zu entnehmen.

Verbundeigenschaft

6.7 Mindestbewehrung

6.7.1 Allgemeines

(3) Bei Brücken und vergleichbaren Bauwerken ist eine erhöhte Mindestbewehrung in gezogenen bzw. weniger gedrückten Querschnittsteilen (siehe Tabelle 4, Zeilen 1b und 2b, Werte in Klammern) anzuordnen, wenn im Endzustand unter Haupt- und Zusatzlasten die nach Zustand I ermittelte Betondruckspannung am Rand dem Betrag nach kleiner als 2 N/mm² ist. Dabei dürfen Spannglieder unter Berücksichtigung der unterschiedlichen Verbundeigenschaften angerechnet werden[4]). In Gurtplatten sind Stabdurchmesser ≤ 16 mm zu verwenden, sofern kein genauer Nachweis erfolgt[4]).

---

[4]) Nachweise siehe DAfStb-Heft 320

Tabelle 8.1. **Beiwerte r zur Berücksichtigung der Verbundeigenschaften**

Bauteile mit Umweltbedingungen nach DIN 1045/07.88, Tabelle 10, Zeile(n)	1	2	3 und 4[1])
zu erwartende Rißbreite	normal	normal	sehr gering
gerippter Betonstahl und gerippte Spannstähle in sofortigem Verbund	200	150	100
profilierter Spannstahl und Litzen in sofortigem Verbund	150	110	75

[1]) Auch bei Bauteilen im Einflußbereich bis zu 10 m von
 – Straßen, die mit Tausalzen behandelt werden
 oder
 – Eisenbahnstrecken, die vorwiegend mit Dieselantrieb befahren werden.

Verbundfestigkeit

10.2 Nachweis zur Beschränkung der Rißbreite

(3) Im Bereich eines Quadrates von 30 cm Seitenlänge, in dessen Schwerpunkt ein Spannglied mit nachträglichem Verbund liegt, darf die nach Absatz (2) nachgewiesene Betonstahlbewehrung um den Betrag

$$\Delta A_s = u_v \cdot \xi \cdot d_s / 4 \qquad (9)$$

abgemindert werden.

Hierin bedeuten:

d_s nach Gleichung (8), jedoch in cm

u_v Umfang des Spanngliedes im Hüllrohr
 Einzelstab: $u_v = \pi\, d_v$
 Bündelspannglied, Litze: $u_v = 1{,}6 \cdot \pi \cdot \sqrt{A_v}$
d_v Spanngliedurchmesser des Einzelstabes in cm
A_v Querschnitt der Bündelspannglieder bzw. Litzen in cm²
ξ Verhältnis der Verbundfestigkeit von Spanngliedern im Einpreßmörtel zur Verbundfestigkeit von Rippenstahl im Beton
 – Spannglieder aus glatten Stäben $\xi = 0{,}2$
 – Spannglieder aus profilierten Drähten oder aus Litzen $\xi = 0{,}4$
 – Spannglieder aus gerippten Stählen $\xi = 0{,}6$

Verbundspannung

13 Nachweis der Beanspruchung des Verbundes zwischen Spannglied und Beton

(1) Im Gebrauchszustand erübrigt sich ein Nachweis der Verbundspannungen. Die maximale Verbundspannung τ_1 ist im rechnerischen Bruchzustand nachzuweisen.

Verformung, aufgezwungene

8 Zeitabhängiges Verformungsverhalten von Stahl und Beton

8.1 Begriffe und Anwendungsbereich

(1) Mit Kriechen wird die zeitabhängige Zunahme der Verformungen unter andauernden Spannungen und mit Relaxation die zeitabhängige Abnahme der Spannungen unter einer aufgezwungenen Verformung von konstanter Größe bezeichnet.

Verformung, verzögert elastische

8.3 Kriechzahl des Betons

(4) Ist ein genauerer Nachweis erforderlich oder sind die Auswirkungen des Kriechens zu einem anderen als zum Zeitpunkt $t = \infty$ zu beurteilen, so kann φ_t aus einem Fließanteil und einem Anteil der verzögert elastischen Verformung ermittelt werden:

$$\varphi_t = \varphi_{f0} \cdot (k_{f,t} - k_{f,t_0}) + 0{,}4\, k_{v,(t-t_0)} \qquad (4)$$

Hierin bedeuten:

φ_{f0} Grundfließzahl nach Tabelle 8, Spalte 3.

k_f Beiwert nach Bild 1 für den zeitlichen Ablauf des Fließens unter Berücksichtigung der wirksamen Körperdicke d_{ef} nach Abschnitt 8.5, der Zementart und des wirksamen Alters.

t Wirksames Betonalter zum untersuchten Zeitpunkt nach Abschnitt 8.6.

t_0 Wirksames Betonalter beim Aufbringen der Spannung nach Abschnitt 8.6.

k_v Beiwert nach Bild 2 zur Berücksichtigung des zeitlichen Ablaufes der verzögert elastischen Verformung.

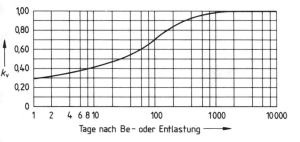

Bild 2. Verlauf der verzögert elastischen Verformung

Verformung, zu erwartende

8.7 Berücksichtigung der Auswirkung von Kriechen und Schwinden des Betons
8.7.1 Allgemeines

(2) Bei der Abschätzung der zu erwartenden Verformung sind die Auswirkungen des Kriechens und Schwindens stets zu verfolgen.

Verformungsverhalten, zeitabhängiges

(Hier sind nur die Überschriften des Abschnittes 8 und seiner Unterabschnitte abgedruckt.)

8 Zeitabhängiges Verformungsverhalten von Stahl und Beton

8.1 Begriffe und Anwendungsbereich

8.2 Spannstahl

8.3 Kriechzahl des Betons

8.4 Schwindmaß des Betons

8.5 Wirksame Körperdicke

8.6 Wirksames Betonalter

8.7 Berücksichtigung der Auswirkung von Kriechen und Schwinden des Betons
8.7.1 Allgemeines
8.7.2 Berücksichtigung von Belastungsänderungen
8.7.3 Besonderheiten bei Fertigteilen

Vergleichsdurchmesser

6.2 Spannglieder
6.2.3 Betondeckung von Spanngliedern mit sofortigem Verbund

(5) Für die wirksame Verankerung runder gerippter Einzeldrähte und Litzen mit $d_v \leq 12$ mm sowie nichtrunder gerippter Einzeldrähte mit $d_v \leq 8$ mm gelten folgende Mindestbetondeckungen:

$c = 1{,}5\, d_v$ bei profilierten Drähten und bei Litzen aus glatten Einzeldrähten   (1)

$c = 2{,}5\, d_v$ bei gerippten Drähten   (2)

Darin ist für d_v zu setzen:

a) bei Runddrähten der Spanndrahtdurchmesser,
b) bei nichtrunden Drähten der Vergleichsdurchmesser eines Runddrahtes gleicher Querschnittsfläche,
c) bei Litzen der Nenndurchmesser.

Verkehrslast

9.2.3 Verkehrslast, Wind und Schnee

Auch diese Lastfälle sind unter Umständen getrennt zu untersuchen, vor allem dann, wenn die Lasten zum Teil vor, zum Teil erst nach dem Kriechen und Schwinden auftreten.

15.4 Zulässige Spannungen in Spanngliedern mit Dehnungsbehinderung (Reibung)

Bei Spanngliedern, deren Dehnung durch Reibung behindert ist, darf nach Tabelle 9, Zeile 66, die zulässige Spannung am Spannende erhöht werden, wenn die Bereiche der maximalen Momente hiervon nicht berührt werden und die Erhöhung auf solche Bereiche beschränkt bleibt, in denen der Einfluß der Verkehrslasten gering ist.

Verkehrslast als Dauerlast

8.7 Berücksichtigung der Auswirkung von Kriechen und Schwinden des Betons
8.7.1 Allgemeines

(3) Der rechnerische Nachweis ist für alle dauernd wirkenden Beanspruchungen durchzuführen. Wirkt ein nennenswerter Anteil der Verkehrslast dauernd, so ist auch der durchschnittlich vorhandene Betrag der Verkehrslast als Dauerlast zu betrachten.

Versatzmaß

14.2 Verankerung durch Verbund

(3) Die ausreichende Verankerung im rechnerischen Bruchzustand ist nachgewiesen, wenn die Bedingungen nach a) oder b) erfüllt sind:

a) Die Verankerungslänge l der Spannglieder muß in einem Bereich liegen, der im rechnerischen Bruchzustand frei von Biegezugrissen (Zone a nach Abschnitt 12.3.1) und frei von Schubrissen ($\sigma_I \leq$ Werte der Tabelle 9, Zeile 49, bei vorwiegend ruhender oder Zeile 50 bei nicht vorwiegend ruhender Belastung) ist.

Die Hauptzugspannung σ_I braucht nur in einem Abstand von $0{,}5\,d_0$ vom Auflagerrand nachgewiesen zu werden.

Die Verankerungslänge beträgt

$$l = \frac{Z_u}{\sigma_v \cdot A_v} \cdot l_{\ddot{u}} \qquad (18)$$

Hierin bedeuten:

$$Z_u = \frac{M_u}{z} + Q_u \cdot \frac{v}{h} \qquad (19)$$

σ_v die zulässige Vorspannung des Spannstahles (siehe Tabelle 9, Zeile 65)

A_v Querschnittsfläche des Spanngliedes

v Versatzmaß nach DIN 1045

Der Anteil $Q_u \cdot v/h$ der Gleichung (19) braucht nur berücksichtigt zu werden, wenn anschließend an die Verankerungslänge Schubrisse vorausgesetzt werden müssen (Überschreitung der oben genannten Grenzwerte).

b) Der rechnerische Überstand der im Verbund liegenden Spannglieder über die Auflagervorderkante muß betragen:

$$l_1 = \frac{Z_{Au}}{\sigma_v \cdot A_v} \cdot l_{\ddot{u}} \qquad (20)$$

Bei direkter Lagerung genügt ein Überstand von ⅔ l_1.

Hierin bedeuten:

$Z_{Au} = Q_u \cdot \dfrac{v}{h}$ am Auflager zu verankernde Zugkraft; sofern ein Teil dieser Zugkraft nach DIN 1045 durch Längsbewehrung aus Betonstahl verankert wird, braucht der Überstand der Spannglieder nur für die nicht abgedeckte Restzugkraft $\Delta Z_{Au} = Z_{Au} - A_s \cdot \beta_S$ nachgewiesen zu werden.

Q_u die Querkraft am Auflager im rechnerischen Bruchzustand

A_v der Querschnitt der über die Auflager geführten unten liegenden Spannglieder

Verschnitt, Spannglied

6.5 Herstellung, Lagerung und Einbau der Spannglieder

6.5.3 Fertigspannglieder

(3) Bei Auslieferung der Spannglieder sind folgende Unterlagen beizufügen:

- Lieferschein mit Angabe von Bauvorhaben, Spanngliedtyp, Positionsnummer der Spannglieder, Fertigungs- und Auslieferungsdatum und der Bestätigung, daß die Spannglieder güteüberwacht sind. Der Lieferschein muß auch die Angaben der Anhängeschilder der jeweils verwendeten Spannstähle enthalten;
- bei Verwendung von Restmengen oder Verschnitt Angaben über die Herkunft;
- Lieferzeugnisse für den Spannstahl und Lieferscheine für die Zubehörteile mit Angabe der hierfür fremdüberwachenden Stelle.

Verteilung von Spanngliedern

(siehe Spannglied)

Vordehnung

11.2.4 Dehnungsdiagramm

(3) Eine geradlinige Dehnungsverteilung über den Gesamtquerschnitt darf nur angenommen werden, wenn der Verbund zwischen den Spanngliedern und dem Beton nach Abschnitt 13 gesichert ist. Die durch Vorspannung im Spannstahl erzeugte Vordehnung ergibt sich als Dehnungsunterschied zwischen Spannglied und umgebendem Beton im Gebrauchszustand zuzüglich Kriechen und Schwinden. In Sonderfällen, z. B. bei vorgespannten Druckgliedern, kann die Spannung vor Kriechen und Schwinden maßgebend sein.

Vorrichtung für das Spannen

(siehe Spannen)

Vorspannen

(Tabelle 1, siehe Seite 177)

Vorspannen, Mindestbetonfestigkeit

Tabelle 2. **Mindestbetonfestigkeiten beim Vorspannen**

	1	2	3
	Zugeordnete Festigkeitsklasse	Würfeldruckfestigkeit β_{Wm} beim Teilvorspannen N/mm²	Würfeldruckfestigkeit β_{Wm} beim endgültigen Vorspannen N/mm²
1	B 25	12	24
2	B 35	16	32
3	B 45	20	40
4	B 55	24	48

Anmerkung:
Die „zugeordnete Festigkeitsklasse" ist die laut Zulassung für das jeweilige Spannverfahren erforderliche Festigkeitsklasse des Betons.

Vorspannen, Zeitpunkt

5.1 Zeitpunkt des Vorspannens

(1) Der Beton darf erst vorgespannt werden, wenn er fest genug ist, um die dabei auftretenden Spannungen einschließlich der Beanspruchungen an den Verankerungsstellen der Spannglieder aufnehmen zu können. Für die endgültige Vorspannung gilt dies als erfüllt, wenn durch Erhärtungsprüfung nach DIN 1045/07.88, Abschnitt 7.4.4, nachgewiesen ist, daß die Würfeldruckfestigkeit β_{Wm} mindestens die Werte der Tabelle 2, Spalte 3, erreicht hat.

(2) Eine frühzeitige Teilvorspannung (z.B. zur Vermeidung von Schwind- und Temperaturrissen) ist zu empfehlen. Durch Erhärtungsprüfung ist dann nach DIN 1045/07.88, Abschnitt 7.4.4 nachzuweisen, daß die Würfeldruckfestigkeit β_{Wm} des Betons die Werte nach Tabelle 2, Spalte 2, erreicht hat. In diesem Fall dürfen die Spannkräfte einzelner Spannglieder und die Betonspannungen im übrigen Bauteil nicht mehr als 30 % der für die Verankerung zugelassenen Spannkraft bzw. der nach Abschnitt 15 zulässigen Spannungen betragen. Liegt die durch Erhärtungsprüfung festgestellte Würfeldruckfestigkeit zwischen den Werten nach Tabelle 2, Spalten 2 und 3, so darf die zulässige Teilspannkraft linear interpoliert werden.

Vorspannkraft, Fehlergrenze

5.2 Vorrichtungen für das Spannen

(2) Vorrichtungen, deren Fehlergrenze der Anzeige im Bereich der endgültigen Vorspannkraft um mehr als 5 % vom Prüfdiagramm abweicht, dürfen nicht verwendet werden.

Vorspannkraft, Übertragung

5.3 Verfahren und Messungen beim Spannen

(3) Schlagartige Übertragung der Vorspannkraft ist zu vermeiden.

Vorspannung

9.2 Zusammenstellung der Beanspruchungen

9.2.1 Vorspannung

In diesem Lastfall werden die Kräfte und Spannungen zusammengefaßt, die allein von der ursprünglich eingetragenen Vorspannung hervorgerufen werden.

Vorspannung mit nachträglichem Verbund

1.2.4 Art der Verbundwirkung von Spanngliedern [2]

(2) Bei **Vorspannung mit nachträglichem Verbund** wird der Beton zunächst ohne Verbund vorgespannt; später wird für alle nach diesem Zeitpunkt wirksamen Lastfälle eine Verbundwirkung erzeugt.

---

[2] Vorspannung ohne Verbund im Endzustand siehe DIN 4227 Teil 6.

3 Baustoffe

3.1 Beton

3.1.1 Vorspannung mit nachträglichem Verbund

(1) Bei **Vorspannung mit nachträglichem Verbund** ist Beton der Festigkeitsklassen B 25 bis B 55 nach DIN 1045/07.88, Abschnitt 6.5 zu verwenden.

(2) Bei üblichen Hochbauten (Definition nach DIN 1045/07.88, Abschnitt 2.2.4) darf für die nachträgliche Ergänzung vorgespannter Fertigteile auch Ortbeton der Festigkeitsklasse B 15 verwendet werden.

(3) Der Chloridgehalt des Anmachwassers darf 600 mg Cl⁻ je Liter nicht überschreiten. Die Verwendung von Meerwasser und anderem salzhaltigen Wasser ist unzulässig. Es darf nur solcher Betonzuschlag verwendet werden, der hinsichtlich des Gehaltes an wasserlöslichem Chlorid (berechnet als Chlor) den Anforderungen nach DIN 4226 Teil 1/04.83, Abschnitt 7.6.6b) genügt (Chlorgehalt mit einem Massenanteil ≤ 0,02 %).

(4) **Betonzusatzmittel** dürfen nur verwendet werden, wenn für sie ein Prüfbescheid (Prüfzeichen) erteilt ist, in dem die Anwendung für Spannbeton geregelt ist.

Vorspannung mit sofortigem Verbund

1.2.4 Art der Verbundwirkung von Spanngliedern [2])
(1) Bei **Vorspannung mit sofortigem Verbund** werden die Spannglieder nach dem Spannen im Spannbett so in den Beton eingebettet, daß gleichzeitig mit dem Erhärten des Betons eine Verbundwirkung entsteht.

---

[2]) Vorspannung ohne Verbund im Endzustand siehe DIN 4227 Teil 6.

3 Baustoffe
3.1 Beton

3.1.2 Vorspannung mit sofortigem Verbund
(1) Bei **Vorspannung mit sofortigem Verbund** gelten die Festlegungen nach Abschnitt 3.1.1; jedoch muß der Beton mindestens der Festigkeitsklasse B 35 entsprechen. Dabei ist nur werkmäßige Herstellung nach DIN 1045/07.88, Abschnitt 5.3 zulässig.

(2) Alle **Zemente** der Normen der Reihe DIN 1164 der Festigkeitsklassen Z 45 und Z 55 sowie Portland- und Eisenportlandzement der Festigkeitsklasse Z 35 F dürfen verwendet werden.

(3) **Betonzusatzstoffe** dürfen nicht verwendet werden.

6.2 Spannglieder

6.2.4 Lichter Abstand der Spannglieder bei **Vorspannung mit sofortigem Verbund**
(1) Der lichte Abstand der Spannglieder bei Vorspannung mit sofortigem Verbund muß größer als die Korngröße des überwiegenden Teils des Zuschlags sein; er soll außerdem die aus den Gleichungen (1) und (2) sich ergebenden Werte nicht unterschreiten.

(2) Bei der Verteilung von Spanngliedern über die Breite eines Querschnitts dürfen innerhalb von Gruppen mit 2 oder 3 Spanngliedern mit $d_v \leq 10$ mm die lichten Abstände der einzelnen Spannglieder bis auf 1,0 cm verringert werden, wenn die Gesamtanzahl in einer Lage nicht größer ist als bei gleichmäßiger Verteilung zulässig.

6.7 Mindestbewehrung
6.7.1 Allgemeines
(1) Sofern sich nach der Bemessung oder aus konstruktiven Gründen keine größere Bewehrung ergibt, ist eine Mindestbewehrung nach den nachstehenden Grundsätzen anzuordnen. Dabei sollen die Stababstände 20 cm nicht überschreiten. Bei **Vorspannung mit sofortigem Verbund** dürfen die Spanndrähte als Betonstabstahl IV S auf die Mindestbewehrung angerechnet werden. In jedem Querschnitt ist nur der Höchstwert von Oberflächen- oder Längs- oder Schubbewehrung maßgebend. Eine Addition der verschiedenen Arten von Mindestbewehrung ist nicht erforderlich.

10.2 Nachweis zur Beschränkung der Rißbreite
(2) Die Betonstahlbewehrung zur Beschränkung der Rißbreite muß aus gerippten Betonstahl bestehen. Bei Vorspannung mit sofortigem Verbund dürfen im Querschnitt vorhandene Spannglieder zur Beschränkung der Rißbreite herangezogen werden. Die Beschränkung der Rißbreite gilt als nachgewiesen, wenn folgende Bedingung eingehalten ist:

$$d_s \leq r \cdot \frac{\mu_z}{\sigma_s^2} \cdot 10^4 \qquad (8)$$

Hierin bedeuten:

d_s größter vorhandener Stabdurchmesser der Längsbewehrung in mm (Betonstahl oder Spannstahl in sofortigem Verbund)

r Beiwert nach Tabelle 8.1[7])

μ_z der auf die Zugzone A_{bz} bezogene Bewehrungsgehalt 100 $(A_s + A_v)/A_{bz}$ ohne Berücksichtigung der Spannglieder mit nachträglichem Verbund (Zugzone = Bereich von rechnerischen Zugdehnungen des Betons unter der in Absatz (5) angegebenen Schnittgrößenkombination, wobei mit einer Zugzonenhöhe von höchstens 0,80 m zu rechnen ist). Dabei ist vorausgesetzt, daß die Bewehrung A_s annähernd gleichmäßig über die Breite der Zugzone verteilt ist. Bei stark unterschiedlichen Bewehrungsgehalten μ_z innerhalb breiter Zugzonen muß Gleichung (8) auch örtlich erfüllt sein.

A_s Querschnitt der Betonstahlbewehrung der Zugzone A_{bz} in cm²

A_v Querschnitt der Spannglieder in sofortigem Verbund in der Zugzone A_{bz} in cm²

σ_s Zugspannung im Betonstahl bzw. Spannungszuwachs sämtlicher im Verbund liegender Spannstähle in N/mm² nach Zustand II unter Zugrundelegung linear-elastischen Verhaltens für die in Absatz (5) angegebene Schnittgrößenkombination, jedoch höchstens β_s (siehe auch Erläuterungen im DAfStb-Heft 320)

(3) Im Bereich eines Quadrates von 30 cm Seitenlänge, in dessen Schwerpunkt ein Spannglied mit nachträglichem Ver-

---

[7]) Bei unterschiedlichen Verbundeigenschaften darf der Ermittlung der Bewehrung ein mittlerer Wert r zugrunde gelegt werden, siehe z. B. DAfStb-Heft 320.

Vorspannung, beschränkte

1.2.2 Grad der Vorspannung [1])
(2) Bei **beschränkter Vorspannung** treten dagegen rechnerisch im Gebrauchszustand (siehe Abschnitt 9.1) Zugspannungen infolge von Längskraft und Biegemoment im Beton bis zu den in den Abschnitten 10.1.2 und 15 angegebenen Grenzen auf.

---

[2]) Vorspannung ohne Verbund im Endzustand siehe DIN 4227 Teil 6.

10 Rissebeschränkung
10.1 Zulässigkeit von Zugspannungen
10.1.2 Beschränkte Vorspannung

(1) Im Gebrauchszustand sind die in Tabelle 9, Zeilen 18 bis 26 bzw. bei Brücken und vergleichbaren Bauwerken Zeilen 36 bis 44 angegebenen Zugspannungen infolge von Längskraft und Biegemoment zulässig.

(2) Bei Bauteilen im Freien oder bei Bauteilen mit erhöhtem Korrosionsangriff gemäß DIN 1045/07.88, Tabelle 10, Zeile 4, dürfen jedoch keine Zugspannungen aus Längskraft und Biegemoment auftreten infolge des Lastfalles Vorspannung plus ständige Last plus Verkehrslast, die während der Nutzung ständig oder längere Zeit im wesentlichen unverändert wirkt (bei Brücken die halbe Verkehrslast), plus Kriechen und Schwinden. In dem vorgenannten Lastfall sind an Stelle der Verkehrslast die wahrscheinlichen Baugrundbewegungen zu berücksichtigen, wenn sich dadurch ungünstigere Werte ergeben. Für Lastfallkombinationen unter Einschluß der möglichen Baugrundbewegungen nach DIN 1072 sind Nachweise der Betonzugspannungen nicht erforderlich.

(3) Gleichgerichtete Zugspannungen aus verschiedenen Tragwirkungen (z. B. Wirkung einer Platte als Gurt eines Hauptträgers bei gleichzeitiger örtlicher Lastabtragung in der Platte) sind zu überlagern; dabei sind die Werte nach Tabelle 9, Zeilen 21 bis 23 bzw. 39 bis 41, einzuhalten.

(Tabelle 9, siehe Seite 182)

Vorspannung, Eintragung

12.6 Eintragung der Vorspannung

(1) An den Verankerungsstellen der Spannglieder darf erst im Abstand e vom Ende der Verankerung (Eintragungslänge) mit einer geradlinigen Spannungsverteilung infolge Vorspannung gerechnet werden.

(2) Bei Spanngliedern mit Endverankerung ist diese Eintragungslänge e gleich der Störungslänge s, die zur Ausbreitung der konzentriert angreifenden Spannkräfte bis zur Einstellung eines geradlinigen Spannungsverlaufes im Querschnitt nötig ist.

(3) Bei Spanngliedern, die nur durch Verbund verankert werden, gilt für die Eintragungslänge e:

$$e = \sqrt{s^2 + (0,6\, l_{ü})^2} \geq l_{ü} \qquad (13)$$

$l_{ü}$ Übertragungslänge aus Gleichung (17)

(4) Zur Aufnahme der im Bereich der Eintragungslänge e auftretenden Spaltzugkräfte muß stets eine Querbewehrung angeordnet werden. Sie ist bei Verankerung durch Verbund unter Zugrundelegung einer kürzeren Eintragungslänge zu bemessen und entsprechend zu verteilen. Für gerippte Drähte ist diese verkürzte Eintragungslänge mit der Hälfte, bei gezogenen profilierten Drähten bzw. Litzen mit ¾ des Ausgangswertes anzunehmen. Zugkräfte aus Schub und Spaltzug brauchen nicht addiert zu werden, wenn örtlich die jeweils größere Zugkraft durch Bügel abgedeckt wird.

Vorspannung, Übertragung

5.3 Verfahren und Messungen beim Spannen

(3) Schlagartige Übertragung der Vorspannkraft ist zu vermeiden.

Vorspannung, volle

1.2.2 Grad der Vorspannung [1]

(1) Bei **voller Vorspannung** treten rechnerisch im Beton im Gebrauchszustand (siehe Abschnitt 9.1), mit Ausnahme der in Abschnitt 10.1.1 angegebenen Fälle, keine Zugspannungen infolge von Längskraft und Biegemoment auf.

---

[1] Teilweise Vorspannung; siehe DIN 4227 Teil 2.

10 Rissebeschränkung
10.1 Zulässigkeit von Zugspannungen
10.1.1 Volle Vorspannung

(1) Im Gebrauchszustand dürfen in der Regel keine Zugspannungen infolge von Längskraft und Biegemoment auftreten.

(2) In folgenden Fällen sind jedoch solche Zugspannungen zulässig:

a) Im Bauzustand, also z. B. unmittelbar nach dem Aufbringen der Vorspannung vor dem Einwirken der vollen ständigen Last, siehe Tabelle 9, Zeilen 15 bis 17 bzw. Zeilen 33 bis 35.

b) Bei Brücken und vergleichbaren Bauwerken unter Haupt- und Zusatzlasten, siehe Tabelle 9, Zeilen 30 bis 32; bei anderen Bauwerken unter wenig wahrscheinlicher Häufung von Lastfällen siehe Tabelle 9, Zeilen 12 bis 14.

c) Bei wenig wahrscheinlichen Laststellungen, siehe Tabelle 9, Zeilen 12 bis 14 bzw. Zeilen 30 bis 32; als wenig wahrscheinliche Laststellungen gelten z. B. die gleichzeitige Wirkung mehrerer Kräne und Kranlasten in ungünstigster Stellung oder die Berücksichtigung mehrerer Einflußlinien-Beitragsflächen gleichen Vorzeichens, die durch solche entgegengesetzten Vorzeichens voneinander getrennt sind.

(3) Gleichgerichtete Zugspannungen aus verschiedenen Tragwirkungen (z. B. Wirkung einer Platte als Gurt eines Hauptträgers bei gleichzeitiger örtlicher Lastabtragung in der Platte) sind zu überlagern; dabei dürfen die Spannungen die Werte der Tabelle 9, Zeilen 12 bis 14 bzw. Zeilen 30 bis 32, nicht überschreiten. Für Lastfallkombinationen unter Einschluß der möglichen Baugrundbewegungen nach DIN 1072 sind Nachweise der Betonzugspannungen nicht erforderlich.

(Tabelle 9, siehe Seite 182)

Vorspannung, zulässige

14.2 Verankerung durch Verbund

(3) Die ausreichende Verankerung im rechnerischen Bruchzustand ist nachgewiesen, wenn die Bedingungen nach a) oder b) erfüllt sind:

a) Die Verankerungslänge l der Spannglieder muß in einem Bereich liegen, der im rechnerischen Bruchzustand frei von Biegezugrissen (Zone a nach Abschnitt 12.3.1) und frei von Schubrissen ($\sigma_I \leq$ Werte der Tabelle 9, Zeile 49, bei vorwiegend ruhender oder Zeile 50 bei nicht vorwiegend ruhender Belastung) ist.

Die Hauptzugspannung σ_I braucht nur in einem Abstand von 0,5 d_0 vom Auflagerrand nachgewiesen zu werden.

Die Verankerungslänge beträgt

$$l = \frac{Z_u}{\sigma_v \cdot A_v} \cdot l_{\ddot{u}} \qquad (18)$$

Hierin bedeuten:

$$Z_u = \frac{M_u}{z} + Q_u \cdot \frac{v}{h} \qquad (19)$$

σ_v die zulässige Vorspannung des Spannstahles (siehe Tabelle 9, Zeile 65)

A_v Querschnittsfläche des Spanngliedes

v Versatzmaß nach DIN 1045

Der Anteil $Q_u \cdot v/h$ der Gleichung (19) braucht nur berücksichtigt zu werden, wenn anschließend an die Verankerungslänge Schubrisse vorausgesetzt werden müssen (Überschreitung der oben genannten Grenzwerte).

b) Der rechnerische Überstand der im Verbund liegenden Spannglieder über die Auflagervorderkante muß betragen:

$$l_1 = \frac{Z_{Au}}{\sigma_v \cdot A_v} \cdot l_{\ddot{u}} \qquad (20)$$

Bei direkter Lagerung genügt ein Überstand von ⅔ l_1.

Hierin bedeuten:

$Z_{Au} = Q_u \cdot \dfrac{v}{h}$ am Auflager zu verankernde Zugkraft; sofern ein Teil dieser Zugkraft nach DIN 1045 durch Längsbewehrung aus Betonstahl verankert wird, braucht der Überstand der Spannglieder nur für die nicht abgedeckte Restzugkraft $\Delta Z_{Au} = Z_{Au} - A_s \cdot \beta_S$ nachgewiesen zu werden.

Q_u die Querkraft am Auflager im rechnerischen Bruchzustand

A_v der Querschnitt der über die Auflager geführten unten liegenden Spannglieder

Wärmewirkung

9.2.5 Wärmewirkungen

(1) Soweit erforderlich, sind die durch Wärmewirkungen[5] hervorgerufenen Spannungen nachzuweisen. Bei Hochbauten ist DIN 1045/07.88, Abschnitt 16.5, zu beachten.

(2) Beim Spannungsnachweis im Bauzustand brauchen bei durchlaufenden Balken und Platten Temperaturunterschiede nicht berücksichtigt zu werden, siehe jedoch Abschnitt 15.1. (3).

(3) Bei Brücken nach DIN 1072 und vergleichbaren Bauwerken mit Wärmewirkung darf beim Spannungsnachweis im Endzustand auf den Nachweis des vollen Temperaturunterschiedes be 0,7facher Verkehrslast verzichtet werden.

---

[5]) Siehe DIN 1072

10.2 Nachweis zur Beschränkung der Rißbreite

(5) Bei überwiegend auf Biegung beanspruchten stabförmigen Bauteilen und Platten ist für den Nachweis nach Gleichung (8) von folgender Beanspruchungskombination auszugehen:

- 1,0fache ständige Last,
- 1,0fache Verkehrslast (einschließlich Schnee und Wind),
- 0,9- bzw. 1,1fache Summe aus statisch bestimmter und statisch unbestimmter Wirkung der Vorspannung unter Berücksichtigung von Kriechen und Schwinden; der ungünstigere Wert ist maßgebend,
- 1,0fache Zwangschnittgröße aus Wärmewirkung (auch im Bauzustand), wahrscheinlicher Baugrundbewegung, Schwinden und aus Anheben zum Auswechseln von Lagern,
- 1,0fache Schnittgröße aus planmäßiger Systemänderung,
- Zusatzmoment ΔM_1 mit

$$\Delta M_1 = \pm 5 \cdot 10^{-5} \cdot \frac{EI}{d_0}$$

Hierin bedeuten:

EI Biegesteifigkeit im Zustand I im betrachteten Querschnitt,

d_0 Querschnittsdicke im betrachteten Querschnitt (bei Platten ist $d_0 = d$ zu setzen).

Soweit diese Beanspruchungskombination ohne den statisch bestimmten Anteil der Vorspannung örtlich geringere Biegemomente als den Mindestwert

$$M_2 = \pm 15 \cdot 10^{-5} \cdot \frac{EI}{d_0}$$

ergibt, so ist dieses Moment M_2 in den durch Bild 3.1 gekennzeichneten Bereichen mit dem dort angegebenen Verlauf anzunehmen. Für den Nachweis nach Gleichung (8) ist dabei von der mit M_2 ermittelten Grenzlinie und dem statisch bestimmten Anteil der 0,9- bzw. 1,1fachen Vorspannung als Beanspruchungskombination auszugehen.

11 Nachweis für den rechnerischen Bruchzustand bei Biegung, bei Biegung mit Längskraft und bei Längskraft

11.1 Rechnerischer Bruchzustand und Sicherheitsbeiwerte

(1) Für den rechnerischen Bruchzustand ist bei statisch bestimmt gelagerten Spannbetontragwerken die 1,75fache Summe der äußeren Lasten (nach den Abschnitten 9.2.2 und 9.2.3) in ungünstigster Stellung anzusetzen ($\gamma = 1,75$). Bei statisch unbestimmt gelagerten Tragwerken sind darüber

hinaus – sofern diese ungünstig wirken – die 1,0fache Zwangbeanspruchung infolge von Schwinden, Wärmewirkungen und wahrscheinlicher Baugrundbewegung[8]) und Anheben zum Auswechseln von Lagern sowie die 1,0fache Schnittgröße am Gesamtquerschnitt aus Vorspannung (unter Berücksichtigung von Kriechen und Schwinden) zu berücksichtigen. Bei Zwangbeanspruchung infolge Baugrundbewegung darf das Kriechen berücksichtigt werden. Die Schnittgrößen aus den einzelnen Lastfällen sind im allgemeinen wie im Gebrauchszustand anzusetzen.

[8]) Bei Brücken ist die Zwangbeanspruchung aus der 0,4fachen möglichen Baugrundbewegung zu berücksichtigen, falls dies ungünstiger ist.

15 Zulässige Spannungen

15.1 Allgemeines

(3) Bei Brücken nach DIN 1072 und vergleichbaren Bauwerken gelten die zulässigen Betonzugspannungen von Tabelle 9, Zeilen 42, 43 und 44, nur, sofern im Bauzustand keine Zwangschnittgrößen infolge von Wärmewirkungen auftreten. Treten jedoch solche Zwangschnittgrößen auf, so sind die Zahlenwerte der Tabelle 9, Zeilen 42, 43 und 44, um 0,5 N/mm² herabzusetzen.

Würfeldruckfestigkeit

5 Aufbringen der Vorspannung

5.1 Zeitpunkt des Vorspannens

(1) Der Beton darf erst vorgespannt werden, wenn er fest genug ist, um die dabei auftretenden Spannungen einschließlich der Beanspruchungen an den Verankerungsstellen der Spannglieder aufnehmen zu können. Für die endgültige Vorspannung gilt dies als erfüllt, wenn durch Erhärtungsprüfung nach DIN 1045/07.88, Abschnitt 7.4.4, nachgewiesen ist, daß die Würfeldruckfestigkeit β_{Wm} mindestens die Werte der Tabelle 2, Spalte 3, erreicht hat.

(2) Eine frühzeitige Teilvorspannung (z. B. zur Vermeidung von Schwind- und Temperaturrissen) ist zu empfehlen. Durch Erhärtungsprüfung ist dann nach DIN 1045/07.88, Abschnitt 7.4.4, nachzuweisen, daß die Würfeldruckfestigkeit β_{Wm} des Betons die Werte nach Tabelle 2, Spalte 2, erreicht hat. In diesem Fall dürfen die Spannkräfte einzelner Spannglieder und die Betonspannungen im übrigen Bauteil nicht mehr als 30 % der für die Verankerung zugelassenen Spannkraft bzw. der nach Abschnitt 15 zulässigen Spannungen betragen. Liegt die durch Erhärtungsprüfung festgestellte Würfeldruckfestigkeit zwischen den Werten nach Tabelle 2, Spalten 2 und 3, so darf die zulässige Teilspannkraft linear interpoliert werden.

Tabelle 2. **Mindestbetonfestigkeiten beim Vorspannen**

	1	2	3
	Zugeordnete Festigkeitsklasse	Würfeldruckfestigkeit β_{Wm} beim Teilvorspannen N/mm²	Würfeldruckfestigkeit β_{Wm} beim endgültigen Vorspannen N/mm²
1	B 25	12	24
2	B 35	16	32
3	B 45	20	40
4	B 55	24	48

Anmerkung:
Die „zugeordnete Festigkeitsklasse" ist die laut Zulassung für das jeweilige Spannverfahren erforderliche Festigkeitsklasse des Betons.

Zeitspanne, unschädliche, Einpressen

6.5 Herstellung, Lagerung und Einbau der Spannglieder

(2) Wenn das Eindringen und Ansammeln von Feuchte (auch Kondenswasser) vermieden wird, dürfen ohne besonderen Nachweis folgende Zeitspannen als unschädlich für den Spannstahl angesehen werden:

bis zu 12 Wochen zwischen dem Herstellen des Spanngliedes und dem Einpressen,

davon bis zu 4 Wochen frei in der Schalung

und bis zu etwa 2 Wochen in gespanntem Zustand.

Zement

3 Baustoffe

3.1 Beton

3.1.2 Vorspannung mit sofortigem Verbund

(2) Alle Zemente der Normen der Reihe DIN 1164 der Festigkeitsklassen Z 45 und Z 55 sowie Portland- und Eisenportlandzement der Festigkeitsklasse Z 35 F dürfen verwendet werden.

Zement, Festigkeitsklassen

(Tabelle 7, siehe Seite 180)

Zement niedriger Hydratationswärme

6.8 Beschränkung von Temperatur und Schwindrissen

(1) Wenn die Gefahr besteht, daß die Hydratationswärme des Zements in dicken Bauteilen zu hohen Temperaturspannungen und dadurch zu Rissen führt, sind geeignete Gegenmaßnahmen zu ergreifen (z. B. niedrige Frischbetontemperatur durch gekühlte Ausgangsstoffe, Verwendung von Zementen mit niedriger Hydratationswärme, Aufbringen einer Teilvorspannung, Kühlen des erhärtenden Betons durch eingebaute Kühlrohre, Schutz des warmen Betons vor zu rascher Abkühlung).

Zementmörtel, Einpressen

6.5.2 Korrosionsschutz bis zum Einpressen

(1) Die Zeitspanne zwischen Herstellen des Spanngliedes und Einpressen des Zementmörtels ist eng zu begrenzen. Im Regelfall ist nach dem Vorspannen unverzüglich Zementmörtel in die Spannkanäle einzupressen. Zulässige Zeitspannen sind unter Berücksichtigung der örtlichen Gegebenheiten zu beurteilen.

6.6 Herstellen des nachträglichen Verbundes

(1) Das Einpressen von Zementmörtel in die Spannkanäle erfordert besondere Sorgfalt.

(2) Es gilt DIN 4227 Teil 5. Es muß sichergestellt sein, daß die Spannstähle mit Zementmörtel umhüllt sind.

(3) Das Einpressen in jeden einzelnen Spannkanal ist im Protokoll unter Angabe etwaiger Unregelmäßigkeiten zu vermerken. Die Protokolle sind zu den Bauakten zu nehmen.

Zone a

12.3 Spannungsnachweise im rechnerischen Bruchzustand

12.3.1 Allgemeines

(1) Längs des Tragwerks sind zwei das Schubtragverhalten kennzeichnende Zonen zu unterscheiden:
- Zone a, in der Biegerisse nicht zu erwarten sind,
- Zone b, in der sich die Schubrisse aus Biegerissen entwickeln.

(2) Ein Querschnitt liegt in Zone a, wenn in der jeweiligen Lastfallkombination die größte nach Zustand I im rechnerischen Bruchzustand ermittelte Randzugspannung die nachstehenden Werte nicht überschreitet:

B 25	B 35	B 45	B 55
2,5 N/mm²	2,8 N/mm²	3,2 N/mm²	3,5 N/mm²

12.3.2 Nachweise der schiefen Hauptdruckspannungen in Zone a

(1) Sofern nicht in Zone a vereinfachend wie in Zone b verfahren wird, ist nachzuweisen, daß die nach Ausfall der schiefen Hauptzugspannungen des Betons auftretenden schiefen Hauptdruckspannungen die Werte der Tabelle 9, Zeilen 62 bzw. 63, nicht überschreiten.

12.4 Bemessung der Schubbewehrung

12.4.1 Allgemeines

(6) Bei Berücksichtigung von Abschnitt 11.1, Absatz (4), ist die Schubdeckung zusätzlich im Gebrauchszustand nach den Grundsätzen der Zone a nachzuweisen. Dabei ist die Neigung der Druckstreben gegen die Querschnittsnormale gleich der Neigung der Hauptdruckspannungen im Zustand I anzunehmen. Für die Bemessung der Schubbewehrung aus Betonstahl gelten die in Tabelle 9, Zeile 68, angegebenen zulässigen Spannungen.

12.4.2 Schubbewehrung zur Aufnahme der Querkräfte

(3) In Zone a ist die Neigung ϑ der Druckstreben gegen die Querschnittsnormale im Trägersteg und in den Druckgurten nach Gleichung (11) anzunehmen:

$$\tan \vartheta = \tan \vartheta_I \left(1 - \frac{\Delta\tau}{\tau_u}\right) \qquad (11)$$

$$\tan \vartheta \geq 0{,}4$$

Hierin bedeuten:

$\tan \vartheta_I$ Neigung der Hauptdruckspannungen gegen die Querschnittsnormale im Zustand I in der Schwerlinie des Trägers bzw. in Druckgurten am Anschnitt

τ_u der Höchstwert der Schubspannung im Querschnitt aus Querkraft im rechnerischen Bruchzustand (nach Abschnitt 12.3), ermittelt nach Zustand I ohne Berücksichtigung von Spanngliedern als Schubbewehrung

$\Delta\tau$ 60 % der Werte nach Tabelle 9, Zeile 50.

(4) Zone a darf auch wie Zone b behandelt werden. Für Schubanschluß von Zuggurten gelten die Bestimmungen von Zone b.

(6) Beim Schubanschluß von Druckgurten gelten die für Zone a gemachten Angaben.

14.2 Verankerung durch Verbund

(3) Die ausreichende Verankerung im rechnerischen Bruchzustand ist nachgewiesen, wenn die Bedingungen nach a) oder b) erfüllt sind:
a) Die Verankerungslänge l der Spannglieder muß in einem Bereich liegen, der im rechnerischen Bruchzustand frei von Biegezugrissen (Zone a nach Abschnitt 12.3.1) und frei von Schubrissen ($\sigma_I \leq$ Werte der Tabelle 9, Zeile 49, bei vorwiegend ruhender oder Zeile 50 bei nicht vorwiegend ruhender Belastung) ist.

Die Hauptzugspannung σ_I braucht nur in einem Abstand von 0,5 d_0 vom Auflagerrand nachgewiesen zu werden.
Die Verankerungslänge beträgt

$$l = \frac{Z_u}{\sigma_v \cdot A_v} \cdot l_{\ddot{u}} \quad (18)$$

Hierin bedeuten:

$$Z_u = \frac{M_u}{z} + Q_u \cdot \frac{v}{h} \quad (19)$$

σ_v die zulässige Vorspannung des Spannstahles (siehe Tabelle 9, Zeile 65).
A_v Querschnittsfläche des Spanngliedes
v Versatzmaß nach DIN 1045
Der Anteil $Q_u \cdot v/h$ der Gleichung (19) braucht nur berücksichtigt zu werden, wenn anschließend an die Verankerungslänge Schubrisse vorausgesetzt werden müssen (Überschreitung der oben genannten Grenzwerte).

b) Der rechnerische Überstand der im Verbund liegenden Spannglieder über die Auflagervorderkante muß betragen:

$$l_1 = \frac{Z_{Au}}{\sigma_v \cdot A_v} \cdot l_{\ddot{u}} \quad (20)$$

Bei direkter Lagerung genügt ein Überstand von ⅔ l_1.

Hierin bedeuten:

$Z_{Au} = Q_u \cdot \dfrac{v}{h}$ am Auflager zu verankernde Zugkraft; sofern ein Teil dieser Zugkraft nach DIN 1045 durch Längsbewehrung aus Betonstahl verankert wird, braucht der Überstand der Spannglieder nur für die nicht abgedeckte Restzugkraft $\Delta Z_{Au} = Z_{Au} - A_s \cdot \beta_S$ nachgewiesen zu werden.

Q_u die Querkraft am Auflager im rechnerischen Bruchzustand
A_v der Querschnitt der über die Auflager geführten unten liegenden Spannglieder

14.3 Nachweis der Zugkraftdeckung

(2) In der Zone a erübrigt sich ein Nachweis der Zugkraftdeckung, wenn die Hauptzugspannungen im rechnerischen Bruchzustand
– bei vorwiegend ruhender Belastung die Vergleichswerte der Tabelle 9, Zeile 49,
– bei nicht vorwiegend ruhender Belastung die Werte der Tabelle 9, Zeile 50,
nicht überschreiten.

(Tabelle 9, siehe Seite 182)

Zone b

12.3 Spannungsnachweise im rechnerischen Bruchzustand

12.3.1 Allgemeines

(1) Längs des Tragwerks sind zwei das Schubtragverhalten kennzeichnende Zonen zu unterscheiden:

– Zone a, in der Biegerisse nicht zu erwarten sind,
– Zone b, in der sich die Schubrisse aus Biegerissen entwickeln.

(3) Werden diese Werte überschritten, liegt der Querschnitt in Zone b.

12.3.2 Nachweise der schiefen Hauptdruckspannungen in Zone a

(1) Sofern nicht in Zone a vereinfachend wie in Zone b verfahren wird, ist nachzuweisen, daß bei Ausfall der schiefen Hauptzugspannungen des Betons auftretenden schiefen Hauptdruckspannungen die Werte der Tabelle 9, Zeilen 62 bzw. 63, nicht überschreiten.

12.3.3 Nachweis der Schub- und schiefen Hauptdruckspannungen in Zone b

(1) Als maßgebende Spannungsgröße in Zone b gilt der Rechenwert der Schubspannung τ_R
– aus Querkraft nach Zustand II (siehe Abschnitt 12.1);
– aus Torsion nach Zustand I;
er darf die in Tabelle 9, Zeilen 56 bis 61, angegebenen Werte nicht überschreiten.

12.4.2 Schubbewehrung zur Aufnahme der Querkräfte

(4) Zone a darf auch wie Zone b behandelt werden. Für den Schubanschluß von Zuggurten gelten die Bestimmungen von Zone b.

(5) In Zone b ist die Neigung ϑ der Druckstreben gegen die Querschnittsnormale anzunehmen:

$$\tan \vartheta = 1 - \frac{\Delta \tau}{\tau_R} \quad (12)$$

$\tan \vartheta \geq 0,4$

Hierin bedeuten:
τ_R der für den rechnerischen Bruchzustand nach Zustand II ermittelte Rechenwert der Schubspannung
$\Delta \tau$ 60% der Werte nach Tabelle 9, Zeile 50.

(Tabelle 9, siehe Seite 182)

Zubehörteile, Lieferschein

6.5.3 Fertigspannglieder

(3) Bei Auslieferung der Spannglieder sind folgende Unterlagen beizufügen:

– Lieferschein mit Angabe von Bauvorhaben, Spanngliedtyp, Positionsnummer der Spannglieder, Fertigungs- und Auslieferungsdatum und der Bestätigung, daß die Spannglieder güteüberwacht sind. Der Lieferschein muß auch die Angaben der Anhängeschilder der jeweils verwendeten Spannstähle enthalten;

Stichworte   DIN 4227 Teil 1, Ausgabe Juli 1988

- bei Verwendung von Restmengen oder Verschnitt Angaben über die Herkunft;
- Lieferzeugnisse für den Spannstahl und Lieferscheine für die Zubehörteile mit Angabe der hierfür fremdüberwachenden Stelle.

Zug, Beton auf

(Tabelle 9, siehe Seite 182)

Zug, mittiger

15 Zulässige Spannungen

15.1 Allgemeines

(1) Die bei den Nachweisen nach den Abschnitten 9 bis 12 und 14 zulässigen Beton- und Stahlspannungen sind in Tabelle 9 angegeben. Zwischenwerte dürfen nicht eingeschaltet werden. In der Mittelfläche von Gurtplatten sind die Spannungen für mittigen Zug einzuhalten.

Zug, Mitwirkung des Betons auf

(siehe Mitwirkung)

Zug, Stahl auf

(Tabelle 9, siehe Seite 182)

Zuggurt

14.3 Nachweis der Zugkraftdeckung

(3) Werden am Auflager Spannglieder von der Trägerunterseite hochgeführt, so muß die Wirkung der vollen Trägerhöhe für die Schubtragfähigkeit durch eine Mindestgurtbewehrung zur Deckung einer Zuggurtkraft von $Z_u = 0{,}5\ Q_u$ gesichert werden. Im Zuggurt verbleibende Spannglieder dürfen mit ihrer anfänglichen Vorspannkraft V_0 angesetzt werden.

Zuggurt, Schubanschluß

12.4.2 Schubbewehrung zur Aufnahme der Querkräfte

(4) Zone a darf auch wie Zone b behandelt werden. Für den Schubanschluß von Zuggurten gelten die Bestimmungen von Zone b.

Zugkraft

12.4.3 Schubbewehrung zur Aufnahme der Torsionsmomente

(1) Die Schubbewehrung zur Aufnahme der Torsionsmomente ist für die Zugkräfte zu bemessen, die in den Stäben eines gedachten räumlichen Fachwerkkastens mit Druckstreben unter 45° Neigung zur Trägerachse ohne Abminderung entstehen.

14.2 Verankerung durch Verbund

(3) Die ausreichende Verankerung im rechnerischen Bruchzustand ist nachgewiesen, wenn die Bedingungen nach a) oder b) erfüllt sind:

a) Die Verankerungslänge l der Spannglieder muß in einem Bereich liegen, der im rechnerischen Bruchzustand frei von Biegezugrissen (Zone a nach Abschnitt 12.3.1) und frei von Schubrissen ($\sigma_I \leq$ Werte der Tabelle 9, Zeile 49, bei vorwiegend ruhender oder Zeile 50 bei nicht vorwiegend ruhender Belastung) ist.

Die Hauptzugspannung σ_I braucht nur in einem Abstand von $0{,}5\ d_0$ vom Auflagerrand nachgewiesen zu werden.

Die Verankerungslänge beträgt

$$l = \frac{Z_u}{\sigma_v \cdot A_v} \cdot l_{\ddot{u}} \qquad (18)$$

Hierin bedeuten:

$$Z_u = \frac{M_u}{z} + Q_u \cdot \frac{v}{h} \qquad (19)$$

σ_v die zulässige Vorspannung des Spannstahles (siehe Tabelle 9, Zeile 65)
A_v Querschnittsfläche des Spanngliedes
v Versatzmaß nach DIN 1045

Der Anteil $Q_u \cdot v/h$ der Gleichung (19) braucht nur berücksichtigt zu werden, wenn anschließend an die Verankerungslänge Schubrisse vorausgesetzt werden müssen (Überschreitung der oben genannten Grenzwerte).

b) Der rechnerische Überstand der im Verbund liegenden Spannglieder über die Auflagervorderkante muß betragen:

$$l_1 = \frac{Z_{Au}}{\sigma_v \cdot A_v} \cdot l_{\ddot{u}} \qquad (20)$$

Bei direkter Lagerung genügt ein Überstand von $2/3\ l_1$.

Hierin bedeuten:

$Z_{Au} = Q_u \cdot \dfrac{v}{h}$ am Auflager zu verankernde Zugkraft; sofern ein Teil dieser Zugkraft nach DIN 1045 durch Längsbewehrung aus Betonstahl verankert wird, braucht der Überstand der Spannglieder nur für die nicht abgedeckte Restzugkraft $\Delta Z_{Au} = Z_{Au} - A_s \cdot \beta_S$ nachgewiesen zu werden.

Q_u die Querkraft am Auflager im rechnerischen Bruchzustand

A_v der Querschnitt der über die Auflager geführten unten liegenden Spannglieder

14.4 Verankerungen innerhalb des Tragwerks

(3) Dabei darf nur jener Teil der Bewehrung berücksichtigt werden, der nicht weiter als in einem Abstand von $1{,}5\sqrt{A_1}$ von der Achse des endenden Spanngliedes liegt und dessen resultierende Zugkraft etwa in der Achse des endenden Spanngliedes liegt. Dabei ist A_1 die Aufstandsfläche des Ankerkörpers des Spanngliedes. Im Verbund liegende Spannglieder dürfen dabei mitgerechnet werden.

Zugkraft aus Schub

(siehe Schub)

Zugkraft in der Zugzone

9.4 Sonderlastfälle bei Fertigteilen

(1) Zusätzlich zu DIN 1045/07.88, Abschnitte 19.2, 19.5.1 und 19.5.2, gilt folgendes:

(2) Für den Beförderungszustand, d. h. für alle Beanspruchungen, die bei Fertigteilen bis zum Versetzen in die für den Verwendungszweck vorgesehene Lage auftreten können, kann auf die Nachweise der Biegedruckspannungen in der Druckzone und der schiefen Hauptspannungen im Gebrauchszustand verzichtet werden. Die Zugkraft in der Zugzone muß durch Bewehrung abgedeckt werden. Der Nachweis ist nach Abschnitt 10.2 zu führen; der Stabdurchmesser d_s darf jedoch die Werte nach Gleichung (8) überschreiten.

Zugkraft, Spannglied

Zugkraft, zulässige

13 Nachweis der Beanspruchung des Verbundes zwischen Spannglied und Beton

(2) Näherungsweise darf sie bestimmt werden aus:

$$\tau_1 = \frac{Z_u - Z_v}{u_v \cdot l'} \qquad (16)$$

Hierin bedeuten:

Z_u Zugkraft des Spanngliedes im rechnerischen Bruchzustand beim Nachweis nach Abschnitt 11

Z_v zulässige Zugkraft des Spanngliedes im Gebrauchszustand

u_v Umfang des Spanngliedes nach Abschnitt 10.2

l' Abstand zwischen dem Querschnitt des maximalen Momentes im rechnerischen Bruchzustand und dem Momentennullpunkt unter ständiger Last.

Zugkraftänderung

12.3.3 Nachweis der Schub- und schiefen Hauptdruckspannungen in Zone b

(3) Ein von Spanngliedern als Schubbewehrung erzeugter Spannungszustand bleibt beim Nachweis der Schubspannung unberücksichtigt. Bei zugbeanspruchten Gurten ist die Schubspannung aus Querkraft für Zustand II aus der Zugkraftänderung der vorhandenen Gurtlängsbewehrung zwischen zwei benachbarten Querschnitten zu ermitteln, falls sie nicht nach Zustand I berechnet wird.

Zugkraftdeckung

7 Berechnungsgrundlagen

7.1 Erforderliche Nachweise

Es sind folgende Nachweise zu erbringen:

a) Im Gebrauchszustand (siehe Abschnitt 9) der Nachweis, daß die hierfür zugelassenen Spannungen nach Abschnitt 15, Tabelle 9, nicht überschritten werden. Dieser Nachweis ist unter der Annahme eines linearen Zusammenhanges zwischen Spannung und Dehnung zu führen.

b) Der Nachweis zur Beschränkung der Rißbreite nach Abschnitt 10.

c) Der Nachweis der Sicherheit gegen Versagen nach Abschnitt 11 (rechnerischer Bruchzustand).

d) Der Nachweis der schiefen Hauptspannungen und der Schubdeckung nach Abschnitt 12.

e) Der Nachweis der Beanspruchung des Verbundes nach Abschnitt 13.

f) Der Nachweis der Zugkraftdeckung sowie der Verankerung und Kopplung der Spannglieder nach den Abschnitten 14 und 15.9.

14 Verankerung und Kopplung der Spannglieder, Zugkraftdeckung

14.3 Nachweis der Zugkraftdeckung

(1) Bei gestaffelter Anordnung von Spanngliedern ist die Zugkraftdeckung im rechnerischen Bruchzustand nach DIN 1045/07.88, Abschnitt 18.7.2, durchzuführen. Bei Platten ohne Schubbewehrung ist $v = 1{,}5\ h$ in Rechnung zu stellen.

(2) In der Zone a erübrigt sich ein Nachweis der Zugkraftdeckung, wenn die Hauptzugspannungen im rechnerischen Bruchzustand

– bei vorwiegend ruhender Belastung die Vergleichswerte der Tabelle 9, Zeile 49,

– bei nicht vorwiegend ruhender Belastung die Werte der Tabelle 9, Zeile 50,

nicht überschreiten.

(3) Werden am Auflager Spannglieder von der Trägerunterseite hochgeführt, so muß die Wirkung der vollen Trägerhöhe für die Schubtragfähigkeit durch eine Mindestgurtbewehrung zur Deckung einer Zugkraft von $0{,}5\ Q_u$ gesichert werden. Im Zuggurt verbleibende Spannglieder dürfen mit ihrer anfänglichen Vorspannkraft V_0 angesetzt werden.

(4) Im Bereich von Zwischenauflagern ist diese untere Gurtbewehrung in Richtung des Auflagers um $v = 1,5\,h$ über den Schnitt hinaus zu führen, der bei der sich ergebenden Lastfallkombination einschließlich ungünstig wirkender Zwangbeanspruchungen (z. B. aus Temperaturunterschied oder Stützensenkung) noch Zug erhalten kann.

(5) Entsprechendes gilt auch für die obere Gurtbewehrung.

Zugspannung

10 Rissebeschränkung

10.1 Zulässigkeit von Zugspannungen

10.1.1 Volle Vorspannung

(1) Im Gebrauchszustand dürfen in der Regel keine Zugspannungen infolge von Längskraft und Biegemoment auftreten.

(2) In folgenden Fällen sind jedoch solche Zugspannungen zulässig:

a) Im Bauzustand, also z. B. unmittelbar nach dem Aufbringen der Vorspannung vor dem Einwirken der vollen ständigen Last, siehe Tabelle 9, Zeilen 15 bis 17 bzw. Zeilen 33 bis 35.

b) Bei Brücken und vergleichbaren Bauwerken unter Haupt- und Zusatzlasten, siehe Tabelle 9, Zeilen 30 bis 32; bei anderen Bauwerken unter wenig wahrscheinlicher Häufung von Lastfällen siehe Tabelle 9, Zeilen 12 bis 14.

c) Bei wenig wahrscheinlichen Laststellungen, siehe Tabelle 9, Zeilen 12 bis 14 bzw. Zeilen 30 bis 32; als wenig wahrscheinliche Laststellungen gelten z. B. die gleichzeitige Wirkung mehrerer Kräne und Kranlasten in ungünstigster Stellung oder die Berücksichtigung mehrerer Einflußlinien-Beitragsflächen gleichen Vorzeichens, die durch solche entgegengesetzten Vorzeichens voneinander getrennt sind.

(3) Gleichgerichtete Zugspannungen aus verschiedenen Tragwirkungen (z. B. Wirkung einer Platte als Gurt eines Hauptträgers bei gleichzeitiger örtlicher Lastabtragung in der Platte) sind zu überlagern; dabei dürfen die Spannungen die Werte der Tabelle 9, Zeilen 12 bis 14 bzw. Zeilen 30 bis 32, nicht überschreiten. Für Lastfallkombinationen unter Einschluß der möglichen Baugrundbewegungen nach DIN 1072 sind Nachweise der Betonzugspannungen nicht erforderlich.

10.1.2 Beschränkte Vorspannung

(1) Im Gebrauchszustand sind die in Tabelle 9, Zeilen 18 bis 26 bzw. bei Brücken und vergleichbaren Bauwerken Zeilen 36 bis 44 angegebenen Zugspannungen infolge von Längskraft und Biegemoment zulässig.

(2) Bei Bauteilen im Freien oder bei Bauteilen mit erhöhtem Korrosionsangriff gemäß DIN 1045/07.88, Tabelle 10, Zeile 4, dürfen jedoch keine Zugspannungen als Längskraft und Biegemoment auftreten infolge des Lastfalles Vorspannung plus ständige Last plus Verkehrslast, die während der Nutzung ständig oder längere Zeit im wesentlichen unverändert wirkt (bei Brücken die halbe Verkehrslast), plus Kriechen und Schwinden. In dem vorgenannten Lastfall sind an Stelle der Verkehrslast die wahrscheinlichen Baugrundbewegungen zu berücksichtigen, wenn sich dadurch ungünstigere Werte ergeben. Für Lastfallkombinationen unter Einschluß der möglichen Baugrundbewegungen nach DIN 1072 sind Nachweise der Betonzugspannungen nicht erforderlich.

(3) Gleichgerichtete Zugspannungen aus verschiedenen Tragwirkungen (z. B. Wirkung einer Platte als Gurt eines Hauptträgers bei gleichzeitiger örtlicher Lastabtragung in der Platte) sind zu überlagern; dabei sind die Werte nach Tabelle 9, Zeilen 21 bis 23 bzw. 39 bis 41, einzuhalten.

10.2 Nachweis zur Beschränkung der Rißbreite

(2) Die Betonstahlbewehrung zur Beschränkung der Rißbreite muß aus gerippten Betonstahl bestehen. Bei Vorspannung mit sofortigem Verbund dürfen im Querschnitt vorhandene Spannglieder zur Beschränkung der Rißbreite herangezogen werden. Die Beschränkung der Rißbreite gilt als nachgewiesen, wenn folgende Bedingung eingehalten ist:

$$d_s \leq r \cdot \frac{\mu_z}{\sigma_s^2} \cdot 10^4 \qquad (8)$$

Hierin bedeuten:

d_s größter vorhandener Stabdurchmesser der Längsbewehrung in mm (Betonstahl oder Spannstahl in sofortigem Verbund)

r Beiwert nach Tabelle 8.1[7]

μ_z der auf die Zugzone A_{bz} bezogene Bewehrungsgehalt 100 $(A_s + A_v)/A_{bz}$ ohne Berücksichtigung der Spannglieder mit nachträglichem Verbund (Zugzone = Bereich von rechnerischen Zugdehnungen des Betons unter der in Absatz (5) angegebenen Schnittgrößenkombination, wobei mit einer Zugzonenhöhe von höchstens 0,80 m zu rechnen ist). Dabei ist vorausgesetzt, daß die Bewehrung A_s annähernd gleichmäßig über die Breite der Zugzone verteilt ist. Bei stark unterschiedlichen Bewehrungsgehalten μ_z innerhalb breiter Zugzonen muß Gleichung (8) auch örtlich erfüllt sein.

A_s Querschnitt der Betonstahlbewehrung der Zugzone A_{bz} in cm^2

A_v Querschnitt der Spannglieder in sofortigem Verbund in der Zugzone A_{bz} in cm^2

σ_s Zugspannung im Betonstahl bzw. Spannungszuwachs sämtlicher im Verbund liegender Spannstähle in N/mm^2 nach Zustand II unter Zugrundelegung linear-elastischen Verhaltens für die in Absatz (5) angegebene Schnittgrößenkombination, jedoch höchstens β_s (siehe auch Erläuterungen im DAfStb-Heft 320)

---

[7]) Bei unterschiedlichen Verbundeigenschaften darf der Ermittlung der Bewehrung ein mittlerer Wert r zugrunde gelegt werden, siehe z. B. DAfStb-Heft 320.

10.3 Arbeitsfugen annähernd rechtwinklig zur Tragrichtung

(1) Arbeitsfugen, die annähernd rechtwinklig zur betrachteten Tragrichtung verlaufen, sind im Bereich von Zugspannungen nach Möglichkeit zu vermeiden. Es ist nachzuweisen, daß die größten Zugspannungen infolge von Längskraft und Biegemoment an der Stelle der Arbeitsfuge die Hälfte der nach den Abschnitten 10.1.1 oder 10.1.2, jeweils zulässigen Werte nicht überschreiten und daß infolge des Lastfalles Vorspannung plus ständige Last plus Kriechen und Schwinden keine Zugspannungen auftreten.

Zugstrebe

12.4 Bemessung der Schubbewehrung

12.4.1 Allgemeines

(2) Die erforderliche Schubbewehrung ist für die in den Zugstreben eines gedachten Fachwerks wirkenden Kräfte zu bemessen (Fachwerkanalogie). Bezüglich der Neigung der

Fachwerkstreben siehe Abschnitte 12.4.2 (Querkraft) und 12.4.3 (Torsion); die Bewehrungen sind getrennt zu ermitteln und zu addieren. Auf die Mindestschubbewehrung nach den Abschnitten 6.7.3 und 6.7.5 wird hingewiesen. Für die Bemessung der Bewehrung aus Betonstahl gelten die in Tabelle 9, Zeile 69, angegebenen Spannungen.

Zugstrebe, Neigung

12.4.2 Schubbewehrung zur Aufnahme der Querkräfte

(1) Bei der Bemessung der Schubbewehrung nach der Fachwerkanalogie darf die Neigung der Zugstreben gegen die Querschnittsnormale im allgemeinen zwischen 90° (Bügel) und 45° (Schrägstäbe, Schrägbügel) gewählt werden.

12.4.3 Schubbewehrung zur Aufnahme der Torsionsmomente

(4) Hinsichtlich der Neigung der Zugstreben gilt Abschnitt 12.4.2.

Zugzone

10.2 Nachweis zur Beschränkung der Rißbreite

(2) Die Betonstahlbewehrung zur Beschränkung der Rißbreite muß aus gerippten Betonstahl bestehen. Bei Vorspannung mit sofortigem Verbund dürfen im Querschnitt vorhandene Spannglieder zur Beschränkung der Rißbreite herangezogen werden. Die Beschränkung der Rißbreite gilt als nachgewiesen, wenn folgende Bedingung eingehalten ist:

$$d_s \leq r \cdot \frac{\mu_z}{\sigma_s^2} \cdot 10^4 \qquad (8)$$

Hierin bedeuten:

d_s größter vorhandener Stabdurchmesser der Längsbewehrung in mm (Betonstahl oder Spannstahl in sofortigem Verbund)

r Beiwert nach Tabelle 8.1 [7])

μ_z der auf die Zugzone A_{bz} bezogene Bewehrungsgehalt 100 $(A_s + A_v)/A_{bz}$ ohne Berücksichtigung der Spannglieder mit nachträglichem Verbund (Zugzone = Bereich von rechnerischen Zugdehnungen des Betons unter der in Absatz (5) angegebenen Schnittgrößenkombination, wobei mit einer Zugzonenhöhe von höchstens 0,80 m zu rechnen ist). Dabei ist vorausgesetzt, daß die Bewehrung A_s annähernd gleichmäßig über die Breite der Zugzone verteilt ist. Bei stark unterschiedlichen Bewehrungsgehalten μ_z innerhalb breiter Zugzonen muß Gleichung (8) auch örtlich erfüllt sein.

A_s Querschnitt der Betonstahlbewehrung der Zugzone A_{bz} in cm^2

A_v Querschnitt der Spannglieder in sofortigem Verbund in der Zugzone A_{bz} in cm^2

σ_s Zugspannung im Betonstahl bzw. Spannungszuwachs sämtlicher im Verbund liegender Spannstähle in N/mm^2 nach Zustand II unter Zugrundelegung linear-elastischen Verhaltens für die in Absatz (5) angegebene Schnittgrößenkombination, jedoch höchstens β_s (siehe auch Erläuterungen im DAfStb-Heft 320)

[7]) Bei unterschiedlichen Verbundeigenschaften darf der Ermittlung der Bewehrung ein mittlerer Wert r zugrunde gelegt werden, siehe z. B. DAfStb-Heft 320.

Zugzone, Mitwirkung des Betons

7.4 Mitwirkung des Betons in der Zugzone

Bei Berechnungen im Gebrauchszustand darf die Mitwirkung des Betons auf Zug berücksichtigt werden. Für die Rissebeschränkung siehe jedoch Abschnitt 10.2.

Zugzone, vorgedrückte

1.2 Begriffe

1.2.1 Querschnittsteile

(3) **Vorgedrückte Zugzone.** In der vorgedrückten Zugzone liegen die Querschnittsteile, in denen unter der gegebenen Belastung infolge von Längskraft und Biegemoment ohne Vorspannung Zugspannungen entstehen würden, die durch Vorspannung stark abgemindert oder ganz aufgehoben werden.

(4) Unter Einwirkung von Momenten mit wechselnden Vorzeichen kann eine Druckzone zur vorgedrückten Zugzone werden und umgekehrt.

6.2.6 Mindestanzahl

(1) In der vorgedrückten Zugzone tragender Spannbetonbauteile muß die Anzahl der Spannglieder bzw. bei Verwendung von Bündelspanngliedern die Gesamtanzahl der Drähte oder Stäbe mindestens den Werten der Tabelle 3, Spalte 2, entsprechen. Die Werte gelten unter der Voraussetzung, daß gleiche Stab- bzw. Drahtdurchmesser verwendet werden.

10.2 Nachweis zur Beschränkung der Rißbreite

(7) Bei Platten mit Umweltbedingungen nach DIN 1045/ 07.88, Tabelle 10, Zeilen 1 und 2, braucht der Nachweis nach den Absätzen (2) bis (5) nicht geführt zu werden, wenn eine der folgenden Bedingungen gemäß a) oder b) eingehalten ist:

a) Die Ausmitte $e = |M/N|$ bei Lastkombinationen nach Absatz (5) entspricht folgenden Werten:

$e \leq d/3$ bei Platten der Dicke $d \leq 0{,}40$ m

$e \leq 0{,}133$ m bei Platten der Dicke $d > 0{,}40$ m

b) Bei Deckenplatten des üblichen Hochbaues mit Dicken $d \leq 0{,}40$ m sind für den Wert der Druckspannung $|\sigma_N|$ in N/mm^2 aus Normalkraft infolge von Vorspannung und äußerer Last und den Bewehrungsgehalt μ in % für den Betonstahl in der vorgedrückten Zugzone – bezogen auf den gesamten Betonquerschnitt – folgende drei Bedingungen erfüllt:

$$\mu \geq 0{,}05$$

$$|\sigma_N| \geq 1{,}0$$

$$\frac{\mu}{0{,}15} + \frac{|\sigma_N|}{3} \geq 1{,}0$$

(Tabelle 9, siehe Seite 182)

Zulassung

2 Bauaufsichtliche Zulassungen, Zustimmungen, bautechnische Unterlagen, Bauleitung und Fachpersonal

2.1 Bauaufsichtliche Zulassungen, Zustimmungen

(1) Entsprechend den allgemeinen bauaufsichtlichen Bestimmungen ist eine Zulassung bzw. eine Zustimmung im Einzelfall unter anderem erforderlich für:
- den Spannstahl (siehe Abschnitt 3.2)
- das Spannverfahren.

(2) Die Bescheide müssen auf der Baustelle vorliegen.

7.2 Formänderung des Betonstahles und des Spannstahles

Für alle Nachweise im Gebrauchszustand darf mit elastischem Verhalten des Beton- und Spannstahles gerechnet werden. Für den Betonstahl gilt DIN 1045/07.88, Abschnitt 16.2.1. Für Spannstähle darf als Rechenwert des Elastizitätsmoduls bei Drähten und Stäben $2{,}05 \cdot 10^5$ N/mm², bei Litzen $1{,}95 \cdot 10^5$ N/mm² angenommen werden. Bei der Ermittlung der Spannwege ist der Elastizitätsmodul des Spannstahles stets der Zulassung zu entnehmen.

11.2.2 Spannungsdehnungslinie des Stahles

(1) Die Spannungsdehnungslinie des Spannstahles ist der Zulassung zu entnehmen, wobei jedoch anzunehmen ist, daß die Spannung oberhalb der Streck- bzw. der $\beta_{0,2}$-Grenze nicht mehr ansteigt.

14 Verankerung und Kopplung der Spannglieder, Zugkraftdeckung

14.1 Allgemeines

Die Spannglieder sind durch geeignete Maßnahmen so im Beton des Bauteiles zu verankern, daß die Verankerung die Nennbruchkraft des Spanngliedes erträgt und im Gebrauchszustand keine schädlichen Risse im Verankerungsbereich auftreten. Für Spannglieder mit Endverankerung und für Kopplung sind die Angaben den Zulassungen zu entnehmen.

14.2 Verankerung durch Verbund

(2) Bei Einzelspanngliedern aus Runddrähten oder Litzen ist d_v der Nenndurchmesser, bei nicht runden Drähten ist für d_v der Durchmesser eines Runddrahtes gleicher Querschnittsfläche einzusetzen. Der Verbundbeiwert k_1 ist den Zulassungen für den Spannstahl zu entnehmen.

15.7 Zulässige Stahlspannungen in Spanngliedern

(3) Bei Spannverfahren, für die in den Zulassungen eine Abminderung der Spannkraft vorgeschrieben ist, muß die gleiche prozentuale Abminderung sowohl beim Spannen als auch nach dem Verankern der Spannglieder berücksichtigt werden.

Zulassungsbescheid

4 Nachweis der Güte der Baustoffe

(1) Für den Nachweis der Güte der Baustoffe gilt DIN 1045/07.88, Abschnitt 7. Darüber hinaus sind für den Spannstahl und das Spannverfahren die entsprechenden Abschnitte der Zulassungsbescheide zu beachten. Für die Güteüberwachung von Beton B II auf der Baustelle, von Fertigteilen und Transportbeton gelten DIN 1084 Teil 1 bis Teil 3.

6.5.3 Fertigspannglieder

(1) Die Fertigung muß in geschlossenen Hallen erfolgen.

(2) Die für den Spannstahl nach Zulassungsbescheid geltenden Bedingungen für Lagerung und Transport sind auch für die fertigen Spannglieder zu beachten; diese dürfen das Werk nur in abgedichteten Hüllrohren verlassen.

8.2 Spannstahl

Zeitabhängige Spannungsverluste des Spannstahles (Relaxation) müssen entsprechend den Zulassungsbescheiden des Spannstahles berücksichtigt werden.

9.5 Spaltzugspannungen und Spaltzugbewehrung im Bereich von Spanngliedern

(1) Die zur Aufnahme der Spaltzugspannungen im Verankerungsbereich anzuordnende Bewehrung ist dem Zulassungsbescheid für das Spannverfahren zu entnehmen.

15.9.2 Endverankerungen mit Ankerkörpern und Kopplungen

(1) An Endverankerungen mit Ankerkörpern sowie an festen und beweglichen Kopplungen der Spannglieder ist der Nachweis zu führen, daß die Schwingbreite das 0,7fache des im Zulassungsbescheid für das Spannverfahren angegebenen Wertes der ertragenen Schwingbreite nicht überschreitet.

Zusatzmoment

10.2 Nachweis zur Beschränkung der Rißbreite

(5) Bei überwiegend auf Biegung beanspruchten stabförmigen Bauteilen und Platten ist für den Nachweis nach Gleichung (8) von folgender Beanspruchungskombination auszugehen:
- 1,0fache ständige Last,
- 1,0fache Verkehrslast (einschließlich Schnee und Wind),
- 0,9- bzw. 1,1fache Summe aus statisch bestimmter und statisch unbestimmter Wirkung der Vorspannung unter Berücksichtigung von Kriechen und Schwinden; der ungünstigere Wert ist maßgebend,
- 1,0fache Zwangschnittgröße aus Wärmewirkung (auch im Bauzustand), wahrscheinlicher Baugrundbewegung, Schwinden und aus Anheben zum Auswechseln von Lagern,
- 1,0fache Schnittgröße aus planmäßiger Systemänderung,
- Zusatzmoment ΔM_1 mit

$$\Delta M_1 = \pm 5 \cdot 10^{-5} \cdot \frac{EI}{d_0}$$

Hierin bedeuten:
EI Biegesteifigkeit im Zustand I im betrachteten Querschnitt,
d_0 Querschnittsdicke im betrachteten Querschnitt (bei Platten ist $d_0 = d$ zu setzen).

Soweit diese Beanspruchungskombination ohne den statisch bestimmten Anteil der Vorspannung örtlich geringere Biegemomente als den Mindestwert

$$M_2 = \pm 15 \cdot 10^{-6} \cdot \frac{EI}{d_0}$$

ergibt, so ist dieses Moment M_2 in den durch Bild 3.1 gekennzeichneten Bereichen mit dem dort angegebenen Verlauf anzunehmen. Für den Nachweis nach Gleichung (8) ist dabei von der mit M_2 ermittelten Grenzlinie und dem statisch bestimmten Anteil der 0,9- bzw. 1,1fachen Vorspannung als Beanspruchungskombination auszugehen.

15.3 Nachweise bei nicht vorwiegend ruhender Belastung

15.9.2 Endverankerungen mit Ankerkörpern und Kopplungen

(4) Bei diesem Nachweis sind in Querschnitten mit festen oder beweglichen Kopplungen außer den ständigen Lasten und der Vorspannung nach Kriechen und Schwinden folgende Beanspruchungen als ständig wirkend zu berücksichtigen, soweit sie hinsichtlich der Spannungsschwankungen ungünstig wirken:

– Wahrscheinliche Baugrundbewegungen nach Abschnitt 9.2.6.

– Temperaturunterschiede nach Abschnitt 9.2.5. Bei Straßen- und Wegbrücken sind die Temperaturunterschiede nach DIN 1072/12.85, Tabelle 3, Spalten 4 bzw. 6, ohne Abminderung einzusetzen.

– Zusatzmoment $\Delta M = \pm \dfrac{EI}{10^4 \, d_0}$ (23)

Hierin bedeuten:
EI Biegesteifigkeit im Zustand I
d_0 Querschnittsdicke des jeweils betrachteten Querschnitts

(5) ΔM nach Gleichung (23) ist ausschließlich bei diesem Nachweis zu berücksichtigen.

Zuschlag, Korngröße

(siehe Korngröße)

Zustimmung im Einzelfall

2 Bauaufsichtliche Zulassungen, Zustimmungen, bautechnische Unterlagen, Bauleitung und Fachpersonal

2.1 Bauaufsichtliche Zulassungen, Zustimmungen

(1) Entsprechend den allgemeinen bauaufsichtlichen Bestimmungen ist eine Zulassung bzw. eine Zustimmung im Einzelfall unter anderem erforderlich für:

– den Spannstahl (siehe Abschnitt 3.2)
– das Spannverfahren.

(2) Die Bescheide müssen auf der Baustelle vorliegen.

Zwang

6.2 Spannglieder

6.2.6 Mindestanzahl

(3) Eine Unterschreitung der Werte nach Tabelle 3, von Spalte 2, Zeilen 1 und 2, ist zulässig, wenn der Nachweis geführt wird, daß bei Ausfall von Stäben bzw. Drähten entsprechend den Werten von Spalte 3 die Beanspruchung aus 1,0fachen Einwirkungen aus Last und Zwang aufgenommen werden können. Dieser Nachweis ist auf der Grundlage der für rechnerischen Bruchzustand getroffenen Festlegungen (siehe Abschnitte 11, 12.3, 12.4) zu führen, wobei anstelle von $\gamma = 1{,}75$ jeweils $\gamma = 1{,}0$ gesetzt werden darf.

11.1 Rechnerischer Bruchzustand und Sicherheitsbeiwerte

(4) Die Schnittgrößen im rechnerischen Bruchzustand dürfen auch unter Berücksichtigung der Steifigkeitsverhältnisse im Zustand II ermittelt werden. Dabei sind für Betonstahl und Spannstahl die Elastizitätsmoduln nach Abschnitt 7.2, für druckbeanspruchten Beton die Elastizitätsmoduln nach Abschnitt 7.3 zugrunde zu legen. Als Sicherheitsbeiwert γ ist hierbei für die Vorspannung (unter Berücksichtigung des Spannungsverlustes infolge Kriechens und Schwindens) sowie für Zwang aus planmäßiger Systemänderung $\gamma = 1{,}0$, für alle übrigen Lastfälle $\gamma = 1{,}75$, anzusetzen. Wird hiervon Gebrauch gemacht, so ist die Schubdeckung zusätzlich im Gebrauchszustand nachzuweisen (siehe Abschnitt 12.4).

Zwang, aus Anheben von Lagern

9.2.7 Zwang aus Anheben zum Auswechseln von Lagern

Der Lastfall Anheben zum Auswechseln von Lagern bei Brücken und vergleichbaren Bauwerken ist zu berücksichtigen. Die beim Anheben entstehende Zwangbeanspruchung darf bei der Spannungsermittlung unberücksichtigt bleiben.

Zwang, aus Baugrundbewegung

9.2.6 Zwang aus Baugrundbewegungen

Bei Brücken und vergleichbaren Bauwerken ist Zwang aus wahrscheinlichen Baugrundbewegungen nach DIN 1072 zu berücksichtigen.

Zwangbeanspruchung

9.2.7 Zwang aus Anheben zum Auswechseln von Lagern

Der Lastfall Anheben zum Auswechseln von Lagern bei Brücken und vergleichbaren Bauwerken ist zu berücksichtigen. Die beim Anheben entstehende Zwangbeanspruchung darf bei der Spannungsermittlung unberücksichtigt bleiben.

11.1 Rechnerischer Bruchzustand und Sicherheitsbeiwerte

(1) Für den rechnerischen Bruchzustand ist bei statisch bestimmt gelagerten Spannbetontragwerken die 1,75fache Summe der äußeren Lasten (nach den Abschnitten 9.2.2 und 9.2.3) in ungünstigster Stellung anzusetzen ($y = 1{,}75$). Bei statisch unbestimmt gelagerten Tragwerken sind darüber hinaus – sofern diese ungünstig wirken – die 1,0fache Zwangbeanspruchung infolge von Schwinden, Wärmewirkungen und wahrscheinlicher Baugrundbewegung[8]) und Anheben zum Auswechseln von Lagern sowie die 1,0fache Schnittgröße am Gesamtquerschnitt aus Vorspannung (unter Berücksichtigung von Kriechen und Schwinden) zu berücksichtigen. Bei Zwangbeanspruchung infolge Baugrundbewegung darf das Kriechen berücksichtigt werden. Die Schnittgrößen aus den einzelnen Lastfällen sind im allgemeinen wie im Gebrauchszustand anzusetzen.

[8]) Bei Brücken ist die Zwangbeanspruchung aus der 0,4fachen möglichen Baugrundbewegung zu berücksichtigen, falls dies ungünstiger ist.

12 Schiefe Hauptspannungen und Schubdeckung

12.1 Allgemeines

(3) Bei Lastfallkombinationen unter Einschluß möglicher Baugrundbewegungen kann auf den Nachweis der schiefen Hauptzugspannungen im Gebrauchszustand verzichtet werden. Der Nachweis der Hauptdruckspannungen bzw. Schubspannungen ist nach den rechnerischen Bruchzustand[9]) nach den Abschnitten 12.3.2 und 12.3.3 und der Schubbewehrung nach Abschnitt 12.4 ist jedoch zu führen.

[9]) Bei Brücken ist die Zwangbeanspruchung aus der 0,4fachen möglichen Baugrundbewegung zu berücksichtigen, falls dies ungünstiger ist.

14.3 Nachweis der Zugkraftdeckung

(4) Im Bereich von Zwischenauflagern ist diese untere Gurtbewehrung in Richtung des Auflagers um $v = 1{,}5\,h$ über den Schnitt hinaus zu führen, der bei der sich ergebenden Lastfallkombination einschließlich ungünstig wirkender Zwangbeanspruchungen (z. B. aus Temperaturunterschied oder Stützensenkung) noch Zug erhalten kann.

Zwangschnittgröße

10.2 Nachweis zur Beschränkung der Rißbreite

(5) Bei überwiegend auf Biegung beanspruchten stabförmigen Bauteilen und Platten ist für den Nachweis nach Gleichung (8) von folgender Beanspruchungskombination auszugehen:

– 1,0fache ständige Last,
– 1,0fache Verkehrslast (einschließlich Schnee und Wind),
– 0,9- bzw. 1,1fache Summe aus statisch bestimmter und statisch unbestimmter Wirkung der Vorspannung unter Berücksichtigung von Kriechen und Schwinden; der ungünstigere Wert ist maßgebend,
– 1,0fache Zwangschnittgröße aus Wärmewirkung (auch im Bauzustand), wahrscheinlicher Baugrundbewegung, Schwinden und aus Anheben zum Auswechseln von Lagern,
– 1,0fache Schnittgröße aus planmäßiger Systemänderung,
– Zusatzmoment ΔM_1 mit

$$\Delta M_1 = \pm 5 \cdot 10^{-5} \cdot \frac{EI}{d_0}$$

Hierin bedeuten:
EI Biegesteifigkeit im Zustand I im betrachteten Querschnitt,
d_0 Querschnittsdicke im betrachteten Querschnitt (bei Platten ist $d_0 = d$ zu setzen).

Soweit diese Beanspruchungskombination ohne den statisch bestimmten Anteil der Vorspannung örtlich geringere Biegemomente als den Mindestwert

$$M_2 = \pm 15 \cdot 10^{-5} \cdot \frac{EI}{d_0}$$

ergibt, so ist dieses Moment M_2 in den durch Bild 3.1 gekennzeichneten Bereichen mit dem dort angegebenen Verlauf anzunehmen. Für den Nachweis nach Gleichung (8) ist dabei von der mit M_2 ermittelten Grenzlinie und dem statisch bestimmten Anteil der 0,9- bzw. 1,1fachen Vorspannung als Beanspruchungskombination auszugehen.

15 Zulässige Spannungen

15.1 Allgemeines

(3) Bei Brücken nach DIN 1072 und vergleichbaren Bauwerken gelten die zulässigen Betonzugspannungen von Tabelle 9, Zeilen 42, 43 und 44, nur, sofern im Bauzustand keine Zwangschnittgrößen infolge von Wärmewirkungen auftreten. Treten jedoch solche Zwangschnittgrößen auf, so sind die Zahlenwerte der Tabelle 9, Zeilen 42, 43 und 44, um 0,5 N/mm² herabzusetzen.

Stichworte zu Tabelle 1

Eigenüberwachung

Einpreßarbeiten

Fertigspannglied

Spannen, Vorrichtungen für

Spannprogramm

Spannverfahren

Vorspannen

Tabelle 1. **Eigenüberwachung**

	1	2	3	4
	Prüfgegenstand	Prüfart	Anforderungen	Häufigkeit
1a	Spannstahl	Überprüfung der Lieferung nach Sorte und Durchmesser nach der Zulassung	Kennzeichnung; Nachweis der Güteüberwachung; keine Beschädigung; kein unzulässiger Rostanfall	Jede Lieferung
1b		Überprüfung der Transportfahrzeuge	Abgedeckte trockene Ladung; keine Verunreinigungen	Jede Lieferung
1c		Überprüfung der Lagerung	Trockene, luftige Lagerung; keine Verunreinigung; keine Übertragung korrosionsfördernder Stoffe (siehe Abschnitt 6.5.1)	Bei Bedarf
2	Fertigspannglieder	Überprüfung der Lieferung	Einhalten der Bestimmungen von Abschnitt 6.5	Jede Lieferung
3	Spannverfahren	—	Einhalten der Zulassung	Jede Anwendung
4	Vorrichtungen für das Spannen	Überprüfung der Spanneinrichtung	Einhalten der Toleranzen nach Abschnitt 5.2	Halbjährlich
5	Vorspannen	Messungen laut Spannprogramm (siehe Abschnitt 5.3)	Einhalten des Spannprogramms	Jeder Spannvorgang
6	Einpreßarbeiten	Überprüfung des Einpressens	Einhalten von DIN 4227 Teil 5	Jedes Spannglied

Stichworte zu Tabelle 4

Bewehrung, lotrecht

Brücke, Mindestbewehrung

Gurtplatte, Mindestbewehrung

Hohlplatte, Bewehrung

Längsbewehrung

Mindestbewehrung

Mindestbewehrung, erhöhte

Platte, Mindestbewehrung

Scheibenschub, Bewehrung

Schubbewehrung

Stege von Plattenbalken, Mindestbewehrung

Tabelle 4. **Mindestbewehrung und erhöhte Mindestbewehrung (Werte in Klammern)**

	1	2	3	4	5
		Platten/Gurtplatten oder breite Balken ($b_0 > d_0$)		Balken mit $b_0 \leq d_0$ Stege von Plattenbalken	
		Für alle Bauteile außer solchen von Brücken und vergleichbaren Bauwerken	Bei Brücken und vergleichbaren Bauwerken	Für alle Bauteile außer solchen von Brücken und vergleichbaren Bauwerken	Bei Brücken und vergleichbaren Bauwerken
1a	Bewehrung je m an der Ober- und Unterseite (jede der 4 Lagen), siehe auch Abschnitt 6.7.2	$0{,}5\ \mu d$	$1{,}0\ \mu d$	–	–
1b	Längsbewehrung je m in Gurtplatten (obere und untere Lage je für sich)	$0{,}5\ \mu d$	$1{,}0\ \mu d$ $(5{,}0\ \mu d)$	–	–
2a	Längsbewehrung je m bei Balken an jeder Seitenfläche, bei Platten an jedem gestützten oder nicht gestützten Rand	$0{,}5\ \mu d$	$1{,}0\ \mu d$	$0{,}5\ \mu b_0$	$1{,}0\ \mu b_0$
2b	Längsbewehrung bei Balken jeweils oben und unten	–	–	$0{,}5\ \mu b_0\ b_0$	$1{,}0\ \mu \cdot b_0\ d_0$ $(2{,}5\ \mu \cdot b_0\ d_0)$
3	Lotrechte Bewehrung je m an jedem gestützten oder nicht gestützten Rand (siehe auch DIN 1045/07.88, Abschnitt 18.9.1)	$1{,}0\ \mu d$	$1{,}0\ \mu d$	–	–
4	Schubbewehrung für Scheibenschub (Summe der Lagen)	a) $1{,}0\ \mu d$ (in Querrichtung vorgespannt) b) $2{,}0\ \mu d$ (in Querrichtung nicht vorgespannt)	$2{,}0\ \mu d$	–	–
5	Schubbewehrung von Balkenstegen (Summe der Bügel)	$2{,}0\ \mu b_0$ (nur bei breiten Balken, wenn σ_1 größer ist als die Werte der Tabelle 9, Zeile 51)		$2{,}0\ \mu b_0$	$2{,}0\ \mu b_0$

Die Werte für μ sind der Tabelle 5 zu entnehmen.

b_0 Stegbreite in Höhe der Schwerlinie des gesamten Querschnitts, bei Hohlplatten mit annähernd kreisförmiger Aussparung die kleinste Stegbreite

d_0 Balkendicke

d Plattendicke

Stichworte zu Tabelle 7

Ausgangskonsistenz

Betonalter

Endkriechzahl

Endschwindmaß

Festigkeitsklasse, Zement

Fließmittel

Konsistenzbereich

Kriechen

Luftfeuchte, relative

Zement, Festigkeitsklassen

Tabelle 7. **Endkriechzahl und Endschwindmaß in Abhängigkeit vom wirksamen Betonalter und der mittleren Dicke des Bauteiles** (Richtwerte)

Kurve	Lage des Bauteiles	Mittlere Dicke $d_m = 2 \dfrac{A^{1)}}{u}$	Endkriechzahl φ_∞	Endschwindmaße ε_∞
1	feucht, im Freien (relative Luftfeuchte ≈ 70 %)	klein (≤ 10 cm)		
2		groß (≥ 80 cm)		
3	trocken, in Innenräumen (relative Luftfeuchte ≈ 50 %)	klein (≤ 10 cm)		
4		groß (≥ 80 cm)		

Anwendungsbedingungen:

Die Werte dieser Tabelle gelten für den Konsistenzbereich KP. Für die Konsistenzbereiche KS bzw. KR sind die Werte um 25 % zu ermäßigen bzw. zu erhöhen. Bei Verwendung von Fließmitteln darf die Ausgangskonsistenz angesetzt werden.

Die Tabelle gilt für Beton, der unter Normaltemperatur erhärtet und für den Zement der Festigkeitsklassen Z 25, Z 35 L, Z 45 L bzw. mit sehr schneller Erhärtung (Z 55) kann dadurch berücksichtigt werden, daß die Richtwerte für den halben bzw. 1,5fachen Wert des Betonalters bei Belastungsbeginn abzulesen sind.

$^{1)}$ A Fläche des Betonquerschnitts; u der Atmosphäre ausgesetzter Umfang des Bauteiles.

Stichworte zu Tabelle 9

Bauzustand

Biegezugspannung aus Quertragwirkung

Biegung, zweiachsige

Bruchzustand, rechnerischer, Schubspannung

Bruchzustand, schiefe Hauptzugspannung

Brücke

Dehnungsbehinderung

Druck, Beton auf

Druck, mittiger

Druckzone

Eckspannung

Gebrauchszustand

Gebrauchszustand, schiefe Hauptzugspannung

Haupt- und Zusatzlasten

Hauptdruckspannung, schiefe

Hauptlasten

Hauptzugspannung, schiefe

Lastfälle, unwahrscheinliche Häufung von

Querkraft

Randspannung

Rißbreite, Beschränkung

Schub, Beton auf

Schubbewehrung

Schubspannung, Grundwert

Stahl auf Zug

Torsion

Vorspannung, beschränkte

Vorspannung, volle

Zone a

Zone b

Zug, Beton auf

Zug, Stahl auf

Zugzone, vorgedrückte

Tabelle 9. **Zulässige Spannungen**

				Zulässige Spannungen N/mm^2			
	1	2	3	4	5	6	
	Querschnittsbereich	Anwendungsbereich	B 25	B 35	B 45	B 55	
Beton auf Druck infolge von Längskraft und Biegemoment im Gebrauchszustand							
1	Druckzone	Mittiger Druck in Säulen und Druckgliedern	8	10	11,5	13	
2		Randspannung bei Voll- (z. B. Rechteck-) Querschnitt (einachsige Biegung)	11	14	17	19	
3		Randspannung in Gurtplatten aufgelöster Querschnitten (z. B. Plattenbalken und Hohlkastenquerschnitte)	10	13	16	18	
4		Eckspannungen bei zweiachsiger Biegung	12	15	18	20	
5	vorgedrückte Zugzone	Mittiger Druck	11	13	15	17	
6		Randspannung bei Voll- (z. B. Rechteck-) Querschnitten (einachsige Biegung)	14	17	19	21	
7		Randspannung in Gurtplatten aufgelöster Querschnitte (z. B. Plattenbalken und Hohlkastenquerschnitte)	13	16	18	20	
8		Eckspannung bei zweiachsiger Biegung	15	18	20	22	

Tabelle 9. (Fortsetzung)

Vorspannung	Anwendungsbereich	Zulässige Spannungen N/mm²			
1	2	3	4	5	6
		B 25	B 35	B 45	B 55

Beton auf Zug infolge von Längskraft und Biegemoment im Gebrauchszustand

Allgemein (nicht bei Brücken)

Nr.	Vorspannung	Anwendungsbereich	B 25	B 35	B 45	B 55
9	volle Vorspannung	allgemein: Mittiger Zug	0	0	0	0
10		Randspannung	0	0	0	0
11		Eckspannung	0	0	0	0
12		unter unwahrscheinlicher Häufung von Lastfällen: Mittiger Zug	0,6	0,8	0,9	1,0
13		Randspannung	1,6	2,0	2,2	2,4
14		Eckspannung	2,0	2,4	2,7	3,0
15		Bauzustand: Mittiger Zug	0,3	0,4	0,4	0,5
16		Randspannung	0,8	1,0	1,1	1,2
17		Eckspannung	1,0	1,2	1,4	1,5
18	beschränkte Vorspannung	allgemein: Mittiger Zug	1,2	1,4	1,6	1,8
19		Randspannung	3,0	3,5	4,0	4,5
20		Eckspannung	3,5	4,0	4,5	5,0
21		unter unwahrscheinlicher Häufung von Lastfällen: Mittiger Zug	1,6	2,0	2,2	2,4
22		Randspannung	4,0	4,4	5,0	5,6
23		Eckspannung	4,4	5,2	5,8	6,4
24		Bauzustand: Mittiger Zug	0,8	1,0	1,1	1,2
25		Randspannung	2,0	2,2	2,5	2,8
26		Eckspannung	2,2	2,6	2,9	3,2

Tabelle 9. (Fortsetzung)

Bei Brücken und vergleichbaren Bauwerken nach Abschnitt 6.7.1					
1	2	3	4	5	6
Vorspannung	Anwendungsbereich	Zulässige Spannungen N/mm^2			
		B 25	B 35	B 45	B 55
	unter Hauptlasten:				
27	Mittiger Zug	0	0	0	0
28	Randspannung	0	0	0	0
29	Eckspannung	0	0	0	0
	unter Haupt- und Zusatzlasten:				
30 volle Vorspannung	Mittiger Zug	0,6	0,8	0,9	1,0
31	Randspannung	1,6	2,0	2,0	2,4
32	Eckspannung	2,0	2,4	2,7	3,0
	Bauzustand:				
33	Mittiger Zug	0,3	0,4	0,4	0,5
34	Randspannung	0,8	1,0	1,1	1,2
35	Eckspannung	1,0	1,2	1,4	1,5
	unter Hauptlasten:				
36	Mittiger Zug	1,0	1,2	1,4	1,6
37	Randspannung	2,5	2,8	3,2	3,5
38	Eckspannung	2,8	3,2	3,6	4,0
	unter Haupt- und Zusatzlasten:				
39 beschränkte Vorspannung	Mittiger Zug	1,2	1,4	1,6	1,8
40	Randspannung	3,0	3,6	4,0	4,5
41	Eckspannung	3,5	4,0	4,5	5,0
	Bauzustand:				
42	Mittiger Zug [1])	0,8	1,0	1,1	1,2
43	Randspannung [1])	2,0	2,2	2,5	2,8
44	Eckspannung [1])	2,2	2,6	2,9	3,2
Biegezugspannungen aus Quertragwirkung beim Nachweis nach Abschnitt 15.6					
45		3,0	4,0	5,0	6,0
Beton auf Schub					
Schiefe Hauptzugspannungen im Gebrauchszustand					
46 volle Vorspannung	Querkraft, Torsion Querkraft plus Torsion in der Mittelfläche	0,8	0,9	0,9	1,0
47	Querkraft plus Torsion	1,0	1,2	1,4	1,5
48 beschränkte Vorspannung	Querkraft, Torsion Querkraft plus Torsion in der Mittelfläche	1,8	2,2	2,6	3,0
49	Querkraft plus Torsion	2,5	2,8	3,2	3,5

[1]) Abschnitt 15.1, (3), ist zu beachten.

Tabelle 9. (Fortsetzung)

Schiefe Hauptzugspannungen bzw. Schubspannungen im rechnerischen Bruchzustand ohne Nachweis der Schubbewehrung (Zone a und Zone b)

	1	2	3	4	5	6
	Beanspruchung	Bauteile	Zulässige Spannungen N/mm^2			
			B 25	B 35	B 45	B 55
50	Querkraft	bei Balken	1,4	1,8	2,0	2,2
51		bei Platten [2]) (Querkraft senkrecht zur Platte)	0,8	1,0	1,2	1,4
52	Torsion	bei Vollquerschnitten	1,4	1,8	2,0	2,2
53		in der Mittelfläche von Stegen und Gurten	0,8	1,0	1,2	1,4
54	Querkraft plus Torsion	in der Mittelfläche von Stegen und Gurten	1,4	1,8	2,0	2,2
55		bei Vollquerschnitten	1,8	2,4	2,7	3,0

Grundwerte der Schubspannung im rechnerischen Bruchzustand in Zone b und in Zuggurten der Zone a

56	Querkraft	bei Balken	5,5	7,0	8,0	9,0
57		bei Platten (Querkraft senkrecht zur Platte)	3,2	4,2	4,8	5,2
58	Torsion	bei Vollquerschnitten	5,5	7,0	8,0	9,0
59		in der Mittelfläche von Stegen und Gurten	3,2	4,2	4,8	5,2
60	Querkraft plus Torsion	in der Mittelfläche von Stegen und Gurten	5,5	7,0	8,0	9,0
61		bei Vollquerschnitten	5,5	7,0	8,0	9,0

Beton auf Schub

Schiefe Hauptdruckspannungen im rechnerischen Bruchzustand in Zone a und in Zone b

62	Querkraft, Torsion, Querkraft plus Torsion	in Stegen	11	16	20	25
63	Querkraft, Torsion, Querkraft plus Torsion	in Gurtplatten	15	21	27	33

Stahl auf Zug

Stahl der Spannglieder

	1	2
	Beanspruchung	Zulässige Spannungen
64	vorübergehend, beim Spannen (siehe auch Abschnitte 9.3 und 15.7)	0,8 β_S bzw. 0,65 β_Z
65	im Gebrauchszustand	0,75 β_S bzw. 0,55 β_Z
66	im Gebrauchszustand bei Dehnungsbehinderung (siehe Abschnitt 15.4)	5 % mehr als nach Zeile 65
67	Randspannungen in Krümmungen (siehe auch Abschnitt 15.8)	$\beta_{0,01}$

Betonstahl

68	Zur Aufnahme der im Gebrauchszustand auftretenden Zugspannung	BSt 420 S (III S) BSt 500 S (IV S) BSt 500 M (IV M)	β_S/1,75
69	Beim Nachweis zur Beschränkung der Rißbreite, zur Aufnahme der Zugkräfte bei Biegung im rechnerischen Bruchzustand und zur Bemessung der Schubbewehrung	BSt 420 S (III S) BSt 500 S (IV S) BSt 500 M (IV M)	β_S

[2]) Für dicke Platten ($d > 30$ cm) siehe Abschnitt 12.4.1

Aus DIN 820 Teil 23: Tabelle 1. **Anwendung der modalen Hilfsverben in Normen**

Lfd Nr	Modale Hilfsverben	Form	Bedeutung		Umschreibung	Gründe, die zur Wahl des Hilfsverbums führen (Beispiele)
1	muß, müssen	Indikativ	Gebot	unbedingt fordernd	ist (sind) zu ... hat (haben) zu ... (mit Infinitiv) darf (dürfen) nur ...	Äußerer Zwang, wie durch Rechtsvorschrift, sicherheitstechnische Forderung, Vertrag, oder innerer Zwang, wie Forderung der Einheitlichkeit oder der Folgerichtigkeit.
2	darf nicht, dürfen nicht		Verbot		ist (sind) ... nicht zugelassen ist (sind) ... nicht zulässig wird abgelehnt	
3	soll, sollen 1)	Indikativ	Regel	bedingt fordernd	ist (sind) im Regelfall ...	Durch Verabredung oder Vereinbarung freiwillig übernommene Verpflichtung, von der nur in begründeten Fällen abgewichen werden darf.
4	soll nicht, sollen nicht 1)				ist (sind) im Regelfall nicht zu ...	
5	darf, dürfen	Indikativ	Erlaubnis	freistellend	ist (sind) ... zugelassen ist (sind) ... zulässig ... auch ... [nicht: ... kann (können) ... ... läßt (lassen) sich ...]	In bestimmten Fällen darf von dem durch Gebot, Verbot oder Regel Gegebenen abgewichen werden, z. B. eine gleichwertige Lösung gewählt werden.
6	muß nicht, müssen nicht				braucht nicht ... zu ... (mit Infinitiv)	
7	sollte, sollten	Konjunktiv	Empfehlung, Richtlinie	auswählend, anratend, empfehlend	ist (sind) nach Möglichkeit zu ... (mit Infinitiv)	Von mehreren Möglichkeiten wird eine als zweckmäßig empfohlen, ohne andere zu erwähnen oder auszuschließen. Eine bestimmte Angabe ist erwünscht, aber nicht als Forderung anzusehen. Eine bestimmte Lösung wird abgewehrt, ohne sie zu verbieten.
8	sollte nicht, sollten nicht				ist (sind) ... nach Möglichkeit nicht zu ... (mit Infinitiv) ist (sind) ... nur ausnahmsweise zuzulassen	
9	kann, können	Indikativ		unverbindlich	es ist möglich, daß ... läßt (lassen) sich ... (mit Infinitiv) vermag (vermögen) ... [nicht: ... darf (dürfen) nicht ... ... ist (sind) nicht zu ...]	Vorliegen einer physischen Fähigkeit (die Hand kann eine bestimmte Kraft ausüben), einer physikalischen Möglichkeit (ein Balken kann eine bestimmte Belastung tragen), einer ideellen Möglichkeit (eine Voraussetzung kann bestimmte Folgen haben, eine Festlegung kann schon überholt sein, wenn ...)
10	kann nicht, können nicht				es ist nicht möglich, daß ... läßt (lassen) sich nicht ... (mit Infinitiv) vermag (vermögen) nicht ... [nicht: ... darf (dürfen) ... ... ist (sind) zu ...]	

) Bei der Anwendung dieser modalen Hilfsverben ist zu bedenken, daß sie sich nicht immer eindeutig in andere Sprachen übersetzen lassen. Sie sollten deshalb vermieden werden.

Für Notizen

Gezielte Informationen

DIN-Katalog für technische Regeln

DIN Catalogue of Technical Rules

Die Regeln der Technik sind faktisch.

Und es sind so viele, daß es nicht immer einfach ist, den Überblick zu behalten.

Das Panorama der Daten des techn. Regelbestandes in der Bundesrepublik Deutschland bietet der „DIN-Katalog für technische Regeln".

Der zweibändige Katalog erschließt sich als schnelles, zielgerichtetes Nachschlagewerk:

Einmal über den deutsch-englischen Sachteil, zum anderen über ein ausführliches Schlagwort- und Nummern-Register. Die monatlichen Ergänzungshefte des Katalogs sorgen für ganzjährige Aktualität.

Burggrafenstraße 6
1000 Berlin 30

Prospektinformation:
Beuth Verlag GmbH
Tel. 030/2601-240

Führer durch die Baunormung

Der Katalog
aller gültigen
DIN-Normen zu
den Bereichen:

☐ **Baustoffe**
☐ **Berechnung**
☐ **Ausführung**
☐ **Ausschreibung**
☐ **Bauvertrag**

Jedes Jahr neu!

handlich
übersichtlich
immer aktuell

Burggrafenstraße 6
1000 Berlin 30

Prospektinformation:
Beuth Verlag GmbH
Tel. 030 / 2601–240

Beton-Kalender 1989

Taschenbuch für Beton-, Stahlbeton- und Spannbetonbau sowie die verwandten Fächer
Schriftleitung: G. Franz

78. Jahrgang 1989. Teil I und II zusammen ca. 1450 Seiten mit zahlreichen Abbildungen und Tabellen. DIN A 5. Kunststoff DM 168,–
ISBN 3-433-01106-0

Der Benutzer des Beton-Kalender-Jahrgangs 1989 findet im Beitrag „Bestimmungen" die Neuausgaben 1988 der beiden Grundnormen des Stahl- und Spannbetonbaues DIN 1045 und DIN 4227 Teil 1. Die Autoren der einschlägigen Beiträge, die vom veränderten kodifizierten Stand der Technik betroffen sind, haben deren Inhalte entsprechend aktualisiert. Dies gilt insbesondere für:
- **Bonzel,** Beton
- **Grasser/Kordina/Quast,** Bemessung der Stahlbetonbauteile
- **Kupfer,** Bemessung von Spannbetonbauteilen
- **Schlaich/Schäfer,** Kontrieren im Stahlbetonbau

Die Ergänzung der Bemessungsbeiträge durch die jeweils gültigen Fassungen der Grundnormen des Stahl- und Spannbetonbaues einschließlich der zugehörigen Merkblätter und Richtlinien im Beitrag „Bestimmungen" gehört seit jeher zum Prinzip Benutzerfreundlichkeit des BK. **Goffin** gibt in seinem Beitrag außerdem einen Überblick über Ziele und Bedeutung des in Vorbereitung befindlichen Eurocode 2, um den Leser auf die mit der Realisierung des Binnenmarktes in der EG verbundenen Änderungen im Bereich von Normen und Richtlinien aufmerksam zu machen.

Neuausgaben weiterer DIN-Normen machten die Überarbeitung weiterer wichtiger Standardbeiträge notwendig, die im Jahrgang 1989 aktualisiert vorgestellt werden:
- die mit vielen Teilen neu herausgekommene Lager-Norm DIN 4141 war Anlaß, den Beitrag von **Rahlwes,** Lager und Lagerung von Bauwerken, aktualisiert vorzustellen;
- schon 1986 erschien die Neufassung der Silolast-Norm DIN 1055 Teil 6, die Anlaß zur Überarbeitung von **Timm/Windels,** Silos, war;
- das Kapitel Bauphysik von **Gösele/Schüle,** das erstmalig seit 1983 wieder vorgestellt wird, enthält die physikalischen Grundgesetze der Bauphysik und die entsprechenden ingenieurmäßigen Berechnungsansätze auf dem aktuellen Stand;
- in „Stahl im Bauwesen" von **Bertram** werden die bauaufsichtlich zugelassenen Befestigungsmittel erläutert;
- der Beitrag Bauholz, Holzwerkstoffe und Holzbauteile für Schalungen von **Möhler** ist um Informationen über Systemschalungen ergänzt worden;
- weitere wichtige Normen-Neuausgaben enthält der Beitrag Bestimmungen von **Goffin,** so diejenigen von DIN 1048, DIN 4108 und DIN 4109.

Die Ausgabe 1989 des Beton-Kalenders ist also in jeder Hinsicht „auf der Höhe der Zeit" und ebenso wie ihre Vorläufer ein unverzichtbares Arbeitsmittel nicht nur für den Bauingenieur, sondern auch für den Architekten.

Ernst&Sohn

Verlag für Architektur und technische Wissenschaften
Hohenzollerndamm 170, 1000 Berlin 31
Telefon (030) 86 00 03-0